20 1170037 X
TELEPEN

AF598404

Gmelin Handbuch der Anorganischen Chemie

Ergänzungswerk zur achten Auflage

New Supplement Series

Von den Bänden des Ergänzungswerkes, die die Perfluorhalogenorgano-Verbindungen beschreiben, und der Syst.-Nr. 14 „Kohlenstoff" sind bisher erschienen:

Within the framework of the New Supplement Series reporting on the Perfluorohaloorgano Compounds, and the Syst.-No. 14 "Carbon" the following volumes have already been published:

Erg.-Werk, Bd. 9	Perfluorhalogenorgano-Verbindungen der Hauptgruppenelemente Tl. 1: Verbindungen von Schwefel
Erg.-Werk, Bd. 12	Perfluorhalogenorgano-Verbindungen der Hauptgruppenelemente Tl. 2: Verbindungen mit Schwefel (Fortsetzung), Selen, Tellur
Erg.-Werk, Bd. 24	Perfluorhalogenorgano-Verbindungen der Hauptgruppenelemente Tl. 3: Verbindungen von Phosphor, Arsen, Antimon und Wismut
Erg.-Werk, Bd. 25	Perfluorhalogenorgano-Verbindungen der Hauptgruppenelemente Tl. 4: Verbindungen mit Elementen der 1. bis 4. Hauptgruppe (außer Kohlenstoff) (vorliegender Band)

Syst.-Nr. 14	Tl. B 1: Isotope. Atom. Molekel. Einstoffsystem. Dampf. Diamant
„Kohlenstoff"	Tl. B 2: Graphit
	Tl. B 3: Chemisches Verhalten von Graphit. Graphitverbindungen. Kolloider Kohlenstoff
	Tl. C 1: Verbindungen mit Edelgasen, Wasserstoff und Sauerstoff
	Tl. C 2: Chemisches Verhalten von CO und CO_2
	Tl. C 3: Gleichgewicht CO_2/CO. Wasserhaltige Lösungen von Kohlensäure. Carbonat-Ionen. Peroxokohlensäuren
	Tl. C 4: Ausgewählte C-H-O-Radikale. HCOOH. CH_3COOH. $H_2C_2O_4$
	Tl. D 1: Kohlenstoff-Stickstoff-Verbindungen
	Tl. D 2: Kohlenstoff-Halogen-Verbindungen

Gmelin Handbuch der Anorganischen Chemie

BEGRÜNDET VON Leopold Gmelin

Ergänzungswerk zur achten Auflage

ACHTE AUFLAGE

begonnen im Auftrage der Deutschen Chemischen Gesellschaft
von R. J. Meyer
E. H. E. Pietsch und A. Kotowski

fortgeführt von
Margot Becke-Goehring

HERAUSGEGEBEN VOM

Gmelin-Institut für Anorganische Chemie
der Max-Planck-Gesellschaft zur Förderung der Wissenschaften

Springer-Verlag
Berlin · Heidelberg · New York 1975

Gmelin-Institut für Anorganische Chemie
der Max-Planck-Gesellschaft zur Förderung der Wissenschaften.

Gmelin Handbuch der Anorganischen Chemie

Ergänzungswerk zur achten Auflage

New Supplement Series

Band 25

Perfluorhalogenorgano-Verbindungen der Hauptgruppenelemente

Teil 4 Verbindungen mit Elementen der 1. bis 4. Hauptgruppe (außer Kohlenstoff)

Mit 2 Figuren

von **Alois Haas**

BEARBEITER DIESES BANDES (AUTHORS) — Alois Haas, Ruhr-Universität, Bochum; Heinrich Marsmann, Gesamthochschule Paderborn, Paderborn

REDAKTEUR DIESES BANDES (EDITOR) — Dieter Koschel, Gmelin-Institut, Frankfurt am Main

SUMMENFORMELREGISTER (FORMULA INDEX) — Ursula Hettwer, Gmelin-Institut, Frankfurt am Main

Springer-Verlag
Berlin · Heidelberg · New York 1975

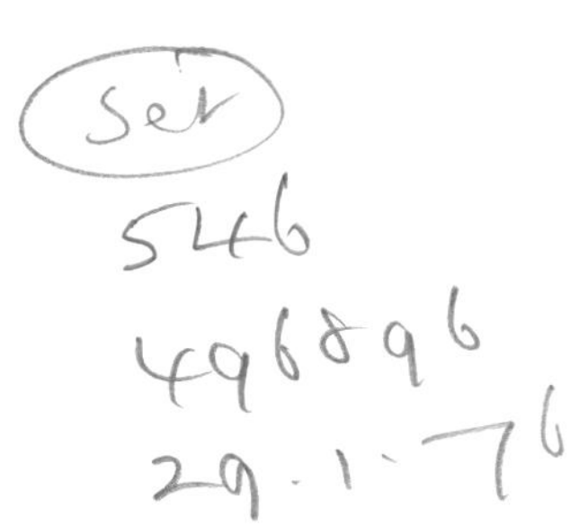

ENGLISCHE FASSUNG DER STICHWÖRTER NEBEN DEM TEXT:
ENGLISH HEADINGS ON THE MARGINS OF THE TEXT:

H. J. KANDINER, SUMMIT, N. J.

DIE LITERATUR IST VOLLSTÄNDIG BIS ENDE 1973 AUSGEWERTET, IN VIELEN FÄLLEN DARÜBER HINAUS

LITERATURE CLOSING DATE: COMPLETELY UP TO THE END OF 1973, IN MANY INSTANCES MORE RECENT DATA HAVE BEEN CONSIDERED

Die vierte bis siebente Auflage dieses Werkes erschien im Verlag von Carl Winter's Universitätsbuchhandlung in Heidelberg

Library of Congress Catalog Card Number: Agr 25-1383

ISBN 3-540-93300-X Springer-Verlag, Berlin · Heidelberg · New York
ISBN 0-387-93300-X Springer-Verlag, New York · Heidelberg · Berlin

LN-Druck Lübeck

Vorwort

Der vorliegende Band „Perfluorhalogenorgano-Verbindungen der Hauptgruppenelemente" Teil 4 (Band 25 des Ergänzungswerkes; Teil 1: Band 9, Teil 2: Band 12, Teil 3: Band 24) behandelt Verbindungen der 1. bis 4. Hauptgruppe (außer Kohlenstoff).

Auf den Textteil dieses Bandes folgt ein Summenformelregister — in Analogie zum Register in Band 12 für die Bände 9 und 12 —, in dem die Verbindungen der Bände 24 und 25 aufgeführt sind. Aufbau, chemische Nomenklatur, Stoffabgrenzung, im Text verwendete Abkürzungen sind den Vorworten der Bände 9, 12 und 24 (im folgenden auszugsweise abgedruckt) zu entnehmen.

Herrn H. Bürger, P. Sartori und M. Weidenbruch danken wir für die Zusendung von Sonderdrucken und das Überlassen von zur Publikation eingereichten Arbeiten.

Bochum, im Oktober 1975

Alois Haas

Auszug aus dem Vorwort zu Band 24 (Teil 3)

Im Ergänzungswerk zur 8. Auflage des Gmelin erscheinen in der Serie Perfluorhalogenorgano-Verbindungen der Hauptgruppenelemente zwei weitere Bände. Band 24 umfaßt Chemie und Physik der Perfluorhalogenorgano-Verbindungen der Elemente P, As, Sb und Bi, Band 25 die der Elemente der 1. bis 4. Hauptgruppe (mit Ausnahme von C). Konzeption und Stoffabgrenzung sind denen der Bände 9 und 12 des Gmelin-Ergänzungswerkes analog. Auf den Textteil des Bandes 25 folgt ein Summenformelregister für die Bände 24 und 25. Bezüglich Aufbau, chemischer Nomenklatur, im Text verwendeter Abkürzungen und Festlegungen wird auf das Vorwort des Bandes 9 (im folgenden auszugsweise abgedruckt) verwiesen. Für die Beschreibung von Molekülschwingungen werden nachfolgende Abkürzungen benutzt: Es stehen ν für Valenzschwingung, δ für Deformationsschwingung, ρ für Schaukelschwingung und τ für Torsionsschwingung. Die Bezeichnung der Kopplungskonstante ist in den Bänden nicht einheitlich, da neben der genauen Angabe der miteinander koppelnden Kerne auch noch die verkürzte Schreibweise $^{z}J(A\text{-}B)$ benutzt wird. Der vorgestellte Exponent z weist darauf hin, daß die Kerne A und B über z-Bindungen koppeln. Zur Charakterisierung der Aufspaltungsmuster werden die Abkürzungen d für Dublett, tr für Triplett, qu für Quartett, qui für Quintett, sext für Sextett, sept für Septett, oct für Oktett und dez für Dezett genommen.

Auszug aus dem Vorwort zu Band 9 (Teil 1)

Eine rasche Entwicklung der Perfluororgano-Elementchemie setzte nach 1948 ein, die bis heute noch nicht abgeschlossen ist. Dadurch entstand bald ein neuer Zweig der Chemie, der die strukturellen und mechanistischen Vorstellungen der organischen Chemie mit Arbeitsmethoden der anorganischen Chemie vereinigte. Das schnelle Anwachsen dieses Stoffes machte es notwendig, ihn zusammenfassend darzustellen. Da sowohl zur anorganischen als auch zur organischen Chemie fließende Übergänge bestehen, mußte zu beiden Zweigen der Chemie eine Abgrenzung vorgenommen werden. Dies wurde dadurch erreicht, daß nur perfluorierte und perfluorhalogenierte Organoelement-Verbindungen mit Darstellung, physikalischen Eigenschaften und chemischen Verhalten abgehandelt werden. Perfluorhalogenorgano-Reste sind solche, die mindestens ein Fluoratom enthalten, wobei die restlichen Valenzen durch die übrigen Halogene abgesättigt werden. Zunächst sind die Hauptgruppenelemente mit Ausnahme des Kohlenstoffs, Sauerstoffs und der Halogene berücksichtigt worden. Fluorhalogenverbindungen des Methans werden in „Kohlenstoff" D 2 beschrieben. In den ersten beiden Bänden dieser Serie werden die Perfluorhalogenorgano-Elementverbindungen des Schwefels, Selens und Tellurs (vom Polonium sind derartige Stoffe nicht synthetisiert worden), in weiteren Bänden die restlichen Hauptgruppenelemente (ohne C, O und Halogene) abgehandelt.

Die in den Bänden benutzte Nomenklatur lehnt sich an die Richtlinien der IUPAC an. Sie ist jedoch nicht einheitlich, da sachliche Erwägungen zu Abweichungen Anlaß gaben. Aromatische Cyclen und Heterocyclen sowie teilweise oder vollständig hydrierte Ringe sind entsprechend der modernen Schreibweise der organischen Chemie ohne H-Atome dargestellt. Die Gliederung des umfangreichen Stoffes erfolgte in Anlehnung an die Systemnummern des Gmelin.

Der erste Band schließt mit den Perfluorhalogenorganodisulfanen ab und enthält die aliphatische und cyclische Perfluorhalogenorgano-Chemie des Schwefels der Oxidationsstufe II mit Ausnahme von Schwefelverbindungen des Bors, Phosphors, Arsens, Antimons, Siliciums, Germaniums, der Perfluorhalogenorganosulfane und Perfluororganomercaptometall-Verbindungen. Im zweiten Band werden die oben erwähnten Ausnahmen und die Verbindungen des Schwefels der Oxidationsstufe IV und VI einschließlich der Perfluorhalogenorgano-Verbindungen des Selens und Tellurs abgehandelt. Dem zweiten Band wird ein Register beigebunden.

Im chemischen Verhalten werden, von wenigen Ausnahmen abgesehen, nur Primärreaktionen der Perfluorhalogenorgano-Elementverbindungen berücksichtigt. Die Anordnung der chemischen Reaktionen ist nicht einheitlich und erfolgt entweder nach Reaktionstypen oder nach Titelverbindungen. Die physikalischen Eigenschaften der Reaktionsprodukte werden in den Kapiteln „Chemisches Verhalten" angegeben. Nicht aufgeführt werden physikalische Daten der Verbindungen, die aus Perfluorhalogenorgano-Elementverbindungen und Übergangsmetallkomplexen entstehen. Intensitätsangaben erfolgen in Anlehnung an die im Angelsächsischen gebräuchlichen Abkürzungen. Es bedeuten s = strong = stark, m = medium = mittel, w = weak = schwach, v = very = sehr, br = broad = breit, sh = shoulder = Schulter. Das Vorzeichen der chemischen Verschiebung im NMR-Spektrum ist, wenn nicht anders erwähnt, so gewählt, daß positives Vorzeichen Verschiebung nach höherem Feld bedeutet.

Foreword

The present volume "Perfluorohaloorgano Compounds of the Main Group Elements" part 4 (volume 25 of the New Supplement Series to the Gmelin Handbook; part 1: volume 9, part 2: volume 12, part 3: volume 24) is dealing with the compounds of Main Groups 1 to 4 (excepting carbon).

The text of this volume is followed by a formula index—analogous to the index for volumes 9 and 12 contained in volume 12—, in which the compounds of volumes 24 and 25 have been listed. Details about the arrangement, chemical nomenclature, limitations of the material included as well as abbreviations used, may be taken from the forewords to volumes 9, 12, and 24 (printed, in part, in the following).

Particular thanks are due to H. Bürger, P. Sartori, and M. Weidenbruch for making available to us reprints of their original publications or preprints of such that are going to be published.

Bochum, October 1975

Alois Haas

Part of the Foreword of Volume 24 (Part 3)

In the New Supplement Series to the 8th Edition of Gmelin, two further volumes are published in the series of perfluorohalogenoorgano compounds of the Main Group elements. Volume 24 contains chemistry and physics of the perfluorohalogenoorgano compounds of the elements P, As, Sb and Bi and Volume 25 that of the elements of the Main Group 1 to 4 (sine C). The conception as well as the limitations of the included material are analogous to those of Volumes 9 and 12 of the Gmelin New Supplement Series. A Formula Index for both Volumes 24 and 25 is included in Volume 25. On matters concerning chemical nomenclature, abbreviations and definitions used in the text one is referred to the Foreword to Volume 9 (see, in part, below). The following abbreviations are employed for the description of molecular vibrations: ν = stretching vibration, δ = deformation vibration, ρ = rocking vibration and τ = torsion vibration. The designation of the coupling constant is not uniform in the volumes: beside the accurate indication of the coupling nuclei, the abbreviation ^{z}J(A-B) is also used; the exponential z indicates, that the coupling of the nuclei A and B extends over z bonds. For the characterization of the splittings the following abbreviations are employed: d = doublet, tr = triplet, qu = quartet, qui = quintet, sext = sextet, sept = septet, oct = octet, and dec = decimal splitting.

Part of the Foreword of Volume 9 (Part 1)

Rapid development of perfluoroorgano chemistry began in 1948 and continues to this day. A new branch of chemistry was thus created—uniting the structural and mechanistic concepts of organic chemistry with the procedural methods of inorganic chemistry. Rapid growth of the subject area makes it necessary now to provide a summarizing review of this entire field. However, definite limits must be established with respect to both organic and inorganic chemistry, in view of the many close associations with these fields. This will be done by planning to cover "Preparation", "Physical Properties", and "Chemical Reactions" for the perfluoroorgano- and perfluorohalogeno-organo-element compounds only. Perfluorohalogenoorgano groups are those which contain at least one fluorine atom, with the remaining valences being satisfied by the other halogens. The main group elements—excluding carbon, oxygen, and the halogens—are to be considered first. The fluoro-halogen compounds of methane as such are to be described in Carbon D 2. Perfluorohalogeno-organic compounds of sulfur, selenium, and tellurium are being covered in the first two volumes of this series. The corresponding compounds of polonium have not been synthesized. The remaining main group elements (except for C, O, and halogens) will be covered in later volumes.

The nomenclature employed in these volumes is based heavily on IUPAC guidelines. It is, however, not entirely consistent, since pertinent considerations do give rise to specific exceptions. Aromatic and heterocyclic rings, as well as partly or completely hydrogenated rings, are illustrated without H atoms, in accordance with modern organic chemical notation. The voluminous subject matter is arranged on the basis of the Gmelin classification system.

The first volume concludes with the perfluorohalogenoorganodisulfanes, and covers aliphatic and cyclic perfluorohalogenoorganosulfur compounds (with oxidation state II) but excludes the sulfur compounds of boron, phosphorus, arsenic, antimony, silicon, and germanium, as well as the perfluorohalogenoorganosulfanes and the perfluoroorganomercaptometal compounds. The excluded compounds will be covered in the second volume, together with compounds of sulfur with oxidation states IV and VI, and the perfluorohalogenoorgano compounds of selenium and tellurium. An Index will also be included in the second volume.

With relatively few exceptions, only primary reactions of the perfluorohalogenoorganoelement compounds are covered under "Chemical Reactions". The arrangement of the chemical reactions is not entirely consistent, and is based either on type of reaction or class of compound involved. Physical properties of the reaction products are given under "Chemical Reactions". Physical data are not presented for compounds which consist of perfluorohalogenoorganoelement-transition metal complexes. Intensity data are based on English abbreviations, as follows: s = strong, m = medium, w = weak, v = very, br = broad, and sh = shoulder. In regard to chemical shift in NMR spectra, the positive sign denotes a shift toward higher fields, if not otherwise specified.

Inhaltsverzeichnis

(Table of Contents see page III)

Table of Contents

(Inhaltsverzeichnis s. S. I)

Allgemeine Literatur:

H. J. Emeléus, R. N. Haszeldine, Organometallic and Organometalloidal Compounds Containing Fluoroalkyl Groups, Sciences [2] **177** [1953] 311/5.

H. J. Emeléus, Metallic Compounds Containing Fluorocarbon Radicals and Organometallic Compounds Containing Fluorine, in: J. H. Simons, Fluorine Chemistry, Bd. 2, New York 1954, S. 323/6.

R. N. Haszeldine, Neuere Chemie des Fluors: Organometall- und Organometalloid-Verbindungen des Fluors, Angew. Chem. **66** [1954] 693/701.

J. J. Lagowski, Perfluoroalkyl Derivatives of Metals and Nonmetals, Quart. Rev. [London] **13** [1959] 233/64.

R. C. Banks, R. N. Haszeldine, Polyfluoroalkyl Derivatives of Metalloids and Nonmetals, Advan. Inorg. Chem. Radiochem. **3** [1961] 338/433, 347/56.

H. J. Emeléus, Neuere Ergebnisse auf dem Gebiet der Fluoralkyl- und verwandter Verbindungen, Angew. Chem. **74** [1962] 189/93.

H. C. Clark, Perfluoroalkyls Derivatives of the Elements, Advan. Fluorine Chem. **3** [1963] 45/59.

S. C. Cohen, A. G. Massey, Polyfluoroaromatic Derivatives of Metals and Metalloids, Advan. Fluorine Chem. **6** [1970] 83/286, 89/186.

R. E. Banks, Fluorocarbons and their Derivatives, 2. Aufl., London 1970, S. 1/245.

R. E. Banks, M. G. Barlow, Fluorocarbon and Related Chemistry, Bd. 1, London 1971, S. 85/96, Bd. 2, London 1974, S. 178/203.

H. Heaney, Grignard and organolithium reagents derived from di- and polyhalogen Compounds, Organometal. Chem. Rev. **1** [1966] 27/42.

R. D. Chambers, T. Chivers, Pentafluorphenyl-Metal Compounds, Organometal. Chem. Rev. **1** [1966] 279/304.

D. Seyferth, Vinylcompounds of Metals, Progr. Inorg. Chem. **3** [1962] 129/280.

C. Tamborski, Perfluororganometallic Compounds, Trans. N.Y. Acad. Sci. [2] **28** [1966] 601/10.

N. Ishikawa, S. Hayashi, Syntheses of Metallic Derivatives of Polyfluoraromatics, Yuki Gosei Kagaku Kyokai Shi **31** [1973] 495/507.

P. M. Treichel, F. G. A. Stone, Fluorocarbon Derivatives of Metals, Advan. Organometal. Chem. **1** [1964] 143/220.

1 Perfluorhalogenorgano-Verbindungen der 1. Hauptgruppe

Perfluorohaloorgano Compounds of Main Group 1 Elements

1.1 Vorbemerkung

Preliminary Remarks

Von den Alkalimetallen ist hauptsächlich Lithium in der Lage, wenigstens in Lösung bei tiefen Temperaturen stabile Perfluororganoverbindungen zu bilden. Obwohl bisher keine dieser Substanzen rein isoliert werden konnte, sind sie z.B. gute Agenzien zur Einführung von R_f-Resten in die verschiedensten Verbindungen. Ihre Darstellung erfolgt im wasserfreien Lösungsmittel in einer trocknen N_2-Atmosphäre unter kräftigem Rühren. Physikalische Daten sind für R_fLi-Verbindungen nicht bekannt. Nachgewiesen werden sie durch Primärreaktionen wie z. B. Hydrolyse, Carboxylierung, Pyrolyse und Umsetzungen mit Organohalogensilanen bzw. -stannanen, die Ausbeuteangaben beziehen sich ausschließlich auf das isolierte Reaktionsprodukt. Die Umsetzungen erfolgen in dem Medium, in dem das Lithiumperfluorhalogenorganyl synthetisiert worden ist. Sie spalten beim Erwärmen auf 20°C leicht LiF ab, wobei sich Perfluorhalogenolefine bilden. In diesem Zusammenhang ist die thermische Instabilität des C_6F_5Li und anderer Lithiumperfluoraromaten interessant. Durch Abspaltung von LiF bildet sich im Falle von C_6F_5Li intermediär Tetrafluorbenzyn, das in Lösung eine Fülle von Additionsreaktionen einzugehen vermag. Da Reaktionen von Primärprodukten hier nicht abgehandelt werden, sind lediglich wichtige und charakteristische Umsetzungen der Perfluorhalogenarine auf S. 11 aufgeführt.

Von Na und K sind nur wenige Perfluorhalogenorganoverbindungen beschrieben worden. Sie werden anschließend vollständig abgehandelt.

1.2 Perfluorhalogenorganoverbindungen von Natrium und Kalium

Perfluorohaloorgano Compounds of Sodium and Potassium

Fluoräthinylnatrium $FC{\equiv}CNa$

Perfluorvinylnatrium $CF_2{=}CFNa$

2,2-Difluor-1-chlorvinylnatrium $CF_2{=}CFClNa$

Perfluorvinylkalium $CF_2{=}CFK$

2,2-Difluor-1-chlorvinylkalium $CF_2{=}CClK$

Perfluor-t-butylkalium $(CF_3)_3C^{(-)}K^{(+)}$

Das aus Na und flüssigem NH_3 hergestellte $NaNH_2$ reagiert mit cis-$FCH{=}CHBr$ in Äther zunächst bei −60°C und dann beim Erhitzen im Rückfluß (0.5 h) zu $FC{\equiv}CNa$, das sich mit Cyclohexanon in 69% Ausbeute zu 1,1-Fluoräthincyclohexanol umsetzt. Im IR-Spektrum von $FC{\equiv}CNa$ tritt die Bande $\nu(C{\equiv}C)$ bei 2183 cm^{-1} auf [1]. Ähnlich setzt sich $CF_2{=}CXH$ (X = F, Cl) mit MNH_2 (M = Na, K) in einem Lösungsmittelgemisch aus $[(CH_3)_2N]_3PO$ und Tetrahydrofuran zu $CF_2{=}CXM$ um. Die Addition von $CF_2{=}CFNa$ an Ketonen erfolgt gemäß $R_1R_2C{=}O + CF_2{=}CFNa \rightarrow R_1R_2C(CF{=}CF_2)ONa \xrightarrow{H^+} R_1R_2C(CF{=}CF_2)OH$, $R_1 = C_6H_5$, $R_2 = CH_3$; $R_1 = (CH_3)_3C$, $R_2 = CH_3$; $R_1 = R_2 = (CH_3)_2CHCH_2$ [2]. Das bei der Umsetzung von $(CF_3)_2C{=}CF_2$ mit KF in Dimethylformamid auftretende $(CF_3)_3C^{(-)}K^{(+)}$ wird durch die Reaktion mit $(CF_3)_2CFNO$ nachgewiesen. Hierbei bildet sich $(CF_3)_2C{=}NOC(CF_3)_3$ (Siedepunkt 77 bis 78°C) in 36.5% Ausbeute [3].

Literatur:

[1] Union Carbide Corp., H. G. Viche (D.P. 1126390 [1958/62]; C.A. **58** [1963] 10235). — [2] Union Carbide Corp., S. Y. Delavarenne (U.S.P. 3751492 [1970/73]; C.A. **79** [1973] Nr. 91561). — [3] B. L. Dyatkin, L. G. Martynova, B. I. Martynov, S. R. Sterlin (Tetrahedron Letters **1974** 273/4).

Perfluoro-haloorgano-lithium Compounds
Preparation

1.3 Perfluorhalogenorgano-Lithium-Verbindungen

1.3.1 Darstellung

Trifluormethyllithium CF_3Li

Heptafluor-n-propyllithium $CF_3CF_2CF_2Li$

Heptafluor-isopropyllithium $(CF_3)_2CFLi$

Perfluor-n-heptyllithium $CF_3CF_2CF_2CF_2CF_2CF_2CF_2Li$

CF_3J geht mit CH_3Li eine Austauschreaktion ein, wobei in 20% Ausbeute CF_3Li entsteht. Die entsprechende Umsetzung mit n-C_3F_7J führt in 80% Ausbeute zu n-C_3F_7Li [1, 5]. Versuche, CF_3Li aus CF_3J und Li direkt herzustellen, verliefen erfolglos [2]. Setzt man RLi (R = CH_3, n-C_4H_9, C_6H_5) langsam zu einer kräftig gerührten Lösung von $CF_3CF_2CF_2J$ in Äther hinzu, so bildet sich C_3F_7Li in guter Ausbeute. Optimale Ausbeuten (63.8%) erzielt man bei der Umsetzung von CH_3Li und n-C_3F_7J in Äther bei −40 bis −50°C [3]. Eine kräftig gerührte Lösung von n-C_3F_7J in Äther reagiert mit einer Li-Na-Legierung bei −74°C (6 h) exotherm zu einer braunen Lösung von n-C_3F_7Li. Zum gleichen Ergebnis führt die Umsetzung bei −40°C. Die analog durchgeführte Reaktion bei −40°C (6 h) in Tetrahydrofuran liefert ebenfalls einen braunen Rückstand, der in Petroläther, Äthanol und H_2O unlöslich, aber in Tetrahydrofuran, Dibutyläther, Aceton und CCl_4 löslich ist. Dennoch konnte n-C_3F_7Li nicht kristallin isoliert werden. In Di(2-äthoxyäthyl)äther läuft die Reaktion bei 15°C ab. Reines Lithium dagegen setzt sich mit C_3F_7J nicht in Pentan oder Äther zwischen −50 und +20°C um. Zugabe von 2% Na führt in Pentan immer noch nicht zu einer Umsetzung. In Äther setzt jedoch mit Li + 2% Na eine Reaktion zu $CF_3CF_2CF_2Li$ ein [4]. In Pentan gelöstes $(CF_3)_2CFJ$ reagiert mit einer Lösung von RLi (R = CH_3, C_4H_9) bei −78°C (0.5 h) unter Rühren zu $(CF_3)_2CFLi$ [6]. Analog setzt sich n-C_4H_9Li mit n-$C_7F_{15}J$ in Äther bei −95°C zu n-$C_7F_{15}Li$ um [7].

Perfluorvinyllithium $CF_2{=}CFLi$

1-Fluor-1,2-dichlorvinyllithium $CFCl{=}CClLi$

2,2-Difluor-1-chlorvinyllithium $CF_2{=}CClLi$

1-Fluor-2,2-dichlorvinyllithium $CCl_2{=}CFLi$

3,3,3-Trifluorpropinyllithium $CF_3C{\equiv}CLi$

Pentafluorphenyl-äthinyllithium $C_6F_5C{\equiv}CLi$

Fluoräthinyllithium $FC{\equiv}CLi$

Die Umsetzung von 1 mol $C_6H_5Sn(CF{=}CF_2)_3$ mit 3 mol C_6H_5Li in Äther bei −35 bis −40°C führt in 97% Ausbeute zu $(C_6H_5)_4Sn$, in Lösung bleibt $CF_2{=}CFLi$. Auch n-C_4H_9Li reagiert mit n-$C_4H_9Sn(CF{=}CF_2)_3$ in Pentan bei −30°C zu $CF_2{=}CFLi$. Die besten Ausbeuten (46 bis 50%) erzielt man, wenn C_4H_9Li und $C_4H_9Sn(CF{=}CF_2)_3$ im Molverhältnis 2:1 umgesetzt werden [8, 9]. Auch aus n-C_4H_9Li und $CF_2{=}CFH$ in einem Äther-Hexan-Gemisch läßt sich $CF_2{=}CFLi$ bei −78°C synthetisieren [10]. Leitet man bei −78°C einen geringen Überschuß von $CF_2{=}CFBr$ in eine Lösung von CH_3Li in Äther, so bildet sich innerhalb 2 h $CF_2{=}CFLi$ [108].

Die Metallierung von $CClF{=}CClH$ mit C_4H_9Li führt zu $CClF{=}CClLi$ [11]. Protonenaustauschreaktionen mit C_4H_9Li gehen auch $CF_2{=}CClH$ bzw. $CF_2{=}CFH$ in Äther bei −78 bzw. −100°C ein, wobei $CF_2{=}CClLi$ bzw. $CF_2{=}CFLi$ entstehen [11, 12]. $CCl_2{=}CFLi$ bildet sich beim langsamen Zutropfen von R_2NLi (R = C_2H_5, n-C_3H_7), gelöst in Äther, zu einer ätherischen Lösung von $CCl_2{=}CFH$ bei −78°C. Hierbei wird die Tropfgeschwindigkeit so gewählt, daß die Reaktionstemperatur sich um maximal 5°C erhöht [124]. Tropft man eine ätherische Lösung von C_4H_9Li bei −78°C zu $CF_3C{\equiv}CH$ (gelöst in Äther) zu, so bildet sich beim Aufwärmen auf −40°C $CF_3C{\equiv}CLi$. Die Lösung wird danach auf −78°C abgekühlt und so für weitere Umsetzungen verwendet [13]. Kondensiert man bei −78°C einen geringen Überschuß $R_fC{\equiv}CH$ zu n-C_4H_9Li, gelöst in einem Äther-Hexan-Gemisch, so entsteht nach einstündigem Rühren $R_fC{\equiv}CLi$ (R_f = CF_3, C_6F_5) [14]. In flüssigem NH_3 gelöstes Li reagiert mit einer ätherischen Lösung von $CHBr{=}CHF$ zu $FC{\equiv}CLi$, das infolge seines explosiven Verhaltens nicht näher untersucht wurde [15].

Literatur s. S. 57

Preparation of Perfluorohaloorganolithium Compounds

1,4-Dilithium-octafluorbutan $LiCF_2CF_2CF_2CF_2Li$

Durch einen Halogen-Metallaustausch erhält man in Äther aus $J(CF_2)_4J$ und $n\text{-}C_4H_9Li$ bei −80 bis +85°C $Li(CF_2)_4Li$ [16].

Lithium-pentafluorcyclobuten

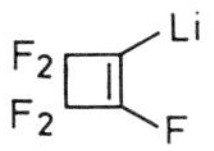

Lithium-heptafluorcyclopenten

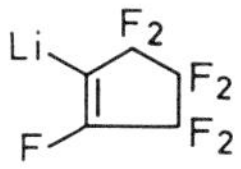

Lithium-nonafluorcyclohexen

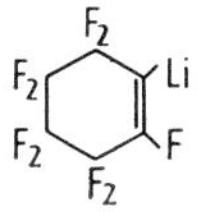

Alle drei Verbindungen können aus den entsprechenden 1 H-Perfluorcycloalkenen und CH_3Li in Äther bei −78°C synthetisiert werden [17].

1,2-Dilithium-perfluorcyclobuten (X = Li)
1-Lithium-2-chlor-perfluorcyclobuten (X = Cl)

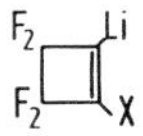

1,2-Dilithium-perfluorcyclopenten (Y = Li)
1-Lithium-2-chlorperfluorcyclopenten (Y = Cl)
1-Lithium-2-bromperfluorcyclopenten (Y = Br)

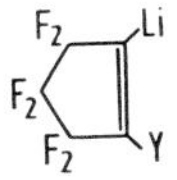

1-Lithium-2-chlorperfluorcyclohexen (X = Cl)
1-Lithium-2-bromperfluorcyclohexen (X = Br)

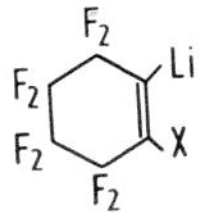

Die beiden Dilithiumverbindungen und 1-Lithium-2-bromperfluorcyclopenten werden aus den entsprechenden Dijod- bzw. Bromjodperfluorcycloolefinen und CH_3Li bei −75°C in Äther erhalten [50] gemäß:

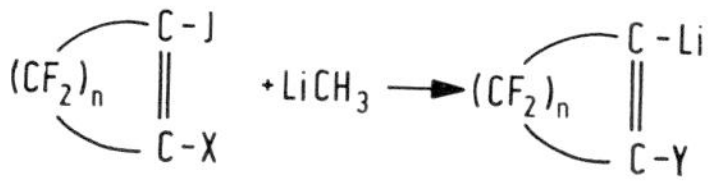

$$(CF_2)_n\begin{matrix}C\text{-}J\\ \| \\ C\text{-}X\end{matrix} + LiCH_3 \longrightarrow (CF_2)_n\begin{matrix}C\text{-}Li\\ \| \\ C\text{-}Y\end{matrix}$$

für n = 2, X = J und Y = Li (1 h)
n = 3, X = J und Y = Li (1 h)
n = 3, X = Y = Br (1 h)

Analog werden die Chlorderivate synthetisiert [50] nach:

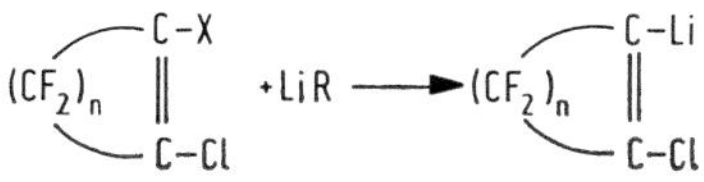

$$(CF_2)_n\begin{matrix}C\text{-}X\\ \| \\ C\text{-}Cl\end{matrix} + LiR \longrightarrow (CF_2)_n\begin{matrix}C\text{-}Li\\ \| \\ C\text{-}Cl\end{matrix}$$

für n = 2, X = J, R = CH_3
n = 3, X = Cl, R = CH_3, $n\text{-}C_4H_9$
n = 4, X = Cl, R = $n\text{-}C_4H_9$

Preparation of Perfluorohaloorganolithium Compounds

1-Lithium-2-Bromperfluorcyclohexen entsteht durch LiBr-Addition an das entsprechende Arin (s. S. 15) oder aus 1,2-Dibromoctafluorcyclohexen und molaren Mengen CH_3Li [17].

Undecafluorbicyclo[2,2,1]heptyllithium (X = F)
Decafluorbicyclo[2,2,1]heptyl-1,4-dilithium (X = Li)

1-Halogen-2-lithium-decafluorbicyclo[2,2,1]heptan (X = Br, J)

Tridecafluorbicyclo[2,2,2]octyllithium

1-Jod-2-lithium-dodecafluorbicyclo[2,2,2]octan

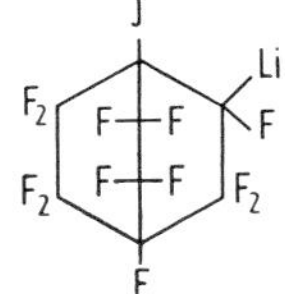

1-Lithium-4-trifluormethyl-decafluor-bicyclo[2,2,1]heptan

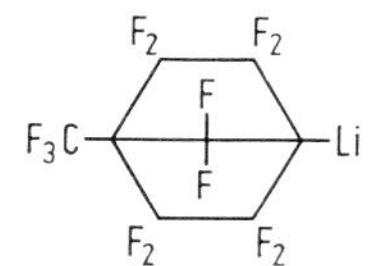

1-Lithium-nonafluor-bicyclo[2,2,1]hept-2-en

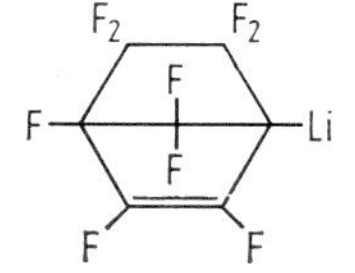

In ätherischer Lösung reagieren 1H-Undecafluorbicyclo[2,2,1]heptan bzw. 1H-Tridecafluorbicyclo[2,2,2]octan mit CH_3Li bei −50 [18] bzw. −78°C [19] zu den entsprechenden Lithiumderivaten. Zur Synthese des Li-Heptanderivates kann anstelle von CH_3Li auch $n\text{-}C_4H_9Li$ eingesetzt werden [20]. Die 1,4-Dilithiumverbindung wird aus der entsprechenden 1H,4H-Verbindung und CH_3Li in Äther bei −78°C synthetisiert [21]. In [125] können keine eindeutigen Beweise für die Existenz von 1,4-Dilithiumverbindungen erbracht werden, da die Disubstitutionsprodukte auch aus dem 1-H-2-Li-Derivat entstanden sein können.

1-Jod-2-Lithium-dodecafluorbicyclo[2,2,2]octan wird durch Addition von LiJ an das entsprechende Arin erhalten [19]. Analog bildet sich 1-Halogen-2-lithium-decafluorbicyclo[2,2,1]-heptan [18] (s. S. 15). 1-H-4-Trifluormethyldecafluorbicyclo[2,2,1]heptan setzt sich mit CH_3Li bei −60°C zum entsprechenden 1-Li-Derivat um [127]. Tropft man $n\text{-}C_4H_9Li$ zu 1-Jod-nonafluorbicyclo(2,2,1)hept-2-en, gelöst in Äther, bei 20°C (2 h) und erhitzt im Rückfluß (6 h), so bildet sich 1-Lithium-nonafluor-bicyclo(2,2,1)hept-2-en [128].

Preparation of Perfluorohaloorganolithium Compounds

Pentafluorphenyllithium C_6F_5Li

1,2-Dilithium-tetrafluorbenzol 1,2-$Li_2C_6F_4$

1,4-Dilithium-tetrafluorbenzol 1,4-$Li_2C_6F_4$

1,3,5-Trilithium-trifluorbenzol 1,3,5-$Li_3C_6F_3$

2-Brom-3,4,5,6-tetrafluorphenyllithium 2-BrC_6F_4Li

4-Brom-2,3,5,6-tetrafluorphenyllithium 4-BrC_6F_4Li

3-Brom-2,4,5,6-tetrafluorphenyllithium 3-BrC_6F_4Li

2-Jod-3,4,5,6-tetrafluorphenyllithium 2-JC_6F_4Li

4-Amino-2,3,5,6-tetrafluorphenyllithium 4-$NH_2C_6F_4Li$

4-Lithium-2,3,5,6-tetrafluor-lithiumthiophenolat 4-LiC_6F_4SLi

6-Amino-2,3,4,5-tetrafluorphenyllithium 6-$NH_2C_6F_4Li$

In ätherischer Lösung reagiert C_6F_5Br bei −78°C (5 min) bzw. 0°C (18 h) mit n-C_4H_9Li bzw. Lithiumamalgan zu C_6F_5Li in guten Ausbeuten [22]. Durch einen H-Li Austausch entsteht C_6F_5Li aus C_6F_5H und n-C_4H_9Li in Äther bei −70°C (die Temperatur soll nicht über −55°C steigen) innerhalb von 14 min. Setzt man frisch hergestelltes n-C_4H_9Li ein, so ist die Umsetzung in 5 min beendet. Ebenso rasch verläuft die Reaktion in Tetrahydrofuran [23] bzw. im Hexan-Äther-Gemisch (40%: 60%) [32]. Auch aus C_6F_5J (gelöst in Äther) und n-C_4H_9Li (gelöst in Hexan) ist C_6F_5Li bei −78°C zugänglich [24]. Analog setzt sich C_6F_5Cl in Äther bei −78°C mit n-C_4H_9Li zu C_6F_5Li um [25]. Letztere Umsetzung wird analog auch bei −10°C durchgeführt [104].

Die Si-C-Bindung in $C_6F_5SiHR_2$ (R = CH_3 [26, 28], C_6H_5 [27]) läßt sich mit n-C_4H_9Li in Äther bei −70°C (1 h) zu C_6F_5Li und n-$C_4H_9SiH(CH_3)_2$ spalten. Analog bildet sich C_6F_5Li aus $(C_6F_5)_2Si(CH_3)H$ und RLi in Äther (R = n-C_4H_9, −78 oder −70°C, 1 h; $(CH_3)_3C$, −78°C, 0.5 h; CH_3, −50°C, 1 h) sowie aus $C_6F_5Si(CH_3)_2H$ und CH_3Li bei −50°C innerhalb einer Stunde [28]. In geringer Ausbeute bildet sich C_6F_5Li aus $(C_6H_5)_3SiLi$ und $C_6F_5Si(CH_3)_3$ in Tetrahydrofuran [37]. Ein Metallaustausch erfolgt zwischen $(C_6F_5)_2Hg$ und CH_3Li bei 0°C (5 min) in Äther, wobei sich C_6F_5Li bildet [97]. Mit n-C_4H_9Li tritt diese Austauschreaktion schon bei −78°C ein [98].

In Tetrahydrofuran gelöstes 1,2,4,5-Tetrafluorbenzol reagiert mit C_4H_9Li, gelöst in Hexan, bei −70°C (die Temperatur darf −55°C nicht überschreiten) innerhalb von 20 min zu 1,4-$Li_2C_6F_4$ in 67% Ausbeute. Führt man diese Umsetzung analog in Äther durch, so erhält man nach 2 h 37.7% 1,4-$Li_2C_6F_4$. Die in Tetrahydrofuran durchgeführte Umsetzung von n-C_4H_9Li (gelöst in Hexan) mit 1,2,3,4-Tetrafluorbenzol (gelöst in Tetrahydrofuran) führt bei −70°C (−55°C dürfen nicht überschritten werden) in 18 min zu 1,2-$Li_2C_6F_4$ [23]. Nahezu quantitativ (92%) verläuft die Metallierung von 1,4-Dibromtetrafluorbenzol mit n-C_4H_9Li (gelöst in Hexan) in Tetrahydrofuran unterhalb −65°C (1 h) zu 1,4-$Li_2C_6F_4$. Wird diese Umsetzung in Äther (2 h) vorgenommen, so bildet sich 1,4-$Li_2C_6F_4$ in nur 21% Ausbeute. Hauptprodukt ist hierbei 4-BrC_6F_4Li, das sich in 70% Ausbeute bildet. Ganz allgemein konnte festgestellt werden, daß der Li-Brom- oder Li-Jodaustausch rascher und mit höheren Ausbeuten abläuft als ein entsprechender Li-H-Austausch [29]. Setzt man einen 2.4fachen Überschuß von n-C_4H_9Li, gelöst in Hexan, bei −70°C (0.5 h) mit 1,2-$Br_2C_6F_4$ um, so entstehen 94% 1,2-$Li_2C_6F_4$ und nur 7% 2-BrC_6F_4Li. Mit einem zweifachen Überschuß n-C_4H_9Li bildet sich die Dilithiumverbindung nur noch in 80% Ausbeute [30]. Die vollständige Metallierung von 1,3,5-$F_3C_6H_3$ gelingt bei −70°C nur mit n-C_4H_9Li und nicht mit $(CH_3)_3CLi$ in einer von den Reaktionsbedingungen — insbesondere der Temperatur — stark abhängigen Reaktion [38].

In nur 5% Ausbeute bildet sich 1,3,5-$Li_3C_6F_3$ beim langsamen Zutropfen von 4 mol $(CH_3)_3CLi$ zu 1,3,5-$F_3C_6H_3$ bei −78°C im Tetrahydrofuran-Pentan-Gemisch (1:1). Führt man jedoch diese Reaktion bei −115°C mit 3.15 mol $(CH_3)_3CLi$ im Tetrahydrofuran-Hexan-Gemisch (Anfangsverhältnis 90:10; Endverhältnis 50:50) durch, so bildet sich die Trilithiumverbindung nahezu quantitativ (95 bis 96%). Niedrigere Ausbeuten, die bei tieferen Temperaturen nicht zunehmen, erzielt man mit n-C_4H_9Li [31]. Behandelt man 1,3,5-$Cl_3C_6F_3$ mit 3.8 mol n-C_4H_9Li (gelöst in Hexan) bei −75°C

Preparation of Perfluorohaloorganolithium Compounds

in Äther, so bildet sich 1,3,5-$Li_3C_6F_3$ in 64% Ausbeute [39]. Die Metallierung von 1,2-$Br_2C_6F_4$ mit n-C_4H_9Li im Äther-Hexan-Gemisch bei −78°C führt zu 2-BrC_6F_4Li [33, 34]. Setzt man äquimolare Mengen analog um, so bildet sich 2-Bromtetrafluorphenyllithium innerhalb von 15 min [35]. Mit einer auf −70°C gekühlten Lösung von 1,2-$Br_2C_6F_4$ in Äther reagiert n-C_4H_9Li (gelöst in Hexan) in 15 s [36]. Im Hexan-Äther-Gemisch (60%: 40%) wird das Reaktionsgemisch bei −75°C eine halbe Stunde gerührt [32]. Infolge des glatten Hg-Li-Austausches reagiert $(2\text{-}BrC_6F_4)_2Hg$ mit 2 mol n-C_4H_9Li bei −78°C quantitativ zu 2-BrC_6F_4Li [98].

3-BrC_6F_4Li ist aus 1,3-$Br_2C_6F_4$ und n-C_4H_9Li (Molverhältnis 1:1) in Äther in 50% Ausbeute synthetisiert worden [117]. In [118] wird 2-JC_6F_4Li erwähnt, ohne daß nähere Angaben gemacht werden. Vermutlich entsteht es aus LiJ und Tetrafluorbenzyn. Die Verbindungen 4-$NH_2C_6F_4Li$ bzw. 4-LiC_6F_4SLi werden durch Metallierung des entsprechenden H-Tetrafluoranilins bzw. Thiols mit n-C_4H_9Li im Tetrahydrofuran-Hexan- bzw. Äther-Hexan-Gemisch bei −70°C (3.25 bzw. 1.5 h) synthetisiert [45]. Fügt man eine Lösung von n-C_4H_9Li in Hexan zu 2,3,4,5-Tetrafluoranilin, gelöst in Tetrahydrofuran, bei −70°C innerhalb von 1.5 h hinzu und rührt weitere 2 h, so bildet sich 6-$NH_2C_6F_4Li$ [105].

4-Trifluormethylperfluorphenyllithium 4-$CF_3C_6F_4Li$

4-Lithium-lithiumperfluorbenzoat 4-LiC_6F_4COOLi

Lithium-2,3,4,5-tetrafluor-6-lithiumphenolat 6-$(LiO)C_6F_4Li$

6-Lithium-2,3,4,5-tetrafluorlithiumthiophenolat 6-LiC_6F_4SLi

Bis(2-lithium-tetrafluorphenyl)sulfan $(2\text{-}LiC_6F_4)_2S$

4-Lithium-perfluordiphenyläther 4-$LiC_6F_4OC_6F_5$

Bis(4-lithium-perfluorphenyl)äther $(4\text{-}LiC_6F_4)_2O$

2-Lithium-nonafluorbiphenyl 2-$LiC_6F_4C_6F_5$

2-Lithium-2'-bromoctafluorbiphenyl 2'-$BrC_6F_4C_6F_4Li$-2

2-Lithium-2'-jodoctafluorbiphenyl 2'-$JC_6F_4C_6F_4Li$-2

2,2'-Dilithium-octafluorbiphenyl 2-$LiC_6F_4C_6F_4Li$-2'

4,4'-Dilithium-octafluorbiphenyl 4-$LiC_6F_4C_6F_4Li$-4'

Tropft man 4-$CF_3C_6F_4H$, gelöst in Tetrahydrofuran, bei −60°C zu einer Lösung von n-C_4H_9Li in Hexan innerhalb von 15 min hinzu und rührt 0.5 h weiter, so entsteht 4-$CF_3C_6F_4Li$ [40]. Kühlt man eine Lösung von n-C_4H_9Li in Hexan auf −65°C und setzt hierzu tropfenweise 2,3,5,6-Tetrafluorbenzoesäure, gelöst in Tetrahydrofuran, innerhalb von 15 min zu, so bildet sich 4-LiC_6F_4COOLi [29]. Tropft man eine Lösung von n-C_4H_9Li in Äther zu in Tetrahydrofuran gelöstem 2,3,4,5-Tetrafluorphenol unter Rühren bei −75°C (3.5 h), so entsteht 6-$(LiO)C_6F_4Li$ [99]. Zu 6-LiC_6F_4SLi und 2-$LiC_6F_4SC_6F_4Li$-2' s. „Perfluorhalogenorgano-Verbindungen der Hauptgruppenelemente", Erg.-Werk, Bd. 9, Tl. 1, S. 99, Bd. 12, Tl. 2, S. 6, 23. — Die Metallierung von 4-$BrC_6F_4OC_6F_5$ bzw. 4-$HC_6F_4OC_6F_5$ in Tetrahydrofuran mit n-C_4H_9Li [47] bzw. CH_3Li, beide gelöst in Äther [48], bei −70°C führt zu 4-$LiC_6F_4OC_6F_5$. Tropft man n-C_4H_9Li (gelöst in Pentan) zu einer Lösung von 4-$(4\text{-}BrC_6F_4O)C_6F_4H$ in Tetrahydrofuran bei −70°C in 15 min, so entsteht $(4\text{-}Li\text{-}C_6F_4)_2O$ [47].

2-Br-$C_6F_4C_6F_5$ läßt sich mit n-C_4H_9Li in Äther bei −78°C (15 min) zu 2-$LiC_6F_4C_6F_5$ metallieren [51]. Bei der Umsetzung von äquimolaren Mengen C_6F_5Br mit n-C_4H_9Li bei −78°C und anschließendem Erwärmen auf 20°C innerhalb 0.5 h entsteht 2 Li-$C_6F_4C_6F_5$ [41], das auch aus 2-$XC_6F_4C_6F_5$ und n-C_4H_9Li synthetisiert werden kann (X = J [41], Br [42]). 2,2'-Dibrom- und 2,2'-Dijodoctafluorbiphenyl lassen sich mit 1 mol n-C_4H_9Li in Äther-Hexan zu 2-Li-2'-X-$C_6F_4C_6F_4$ (X = Br, J) metallieren [49]. Setzt man 2 mol mit der Dibromverbindung um, so bildet sich 2-$LiC_6F_4C_6F_4Li$-2' [49]. 2,2'-Dibrom- bzw. 2,2'-Dijodoctafluorbiphenyl reagiert im Äther-Hexan-Gemisch bei −78°C mit 2.1 mol n-C_4H_9Li innerhalb einer Stunde quantitativ zu 2-$LiC_6F_4C_6F_4Li$-2'. Selbst wenn die Umsetzung nur mit 1 mol n-C_4H_9Li vorgenommen wird, entsteht auch die Dilithiumverbindung. Hydrolyseversuche zeigen, daß hierbei sich 2-$HC_6F_4C_6F_4H$-2'

Preparation of Perfluoro-haloorgano-lithium Compounds

und 2-H-$C_6F_4C_6F_4$Br-2′ bilden. Somit verhält sich 2-Br$C_6F_4C_6F_4$Br-2′ ähnlich wie 1,4-$Br_2C_6F_4$ [43]. Unter ähnlichen Bedingungen kann es auch aus 2,2′-H_2-Octafluorbiphenyl und n-C_4H_9Li synthetisiert werden [44]. In Tetrahydrofuran-Hexan reagiert n-C_4H_9Li (tropfenweise zugegeben) mit 4,4′-H_2-Octafluorbiphenyl bei −70°C (1 h) nahezu quantitativ zu 4-Li$C_6F_4C_6F_4$Li-4′ [45].

2,3-Bis(pentafluorphenyl)-4,5,6-trifluorphenyllithium 2,3-$(C_6F_5)_2C_6F_3$Li

2,6-Bis(pentafluorphenyl)-3,4,5-trifluorphenyllithium 2,6-$(C_6F_5)_2C_6F_3$Li

Die thermische Zersetzung des 2-Li$C_6F_4C_6F_5$ führt zu 1-Pentafluorphenyl-2,3,4-trifluorbenzyn, das C_6F_5Li zu obigen beiden Isomeren addieren kann. Der Nachweis ihrer Existenz erfolgt über die Umsetzung mit 2-H$C_6F_4C_6F_5$. Infolge Li-H-Austausch entstehen die entsprechenden 1-H-Verbindungen in 15% Gesamtausbeute, wobei 90% auf 1,2-Bis(pentafluorphenyl)-4,5,6-trifluorbenzol entfallen [42]:

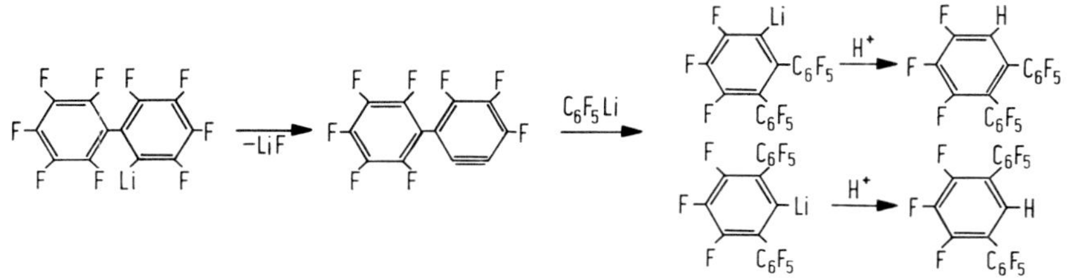

4,4′-Dilithium-3,3′-dibrom-hexafluorbiphenyl 4-Li-3-Br$C_6F_3C_6F_3$Br-3′-Li-4′

3,3′,4,4′-Tetralithium-hexafluorbiphenyldicarboxylat 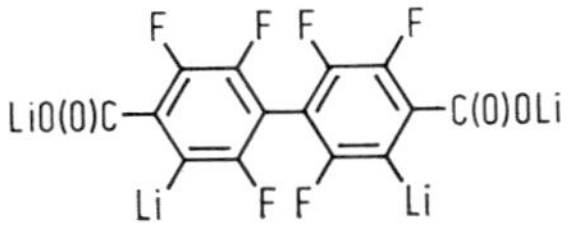

Die Umsetzung von n-C_4H_9Li mit 3,4-$Br_2C_6F_3C_6F_3Br_2$-3′,4′ im Hexan-Tetrahydrofuran-Gemisch bei −70°C (1 h) führt zu obiger Dilithiumverbindung. Unter ähnlichen Bedingungen reagiert 3-Br-4-[HOC(O)]$C_6F_3C_6F_3$[HOC(O)]$_2$-4′-Br-3′ mit 4 mol n-C_4H_9Li innerhalb von 2 h zur Tetralithiumverbindung [101].

4-Lithium-2,3,5,6-tetrafluorpyridin 4-LiC_5F_4N

5-Lithium-2,3,4,6-tetrafluorpyridin 5-LiC_5F_4N

3,5-Dilithium-2,4,6-trifluorpyridin 3,5-$Li_2C_5F_3$N

In einer N_2-Atmosphäre reagiert n-C_4H_9Li nach tropfenweiser Zugabe zu 2,4,5,6- bzw. 2,3,5,6-Tetrafluorpyridin in Hexan bei −60 bzw. −55°C (15 bzw. 20 min) zu 3- bzw. 4-LiC_5F_4N. Mit 4-Jodtetrafluorpyridin liefert n-C_4H_9Li in Äther/Benzol bei −35°C (4.5 h) 4-LiC_5F_4N [100]. Analog setzt sich 4-BrC_5F_4N in Äther/Hexan bei −75°C (1 h) zu 4-LiC_5F_4N um [102]. Auch aus C_5F_5N läßt sich mittels $(CH_3)_3$SnLi in Tetrahydrofuran bei −78°C (2 h) 4-LiC_5F_4N synthetisieren [103]. In Tetrahydrofuran setzt sich n-C_4H_9Li mit 2,4,6-Trifluorpyridin bei −75°C (20 min) zu 3,5-$Li_2C_5F_3$N um [46].

2-Lithium-2′-chlor-octafluorbiphenyl 2-Li$C_6F_4C_6F_4$Cl-2′

2-Lithium-2′-lithiumcarboxy-octafluorbiphenyl 2-Li$C_6F_4C_6F_4$C(O)OLi

4-Lithium-4′-brom-octafluorbiphenyl 4-Li$C_6F_4C_6F_4$Br-4′

1-Lithium-heptafluorbiphenylen 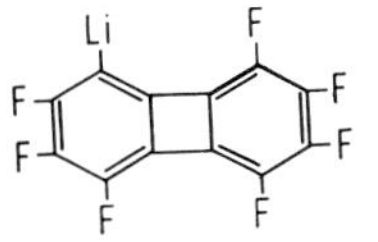

Literatur s. S. 57

Leitet man Cl_2 in eine Lösung von 2-$LiC_6F_4C_6F_4Li$-2' 15 min ein, erwärmt auf 20°C und läßt anschließend 2 h stehen, so bilden sich etwa 5% 2-$LiC_6F_4C_6F_4Cl$-2' [43]. Die Umsetzung von 2-$BrC_6F_4C_6F_4(COOH)$-2' mit n-C_4H_9Li führt in guten Ausbeuten zu 2-$LiC_6F_4C_6F_4(COOLi)$-2' [119]. Setzt man 1 mol n-C_4H_9Li mit 4-$BrC_6F_4C_6F_4Br$-4' bei −78°C um, so bildet sich in guter Ausbeute 4-$LiC_6F_4C_6F_5Br$-4' [33]. 2,2'-Li_2-$C_6F_4C_6F_4$ zersetzt sich bei 0°C (0.5 h) in Äther-Hexan und Abspaltung von 1 mol LiF. Das sich intermediär bildende Arin lagert sich zu 1-Lithiumheptafluorbiphenylen um [25, 116] gemäß:

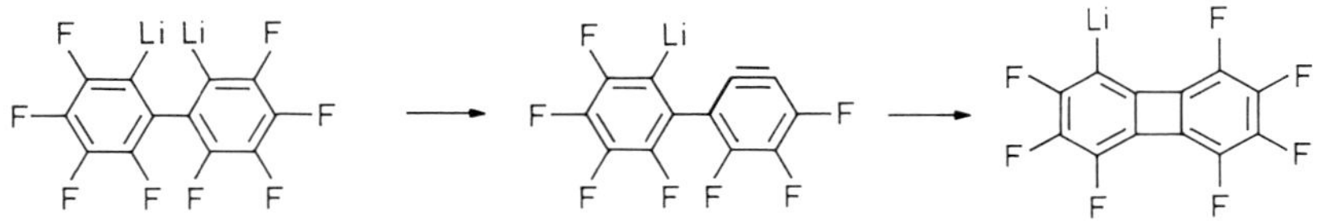

2-Lithium-tetrafluorphenyl-cyclopentadienyldicarbonyleisen

2-$LiC_6F_4[\pi$-$C_5H_5Fe(CO)_2]$

3-Lithium-tetrafluorphenyl-cyclopentadienyldicarbonyleisen

3-$LiC_6F_4[\pi$-$C_5H_5Fe(CO)_2]$

4-Lithium-tetrafluorphenyl-cyclopentadienyldicarbonyleisen

4-$LiC_6F_4[\pi$-$C_5H_5Fe(CO)_2]$

2-Br, 3-Br- bzw. 4-$BrC_6F_4[\pi$-$C_5H_5Fe(CO)_2]$ reagieren mit n-C_4H_9Li in Äther bei −78°C (2 h) zu den entsprechenden 2-Li, 3-Li- bzw. 4-Li-Verbindungen in 93, 87 bzw. 94% Ausbeute. Anstelle eines Br-Li-Austausches kann auch ein H-Li-Austausch vorgenommen werden, doch sind in Äther bei −78°C (2 h) die Umsetzungen nicht vollständig. Die Charakterisierung der Li-Verbindungen erfolgt durch Hydrolyse oder Reaktion mit Brom. Im ersteren Fall entstehen die entsprechenden H- und im letzteren Br-Derivate [122].

Physical Properties

1.3.2 Physikalische Eigenschaften

Physikalische Untersuchungen über Perfluorhalogenorgano-Lithium-Verbindungen liegen nicht vor.

Chemical Reactions

1.3.3 Chemisches Verhalten

Thermal Stability

1.3.3.1 Thermische Beständigkeit

Of Perfluorohaloalkyllithium Compounds

1.3.3.1.1 Von Perfluorhalogenalkyl-Lithium-Verbindungen

Perfluorhalogenalkyl-Lithium-Verbindungen spalten relativ leicht in Lösung LiF ab, wobei sich das entsprechende Olefin bildet:

$$R_fCF_2CF_2Li \rightarrow R_fCF{=}CF_2 + LiF$$

$R_f = CF_3$. Erhitzen im Rückfluß (0.5 h), 77% [3]. Die Stabilität von n-C_3F_7Li ist vom Lösungsmittel abhängig. In Äther erfolgt der Zerfall bei −74°C, wobei $CF_3CF{=}CF_2$, eine Spur $CF_3CF_2CF_2H$ und nichtflüchtige Polymere entstehen. Das Auftreten von Polymeren und $CF_3CF_2CF_2H$ zeigt, daß eine H-Abstraktion vom Lösungsmittel eintritt. Bei −40°C bildet sich kein $CF_3CF_2CF_2H$ mehr. Zerfall und H-Abstraktion sind konkurrierende Reaktionen, wobei mit steigender Temperatur der Zerfall zunimmt und bei −40°C ausschließlich erfolgt. In Tetrahydrofuran zerfällt es bei −40°C, wobei $CF_3CF_2CF_2H$ und $CF_3CF{=}CF_2$ im Verhältnis 10:1 entstehen. Die größere Stabilität in Tetrahydrofuran zeigt, daß es ein besseres Solvatisierungsagenz als Äther ist. Die H-Abstraktion erfolgt aber in Äther leichter [4]. Der Zerfall des $(CF_3)_2CFLi$ zu $CF_3CF{=}CF_2$ bei 20°C und anschließendem Erhitzen im Rückfluß (1 h) erfolgt zu 74% [6]. Unterhalb −90°C ist n-$C_7F_{15}Li$ stabil, zersetzt sich

Thermal Stability of Perfluorohaloalkyllithium Compounds

aber vor allem in Gegenwart von n-C_4H_9Li über die Stufe des $C_5F_{11}CF{=}CF_2$ zu $C_5F_{11}CF{=}CFC_4H_9$ [7]. Undecafluorbicyclo[2,2,1]heptyllithium spaltet LiF ab und liefert Decafluorbicyclo[2,2,1]-hept-1-en [21]. Wesentlich stabiler ist Tridecafluorbicyclo[2,2,2]octyllithium, das sich bei 35°C (1 h) nur zu etwa 25% zersetzt, wie Hydrolysereaktionen und Umsetzungen mit J_2 bzw. CH_3J gezeigt haben [19]. Bis −15°C ist $CF_2{=}CFLi$ stabil, jedoch bei 0°C bereits zerfallen, wie Umsetzungen mit $(CH_3)_3SnBr$ gezeigt haben [9]. Festes $LiC{\equiv}CF$ ist explosiv; die Zersetzungswärme beträgt 3.6 kcal/g [52]. Unter LiF-Abspaltung zerfällt Nonafluorcyclohexenyllithium zu Octafluorcyclohexin und Octafluorcyclohexa-1,2-dien [17]. Sowohl 1-Halogen-2-lithiumdecafluorbicyclo[2,2,1]heptan als auch 1-Jod-2-lithiumdodecafluorbicyclo[2,2,2]octan sind instabil und spalten LiF ab. Hierbei entstehen 1-Halogennonafluorbicyclo[2,2,1]hept-2-en (Halogen : Brom, Jod) [18] bzw. 1-Jod-undecafluorbicyclo[2,2,2]oct-2-en [19].

In Gegenwart von 1 mol CH_3Li zerfällt 1-Lithium-undecafluor-bicyclo[2,2,1]heptan in Äther bei −55°C (0.25 h) zu einem gaschromatographisch nicht trennbaren Gemisch aus 1-Methyl-nonafluor-bicyclo[2,2,1]hept-2-en (90%) und 1-Methyl-undecafluor-bicyclo[2,2,1]heptan (10%), zu 1-Bromnonafluorbicyclo[2,2,1]hept-2-en und zu 1,2-Dimethyloctafluorbicyclo[2,2,1]hept-2-en sowie zu einem Gemisch aus exo- und endo-1,6-Dimethyloctafluorbicyclo[2,2,1]hept-2-en. In Anwesenheit von 2 mol CH_3Li entstehen 1-Methyl-nonafluor-, 1,2- sowie ein Gemisch aus exo- und endo-1,6-Dimethyl-octafluor-bicyclo[2,2,1]hept-2-en [126].

Der Zerfall des 1-Lithium-4-trifluormethyl-decafluorbicyclo[2,2,1]heptan in Äther bei −40°C (0.5 h), Rückfluß (2 h) und anschließendem Rühren bei 20°C (12 h) in Gegenwart von LiJ führt zu: 1) einem Gemisch aus 1-Methyl-4-trifluormethyl-decafluorbicyclo[2,2,1]heptan, 1-H- und 1-Methyl-4-trifluormethyl-octafluorbicyclo[2,2,1]hept-2-en, 2) 1-Jod und 1-H-4-Trifluormethyl-decafluor-bicyclo[2,2,1]heptan, 3) 1-Jod und 1-H-4-Trifluormethyl-octafluorbicyclo[2,2,1]hept-2-en. In Anwesenheit von LiBr bilden sich unter analogen Bedingungen 1-H- und 1-Brom-4-trifluormethyl-octafluorbicyclo[2,2,1]hept-2-en sowie 1-Brom-4-trifluormethyl-decafluorbicyclo[2,2,1]heptan. Mit einem Überschuß CH_3Li (dargestellt aus CH_3J und Li) bilden sich bei −55°C (0.5 h), 25°C (0.5 h) und 35°C (1 h) die Produkte: 1-H- sowie 1-Methyl-4-trifluormethyl-decafluorbicyclo-[2,2,1]heptan, 1-H-4-Trifluormethyl-octafluorbicyclo[2,2,1]hept-2-en und ein Gemisch aus 1,2-Dimethyl- sowie exo- und endo-1,6-Dimethyl-4-trifluormethyl-heptafluorbicyclo[2,2,1]hept-2-en. In Gegenwart von CH_3Li, das aus CH_3Br und Li bei −40°C synthetisiert wird, verläuft die Zersetzungsreaktion analog [127].

1.3.3.1.2 Von Perfluorhalogenaryl-Lithium-Verbindungen

Of Perfluorohaloaryllithium Compounds

Der thermische Zerfall von Perfluoraryl-Lithium-Verbindungen führt nicht zu stabilen Endprodukten, sondern zu den sehr reaktiven Perfluorarinen, die in Gegenwart von z.B. Furan oder Benzol Diels-Alder-Reaktionen eingehen. Obwohl es sich hier um Reaktionen von Primärprodukten, nämlich Arinen, handelt, werden in dem Abschnitt über thermische Zersetzung in Gegenwart von Abfangagenzien wenigstens einige wichtige charakteristische Reaktionen angegeben werden, da sie wesentlich zum Verständnis des chemischen Verhaltens von Perfluorhalogenaryl-Lithium-Verbindungen beitragen.

Ähnlich wie Perfluoralkyl-Lithium-Verbindungen spalten auch Lithiumperfluoraryle LiF ab, wie z.B.

$$C_6F_5Li \longrightarrow LiF + C_6F_4 \quad [54]$$

Bei −10°C ist LiC_6F_5 nach 24 h zu 45% und nach 144 h nur noch zu 5% erhalten [22]. Die Stabilität von C_6X_5Li (X = F, Cl, Br) nimmt in der Reihenfolge $C_6Cl_5Li > C_6F_5Li \gg C_6Br_5Li$ ab [53]. Die Thermolyse von C_6F_5Li wird bei −78°C in benzolischer Lösung durch die Anwesenheit von Hexaorganodisilan, aber auch von Silanen und Siloxanen beschleunigt. Es entstehen hierbei eine Reihe von Perfluorbromkohlenwasserstoffen mit 6, 12, 30 und 32 C-Atomen. Das bei der Synthese von C_6F_5Li anfallende LiBr ist für die Bromierungen verantwortlich [62]. Unter LiF-Abspaltung wandelt sich 2-Li-$C_6F_4C_6F_5$ in 1-Pentafluorphenyl-2,3,4-trifluorbenzyn [42] und 2-Bromtetrafluorphenyl-

Thermal Stability of Perfluorohaloaryllithium Compounds

lithium in 1-Brom-2,3,4-trifluorbenzyn um [55]. Keine Zersetzung erleidet 2-Brom-3,4,5,6-tetrafluorphenyllithium sowohl bei −70°C (24 h) als auch bei −27°C (6 h). Dagegen können bei 0°C (4 h) nach Hydrolyse eines aliquoten Teils mit H_2O 2-Brom-3,4,5,6-tetrafluorbenzol und 14 andere Substanzen gaschromatographisch nachgewiesen werden. Nach zusätzlichen 4 h bei 0°C sind nur noch Spuren der 2-Brom-Verbindung nachzuweisen, während die Intensität der 14 Peaks zunimmt [36].

Das in Tetrahydrofuran synthetisierte 4-$LiC_6F_4OC_6F_5$ zersetzt sich bei −70°C innerhalb von 4 h zu 20%. Läßt man es von −70°C auf Raumtemperatur erwärmen und rührt anschließend weitere 8 h, so entsteht ein benzollösliches Polymer (Molgewicht 4000±100). In Furan bleibt die Verbindung nach 4 h bei −70°C und nach einer weiteren Stunde bei −30°C unzersetzt [47].

In Presence of Scavengers

In Gegenwart von Abfangagenzien

Die thermische Zersetzung eines Perfluoraryllithiums kann intramolekular erfolgen, wobei sich intermediär ein Perfluorarin bildet. Dieses kann nun mit entsprechenden Partnern Diels-Alder-Reaktionen eingehen. So zersetzt sich C_6F_5Li in Gegenwart von Furan [22], Thiophen oder 1-Methylpyrrol [113] unter 3,4-Addition zu Derivaten des 1,2,3,4-Tetrafluor-5,8-dihydronaphthalins gemäß:

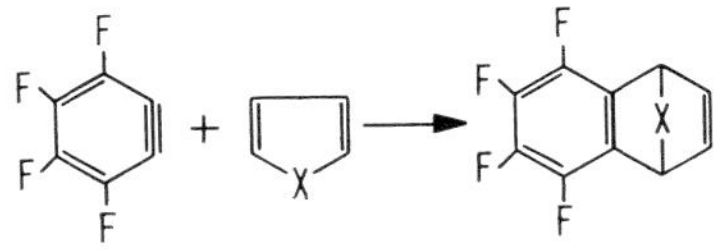

X = O (15°C, 18 h, 48% Ausbeute) [22]; X = S (25°C, 5% Ausbeute). Die Verbindung ist sehr instabil und zerfällt in S und 1,2,3,4-Tetrafluornaphthalin [113]. X = NCH_3 (25°C, 52% Ausbeute) [113]. Mit C_6H_6 reagiert C_6F_5Li bei 0°C (2 h) zu Tetrafluorbenzobicyclo[2,2,2]octatrien (Schmelzpunkt: 70 bis 71°C) in 55% Ausbeute [33, 82], und bei 20°C (18 h) entstehen 75% [25]. Da C_6F_5Li bei diesen Reaktionstemperaturen (20°C, 18 h [25] bzw. 0°C, 4 h [42]) teilweise zu 2-$LiC_6F_4C_6F_5$ zerfällt, bildet sich in geringer Ausbeute auch 1-(Pentafluorphenyl)-2,3,4-trifluorbenzobicyclo-[2,2,2]octatrien (Schmelzpunkt: 171 bis 173°C) [42]. Auch mit Duren erfolgt analog 1,4-Addition [113]:

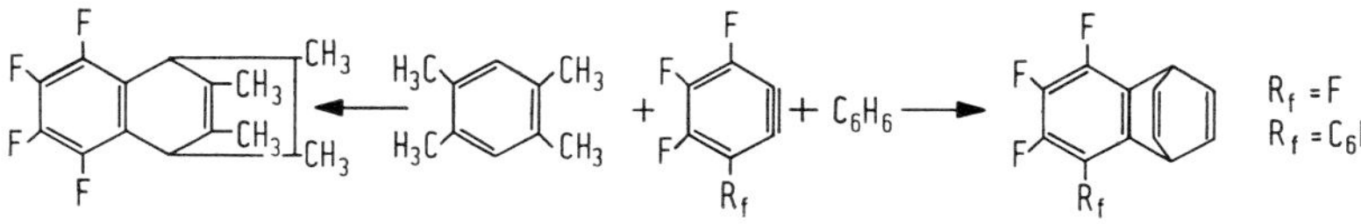

R_f = F
R_f = C_6F_5

Bei all diesen Reaktionen ist Furan ein besseres Abfangagenz als Benzol [25].

Anders reagiert C_6F_4 mit Styrol bei 20°C (14 h) in Äther. Hierbei entsteht primär das Tetrahydroprodukt A (nur in geringer Menge isoliert), das unter den Reaktionsbedingungen zu B (20% Ausbeute) dehydriert wird gemäß [25]:

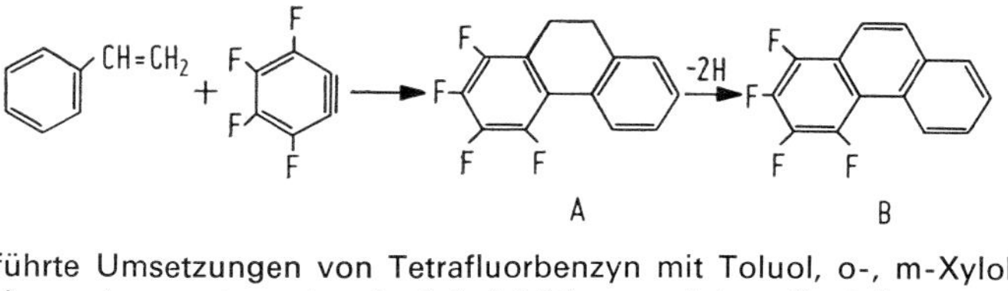

Ähnlich durchgeführte Umsetzungen von Tetrafluorbenzyn mit Toluol, o-, m-Xylol (0°C, 3 h) und p-Xylol (0°C, 9 h) ergeben entsprechende 1,4-Additionsprodukte. Reaktionen mit Duren (15°C, 2 Tage), Thiophen (15°C, 12 h), 1-Methylpyrrol (15°C, 12 h) führen zu den bereits angegebenen Verbindungen. Mit Benzol in Gegenwart von C_6F_5H entsteht neben dem 1,4-Additionsprodukt noch 2-$HC_6F_4C_6F_5$ und Eicosafluorquinquephenyl [114]. Ein möglicher Mechanismus für die Bildung des letzten Produktes ist in [54] angegeben. In Äther gelöstes C_6F_5Li zerfällt in Gegenwart von N,N-Dimethylanilin und liefert 5.5% A′, 0.5% B′, 12.5% C′ und über eine Zwischenstufe 9.5% D′ [115]:

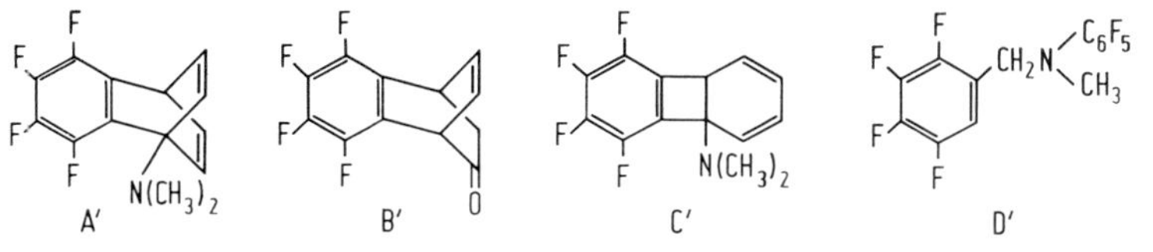

Thermal Stability of Perfluorohaloaryllithium Compounds in Presence of Scavengers

A′ B′ C′ D′

Der Zerfall der 1-Li-2-BrC_6F_4 kann so erfolgen, daß einmal 1-Br-2,3,4-F_3C_6 (in Furan 95% und in Benzol 99%) und C_6F_4 (in Furan 5% und in Benzol 1% [118]) entstehen kann. Führt man diese Zersetzung in Gegenwart von 1,2-$Br_2C_6F_4$ durch, so können als Hauptprodukte 2,3,2′- und 2,6,2′-Tribromheptafluorbiphenyl isoliert werden. Diese beiden Verbindungen entstehen gemäß:

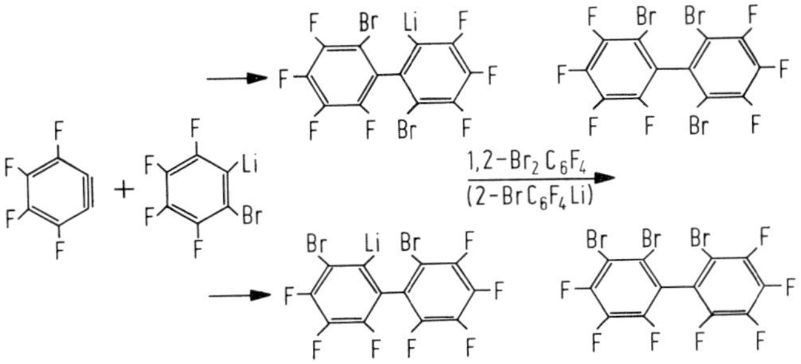

1,2-$Br_2C_6F_4$ (2-BrC_6F_4Li)

Zusätzlich lassen sich 2,2′-Dibromoctafluorbiphenyl, 4-Br-, 2-Br- und 2-H$C_6F_4C_6F_5$ sowie 2-Brom-2′-Hydrooctafluorbiphenyl nachweisen. Da 1-Li-2-BrC_6F_4 teilweise auch unter LiBr-Abspaltung C_6F_4 liefert, vermag dieses überschüssige Li-Verbindungen zu addieren. Li-Br-Austausch führt dann zu einem Endprodukt nach:

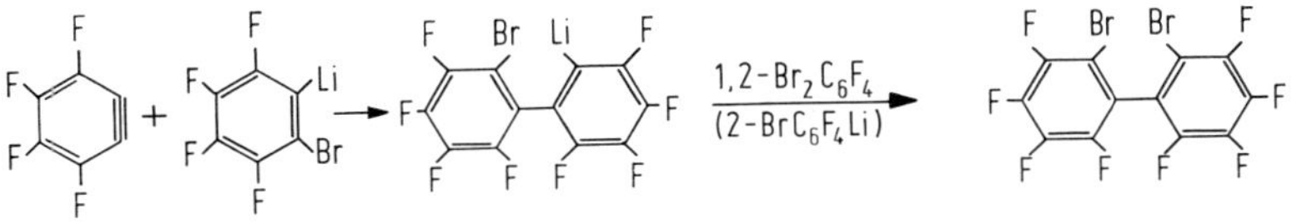

1,2-$Br_2C_6F_4$ (2-BrC_6F_4Li)

Die H-haltigen Stoffe sind vermutlich infolge Hydrolyse entstanden, und 4-Br- bzw. 2-Br$C_6F_4C_6F_5$ treten infolge vorhandener Verunreinigungen von C_6F_5Br und C_6F_5Li in geringen Mengen auf. In Gegenwart von 1,2-$Br_2C_6F_4$ zerfällt C_6F_5Li und liefert hauptsächlich 2-Br$C_6F_4C_6F_5$, 2-Br$C_6F_4C_6F_4$-Br-2′ und 2,6-$Br_2C_6F_3C_6F_5$ [35]. Die Bildung des 2-Li$C_6F_4C_6F_5$ aus C_6F_5Li erfolgt ebenfalls über eine Addition der Li-Verbindung an das Tetrafluorbenzyn [41, 54] (s. S. 6). Mit C_6F_5SH setzt sich Tetrafluorbenzyn zu Perfluordibenzothiophen um („Perfluorhalogenorgano-Verbindungen der Hauptgruppenelemente", Erg.-Werk, Bd. 9, Tl. 1, S. 85) [55]. Eine ätherische Lösung von 1-Lithiumundecafluorbicyclo[2,2,1]heptan reagiert mit Furan zunächst bei −55°C (0.5 h), dann bei 25 bis 30°C (0.5 h) zu einem Addukt [18] gemäß:

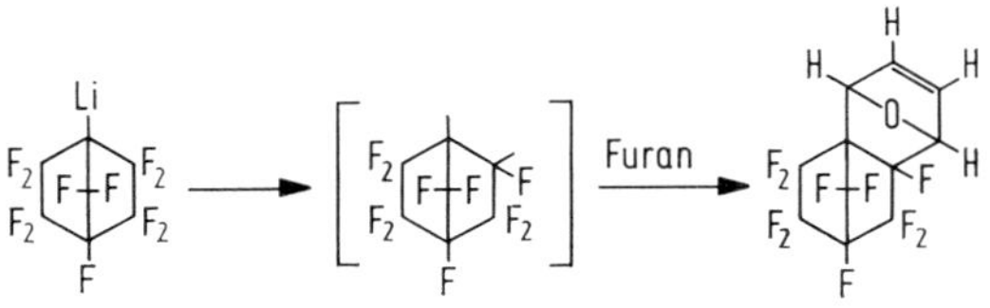

Furan

Zwei Zwischenprodukte können bei der thermischen Zersetzung des 1-Lithiumnonafluorcyclohexen in Äther auftreten, die wie folgt mit Furan weiter reagieren können [17]:

Perfluoro-haloorgano-lithium Compounds

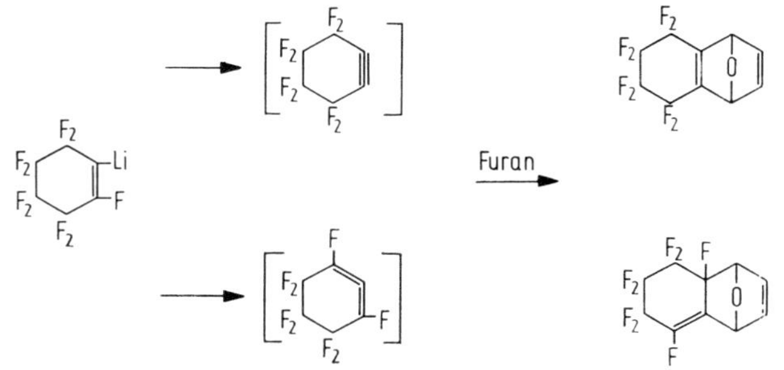

Ebenfalls zwei Arin-Tetrahydrofuran-Addukte entstehen beim Zerfall des 2-$LiC_6F_4C_6F_4Li$-2' bei 20°C in Gegenwart von Furan gemäß:

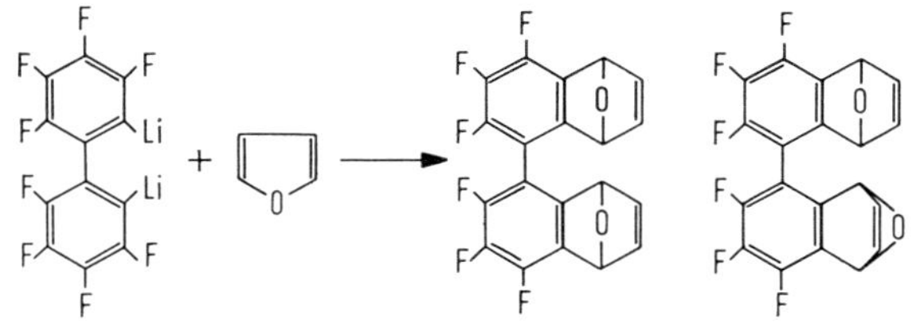

In Abwesenheit eines Abfangreagenzes jedoch liefert die Dilithiumverbindung unter Abspaltung von 1 mol LiF bei 0°C (0.5 h) in Äther-Hexan primär ein Nonaarin, das sich zu 1-Lithiumheptafluorbiphenylen umlagert (s. S. 7) [25, 116]; dieses scheint mit Furan kein Addukt zu bilden, da mehrstündiges Rühren bei 20°C nach der Aufarbeitung des Reaktionsgemisches lediglich das entsprechende 1-Hydroheptafluorbiphenyl ergab [25].

Ein Diels-Alder-Addukt wird auch infolge Zersetzung von 4-$C_6F_5OC_6F_4Li$ bei 20°C in Anwesenheit von Furan gebildet [47] nach:

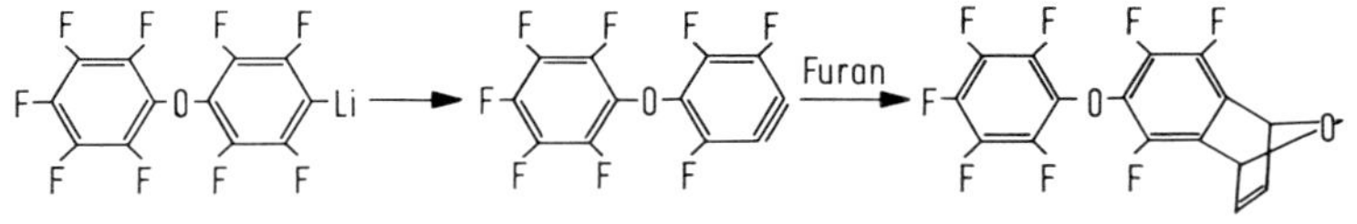

3- und 4-Lithium-tetrafluorphenyl-(cyclopentadienyl)eisendicarbonyl zerfallen in Gegenwart von Furan unter LiF-Abspaltung und das sich bildende Arin geht mit Furan die bekannten Diels-Alder-Additionen ein [131].

Hydrolysis

1.3.3.2 Hydrolyse

Perfluorhalogenorgano-Lithium-Verbindungen sind hydrolyseempfindlich und reagieren mit H_2O bzw. H^+ zu LiOH bzw. Li^+ und dem entsprechenden H-Perfluorkohlenwasserstoff gemäß:

$$R_fLi + H^+(H_2O) \rightarrow R_fH + Li^+(LiOH)$$

Nachfolgend werden R_f, Hydrolysemittel, Reaktionsbedingungen und Ausbeute angegeben:

n-C_3F_7, 3 n H_2SO_4, 0°C (1 h) und anschließend Rückfluß (35 h), 99.4% [3]; $(CF_3)_2CF$, 3 n H_2SO_4 oder C_2H_5OH, −10°C und anschließend langsames Erhitzen auf Siedetemperatur, kein bzw. nur wenig CF_3CFHCF_3, 66% $CF_3CF{=}CF_2$ [6]; [Strukturformel], D_2O, 20°C (1 h), 60% [18] und D_2O, Zugabe bei 0°C, gerührt bei 18°C (1 h), 70%, $H_2O + H^+$, Zugabe bei 35°C, 82% [19]. Nonafluorbicyclo[2,2,1]hept-2-en-1-yl, verdünnte Säure, 20°C, 60% [128].

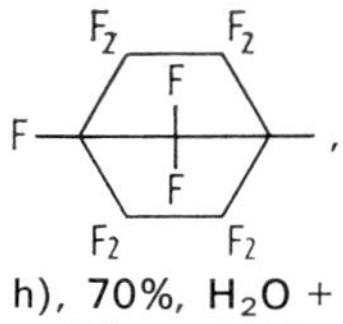

Hydrolysis of Perfluorohaloorganolithium Compounds

$(CF_2)_n$ C—=C—Cl (n = 2, 3, 4), H_2O, 20°C [50]. C_6F_5, H_2O, 15°C, brauchbare Ausbeute [22]; 1,2-C_6F_4, 6n HCl, 20°C, 94%, 1,2-$H_2C_6F_4$ und 7% 2-BrC_6F_4H. Ändert man das Molverhältnis der Reaktionspartner n-$C_4H_9Li/C_6F_4Br_2$ von 2.5:1 auf 2:1, so ändert sich das Verhältnis 1,2-$H_2C_6H_4$/1-BrC_6H_4H auf 4:1. Führt man die Umsetzung 1,2-$Br_2C_6F_4$ mit CH_3Li in Äther im Verhältnis 1:2 durch, so entsteht nach Hydrolyse mit 6n HCl bei 20°C 1,2-$H_2C_6F_4$ und 2-BrC_6F_4H im Verhältnis 6:1 [30].

(Biphenyl-Strukturformel mit F-Substituenten) H_2O, —, 96 bis 98% [43, 49]. (Biphenyl-Strukturformel mit F-Substituenten), —, Zugabe von H_2O bei 20°C führt nach 0.5 h zu brauchbaren Ausbeuten. Bewahrt man die Li-Verbindung länger als 0.5 h bei 20°C auf und hydrolysiert dann, so fällt die Ausbeute an 2-$HC_6F_4C_6F_5$ [41], H_2O, 20°C [51].

Die Hydrolyse des 2-BrC_6F_4Li mit H_2O bei 20°C liefert 2-BrC_6F_4H als Hauptprodukt [35] und die von 3-BrC_6F_4Li die entsprechende H-Verbindung in 50% Ausbeute [117]. Setzt man 2-$LiC_6F_4C_6F_4Cl$-2′ bzw. 1-Lithium-heptafluorbiphenylen mit Wasser um, so bildet sich 2-$HC_6F_4C_6F_4Cl$-2′ [43] bzw. 1-Hydro-heptafluorbiphenylen [25, 116]. Mit H_2O liefert 4-$LiC_6F_4OC_6F_5$ in 98% Ausbeute 4-$HC_6F_4OC_6F_5$ [47, 48].

1.3.3.3 Carboxylierung

Carboxylation

Eine zum Nachweis und Charakterisierung von Perfluororgano-Lithium-Verbindungen geeignete Reaktion ist die Carboxylierung mit CO_2. Hierbei wird die C-Li-Bindung in eine C-C(O)OLi-Verbindung umgewandelt, die auf Zugabe von H^+ in die entsprechende Carbonsäure übergeht. Carboxyliert man R_fLi bei −90°C in Äther durch Einleiten von CO_2, läßt auf 20°C erwärmen und hydrolisiert mit KOH-Lösung, so bildet sich $R_fC(O)OLi$, das beim Ansäuern mit HCl in die Carbonsäure übergeht. Für R_f = n-C_3F_7 beträgt die Ausbeute an Li-Salz 54%, für R_f = $(CF_3)_2CF$ 4% und für R_f = n-C_7F_{15} 38% [7]. Aus CF_2=CFLi und CO_2 bildet sich in Äther bei −78°C und anschließendem Erwärmen auf 20°C CF_2=CFCOOH in 56.5% Ausbeute [11]. 1,2-Dilithiumperfluorcycloolefine liefern ebenfalls die entsprechenden Dicarbonsäuren gemäß [50]:

$$(CF_2)_n\,[CLi{=}CLi] + CO_2 \longrightarrow (CF_2)_n\,[C(COOLi){=}C(COOLi)] \xrightarrow{+H^+} (CF_2)_n\,[C(COOH){=}C(COOH)] \qquad n = 2,3,4$$

Mit CO_2 reagiert 1-Lithiumundecafluorbicyclo[2,2,1]heptan bei −60°C (4 h) und dann bei 20°C (12 h) unter ständigem Rühren, nach Ansäuern mit 4 normalem HCl zur entsprechenden 1-Carbonsäure [126]. Analog reagiert 1-Lithium-4-trifluormethyl-decafluorbicyclo[2,2,1]heptan zum 1-Carbonsäuremonohydrat [127] und 1-Lithium-nonafluorbicyclo[2,2,1]hept-2-en zum 1-Carbonsäurederivat [128].

Leitet man durch eine Lösung von 1,2-$Li_2C_6F_4$ während 0.5 h CO_2 ein, versetzt mit 6n HCl, so bildet sich Tetrafluorphthalsäure in 90% Ausbeute [30]. Die Carboxylierung des 1,4-$Li_2C_6F_4$ (erhalten aus 1,4-$H_2C_6F_4$ und n-C_4H_9Li) in Tetrahydrofuran bei −55°C und anschließendem Erwärmen auf 20°C führt zu 3.2% 2,3,5,6-Tetrafluorbenzoesäure und zu 67% Tetrafluorphthalsäure. Wird diese Reaktion in Äther durchgeführt, entsteht die Monocarbonsäure in 33% und die Dicarbonsäure in 37.7% Ausbeute. Unter gleichen Bedingungen liefert 1,2-$Li_2C_6F_4$ (hergestellt aus 1,2-$H_2C_6F_4$ und n-C_4H_9Li) in Tetrahydrofuran 36% 2,3,4,5-Tetrafluorbenzoesäure und 9% Tetrafluorphthalsäure [23]. Tetrafluorphthalsäure kann auch aus 4-Li-C_6F_4COOLi und CO_2 in 94% Ausbeute synthetisiert werden. Analog entsteht aus 2-$LiC_6F_4C_6F_4Li$-2′ und CO_2 bei 20°C (2 h) in 66% Ausbeute Octafluordiphenyl-2,2′-dicarbonsäure [43]. 4-$NH_2C_6F_4Li$ und 1-Li-4-(SLi)C_6F_4 liefern mit CO_2 ebenfalls die entsprechenden Carbonsäuren [45].

Beim Einleiten von CO_2 in eine Lösung von 4,4′-$Li_2C_6F_4C_6F_4$ bei −70°C (0.5 h) und anschließendem Erwärmen auf 20°C, wobei der CO_2-Strom nicht unterbrochen wird, erhält man nach Ansäuern mit 6n HCl Octafluorbiphenyl-4,4′-dicarbonsäure [45]. Leitet man unter Rühren CO_2 in 2-BrC_6F_4Li

Literatur s. S. 57

Perfluorohaloorganolithium Compounds

bei −65°C (1 h) ein und erwärmt anschließend auf 20°C, so erhält man 71.1% 2,3,5,6-Tetrafluorbenzoesäure [29]. Letztere Reaktion scheint in Wirklichkeit komplizierter abzulaufen, denn unter ähnlichen Reaktionsbedingungen (−70°C, 0.5 h) entstehen Tetrafluorphthalsäure, 2-Bromtetrafluorbenzoesäure und 2,3,5,6-Tetrafluorbenzoesäure im Verhältnis 76:22:2

Gießt man 2-BrC_6F_4Li in eine Suspension aus Trockeneis und Äther, so bilden sich die drei Carbonsäuren im Verhältnis 11:82:7 [36]. In 99% [23] bzw. 90% Ausbeute [56] entsteht C_6F_5COOH aus C_6F_5Li und CO_2. Leitet man bei −60°C CO_2 in eine Lösung von 3-LiC_5F_4N innerhalb von 0.5 h ein und läßt die Lösung, ohne den CO_2-Strom zu unterbrechen, sich auf 20°C erwärmen, so bildet sich 2,4,5,6-Tetrafluornicotinsäure in 62% Ausbeute. Analog erhält man aus 4-Lithiumtetrafluorpyridin die entsprechende Perfluorisonicotinsäure in 50% Ausbeute [46]. Behandelt man 4-LiC_5F_4N, gelöst im Äther-Benzol-Gemisch, bei −10°C mit festem, gepulvertem CO_2, so bildet sich die entsprechende Säure in 65% Ausbeute [100] bzw. bei −75°C (1 h) in Äther/Hexan in 80% Ausbeute [102].

Die Carboxylierung von 3,5-Dilithiumtrifluorpyridin in Tetrahydrofuran bei −75°C führt zu Trifluorpyridin-3,5-dicarbonsäure [46] und die von 4-$C_6F_5OC_6F_4$Li bei −70°C (15 min) zu 73% 4-$C_6F_5OC_6F_4$COOH [47].

Beim Einleiten von CO_2 in eine Lösung von Lithium-3,4,5,6-tetrafluoranilin in Tetrahydrofuran bei −70°C entsteht 3,4,5,6-Tetrafluoranthranilsäure [105]. Sowohl 4-Li-3-Br$C_6F_3C_6F_3$Br-3'-Li-4' als auch 3-Li-4-(LiOCO)$C_6F_3C_6F_3$LiOCO-4'-Li-3' reagieren mit CO_2 unterhalb −55°C zu 3-Br-4-(COOH)$C_6F_3C_6F_5$(COOH)-4'-Br-3' (85% Ausbeute) bzw. 3,3'4,4'-$(COOH)_2C_6F_3C_6F_3(COOH)_2$-4',3' (93% Ausbeute) [101].

Reactions with Halogens

1.3.3.4 Reaktionen mit Halogenen

Nonafluorcyclohexenyllithium setzt sich bei −70°C in Äther mit J_2 bzw. Br_2 zu 1-Jod- (59% Ausbeute, Siedepunkt 118°C) bzw. 1-Brom-nonafluorcyclohexen (46% Ausbeute, Siedepunkt 95 bis 96°C) um [17]. Ähnlich reagiert Undecafluorbicyclo[2,2,1]heptyllithium in Äther mit Br_2 bei −55°C (0.5 h) und anschließend bei 20°C (1 h) zu 1-Bromundecafluorbicyclo[2,2,1]heptan in 68% Ausbeute (Schmelzpunkt: 109 bis 110°C) [18, 21]. Die entsprechende Jodverbindung entsteht analog in 73% Ausbeute [21] oder durch Zugabe von J_2 bei −50°C und Erwärmen auf 20°C innerhalb von 4 h [126]. Die analog durchgeführte Umsetzung von 1,4-Dilithiumdecaflourbicyclo[2,2,1]heptan mit Br_2 bzw. J_2 liefert 1,4-Dibrom- bzw. 1,4-Dijoddecafluorbicyclo-[2,2,1]heptan in 45 bzw. 7% Ausbeute [21]. Fügt man zu einer ätherischen Lösung von Lithiumtridecafluorbicyclo[2,2,2]octan bei −78°C J_2 hinzu und rührt die Lösung bei 20°C (2h), so bildet sich 1-Jodtridecafluorbicyclo[2,2,2]octan in 64% Ausbeute (Schmelzpunkt: 108 bis 111°C) [19]. Mit J_2 reagiert 1-Lithium-4-trifluormethyl-decafluorbicyclo[2,2,1]heptan bei −60°C und dann bei 20°C zur 1-Jodverbindung. Brom liefert in Äther bei −60°C (0.5 h) und 20°C (2 h) 1-Brom-4-trifluormethyl-decafluorbicyclo[2,2,1]heptan [127]. Die Bromierung des 1-Lithiumheptafluorbiphenylen führt zu 1-Bromheptafluorbiphenylen (Schmelzpunkt: 65 bis 66°C) [25, 116]. Beim Einleiten von Cl_2 in eine Lösung von 4-Li-C_6F_4COOLi bei −65°C (1.5 h) und anschließender Hydrolyse bei 20°C mit 6 n HCl führt zu 4-ClC_6F_4COOH (Schmelzpunkt: 128 bis 130°C) [29]. 2,2'-Dilithiumoctafluorbiphenyl reagiert mit Halogenen bei −78°C (15 min) in Äther/Hexan und anschließendem Erwärmen auf 20°C (2 h) zu 2,2'-X_2-$C_6F_4C_6F_4$ (X = Cl, 95% Ausbeute, Schmelzpunkt: 103.5 bis 104.5°C; X = Br, etwa 100% Ausbeute; X = J, 92% Ausbeute) [43].

Reactions with Lithium Halides

1.3.3.5 Reaktionen mit Lithiumhalogeniden

Stellvertretend für alle Additionen von LiX (X = Br, J) an ein perfluoriertes Arin — entstanden durch thermische Zersetzung eines Perfluorаryllithiums — soll der Reaktionsmechanismus am Beispiel der Umsetzung von C_6F_5Li mit C_6F_5Br angegeben werden. Setzt man C_6F_5Li mit C_6F_5Br in Äther bei −40°C um, so erfolgt hauptsächlich nucleophile Substitution, und 4-Br$C_6F_4C_6F_5$ ist Hauptprodukt. Außerdem entstehen auch Polyphenyle $C_6F_5(C_6F_4)_n$Br, da die nucleophile Substitution über das 4-Br$C_6F_4C_6F_5$ hinausgeht. Bei 15°C dagegen sind 1,2-$Br_2C_6F_4$ und 2-Br$C_6F_4C_6F_5$ Hauptprodukte, und 4-Br$C_6F_4C_6F_5$ fällt hierbei nur noch in geringen Mengen an. Dieses unterschiedliche Verhalten ist auf die temperaturabhängige Stabilität des C_6F_5Li zurückzuführen. Unterhalb −20°C ist es ziemlich stabil und reagiert hauptsächlich nucleophil. Bei 15°C zerfällt es dagegen unter LiF-Abspaltung zu Tetrafluorbenzyn, das in der Lage ist, entstandenes LiBr bzw. vorhandenes C_6F_5Br zu 1-Li-2-BrC_6F_4 bzw. 2-BrC_6F_4-C_6F_5 zu addieren, wobei ersteres C_6F_5Br unter Bildung von 1,2-$Br_2C_6F_4$ zu metallieren vermag, gemäß:

Perfluorohaloorganolithium Compounds

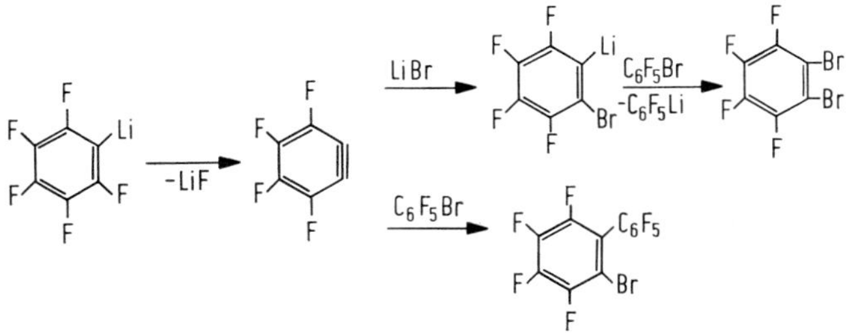

Fügt man Lithiumhalogenide von vornherein hinzu, so steigt die Ausbeute an 1,2-Dihalogentetrafluorbenzol beträchtlich. Die hierbei einzeln isolierten Produkte sind auf S. 16 angegeben [79]. Die bei 20°C vorgenommene Umsetzung von 4-$C_6F_5OC_6F_5Li$ in Gegenwart eines 10fachen Überschusses LiJ in Tetrahydrofuran führt vermutlich nach einem ähnlichen Mechanismus zu jodhaltigen Polymeren [47]. Nonafluorcyclohexenyllithium spaltet bei 20°C LiF ab, und das sich bildende Arin addiert LiBr zu 1-Li-2-Br-octafluorcyclohexen [17]. Gesättigte cyclische perfluorierte Li-Verbindungen spalten ebenfalls LiF ab, wobei das sich bildende perfluorierte Cycloolefin auch LiX addiert, gemäß:

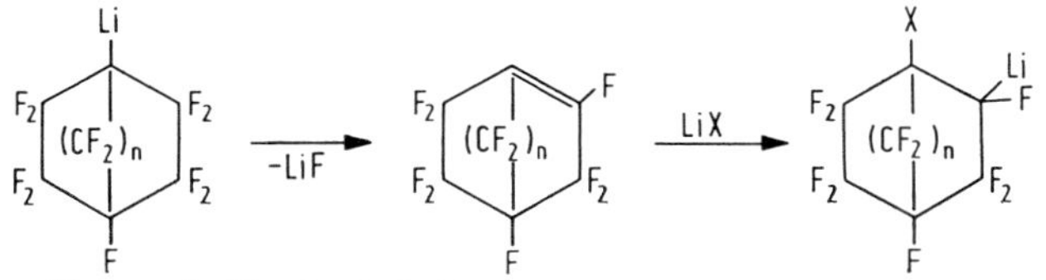

Für n = 1, X = Br, J [18]; für n = 2, X = J [19]; s. S. 4.

1.3.3.6 Reaktionen mit Alkyl-, Alkenyl- und Arylhalogeniden

Reactions with Alkyl-, Alkenyl-, and Aryl Halides

Umsetzungen von Perfluorhalogenorgano-Lithium-Verbindungen mit Alkyl- bzw. Arylhalogeniden verlaufen uneinheitlich komplex und führen zu einer Vielzahl von Reaktionsprodukten. Im allgemeinen werden vier Typen von Reaktionen beobachtet:

a) Kondensationsreaktionen unter Austritt von LiX, wobei X das Halogen des eingesetzten Alkyl- bzw. Arylhalogenids ist.

b) Nucleophile Substitution, wobei LiF austritt.

c) Additionsreaktionen infolge intramolekularer LiF-Abspaltung und Bildung eines perfluorierten Arins.

d) Austauschreaktionen (Li gegen Halogen oder Wasserstoff).

Welche der vier Reaktionstypen hauptsächlich ablaufen, hängt von der Reaktionstemperatur, dem Lösungsmittel und den Reaktanden ab. So kondensiert z.B. 1,2-$Li_2C_6F_4$ mit CH_3Br in Tetrahydrofuran bei −70°C zu 1,2-$(CH_3)_2C_6F_4$ und 2-$CH_3C_6F_4H$ (nach Hydrolyse), während in Äther keine Reaktion eintritt. Bei tiefen Temperaturen zeigt C_6F_5Li nucleophile Eigenschaften und reagiert mit C_6F_5Br bei −40°C hauptsächlich zu einem Gemisch paragebundener Bromperfluorpolyphenyle. Bei 20°C dagegen entsteht 2-$BrC_6F_4C_6F_5$ vermutlich durch Addition von C_6F_5Br an das Tetrafluorbenzyn. Das bei der Zersetzung von C_6F_5Li auftretende Gemisch von 1,2-Bis(pentafluorphenyl)-3-lithium- und 1,3-Bis(pentafluorphenyl)-2-lithium-trifluorbenzol setzt sich mit 2-H- bzw. 2-$BrC_6F_4C_6F_5$ unter Li-H- bzw. Li-Br-Austausch zu den entsprechenden Derivaten um (s. S. 7). Nachfolgend werden die einzelnen Umsetzungen abgehandelt.

Erwärmt man Nonafluorcyclohexenyllithium in Gegenwart von CH_3Br von −70 auf +20°C und erhitzt anschließend 0.5 h im Rückfluß, so bildet sich 1,2-Dibromoctafluorcyclohexen (13% Ausbeute) und ein Polymer (82% Ausbeute), vermutlich hauptsächlich aus Poly(octafluorcyclohex-1-en) bestehend (Schmelzpunkt: 175 bis 183°C). 1-Lithium-2-bromoctafluorcyclohexan bildet mit CH_3Br die entsprechende 1,2-Dibromverbindung [17]. Die Kondensation von Undecafluorbicyclo[2,2,1]heptyllithium mit CH_3Br bei −50°C (0.5 h), 25 bis 30°C (0.5 h) und Erhitzen im Rückfluß (0.5 h) führt zu 1-Methylundecafluorbicyclo[2,2,1]heptan in 50% Ausbeute (Schmelzpunkt: 125.5

Reactions of Perfluoro-haloorgano-lithium Compounds with Alkyl-, Alkenyl-, and Aryl Halides

bis 126.5°C) [18]. Fügt man bei 0°C zu einer ätherischen Lösung von Lithiumtridecafluorbicyclo-[2,2,2]octan CH_3J hinzu und erhitzt 24 h im Rückfluß, so bildet sich 1-Methyltridecafluorbicyclo-[2,2,2]octan in 60% Ausbeute (Schmelzpunkt: 185 bis 186°C) [19].

Mit CH_3J setzt sich 1-Lithium-4-trifluormethyl-decafluorbicyclo[2,2,1]heptan in Äther bei −60°C und anschließendem Erwärmen auf 20°C zu 1-Methyl-4-trifluormethyl-decafluorbicyclo-[2,2,1]heptan um (Schmelzpunkt 73 bis 74°C) [127].

C_6F_5Li reagiert mit C_6F_5Br in Äther bei −78°C (2.5 h) und anschließend bei −40°C (120 h) unter Rühren zu $C_6F_5(C_6F_4)_nC_6F_4Br$ (n = 1 bis 5), für n = 1 Sublimation bei 190°C/0.3 Torr, für n = 2 Sublimationspunkt bei 250°C/0.05 Torr. Zusätzlich entstehen 1,2-$Br_2C_6F_4$, 2-$BrC_6F_4C_6F_5$ und 4-$BrC_6F_4C_6F_5$ im Verhältnis 1:1:8. Wird die Umsetzung bei −78°C (15 min) vorgenommen und dann bei 15°C 18 h gerührt, so bildet sich kein $C_6F_5(C_6F_4)_nC_6F_4Br$, sondern nur die anderen drei Substanzen im Verhältnis 40:10:1. In Äther/Pentan bei 15°C [79] bzw. in Äther bei 20°C [109] ist 2-$BrC_6F_4C_6F_5$ das einzige Produkt (Schmelzpunkt: 67 bis 68°C, 56% Ausbeute [79]; 69 bis 71°C, 30% Ausbeute [109]).

Führt man die Umsetzung von C_6F_5Li mit C_6F_5Br in Äther in Gegenwart eines Überschusses LiCl durch, so werden wenig 2-BrC_6F_4Cl, 2-Br- und eine Spur 4-$BrC_6F_4C_6F_5$ gebildet. Die analog geführte Reaktion in Gegenwart von LiBr und LiJ (Überschuß) bzw. LiCl und LiJ (Überschuß) bzw. LiBr und LiCl (Überschuß) liefert C_6F_5J, 1,2-$Br_2C_6F_4$, 2-JC_6F_4Br, 2-$BrC_6F_4C_6F_5$ bzw. 2-HC_6F_4Br, C_6F_5J, 1,2-$Br_2C_6F_4$, 2-JC_6F_4Br bzw. 1,2-$Br_2C_6F_4$, 2-Br- und 4-$BrC_6F_4C_6F_5$. Mit C_6F_5J reagiert 2-$LiC_6F_4C_6F_5$ in Äther bei −78°C (15 min) zu 2-H- bzw. 2-$JC_6F_4C_6F_5$. Lediglich eine Spur 4-$HC_6F_4C_6F_5$ entsteht aus C_6F_5Li und C_6F_5H bei −40°C (48 h). Bei 15°C (3 h) treten zusätzlich 2-HC_6F_4Br und 2-$HC_6F_4C_6F_5$ auf. In Anwesenheit von LiJ bildet sich bei 15°C (5 h) 2-JC_6F_4H (Siedepunkt: 159 bis 160°C) [79].

Die Umsetzung von C_6F_5Li mit $C_6F_5C_6F_5$ bei zunächst −78°C (1 h) und anschließend bei −40°C (120 h) führt nach Hydrolyse mit H_2O zu ätherlöslichem 4-$C_6F_5C_6F_4C_6F_5$ (Schmelzpunkt: 176 bis 178°C; Sublimation: 170°C/10 Torr), 4-$C_6F_5C_6F_4C_6F_4C_6F_5$ (224 bis 226°C; 155°C/0.5 Torr) sowie ätherlöslichem 4-$C_6F_5(C_6F_4)_3C_6F_5$ (288 bis 290°C; 240°C/0.5 Torr) und nicht sublimierbarem Perfluorpolyphenylen. Die analog durchgeführte Umsetzung mit $CF_3C_6F_5$ bei −40°C (240 h) liefert 4-$CF_3C_6F_4C_6F_5$ (Schmelzpunkt: 32 bis 33°C) und 4-$CF_3C_6F_4C_6F_4C_6F_5$ (Schmelzpunkt: 151 bis 152°C). Setzt man 1,2-$(CF_3)_2C_6F_4$ mit C_6F_5Li in Äther bei −78°C (15 min) und 16°C (18 h) um, so entsteht 3,4-$(CF_3)_2C_6F_3C_6F_5$ (Schmelzpunkt: 43 bis 45°C) und 4',5'-Bis(trifluormethyl)-perfluor-o-terphenyl (Schmelzpunkt: 108 bis 109°C).

Mit $C_6F_5NO_2$ bei 78°C (1 h) und 15°C (18 h) werden 4-$NO_2C_6F_4C_6F_5$ (Siedepunkt: 257 bis 259°C) und 4'-Nitroperfluor-m-terphenyl (Schmelzpunkt: 108 bis 109°C) erhalten. Die ähnlich durchgeführte Umsetzung mit Decafluorcyclohexen liefert 1-Pentafluorphenylnonafluorcyclohexen (Siedepunkt: 174 bis 175°C) sowie 1,2-Bis(pentafluorphenyl)octafluorcyclohexen (Schmelzpunkt: 174 bis 175°C) sowie 1,2-Bis(pentafluorphenyl)octafluorcyclohexen (Schmelzpunkt: 138 bis 139°C) [79]. Setzt man C_6F_5Br rasch zu p-$C_6F_5OC_6F_4Li$ bei -70 ± 2°C in Äther zu und nimmt während einer Stunde alle 12 min einen aliquoten Teil heraus, so stellt man fest, daß nach Hydrolyse der ersten Probe 65 Mol-% p-$C_6F_5OC_6F_4H$ (aus eingesetzter Li-Verbindung) vorhanden sind, in der letzten nur noch 28 Mol-%. Die Menge an gebildetem p-$C_6F_5OC_6F_4Br$ beträgt 35 Mol-%. Einen ähnlich starken Li-Br-Austausch erzielt man auch unter gleichen Bedingungen mit C_6F_5Li und p-$C_6F_5OC_6F_4Br$ [48].

Die Reaktion von C_6F_5Li mit $ClFC{=}CF_2$ führt zu $C_6F_5CCl{=}CFC_6F_5$ (Schmelzpunkt: 118 bis 120°C) [79]. In Äther setzt sich C_6F_5Li mit $CF_3CF{=}CF_2$ bei −78 bis −50°C, dann bei 10°C zu einem Gemisch um, aus dem $C_6F_5CF_2CF{=}CF_2$ (Siedepunkt 130 bis 135°C, $n_D^{22.5}$ = 1.3841) und $C_6F_4C_6F_4CF_2{=}CF{=}CF_2$ (Schmelzpunkt 66°C) isoliert werden konnten [130].

Mit einem fünffachen Überschuß an $CF_2{=}CClF$ reagiert C_6F_5Li in Äther/n-Heptan bei −78°C (1.5 h) und dann bei −40°C (96 h) zu C_6F_5H, cis-trans-$FClC{=}CFC_6F_5$, 2-$HC_6F_4C_6F_5$, cis-trans-$ClFC{=}CF$-4-$C_6F_4C_6F_5$ (Schmelzpunkt: 46 bis 47°C) und cis-trans-$ClFC{=}CF$-4-$C_6F_4C_6F_4C_6F_5$. In Anwesenheit von LiJ bei −60°C (2 h) in Äther (Molverhältnis 1:1) bildet sich cis-trans-$ClFC{=}CF$-4-$C_6F_4C_6F_5$, aus dem beim Behandeln mit CH_3OH (anschließendes Umkristallisieren aus CH_3OH) in die trans-Verbindung (Schmelzpunkt: 54 bis 56°C) teilweise abgetrennt werden kann. Das verbleibende Gemisch siedet bei 180°C/30 Torr. Setzt man das Molverhältnis $C_6F_5Li:ClFC{=}CF_2$ auf 2:1, so isoliert man unter den selben Bedingungen cis-trans-$ClFC{=}CF$-4-

$C_6F_4C_6F_4C_6F_5$ (Schmelzpunkt: 136 bis 138°C). Die analog durchgeführte Reaktion ohne LiJ führt zu 2-$HC_6F_4C_6F_5$ und $HC_6F_4C_6F_4C_6F_5$ (Schmelzpunkt: 95 bis 96°C). $Cl_2C=CF_2$ setzt sich mit C_6F_5Li bei −76°C (2 h) und −40°C (72 h) zu C_6F_5H, $Cl_2C=CFC_6F_5$ (Siedepunkt: 166°C) sowie 4-$Cl_2C=CF$-$C_6F_4C_6F_5$ (Schmelzpunkt: 51 bis 52°C) um. Mit $CF_2=CClH$ reagiert C_6F_5Li bei −78°C (15 min) und dann bei −40°C (120 h) zu C_6F_5H, $ClC\equiv CC_6F_5$, 2-$HC_6F_4C_6F_5$ und einer Fraktion aus ähnlichen Verbindungen, vermutlich Styrenen. Unter ähnlichen Bedingungen (−78°C, 2 h, dann −40°C, 96 h) entstehen mit $CFCl=CFCl$ bis auf die nicht identifizierte Fraktion die gleichen Verbindungen. $CFBr=CF_2$ liefert bei −78°C (2 h) und −40°C (72 h) neben C_6F_5H als Hauptprodukt $C_6F_5C\equiv CC_6F_5$ (Schmelzpunkt: 122 bis 123°C) und 2-$BrC_6F_4C_6F_5$ (Schmelzpunkt: 70°C). In Gegenwart von LiJ beim Aufwärmen von −78 auf +20°C innerhalb 3 h bildet sich 4-$C_6F_5C_6F_4$-$C\equiv CC_6F_4$-C_6F_5-4 (Schmelzpunkt: 247 bis 248°C), $C_6F_5C\equiv CC_6F_5$, trans-$CFBr=CF$-4-$C_6F_4C_6F_5$ (Schmelzpunkt: 86 bis 87°C), 4-Pentafluorphenylnonafluordiphenylacetylen (Schmelzpunkt: 160°C), und als Rückstand verbleibt hierbei hauptsächlich 4-$C_6F_5C_6F_4C\equiv CH$. Lediglich ein Li-Br-Austausch erfolgt zwischen $BrFC=CF_2$ und $LiC_6F_4C_6F_5$ bei −78°C und anschließendem Erwärmen auf 20°C innerhalb von 3 h. $C_6F_5C\equiv CC_6F_5$ bildet sich auch aus C_6F_5Li und $CF_2=CHF$ bei −78°C (2 h) und −40°C (120 h) [80]. Fügt man frisch destilliertes $CF_2=CFJ$ zu C_6F_5Li, gelöst in Tetrahydrofuran, bei −70°C hinzu und rührt danach 16 h, erwärmt dann auf 20°C innerhalb 2 h, so erhält man nach Hydrolyse mit 6 n HCl drei Produkte $XCF=CFJ$ (X = C_6F_5, Siedepunkt: 74°C/2 Torr; 4-$C_6F_4C_6F_4$-, Schmelzpunkt: 134 bis 135°C und 4-C_6F_5-$C_6F_4C_6F_4$-, Schmelzpunkt: 173 bis 175°C) [81].

Bei der Umsetzung von CH_3Li mit 1,2-$Br_2C_6F_4$ bei −70°C (15 min) im Molverhältnis 2:1 in Tetrahydrofuran entstehen nach Hydrolyse bei 20°C mit 6 n HCl 1,2$(CH_3)_2C_6F_4$ und 2-$HC_6F_4CH_3$ im Verhältnis 8:1. Führt man diese Reaktion in Äther aus, so wird keine Kondensation zwischen 1,2-$Li_2C_6F_4$ und CH_3Br beobachtet [30]. Die Umsetzung von C_6F_5Li mit $CF_2=CFJ$ in Gegenwart von C_6F_5Cu ist in Tabelle 2, S. 38, angegeben [132]. Perfluor-dihydronaphthalin-1,4 reagiert mit C_6F_5Li zu Perfluor-6-phenyl- und Perfluor-6,7-diphenyl-dihydronaphtholin-1,4 in 57 bzw. 12% Ausbeute [133].

1.3.3.7 Reaktionen mit Organoelementhalogeniden ($R_nM_mX_{m-n}$), Elementhalogeniden (MX_m) und Elementen (M = Hauptgruppenelement)

Reactions with Organoelement Halides (R_nM_m-X_{m-n}), Element Halides (MX_m), and Elements (M=Main Group Element)

Umsetzungen von Perfluorhalogenorganolithium mit Verbindungen des S, Se, Te sind, sofern sie zu Titelverbindungen führen, in „Perfluorhalogenorgano-Verbindungen der Hauptgruppenelemente", Erg.-Werk, Bd. 9 und Bd. 12, abgehandelt. Hierauf beziehen sich die folgenden Angaben über R_f, Reaktionspartner sowie Band und Seitenzahl, wo der Reaktionsablauf beschrieben wird:

R_f = 2-Chlor-3,3,4,4-tetrafluorcyclobuten; S_xCl_2 (x = 1, 2); Bd. 9, S. 64/65, Bd. 12, S. 5. — R_f = C_6F_5, 2-BrC_6F_4, 2,2'-Octafluorbiphenyl, 2,2'-Bis(tetrafluorphenyl)sulfan; SCl_2; Bd. 9, S. 85/86. — R_f = C_6F_5; S, Thiophen; Bd. 9, S. 98/99. — R_f = 2-(HS)C_6F_4; CO_2; Bd. 9, S. 99. — R_f = 1,4-C_6F_4, 4,4'-$C_6F_4C_6F_4$; S; Bd. 9, S. 100. — R_f = C_6F_5; S_2Cl_2; Bd. 9, S. 198. — R_f = C_6F_5; CF_3SSCF_3; Bd. 9, S. 213, Bd. 12, S. 5. — R_f = C_6F_5; CF_3SF_3; Bd. 12, S. 5. — R_f = C_6F_5; CF_3SF_3, SF_4; Bd. 12, S. 55. — R_f = C_6F_5; SO_2; Bd. 12, S. 51. — R_f = 2,2'-Octafluorbiphenyl; Se, $SeCl_4$; Bd. 12, S. 186. — R_f = C_6F_5; Se; Bd. 12, S. 189. — R_f = C_6F_5; Se_2Cl_2; Bd. 12, S. 192. — R_f = C_6F_5; $TeCl_4$; Bd. 12, S. 212/3. — R_f = 2,2'-Octafluorbiphenyl; $TeCl_4$; Bd. 12, S. 213.

Mit Schwefel reagiert 1-Lithium-undecafluorbicyclo[2,2,1]heptan in Äther/Hexan bei −78°C (2 h) und anschließendem Erwärmen auf 20°C, nach Ansäuern mit 4 normalem HCl, zum entsprechenden 1-Thiol (Schmelzpunkt 121 bis 123°C) [129].

In Tabelle 1 (S. 18) werden Reaktionen von Perfluorhalogenorgano-Lithium-Verbindungen mit Organoelementhalogeniden beschrieben, sofern diese nicht zu Titelverbindungen führen. Folgende Umsetzungen, die zu Perfluorhalogenorgano-Verbindungen der 4. Hauptgruppe führen, sind in den entsprechenden Kapiteln (ab S. 147) zu finden: Reaktionen von 2-$LiC_6F_4C_6F_4Li$-2' mit MCl_4 (M = Sn [43], Ge [34, 43, 49]); bzw. von C_6F_5Li mit $(SiBr_2)_x$ und Si_2Cl_6; bzw. von C_6F_5Li mit MX_4 (M = Si, Ge, Sn) und $Pb[OC(O)CH_3]_4$; bzw. von C_6F_5Li mit Cl_3SiH und $(C_6F_5)_3SiCl$ oder Cl_3GeH und $(C_6F_5)_3GeCl$; bzw. von 2-BrC_6F_4Li mit $SnCl_4$ und von 4-$LiC_6F_4OC_6F_5$ mit $SnCl_4$ sowie von $CF_3C\equiv CLi$ mit $SiCl_4$.

1.3.3.8 Umsetzungen mit Übergangsmetallverbindungen, Aldehyden, Ketonen und Diketonen

Reactions with Transition Element Compounds, Aldehydes, Ketones, and Diketones

Reaktionen von Perfluorhalogenorgano-Lithium-Verbindungen mit HgX_2, $CdCl_2$, Übergangsmetallkomplexen sowie $TiCl_4$ sind in Tabelle 2 (S. 33) aufgeführt. In Tabelle 3 (S. 41) werden Umsetzungen mit Substanzen, die eine C=O-Gruppe enthalten, angegeben.

Tabelle 1:

Reaktionen von Perfluorhalogenorgano-Lithium-Verbindungen mit Organoelement-Verbindungen. Siedepunkt (Sdp.) in °C/Druck in Torr, Schmelzpunkt (Schmp.) in °C, Brechungsindex n_D, Dichte D, IR-Spektrum, UV-Spektrum (Wellenlänge λ, molarer Extinktionskoeffizient ε), chemische Verschiebung δ und Spin-Spin-Kopplungskonstante J im ^1H- und ^{19}F-NMR-Spektrum (d = Dublett, tr = Triplett, qu = Quartett, qui = Quintett, sept = Septett, oct = Octett, m = Multiplett).

R_fLi Reaktionstemperatur in °C (-dauer in h)		Reaktant	Produkt (Ausbeute in %) Sdp./Torr (Schmp.) in °C	n_D, D in g/cm³, UV-Spektrum (λ in nm) IR-Spektrum (in cm⁻¹) ^1H-NMR[37] und ^{19}F-NMR[38] (δ in ppm)
$(CF_3)_2CFLi$ Rückfluß[1] (3 h) (Äther)	[6]	$(CH_3)_3SiCl$	$(CF_3)_2CFSi(CH_3)_3$ (17.5%) 95/763	IR: 2959, 2941, 2882, 1745, 1385, 1370 (sh), 1342(sh), 1242, 1212(sh), 1198, 1170, 1159, 1098, 1005, 985, 956, 735 $n_D^{20} = 1.33837$
$CF_3CF_2CF_2Li$[2] -30 ± 3[3] (Äther)	[57]	$(CH_3)_3SiCl$	$CF_3CF_2CF_2Si(CH_3)_3$[4] (6.3%) 88	$n_D^{20} = 1.3222$
$CF_3CF_2CF_2Li$[2] -70[5] (1 h) (Pentan)	[57]	$(CH_3)_2SiCl_2$	$CF_3CF_2CF_2Si(CH_3)_3$ (8.1%) 89.9	$n_D^{20} = 1.3222$, $D_4^{20} = 1.18$
			$(CF_3CF_2CF_2)_2Si(CH_3)_2$ (38%) 133.5	$n_D^{20} = 1.3110$, $D_4^{20} = 1.57$
$CF_3CF_2CF_2Li$[2] < -64[6] (Pentan)	[57]	$CH_2{=}CHSi(C_2H_5)Cl_2$	$CH_3(C_2H_5)Si(CH{=}CH_2)C_3F_7$ (31%) 82 bis 83/8.2	$n_D^{20} = 1.3568$, $D_4^{20} = 1.27$
$CF_3CF_2CF_2Li$[2] -40[7] (1.5 h) (Äther)	[57]	CH_3SiCl_3	$CH_3(C_3F_7)_2SiCl$ (14%) 64.5 bis 65/158	$n_D^{20} = 1.3168$ bis 1.3145
$CF_3CF_2CF_2Li$[2] -40 bis -45 (1.5 h) und -30 (20 h)[8]	[57]	$C_2H_5SiCl_3$	$C_3F_7(C_2H_5)SiCl_2$ (10.6%) 83.5/92	$n_D^{20} = 1.3871$, $D_4^{20} = 1.6755$
			$(C_3F_7)_2Si(C_2H_5)CH_3$ 61/4	$n_D^{20} = 1.3344$, $D_4^{20} = 1.5500$
$CF_3CF_2CF_2Li$[2] -55 bis -60 (2 h) und -48 (48 h)[8]	[57]	$C_2H_5OSiCl_3$	$CH_3(C_3F_7)Si(OC_2H_5)Cl$[9] (9.2%) 117.5/135; 49 bis 54/18	$n_D^{20} = 1.3208$, 1.3329
			$(C_3F_7)_2Si(OC_2H_5)Cl$[9] (9.6%) 54 bis 55/4	$n_D^{20} = 1.3144$
$CF_3CF_2CF_2Li$[2] -55 bis -65 (1.5 h) und -42 bis -45[10] (6 h)	[57]	$SiCl_4$	$(C_3F_7)_3SiCH_3$[9] 130 bis 133	$n_D^{20} = 1.3078$, $D_4^{20} = 1.65$

Literatur s. S. 57

Tabelle 1 [Fortsetzung].

R_fLi Reaktionstemperatur in °C (-dauer in h)		Reaktant	Produkt (Ausbeute in %) Sdp./Torr (Schmp.) in °C	n_D, D in g/cm³, UV-Spektrum (λ in nm) IR-Spektrum (in cm⁻¹) ¹H-NMR[37] und ¹⁹F-NMR[38] (δ in ppm)
$CF_3CF_2CF_2Li$ − 52 bis − 48 (1 h), dann 20 (12 h) (Äther)	[3]	$(C_2H_5)_2SiCl_2$	$(C_3F_7)_2Si(C_2H_5)_2$[11] (10.2%) 79/12, 148 $C_3F_7Si(C_2H_5)_2Cl$ (17.8%) 119/743	$n_D^{20} = 1.3380$ $n_D^{20} = 1.3538$
$CF_3CF_2CF_2Li$ − 40 (Äther)	[58]	$(CH_3)_2SiCl_2$	$(C_3F_7)_2Si(CH_3)_2$ (20%) 124 ± 1	—
$CF_2{=}CFLi$ − 78, dann 20 (Äther)	[108]	$(CH_3)_2Si(Cl)OC_2H_5$	$CF_2{=}CFSi(CH_3)_2(OC_2H_5)$ (50%) 104	$n_D^{20} = 1.3642$, $D_{20}^{20} = 1.028$
$CF_2{=}CFLi$ − 78, dann 20 (Äther)	[108]	$[Cl(CH_3)_2Si]_2O$	$[CF_2{=}CFSi(CH_3)_2]_2O$ (50%) 54/20	$n_D^{20} = 1.3691$, $D_{20}^{20} = 1.136$
$CF_2{=}CFLi$ − 30 (2.5 h) (Äther)	[9]	$(CH_3)_3SiBr$	$CF_2{=}CFSi(CH_3)_3$ (45%) 65	$n_D^{25} = 1.3565$
− 78, dann 20 (Äther)	[108]	$(CH_3)_3SiCl$	67 (65%)	$n_D^{20} = 1.3580$, $D_{20}^{20} = 0.983$
$CF_2{=}CFLi$ − 78 (3 h) (Äther)	[12]	$(C_2H_5)_3SiCl$	$CF_2{=}CFSi(C_2H_5)_3$ (79%) 141 bis 143; 35/9.6[12]	$n_D^{24} = 1.4052$, $n_D^{25} = 1.4003$[12]
$CF_2{=}CFLi$ − 78, dann 20 (Äther)	[108]	$(CH_3)_2SiCl_2$	$(CF_2{=}CF)_2Si(CH_3)_2$ (56%) 98	$n_D^{20} = 1.3633$, $D_{20}^{20} = 1.272$
$CF_2{=}CClLi$ − 78 (3 h) (Äther)	[12]	$(C_2H_5)_3SiCl$	$CF_2{=}CClSi(C_2H_5)_3$ (10%) 170	$n_D^{25} = 1.4300$
$CFCl{=}CClLi$ − 78 (3 h) (Äther)	[12]	$(C_2H_5)_3SiCl$	$CFCl{=}CClSi(C_2H_5)_3$ (55%) 50/1.0	$n_D^{24} = 1.4635$[13] und 1.4662[13]
$CF_3C{\equiv}CLi$ − 20 (Äther/Pentan)	[13]	$(C_2H_5)_3SiCl$	$CF_3C{\equiv}CSi(C_2H_5)_3$ (81%) 160	$n_D^{24} = 1.3542$
C_6F_5Li − 65 (Tetrahydrofuran)	[67]	$(CH_3)_2SiCl_2$	$C_6F_5Si(CH_3)_2Cl$[14] (28%) 47/1	—

Literatur s. S. 57

Tabelle 1 [Fortsetzung].

Reaktionen von Perfluorhalogenorgano-Lithium-Verbindungen mit Organoelement-Verbindungen. Siedepunkt (Sdp.) in °C/Druck in Torr, Schmelzpunkt (Schmp.) in °C, Brechungsindex n_D, Dichte D, IR-Spektrum, UV-Spektrum (Wellenlänge λ, molarer Extinktionskoeffizient ε), chemische Verschiebung δ und Spin-Spin-Kopplungskonstante J im ^{1}H- und ^{19}F-NMR-Spektrum (d = Dublett, tr = Triplett, qu = Quartett, qui = Quintett, sept = Septett, oct = Octett, m = Multiplett).

R_fLi Reaktionstemperatur in °C (-dauer in h)	Reaktant	Produkt (Ausbeute in %) Sdp./Torr (Schmp.) in °C	n_D, D in g/cm^3, UV-Spektrum (λ in nm) IR-Spektrum (in cm^{-1}) ^{1}H-NMR[37] und ^{19}F-NMR[38] (δ in ppm)
C_6F_5Li [68]	$Cl_3SiN(CH_3)_2$	$(C_6F_5)_3SiN(CH_3)_2$ 120/0.01 (124 bis 130)	—
C_6F_5Li [68]	$Cl_3SiOC_2H_5$	$(C_6F_5)_3SiOC_2H_5$ 120/0.01 (130 bis 132)	—
C_6F_5Li [69] −78 (Äther)	$C_6H_5CH{=}CH$ $(CH_3)_2SiCl$	$C_6H_5CH{=}CH$[15] $(CH_3)_2SiC_6F_5$ (69.5%) 125/0.2	^{1}H-NMR: $\delta(C_6H_5) = -7.31$ bis -7.13 (m), $\delta(HCH{=}CH) = -6.82$ und -6.64 bis -6.59 (tr), $\delta(CH_3Si) = -0.57$ bis -0.50 (tr)
C_6F_5Li [69] −78 (Äther)	$C_6H_5CH{=}CH$ CH_3SiCl_2	$C_6H_5CH{=}CH$[15] (45.8%) $CH_3Si(C_6F_5)_2$ (79 bis 80)	^{1}H-NMR: $\delta(C_6H_5) = -7.49$ bis -7.20 (komplexes m), $\delta(CH{=}CH) = -7.02$ und -6.95 bis -6.87 (tr), $\delta(CH_3Si) = -1.07$ bis -1.0 (tr)
C_6F_5Li [69] −78 (Äther)	$C_6H_5CH{=}CH$ $SiCl_3$	$C_6H_5CH{=}CHSi(C_6F_5)_3$[15] (38.3%) (70 bis 71)	—
C_6F_5Li [70] −65 (6 h), dann 20 (3 h) (Tetrahydrofuran)	$(C_6H_5)_3SiCl$	$C_6F_5Si(C_6H_5)_3$[16] (12%) (129 bis 130)	UV (in Cyclohexan): λ_{max} . . . 270.5 265.5 260.5 254.5 (sh) ε . . . 1716 2068 1760 1210
C_6F_5Li [112] −78, dann 20 (12 h) (Äther)	$(C_6H_5)_3SiCl$	$C_6F_5Si(C_6H_5)_3$ (58%) 180/0.4 (156)	—
C_6F_5Li [70] −65 (6 h), dann 20 (Äther [112] −78, dann 20 (12 h) (Äther)	$(C_6H_5)_2SiCl_2$	$(C_6F_5)_2Si(C_6H_5)_2$[17] (48.5%) (151 bis 152) 175/0.2 (152) (70%)	UV (in Cyclohexan): λ_{max} . . . 273 267.5 261.5 (sh) ε . . . 268.7 311.5 2570

Literatur s. S. 57

Tabelle 1 [Fortsetzung].

R_fLi Reaktionstemperatur in °C (-dauer in h)	Reaktant	Produkt (Ausbeute in %) Sdp./Torr (Schmp.) in °C	n_D, D in g/cm³, UV-Spektrum (λ in nm) IR-Spektrum (in cm^{-1}) ^{1}H-NMR[37] und ^{19}F-NMR[38] (δ in ppm)
C_6F_5Li [70] −65 (5 h), dann 20 (Äther) [112] −78, dann 20 (12 h) (Äther)	$C_6H_5SiCl_3$	$(C_6F_5)_3SiC_6H_5$[18] (50%) (136 bis 137) 180/0.6 (149) (80%)	UV (in Cyclohexan): λ_{max} . . . 271.5 (sh) 265.5 261.5 (sh) ε . . . 3738 3951 3096
C_6F_5Li [70] −65 (6 h), dann 20 (Äther)	$(C_6H_5)_2Si(H)Cl$	$C_6F_5Si(C_6H_5)_2H$ (71.6%) 130 bis 132/0.07 (39 bis 40)	$n_D^{20} = 1.5591$
C_6F_5Li [62] −79 (1 h), dann 20 (8 h)[19] (Äther)	$[Cl(CH_3)_2Si]_2$	$[C_6F_5(CH_3)_2Si]_2$ (55%) 86 bis 87/0.05 (32.5 bis 33)	IR(KBr): 2960, 2900, 1635, 1510, 1465, 1450, 1403, 1365, 1280, 1250, 1075, 963, 845, 815, 790, 735, 670, 650, 610, 490 ^{1}H-NMR: δ(CH) = −0.64 ^{19}F-NMR: $\delta(F_o) = 127.3$, $\delta(F_m) = 162.4$, $\delta(F_p) = 152.7$; $\mp J(F_2\text{-}F_3) = 24.11$ Hz, $\pm J(F_2\text{-}F_4) = 3.30$ Hz, $\pm J(F_2\text{-}F_5) = 10.53$ Hz, $\mp J(F_2\text{-}F_6) = 4.64$ Hz, $\mp J(F_3\text{-}F_4) = 19.23$ Hz, $\mp J(F_3\text{-}F_5) = 0.97$ Hz, $^5J(H\text{-}F) \approx 1$ Hz, $^6J(H\text{-}F) \approx 1$ Hz
C_6F_5Li [112] −78, dann 20 (12 h) (Äther)	CH_3SiCl_3	$(C_6F_5)_3SiCH_3$ (39%) 126/0.4; 305/750 (88.5 bis 89)	^{1}H-NMR(CCl_4)[35]: $\delta(CH_3) = -1.15$
C_6F_5Li [62] −79 (1 h), dann 20 (8 h)[19] (Äther)	$Cl(CH_3)_2SiSiCl_2$ (mit CH_3 am zweiten Si)	$(C_6F_5)_3SiCH_3$[20] (88 bis 89) $(C_6F_5)_2Si(CH_3)_2$ (30)	^{1}H-NMR: δ(CH) = −1.15 ^{19}F-NMR: $\delta(F_o) = 128.3$, $\delta(F_m) = 161.0$ $\delta(F_p) = 148.7$
C_6F_5Li −70, dann 20 (Äther) [64] −65, dann 20 (12 h) [65] (Äther)	$(CH_3)_2SiCl_2$	$(C_6F_5)_2Si(CH_3)_2$ (70%) [64] 79/0.3 [64] 138 bis 140/14 [65]	^{1}H-NMR: δ(CH) = −0.82 ^{19}F-NMR: $\delta(F_o) = 128.9$, $\delta(F_p) = 162.1$, $\delta(F_p) = 151.4$ [62] $n_D^{25} = 1.4611$ [64]

Literatur s. S. 57

Tabelle 1 [Fortsetzung].

Reaktionen von Perfluorhalogenorgano-Lithium-Verbindungen mit Organoelement-Verbindungen. Siedepunkt (Sdp.) in °C/Druck in Torr, Schmelzpunkt (Schmp.) in °C, Brechungsindex n_D, Dichte D, IR-Spektrum, UV-Spektrum (Wellenlänge λ, molarer Extinktionskoeffizient ε), chemische Verschiebung δ und Spin-Spin-Kopplungskonstante J im ^{1}H- und ^{19}F-NMR-Spektrum (d = Dublett, tr = Triplett, qu = Quartett, qui = Quintett, sept = Septett, oct = Octett, m = Multiplett).

R_fLi Reaktionstemperatur in °C (-dauer in h)	Reaktant	Produkt (Ausbeute in %) Sdp./Torr (Schmp.) in °C	n_D, D in g/cm^3, UV-Spektrum (λ in nm) IR-Spektrum (in cm^{-1}) ^{1}H-NMR[37] und ^{19}F-NMR[38] (δ in ppm)
			IR: 2955(m), 2895(w), 1640(s), 1465 (vs), 1380(s), 1290(s), 1261(s), 1091 (vs), 968(s), 860(s), 560(m) ^{1}H-NMR[21]: δ(CH) = −0.85, J(F-H) = 1.6 Hz ^{19}F-NMR[14a]: δ(F_o) = 127.4, δ(F_m) = 161.1, δ(F_p) = 150.1, ∓J(F_2-F_4) = 4.2 Hz, ∓J(F_3-F_4) = 19.6 Hz, ∓J(F_2-F_3) = 24.1 Hz, ±J(F_2-F_5) = 10.6 Hz, ∓J(F_3-F_5) = 0.7 Hz, ∓J(F_2-F_6) = 4.9 Hz [64]
C_6F_5Li [112] −78, dann 20 (12 h) (Äther)	$(CH_3)_2SiCl_2$	$(C_6F_5)_2Si(CH_3)_2$ (85%) 95/0.6; 250/750 (31.5 bis 32)	^{1}H-NMR(CCl_4)[35]: δ(CH_3) = −0.82
C_6F_5Li [62] −79 (1 h), dann 20 (8 h)[19] (Äther)	$Cl_3SiSi(CH_3)_3$	$(C_6F_5)Si(CH_3)_3$[22] (66%) [64] 165 [62, 63] 170/693[23] [64]	n_D^{22} = 1.4322 [62], 1.4331 [63] n_D^{25} = 1.4317 [64] IR: 2950(m), 2895(w), 1645(s), 1505 (s), 1465(vs), 1375(s), 1284(s), 1252(s), 1082(vs), 967(s), 855(vs), 635(s) ^{1}H-NMR[21]: δ(CH) = −0.41, J(H-F) = 1.5 Hz ^{19}F-NMR[14]: δ(F_o) = 126.5, δ(F_m) = 162.1, δ(F_p) = 152.9, ±J(F_2-F_4) = 3.3 Hz, ∓J(F_3-F_4) = 19.2 Hz, ∓J(F_2-F_3) = 23.9 Hz, ±J(F_2-F_5) = 10.7 Hz, ∓J(F_3-F_5) = 1.2 Hz, ∓J(F_2-F_6) = 4.2 Hz [64]

Literatur s. S. 57

Tabelle 1 [Fortsetzung].

R_fLi Reaktionstemperatur in °C (-dauer in h)	Reaktant	Produkt (Ausbeute in %) Sdp./Torr (Schmp.) in °C	n_D, D in g/cm^3, UV-Spektrum (λ in nm) IR-Spektrum (in cm^{-1}) ^1H-NMR[37] und ^{19}F-NMR[38] (δ in ppm)
C_6F_5Li −70, dann 20 (Äther) [64] −78 (12 h), dann 20 [69] (Äther)	$(CH_3)_2Si(H)Cl$	$C_6F_5Si(CH_3)_2H$ (60%) [64] 157/685 [64] 85/60 [69] (83%) [69]	n_D^{25} = 1.4296 [64], 1.4294 [69] IR: 2965(m), 2890(m), 2165(s), 1640(s), 1510(s), 1465(vs), 1375(s), 1283(s), 1249(s), 1080(vs), 964(s), 889(vs), 845 (s), 657(m), 630(m), 495(m) ^1H-NMR[21]: δ(CH) = −0.46, δ(Si-H) = 4.64(sept), J(HSi-CH) = 3.9 Hz, J(HSi-F) < 0.5 Hz, J(CH-F) = 1.0 Hz ^{19}F-NMR[14]: $\delta(F_o)$ = 127.7, $\delta(F_m)$ = 161.9, $\delta(F_p)$ = 152.0; $\pm J(F_2\text{-}F_4)$ = 3.4 Hz, $\mp J(F_3\text{-}F_4)$ = 19.1 Hz, $\mp J(F_2\text{-}F_3)$ = 24.8 Hz, $\pm J(F_2\text{-}F_5)$ = 10.9 Hz, $\mp J(F_3\text{-}F_5)$ = 0.9 Hz, $\mp J(F_2\text{-}F_6)$ = 4.3 Hz [64]
C_6F_5Li [65] −65 (0.75 h) (Äther)	$Cl[Si(CH_3)_2]_3Cl$	$C_6F_5Si(CH_3)_2Si(CH_3)_2Si(CH_3)_2C_6F_5$ (71%) 116/0.07	—
C_6F_5Li [66] −65, dann 20 (Hexan/Tetrahydrofuran)	$[Cl(CH_3)_2Si]_2O$	$[C_6F_5(CH_3)_2Si]_2O$ (75.1%) (41)	IR: 2950(w), 1623(m), 1514(m), 1400 (w), 1336(m), 1322(m), 1312(w), 1290 (s), 1258(s), 1158(w), 1093(s, br), 1085 (s, br), 870(s, br), 856(sh), 830(m), 796 (s, br), 740(w), 716(w), 702(w), 699(w), 677(w)
C_6F_5Li [66] −65 (0.33 h), dann 20 (Hexan/Tetrahydrofuran)	$[Cl(CH_3)_2SiO]_2Si(CH_3)_2$	$[C_6F_5(CH_3)_2SiO]_2Si(CH_3)_2$ 60 bis 62/15	—
C_6F_5Li [62] −79 (1 h), dann 20 (8 h)[19] (Äther)	$(CH_3)_3SiSi(CH_3)_2Cl$	$(CH_3)_3SiSi(CH_3)_2C_6F_5$ (81%) 95 bis 97/10	n_D^{20} = 1.4610 IR(Film): 2955, 2900, 1640, 1515, 1465, 1455, 1405, 1370, 1280, 1248, 1077, 965, 870, 832, 817, 790, 730, 690, 660, 615, 495 ^1H-NMR: $\delta[(CH_3)_2Si]$ = −0.55; $\delta[(CH_3)_3Si]$ = −0.22

Literatur s. S. 57

Tabelle 1 [Fortsetzung].

Reaktionen von Perfluorhalogenorgano-Lithium-Verbindungen mit Organoelement-Verbindungen. Siedepunkt (Sdp.) in °C/Druck in Torr, Schmelzpunkt (Schmp.) in °C, Brechungsindex n_D, Dichte D, IR-Spektrum, UV-Spektrum (Wellenlänge λ, molarer Extinktionskoeffizient ε), chemische Verschiebung δ und Spin-Spin-Kopplungskonstante J im ^{1}H- und ^{19}F-NMR-Spektrum (d = Dublett, tr = Triplett, qu = Quartett, qui = Quintett, sept = Septett, oct = Octett, m = Multiplett).

R_fLi Reaktionstemperatur in °C (-dauer in h)	Reaktant	Produkt (Ausbeute in %) Sdp./Torr (Schmp.) in °C	n_D, D in g/cm^3, UV-Spektrum (λ in nm) IR-Spektrum (in cm^{-1}) ^{1}H-NMR[37] und ^{19}F-NMR[38] (δ in ppm)
			^{19}F-NMR: $\delta(F_o) = 127.1$, $\delta(F_m) = 162.8$, $\delta(F_p) = 153.9$, $\mp J(F_2\text{-}F_3) = 24.58$ Hz, $\pm J(F_2\text{-}F_4) = 2.94$ Hz, $\pm J(F_2\text{-}F_5) = 10.67$ Hz, $\mp J(F_2\text{-}F_6) = 4.29$ Hz, $\mp J(F_3\text{-}F_4) = 19.50$ Hz, $\mp J(F_3\text{-}F_5) = 1.40$ Hz, $^5J(H\text{-}F) = 1.68$ Hz, $^6J(H\text{-}F) = 0.65$ Hz
C_6F_5Li [70] −65 (12 h) (Äther)	$C_6H_5SiHCl_2$	$(C_6F_5)_2Si(C_6H_5)H$ (41.4%) 109 bis 110/0.07	$n_D^{20} = 1.5193$
C_6F_5Li -60[24] (Äther) [28]	CH_3SiHCl_2	$(C_6F_5)_2SiHCH_3$ (84%) [28] 106/4 [28]	$n_D^{20} = 1.4626$ [28]; $n_D^{20} = 1.4634$[25]; $n_D^{25} = 1.4614$ [69]; $D^{20} = 1.5872$[25]; R_D(exp.) = 65.40[25] (bzw. 65.85)
−78 (12 h) (Äther) [69]		(76.2%) [69] 94/2[25], 70/0.15 [69]	IR: 2200(s), 1645(s), 1518(s), 1480(s), 1472(s), 1408(w); 1382(m), 1297(s), 1266(w), 1094(s), 979(s), 899(m), 869 (m), 830(m), 722(w)[25] ^{1}H-NMR (20%ige Lösung in CCl_4): $\delta(CH_3) = -0.94$ (d von qui), $J(CH\text{-}SiH) = 4.2$ Hz; $J(F_2\text{-}CH_3) = 1.2$ Hz; $\delta(Si\text{-}H) = -5.46$ (oct), $J(SiH\text{-}CH) \approx J(F_2\text{-}SiH) = 4.2$ Hz [28]
C_6F_5Li [69] −78 (12 h) (Äther)	$(CH_3)_2SiHCl$	$C_6F_5SiH(CH_3)_2$ (83%) 85/60, 61.8 bis 62/20[25]	$n_D^{25} = 1.4294$; $n_D^{20} = 1.4324$[25]
1,2-$Li_2C_6F_4$ [30] −70 (0.5 h) (Äther)	$(CH_3)_2SiHCl$	$HC_6F_4SiH(CH_3)_2$[26] $C_6F_4[Si(CH_3)_2H]_2$[26]	—

Tabelle 1 [Fortsetzung].

R_fLi Reaktionstemperatur in °C (-dauer in h)	Reaktant	Produkt (Ausbeute in %) Sdp./Torr (Schmp.) in °C	n_D, D in g/cm^3, UV-Spektrum (λ in nm) IR-Spektrum (in cm^{-1}) ^1H-NMR[37] und ^{19}F-NMR[38] (δ in ppm)
1,2-$Li_2C_6F_4$[20] [61] − 65 (0.5 h), dann 20 (Tetrahydrofuran)	$(CH_3)_2SiCl_2$	(geringe Ausbeute) (228 bis 230)	—
1,4-$Li_2C_6F_4$ [37] − 70 (16 h), dann 20 (3 h) (Tetrahydrofuran)	$(C_6H_5)_3SiBr$	$(C_6H_5)_3SiC_6F_4Si(C_6H_5)_3$ (49%)	—
1,4-$Li_2C_6F_4$ [66] − 65 (1.75 h), dann 20 (Hexan/Tetrahydrofuran)	$[Cl(CH_3)_2Si]_2O$	(5.7%) (238 bis 239)	IR: 2950 (w), 1620 (br), 1410 (w), 1325 (w), 1270 (s), 1255 (s), 1250 (sh), 1080 (s, br), 835 (s, br), 793 (s, br), 745 (br), 720 (m), 697 (m), 686 (m)
1,4-$Li_2C_6F_4$ [27] − 65 (Tetrahydrofuran) (0.25)	$(CH_3)_3SiCl$	1,4-$[(CH_3)_3Si]_2C_6F_4$[34] (81%) [27] (53 bis 55) [107]	^1H-NMR[35] (in CCl_4): $\delta(CH_3) = 0.41$ (qu), J <1 Hz ^{19}F-NMR[36] (in CCl_4): $\delta(CF) = 127$ (br) [107]
1,3,5-$Li_3C_6F_3$ [31] −115 (Pentan/Tetrahydrofuran (1:1))	$(CH_3)_3SiCl$	1,3,5-$[(CH_3)_3Si]_3C_6F_3$ (95 bis 96%)	—
2-BrC_6F_4Li [36] − 70 (16 h) (Äther)	$(CH_3)_3SiCl$	$(CH_3)_3SiC_6F_4Br$-2 (87%) 87 bis 88/7	$n_D^{24} = 1.4856$

Literatur s. S. 57

Tabelle 1 [Fortsetzung].

Reaktionen von Perfluorhalogenorgano-Lithium-Verbindungen mit Organoelement-Verbindungen. Siedepunkt (Sdp.) in °C/Druck in Torr, Schmelzpunkt (Schmp.) in °C, Brechungsindex n_D, Dichte D, IR-Spektrum, UV-Spektrum (Wellenlänge λ, molarer Extinktionskoeffizient ε), chemische Verschiebung δ und Spin-Spin-Kopplungskonstante J im ^{1}H- und ^{19}F-NMR-Spektrum (d = Dublett, tr = Triplett, qu = Quartett, qui = Quintett, sept = Septett, oct = Octett, m = Multiplett).

R_fLi Reaktionstemperatur in °C (-dauer in h)	Reaktant	Produkt (Ausbeute in %) Sdp./Torr (Schmp.) in °C	n_D, D in g/cm^3, UV-Spektrum (λ in nm) IR-Spektrum (in cm^{-1}) ^{1}H-NMR[37] und ^{19}F-NMR[38] (δ in ppm)
3,5-Cl_2-C_6F_3Li [39] −75 (Hexan)	$(CH_3)_3SiCl$	1,3-Cl_2-5-$(CH_3)_3SiC_6F_3$ (87%) 123 bis 125/24 (40 bis 41)	—
2-$LiC_6F_4C_6F_4Li$-2′ [43] −78, dann 20 (3 h) (Äther)	$(C_6H_5)_2SiCl_2$	$(C_6H_5)_2Si(C_{12}F_8)$[27] (20%) (147 bis 149)	IR: 1618(w), 1595(w), 1486(s), 1462(s), 1456(sh), 1429(s), 1383(sh), 1361 (w), 1311(m), 1297(m), 1247(m), 1238 (sh), 1160(w), 1119(m), 1103(s), 1072(s), 1037(m), 1028(sh), 998(w), 972(w), 921(m), 855(w), 848(w), 781 (w), 742(m), 728(m), 714(m), 707(s), 694(s), 685(sh), 644(w)
F_2, F_2, Li, Li [50] −75 (0.25 h), dann 20	$(CH_3)_2GeCl_2$	F_2, F_2, $(CH_3)_2Ge$, $Ge(CH_3)_2$, F_2, F_2 (63%) (161 bis 162)	IR: ν(C=C) = 1527(s) ^{1}H-NMR: δ(CH_3) = −0.69
F_2, F_2, F_2, Li, Li [50] −75 (0.25 h), dann 20 (Äther)	$(CH_3)_2GeCl_2$	F_2, F_2, F_2, $(CH_3)_2Ge$, $Ge(CH_3)_2$, F_2, F_2, F_2 (68%) (115 bis 116)	IR: ν(C=C) = 1575(s) ^{1}H-NMR: δ(CH_3) = −0.8

Literatur s. S. 57

Tabelle 1 [Fortsetzung].

R_fLi Reaktionstemperatur in °C (-dauer in h)	Reaktant	Produkt (Ausbeute in %) Sdp./Torr (Schmp.) in °C	n_D, D in g/cm³, UV-Spektrum (λ in nm) IR-Spektrum (in cm^{-1}) ^1H-NMR[37] und ^{19}F-NMR[38] (δ in ppm)
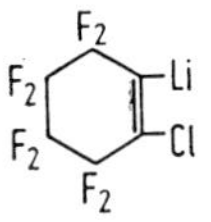 [50] −75 (0.25 h), dann 20 (Äther)	$(CH_3)_2GeCl_2$	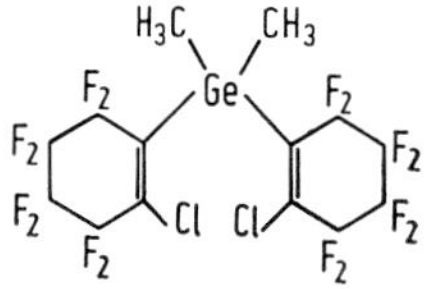 (64%) (53 bis 54)	IR: ν(C=C) = 1612 (s) ^1H-NMR: $\delta(CH_3) = -0.98$
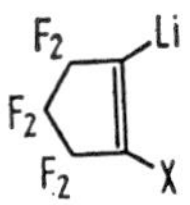 [50] −75 (0.25 h), dann 20 (Äther)	$(CH_3)_2GeCl_2$	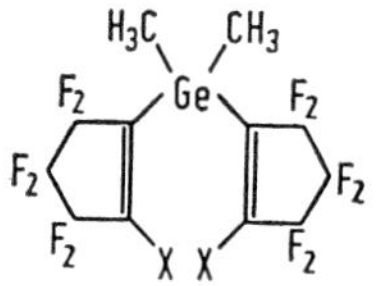 X = Cl (68%), X = Br (47%) X = Cl (34 bis 35), X = Br (47 bis 48)	X = Cl: IR: ν(C=C) = 1600 (s) ^1H-NMR: $\delta(CH_3) = -0.93$ X = Br: IR: ν(C=C) = 1592 (s) ^1H-NMR: $\delta(CH_3) = -0.92$
$2\text{-}LiC_6F_4C_6F_4Li\text{-}2'$ [43] −78, dann 20 (3 h) (Äther)	$(C_6H_5)_2GeCl_2$ [34, 43]	$(C_6H_5)_2Ge(C_{12}F_8)$ [34, 43] (50%) [43] (139 bis 141), 120 bis 130/0.0001[28] [43] (138.5 bis 140.5) [49]	IR: 1626 (w), 1603 (m), 1580 (sh), 1484 (s), 1464 (s), 1429 (s), 1399 (sh), 1379 (s), 1350 (m), 1333 (m), 1302 (s), 1285 (m), 1258 (w), 1252 (m), 1238 (w), 1188 (w), 1160 (w), 1094 (s), 1059 (br), 1031 (s), 1028 (s, sh), 998 (m), 921 (m), 823 (m), 786 (w), 733 (s), 724 (m), 706 (s), 693 (s), 678 (w), 640 (w), 595 (w) [43]

Literatur s. S. 57

Tabelle 1 [Fortsetzung].

Reaktionen von Perfluorhalogenorgano-Lithium-Verbindungen mit Organoelement-Verbindungen. Siedepunkt (Sdp.) in °C/Druck in Torr, Schmelzpunkt (Schmp.) in °C, Brechungsindex n_D, Dichte D, IR-Spektrum, UV-Spektrum (Wellenlänge λ, molarer Extinktionskoeffizient ε), chemische Verschiebung δ und Spin-Spin-Kopplungskonstante J im ^{1}H- und ^{19}F-NMR-Spektrum (d = Dublett, tr = Triplett, qu = Quartett, qui = Quintett, sept = Septett, oct = Octett, m = Multiplett).

R_fLi Reaktionstemperatur in °C (-dauer in h)	Reaktant	Produkt (Ausbeute in %) Sdp./Torr (Schmp.) in °C	n_D, D in g/cm^3, UV-Spektrum (λ in nm) IR-Spektrum (in cm^{-1}) ^{1}H-NMR[37] und ^{19}F-NMR[38] (δ in ppm)
C_6F_5Li [106] −78, dann 20 (12 h) (Äther/Hexan)	$(C_6H_5)_2GeCl_2$	$(C_6F_5)_2Ge(C_6H_5)_2$ (125 bis 127)	IR[33]: 1642(m), 1560(s), 1511(s), 1470 (s), 1428(m), 1379(m), 1281(m), 1191 (w), 1158(w), 1139(w), 1093(s), 1085 (w), 1002(w), 971(s), 813(m), 735(s), 724(m), 694(s), 621(br)
C_6F_5Li [106] −78, dann 20 (12 h) (Äther/Hexan)	$(C_6H_5)_3GeCl$	$C_6F_5Ge(C_6H_5)_3$ (114 bis 116)	IR[33]: 1642(m), 1560(s), 1511(s), 1470 (s), 1428(m), 1379(m), 1281(m), 1183 (w), 1152(w), 1136(w), 1089(s), 1077 (s), 1026(w), 1002(w), 971(s), 806(m), 735(s), 721(m), 694(s), 680(w), 617(br)
CF_2=CFLi −40 bis 20 (Äther) [8] −30 bis 20 (Pentan) [8]	$(C_2H_5)_3SnCl$	CF_2=CFSn$(C_2H_5)_3$ (40%) [8] (46 bis 50%) [8] 66 bis 67/12 [59]	n_D^{25} = 1.4392 [59] ν(C=C) = 1720 bis 1700(s) [59]
CF_2=CFLi [9] −78 (Äther)	$(CH_3)_3SnBr$	CF_2=CFSn$(CH_3)_3$ (27.5%) 112 bis 115	n_D^{25} = 1.4150; IR (in CCl_4): ν(C=C) = 1710; ν(C-F) = 1282(s), 1265(s), 1105(s), 1005(s)
2-BrC_6F_4Li [32] −75[29] (3 h) (Äther) −78 bis 20 (4 h), 20 (12 h) (Hexan/Äther) [60]	$(CH_3)_3SnCl$	2-BrC_6F_4Sn$(CH_3)_3$ (82%) [32] 83/0.05 [32] 73 bis 74/0.03 [60]	IR (Film): 2985(w), 2915(w), 1610(m), 1595(w), 1490(s), 1425(s), 1354(s), 1310(m), 1292(s), 1252(m), 1190(w), 1108(w), 1094(s), 1080(w), 1031(m), 1018(m), 824(s), 780(s), 730(m) ^{1}H-NMR[30]: δ(CH) = −0.53(d), J(H-F) = 1.4 Hz; J(^{118}Sn-H) = 57.8 Hz [60] ^{19}F-NMR: Vier Signale gleicher Intensität[31] [32]

Literatur s. S. 57

Tabelle 1 [Fortsetzung].

R_fLi Reaktionstemperatur in °C (-dauer in h)	Reaktant	Produkt (Ausbeute in %) Sdp./Torr (Schmp.) in °C	n_D, D in g/cm^3, UV-Spektrum (λ in nm) IR-Spektrum (in cm^{-1}) ^1H-NMR[37] und ^{19}F-NMR[38] (δ in ppm)
$2\text{-}BrC_6F_4Li$ [60] −78 (2 h), dann 20 (12 h) (Äther)	$(CH_3)_2SnCl_2$	$(2\text{-}BrC_6F_4)_2Sn(CH_3)_2$ (56 bis 58)	IR (Nujolverreibung): 1616 (w), 1602 (w), 1497 (s), 1438 (s), 1320 (w), 1300 (w), 1260 (w), 1118 (w), 1102 (m), 1090 (w), 1038 (w), 1022 (s), 831 (s), 773 (m), 543 (w), 530 (w) ^1H-NMR[30]: δ(CH) = −0.94 (tr), J(H-F) = 1.15 Hz, J(^{118}Sn-H) = 63.8 Hz ^{19}F-NMR[32]: $\delta(F_3)$ = 125.5, $\delta(F_4)$ = 150.6, $\delta(F_5)$ = 154.3, $\delta(F_6)$ = 118.9, $J(F_3\text{-}F_4)$ = 20.15 Hz, $J(F_3\text{-}F_5)$ = 3.85 Hz, $J(F_3\text{-}F_6)$ = 12.0 Hz, $J(F_4\text{-}F_6)$ = 4.25 Hz, $J(F_5\text{-}F_6)$ = 25.15 Hz
$1,4\text{-}Li_2C_6F_4$ [60] −78 (2 h), dann 20 (20 h) (Tetrahydrofuran); −78 (1.5 h), dann 20 (12 h) (Äther)	$(CH_3)_3SnCl$	$1,4\text{-}[(CH_3)_3Sn]_2C_6F_4$ 80/0.01[28] 109 bis 110/0.001 (107 bis 108) aus n-Propanol	IR (Nujolverreibung): 1431 (vs), 1406 (s), 1211 (m), 1203 (s), 1197 (s), 926 (s), 783 (s), 731 (m), 560 (w), 540 (s), 521 (m) ^1H-NMR[30]: δ(CH) = −0.45 (qui); J(H-F) = 0.35 Hz; J(^{118}Sn-H) = 57.6 Hz
$2\text{-}LiC_6F_4C_6F_4Li\text{-}2'$ [43] −78, dann 20 (3 h) (Äther)	$(C_6H_5)_2SnCl_2$	$(C_6H_5)_2Sn(C_{12}F_8)$[27] (24 %) (131 bis 133)	IR: 1626 (w), 1605 (w), 1587 (w), 1477 (s), 1453 (ssh), 1449 (s), 1429 (s), 1381 (w), 1333 (m), 1297 (m), 1282 (m), 1255 (w), 1244 (m), 1225 (w), 1193 (w), 1160 (w), 1096 (s), 1078 (m), 1073 (m), 1053 (s), 1029 (m), 1024 (m, sh), 998 (m), 913 (m), 855 (w), 801 (w), 770 (w), 731 (s), 720 (m), 699 (s), 694 (m, sh), 637 (w), 588 (w)
$2\text{-}LiC_6F_4C_6F_4Li\text{-}2'$ [43] −78, dann 20 (3 h) (Äther)	$(CH_3)_2SnCl_2$	$(CH_3)_2Sn(C_{12}F_8)$[27] (niedrig)	—

Literatur s. S. 57

Tabelle 1 [Fortsetzung].

Reaktionen von Perfluorhalogenorgano-Lithium-Verbindungen mit Organoelement-Verbindungen. Siedepunkt (Sdp.) in °C/Druck in Torr, Schmelzpunkt (Schmp.) in °C, Brechungsindex n_D, Dichte D, IR-Spektrum, UV-Spektrum (Wellenlänge λ, molarer Extinktionskoeffizient ε), chemische Verschiebung δ und Spin-Spin-Kopplungskonstante J im ^{1}H- und ^{19}F-NMR-Spektrum (d = Dublett, tr = Triplett, qu = Quartett, qui = Quintett, sept = Septett, oct = Octett, m = Multiplett).

R_fLi Reaktionstemperatur in °C (-dauer in h)		Reaktant	Produkt (Ausbeute in %) Sdp./Torr (Schmp.) in °C	n_D, D in g/cm^3, UV-Spektrum (λ in nm) IR-Spektrum (in cm^{-1}) ^{1}H-NMR[37] und ^{19}F-NMR[38] (δ in ppm)
C_6F_5Li (Äther)	[111]	$(CH_3)_2SnCl_2$ im Überschuß	$C_6F_5(CH_3)_2SnCl$	^{1}H-NMR: $\delta(CH_3) = -1.15$, $J(H\text{-}F_2) = 0.4$ Hz, $J(H\text{-}F_3) = J(H\text{-}F_4) = 0$ Hz, J(Sn-H) = 64 Hz (Mittelwert aus ^{117}Sn-H und ^{119}Sn-H)
C_5F_5Li (Äther)	[111]	$(CH_3)_2SnCl_2$	$(C_6F_5)_2Sn(CH_3)_2$	^{1}H-NMR: $\delta(CH_3) = -1.05$, $J(H\text{-}F_2) = 0.4$ Hz, $J(H\text{-}F_3) = J(H\text{-}F_4) = 0$ Hz, J(Sn-H) = 64 Hz (Mittelwert aus ^{117}Sn-H und ^{119}Sn-H)
C_6F_5Li (Äther)	[111]	$(C_2H_5)_2SnCl_2$	$(C_6F_5)_2(SnC_2H_5)_2$	^{1}H-NMR: $J(Sn\text{-}H_\alpha) = 62$ Hz, $J(Sn\text{-}H_\beta) = 102$ Hz (Mittelwert aus ^{117}Sn-H und ^{119}Sn-H)
C_6F_5Li 20 (Äther)	[24]	$(C_6H_5)_3PbCl$	$C_6F_5Pb(C_6H_5)_3$ (85 bis 87)	IR[33]: 3058(m), 1629(m), 1567(m), 1504 (s), 1471(sh), 1462(s), 1439(m), 1431 (s), 1362(s), 1348(w), 1325(m), 1295 (m), 1264(m), 1183(w), 1152(w), 1126 (w), 1072(s), 1062(sh), 1053(sh), 1015 (m), 1007(sh), 995(m), 962(s), 903(w), 844(w), 772(w), 725(s), 692(s), 667(w), 599(w)
4-LiC_5F_4N −78 (2 h), dann 20 (Tetrahydrofuran)	[103]	C_5F_5N	(81 bis 82)	—

Tabelle 1 [Fortsetzung].

R_fLi Reaktionstemperatur in °C (-dauer in h)		Reaktant	Produkt (Ausbeute in %) Sdp./Torr (Schmp.) in °C	n_D, D in g/cm³, UV-Spektrum (λ in nm) IR-Spektrum (in cm⁻¹) ¹H-NMR[37] und ¹⁹F-NMR[38] (δ in ppm)
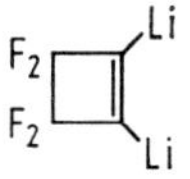 F_2 F_2 Li Li −75 (0.25 h), dann 20 (Äther)	[50]	CH_3AsJ_2	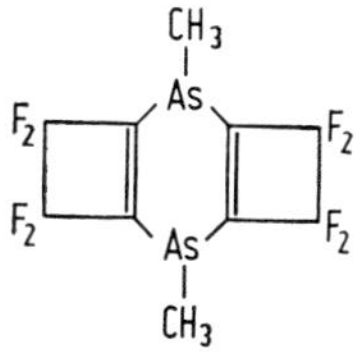 CH_3 As F_2 F_2 F_2 F_2 As CH_3 (52%) (127 bis 128)	IR: ν(C=C) = 1523 (s) ¹H-NMR: δ(CH_3) = −1.59
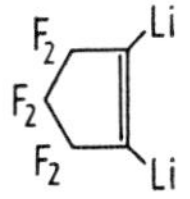 F_2 F_2 F_2 Li Li −75 (0.25 h), dann 20 (Äther)	[50]	CH_3AsJ_2	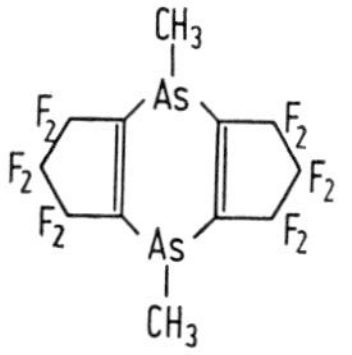 CH_3 As F_2 F_2 F_2 F_2 F_2 F_2 As CH_3 (60%) (112 bis 113)	IR: ν(C=C) = 1538 (s) ¹H-NMR: δ(CH_3) = −1.62
C_6F_5Li 80 (Äther/Hexan)	[32]	CH_3SSCH_3	$C_6F_5SCH_3$ (57%) 170 p-$CH_3SC_6F_4SCH_3$ (89 bis 90)	¹⁹F-NMR (Standard C_6F_6): δ(F) = −27
C_6F_5Li −80, dann Erwärmen auf 20 (Äther)	[32]	$C_6H_5SSC_6H_5$	$C_6F_5SC_6H_5$ (94%) (47 bis 48)	—
C_6F_5Li −70 (1.5 h) (Tetrahydrofuran)	[99]	$(CH_3O)_3B + H_2O_2$	C_6F_5OH (39%)	—

Literatur s. S. 57

Tabelle 1 [Fortsetzung].

[1] Zugabe der Reaktanten bei −50°C und langsames Erwärmen (3 h) auf 20°C. — [2] n-C_3F_7Li bildet sich intermediär bei der Zugabe von CH_3Li, n-C_3F_7J und entsprechendem Halogensilan. — [3] Innerhalb 0.75 h Temperaturerhöhung auf −18°C, dann −10°C (0.25 h), dann 6°C (0.75 h). — [4] Führt man die Umsetzung in Dibutyläther bei −40 bis −45°C durch, hält auf −38 bis −4°C (64 h) und erwärmt dann auf 20°C (8 h). Ausbeute an n-$C_3F_7Si(CH_3)_3$: 2.7%, Siedepunkt 84 bis 86°C, n_D^{20} = 1.3508. — [5] Anschließend erwärmen auf −40°C (1 h), dann herunterkühlen auf −78°C und erneut schnell CH_3Li zugeben und auf 27°C erhitzen.

[6] Dann aufwärmen auf −43°C (1 h), erneutes Herunterkühlen auf −78°C, zusätzliche Zugabe von CH_3Li und anschließendes Erhitzen im Rückfluß (1 h). — [7] −5°C nach 4 h, herunterkühlen auf −30°C und dann innerhalb 28 h auf −12°C erwärmen lassen. — [8] Anschließend erwärmen auf 20°C während 24 h. — [9] Unreines Produkt. — [10] Anschließend 2 h unterhalb 25°C.

[11] Werden etwa äquimolare Mengen umgesetzt und steigert man die Temperatur um 15°C/h auf 20°C, so entsteht $(C_3F_7)_2Si(C_2H_5)_2$ in 32% Ausbeute. — [12] Diese Werte entstammen D. Seyferth, T. Wada (Inorg. Chem. **1** [1962] 78/83). — [13] Werte gehören zu geometrischen Isomeren, die im Verhältnis 4:1 entstehen. — [14] C_6F_5Li wird in einem 10fachen Überschuß unter Rühren zugetropft, dennoch bilden sich 70% $(C_6F_5)_2Si(CH_3)_2$. — [14a] 10 Mol-% in Benzol. — [15] Trans-β-Isomer.

[16] Mit $(C_6H_5)_3SiBr$ bilden sich bei −65°C (3 h) in Tetrahydrofuran 48.4%. — [17] Auch aus $C_6F_5Si(C_6H_5)_2Cl$ und C_6F_5Li bei −65°C (3 h) in Äther in 62.5% Ausbeute hergestellt. — [18] Aus $(C_6F_5)_2Si(C_6H_5)Cl$ und C_6F_5Li bei −65°C (3 h) in Äther in 57.8% Ausbeute synthetisiert. — [19] Bei positivem Ausfall des Gilman-Farbtestes wird anschließend noch 2 h im Rückfluß erhitzt. — [20] Zusätzlich entstehen 1-(Butyldimethylsilyl)-2,3,4,5-tetrafluorbenzol als Hauptprodukt (Siedepunkt 55 bis 56°C/0.6 Torr, n_D^{20} = 1.4500), Bis(2,3,4,5-tetrafluorphenyl)dimethylsilan (Siedepunkt 53°C/0.2 Torr, n_D^{20} = 1.4770) und ein Isomerengemisch aus 3- und 4-n-Butyl-(1-butyldimethylsilyl)-2-H-trifluorbenzol (Siedepunkt 74°C/0.2 Torr, n_D^{20} = 1.4695).

[21] Gelöst in $CDCl_3$. — [22] Zusätzlich entsteht $Si(C_6F_5)_4$. — [23] Zusätzliche Angaben über Siedepunkte und n_D s. [64]. — [24] Aufwärmen auf 0°C (3 h). — [25] Werte aus A. L. Klebanskii, Yu. A. Yuzhelevskii, E. K. Kagan, A. V. Kharlamova (Zh. Obshch. Khim. **36** [1966] 2222; J. Gen. Chem. USSR **36** [1966] 2219; C.A. **66** [1967] Nr. 95125).

[26] Beide Substanzen nur durch gaschromatographisch-massenspektroskopische Untersuchungen charakterisiert. — [27] $C_{12}H_8$ = 2,2'-Octafluorbiphenyl. — [28] Sublimation. — [29] Nach zusätzlichen 1.5 h bei −75°C wird langsam auf 20°C erwärmt. — [30] 20 bis 30% Lösung in CCl_4. Innerer Standard: $Si(CH_3)_4$.

[31] Die Signale zeigen, daß 2-F-Atome o-, m- und p-F-F-Kopplungen aufweisen (20 bis 25 Hz, 2.5 bis 3.5 Hz, 12.0 bis 13.0 Hz). Die beiden anderen weisen zwei o- und eine m-F-F-Kopplung auf [32]. ^{19}F-NMR-Spektrum AMPX-System: $\delta(F_3)$ = 126.1, $\delta(F_n)$ = 152.8, $\delta(F_5)$ = 155.7, $\delta(F_6)$ = 118.6; $J(F_3\text{-}F_4)$ = 19.3 Hz, $J(F_3\text{-}F_5)$ = 3.3 Hz, $J(F_3\text{-}F_6)$ = 12.8 Hz, $J(F_4\text{-}F_5)$ = 18.9 Hz, $J(F_4\text{-}F_6)$ = 3.5 Hz, $J(F_5\text{-}F_6)$ = 26.2 Hz [60]. — [32] AMPX-System. — [33] Nujol- und Hexachlorbutadienverreibung. — [34] Bildet sich auch aus dem aus o-$H_2C_6F_4$ und n-C_4H_9Li erhaltenen metallierten Produkt auf unerklärliche Weise in geringer Ausbeute [107]. — [35] Innerer Standard: $Si(CH_3)_4$.

[36] Innerer Standard $CFCl_3$. — [37] Standard $Si(CH_3)_4$. — [38] Standard $CFCl_3$.

Literatur s. S. 57

Tabelle 2:

Umsetzungen von Perfluorhalogenorgano-Lithium-Verbindungen mit Hg und Übergangsmetallverbindungen. Siedepunkt (Sdp.) in °C/Druck in Torr, Schmelzpunkt (Schmp.) in °C.

R_fLi (Lösungsmittel) Reaktionstemperatur in °C (-dauer)		Reaktant	Produkt Ausbeute (in %)	Sdp./Torr (Schmp.) in °C
$CF_2{=}CFLi$ 0 (1 h) (Äther)[2]	[78]	$HgCl_2$[1]	$(CF_2{=}CF)_2Hg$ (52.5)	64 bis 66/17
$CF_3C{\equiv}CLi$ −78 (1.75 h), dann 20 (4 h) (Tetrahydrofuran)	[14]	π-$C_5H_5Fe(CO)_2J$	π-$C_5H_5Fe(CO)_2C{\equiv}CCF_3$ (34)	(126 bis 129)
$C_6F_5C{\equiv}CLi$ −78, dann 20 (15 h) (Tetrahydrofuran)	[14]	π-$C_5H_5Fe(CO)_2Cl$	π-$C_5H_5Fe(CO)_2C{\equiv}CC_6F_5$ (18)	(112 bis 113)
$C_6F_5C{\equiv}CLi$ −78, dann 20 (20 h) (Äther)	[14]	$Re(CO)_5Cl$	$(CO)_5ReC{\equiv}CC_6F_4$ (sehr gering)	—
R_fLi[3] −78 (2 h) und 15 (18 h) (Pentan)	[20]	$HgCl_2$	$(R_f)_2$[3]Hg	162.5 bis 163 164.5 bis 165.5[4]
F_2, Li, F_2, X X = Li −75 (Äther) (10 min)	[50]	$HgCl_2$	F_2, Hg, F_2, F_2, Hg, F_2 (68)	(100 bis 101)
X = Cl −75 (1 h) (Äther)		$HgCl_2$	F_2, Hg, F_2, F_2, Cl, Cl, F_2 (63)	(140 bis 141)

Tabelle 2 [Fortsetzung].

Umsetzungen von Perfluorhalogenorgano-Lithium-Verbindungen mit Hg und Übergangsmetallverbindungen. Siedepunkt (Sdp.) in °C/Druck in Torr, Schmelzpunkt (Schmp.) in °C.

R_fLi (Lösungsmittel) Reaktionstemperatur in °C (-dauer)		Reaktant	Produkt Ausbeute (in %)		Sdp./Torr (Schmp.) in °C
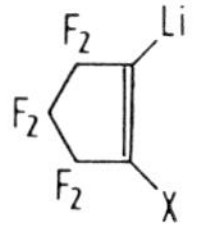	[50]	$HgCl_2$	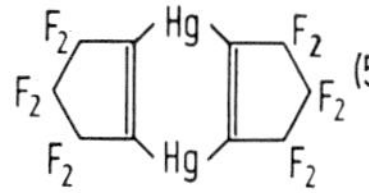 (53)		(80.5 bis 81.5)
X = Li − 75 (0.25 h) (Äther)			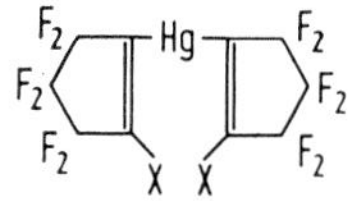 X = Cl (56) X = Br (49)		
X = Cl − 75 (10 min) (Äther)		$HgCl_2$			(60 bis 61)
X = Br − 75 (10 min) (Äther)		$HgCl_2$			(69 bis 70)
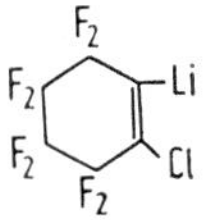 − 75 (10 min) (Äther)	[50]	$HgCl_2$	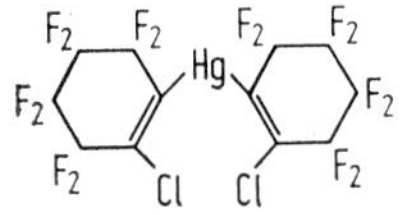	(60)	(88 bis 89)
C_6F_5Li 0 (18 h) (Äther)	[22]	Hg	$(C_6F_5)_2Hg$		(117 bis 118)
− 78 (3 h) (Äther)[5]	[33]	Hg_2Cl_2	$(C_6F_5)_2Hg + Hg$		(138 bis 139)[6] (140)[6] (140 bis 141)
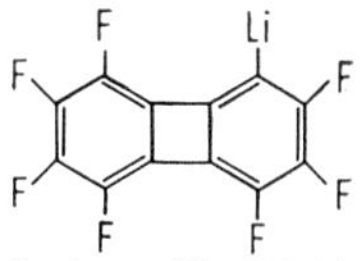 0, dann 20 (60 h) (Äther/Hexan)	[25]	$HgCl_2$	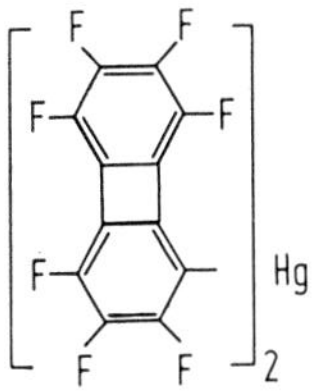	(11)	(237 bis 239)

Literatur s. S. 57

Tabelle 2 [Fortsetzung].

R_fLi (Lösungsmittel) Reaktionstemperatur in °C (-dauer)	Reaktant	Produkt Ausbeute (in %)	Sdp./Torr (Schmp.) in °C
C_6F_5Li [95] −78, dann 20 (12 h)	$CdCl_2$	$(C_6F_5)_2Cd$ (51)	150[7]/0.01 (158 bis 160)
C_6F_5Li [33] −78, dann 20 (Äther/Hexan)	$TiCl_4$	$C_6F_5TiCl_3$[25]	—
C_6F_5Li [63] −65, dann −20 (3.5 h) (Äther) 20 (16 h) (Äther) [88]	$(C_5H_5)_2TiCl_2$	$(C_5H_5)_2Ti(C_6F_5)_2$ (52) [63] (44) π-$(C_5H_5)_2Ti(C_6F_5)Cl$ (29) [87, 88]	(228 bis 229) [63] (228 bis 230) (201 bis 203) [87, 88]
C_6F_5Li [83] 0 (2.5 h) (Äther)	$[(CH_3)_2CHO]_3TiCl$	$[(CH_3)_2CHO]_3TiC_6F_5$ (17)	(133 bis 135)
C_6F_5Li [83] 0, dann 20 (2.5 h) (Äther)	$(\pi$-$C_5H_5)_2Ti(CH_3)Cl$	$(\pi$-$C_5H_5)_2Ti(CH_3)C_6F_5$ (64)	(172.5 bis 173.5)
C_6F_5Li [83] −78, dann 20 (2 h)	$(\pi$-$C_5H_5)_2Ti(C_6H_5)Cl$	$(\pi$-$C_5H_5)_2Ti(C_5H_5)C_6F_5$ (12)	(115 bis 117)
C_6F_5Li [85] −78, dann −20 (1 h) (Äther/Hexan)	$(Ind)_2TiCl_2$[10]	$(Ind)_2Ti(C_6F_5)_2$[10] (66)	(215)
C_6F_5Li [63] −65, dann −20 (3.5 h) (Äther)	$(C_5H_5)_2ZrBr_2$	$(C_5H_5)_2Zr(C_6F_5)_2$ (26.9)	(257)[13]
C_6F_5Li [94] 20 (17 h) (Äther)	$(\pi$-$C_5H_5)_2ZrCl_2$	$(\pi$-$C_5H_5)_2Zr(C_6F_5)_2$ (28)	120/0.01[7] (218 bis 219)
C_6F_5Li [120] −70 (12 h) (Äther/Hexan)	VCl_4	$V(C_6F_5)_4 \cdot 2(C_2H_5)_2O$	(220)[13]
C_6F_5Li [91] −78 (1 h), dann 20 (1 h) (Tetrahydrofuran)	$C_5H_5Mo(CO)_4^+PF_6^-$	$C_5H_5Mo(CO)_3C(O)C_6F_5$ (16)	(77)

Tabelle 2 [Fortsetzung].

Umsetzungen von Perfluorhalogenorgano-Lithium-Verbindungen mit Hg und Übergangsmetallverbindungen. Siedepunkt (Sdp.) in °C/Druck in Torr, Schmelzpunkt (Schmp.) in °C.

R_fLi (Lösungsmittel) Reaktionstemperatur in °C (-dauer)	Reaktant	Produkt Ausbeute (in %)	Sdp./Torr (Schmp.) in °C
C_6F_5Li [91] −78 (1 h), dann 20 (1 h) (Tetrahydrofuran)	$C_5H_5Mo(CO)_3[(C_6H_5)_3P]^+PF_6^-$	$C_5H_5Mo(CO)_2[(C_6H_5)_3P]$-$C(O)C_6F_5$[18] (14.5)	(115 bis 120)[13]
C_6F_5Li [91] −78 (1 h), dann 20 (1 h) (Tetrahydrofuran)	$C_5H_5W(CO)_4^+PF_6^-$	$C_5H_5W(CO)_3C(O)C_6F_5$ (49)	(98)
C_6F_5Li [91] −78 (1 h), dann 20 (1 h) (Tetrahydrofuran)	$C_5H_5W(CO_3)$-$[(C_6H_5)_3P]^+PF_6^-$	$C_5H_5W(CO)_2[(C_6H_5)_3P]$-$C(O)C_6F_5$[19] (40.5)	(125)
C_6F_5Li[20] [91] −78 (1 h), dann 20 (1 h) (Tetrahydrofuran)	$C_5H_5W(CO)_3$-$[(C_6H_5)_3As]^+PF_6^-$	$C_5H_5W(CO)_2[(C_6H_5)_3As]$-$C(O)C_6F_5$ (37)	(125)
C_6F_5Li [92] 0 (0.5 h), dann 20 (1 h)[11] (Äther/Hexan)	$(C_6H_5)_2ClSnMn(CO)_5$	$C_6F_5(C_6H_5)_2SnMn(CO)_5$	(94 bis 95)
C_6F_5Li [92] −78 (2 h) (Äther)	$Cl_3SnMn(CO)_5$	$(C_6F_5)_3SnMn(CO)_5$	(151 bis 154)
C_6F_5Li [92] −78 (2 h) (Äther)	$Cl_2Sn[Mn(CO)_5]_2$	$(C_6F_5)_2Sn[Mn(CO)_5]_2$	(151 bis 152)
C_6F_5Li [92] 20 (1 h)[11] (Äther)	$(CH_3)_2ClSnMn(CO)_5$	$(CH_3)_2Sn[Mn(CO)_5]_2$ $(CH_3)_2Sn(C_6F_5)_2$	(104 bis 105)
C_6F_5Li [87] 0 (6 h), dann 20 (16 h) (Äther)[11]	$Mn(CO)_5Br$	$C_6F_5Mn(CO)_5$ (29)	(118 bis 120)

Tabelle 2 [Fortsetzung].

R_fLi (Lösungsmittel) Reaktionstemperatur in °C (-dauer)	Reaktant	Produkt Ausbeute (in %)	Sdp./Torr (Schmp.) in °C
C_6F_5Li [89] 20 (Äther/Hexan)	$[(C_2H_5)_3P]_2NiCl_2$	$(C_6F_5)_2Ni[P(C_2H_5)_3]_2$ (58.5) $C_6F_5(Cl)Ni[P(C_2H_5)_3]_2$[12] (18.5)	(151 bis 152) (112 bis 113)
C_6F_5Li [89] 0 (15 h)[11] (Äther)	$[(C_6H_5)_3P]_2NiCl_2$	$(C_6F_5)_2Ni[P(C_6H_5)_3]_2$ (40)	(201 bis 204)[13]
C_6F_5Li [89] −78 (15 min), dann 20 (Äther/Hexan)	$(o\text{-}C_5H_4N)_2NiCl_2$	$(o\text{-}C_5H_4N)_2Ni(C_6F_5)_2$ (29)	(255)[13]
C_6F_5Li [123] −78 (1 h), dann 20 (Hexan/wenig Äther)	$[trans\text{-}CH_3(C_6H_5)_2P]_2Ni(\sigma\text{-}C_6F_5)Cl$	$[trans\text{-}CH_3(C_6H_5)_2P]_2Ni(\sigma\text{-}C_6F_5)_2$ (74)	(192 bis 193)
C_6F_5Li [123] −78 (1 h), dann 20 (Hexan/wenig Äther)	$[trans\text{-}C_2H_5(C_6H_5)_2P]_2Ni(\sigma\text{-}C_6F_5)Cl$	$[trans\text{-}C_2H_5(C_6H_5)_2P]_2Ni(\sigma\text{-}C_6F_5)_2$ (37)	(210 bis 211)
C_6F_5Li [93] 0 (1 h), dann 20 (3.5 h) (Tetrahydrofuran)	$C_5H_5Ni[(C_6H_5)_3P]_2^+ClO_4^-$	$C_5H_5Ni[(C_6H_5)_3P]C_6F_5$[21] (90)	—
C_6F_5Li [86] −78 (0.5 h), dann 20 (Äther)	$(CH_3)_5C_5Co(CO)J_2$	$(CH_3)_5C_5Co(CO)(C_6F_5)_2$ (5.1) $(CH_3)_5C_5Co(CO)(C_6F_5)J$ (9.2)	(214 bis 216) (190 bis 192)
C_6F_5Li [90, 91] 0 (3 h)[11] (Äther/Tetrahydrofuran)	$C_5H_5Fe(CO)_2[(C_6H_5)_3P]^+J^-$	exo$(1\text{-}C_6F_5)\text{-}C_5H_5Fe(CO)_2\text{-}P(C_6H_5)_3$ (56.4)	(132.5 bis 134)
C_6F_5Li [90, 91] 0 (2 h)[11] (Äther/Tetrahydrofuran)	$C_5H_5Fe(CO)_3^+PF_6^-$	$C_5H_5Fe(CO)_2C_6F_5$[14] (12.7) $C_5H_5Fe(CO)_2C(O)C_6F_5$ (17.6)	(144.5 bis 145)[15] (86 bis 87)

Literatur s. S. 57

Tabelle 2 [Fortsetzung].

Umsetzungen von Perfluorhalogenorgano-Lithium-Verbindungen mit Hg und Übergangsmetallverbindungen. Siedepunkt (Sdp.) in °C/Druck in Torr, Schmelzpunkt (Schmp.) in °C.

R_fLi (Lösungsmittel) Reaktionstemperatur in °C (-dauer)		Reaktant	Produkt Ausbeute (in %)	Sdp./Torr (Schmp.) in °C
C_6F_5Li −78 (1 h), dann 20 (1 h) (Tetrahydrofuran)	[91]	$C_5H_5Fe(CO)_2(Py^{16)})^+PF_6^-$	$C_5H_5Fe(CO)_2C_6F_5$[17] (3.1) $[C_5H_5Fe(CO)_2]_2$ (3)	siehe S. 37
C_6F_5Li −78 (1 h), dann 20 (1 h) (Tetrahydrofuran)	[91]	$C_5H_5Fe(CO)_2(CH_3CN)^+PF_6^-$	$C_5H_5Fe(CO)_2C_6F_5$ (9.2) $[C_5H_5Fe(CO)_2]_2$ (Spuren)	siehe S. 37
C_6F_5Li	[87]	$Fe(CO)_4J_2$	$C_6F_5Fe(CO)_4J$ (2)	30/0.003[7] (74 bis 76)
C_6F_5Li −78, dann 0 (12 h) (Tetrahydrofuran)	[84]	$C_5H_5Fe(CO)_2CNCH_3^+PF_6^-$	exo-1-$C_6F_5C_5H_5Fe(CO)_2$-$CNCH_3$ (18.7) $C_5H_5Fe(CO)_2C(C_6F_5){=}NCH_3$ (1.1) $C_5H_5Fe(CO)(CNCH_3)C_6F_5$[8] (0.95)	(105 bis 106) (108 bis 109) (73 bis 74.5)
C_6F_5Li −78 (Tetrahydrofuran)	[84]	$C_5H_5Fe(CO)(CNCH_3)_2^+PF_6^-$	$C_5H_5Fe(CNCH_3)_2C_5F_5$ (8.9) $C_5H_5Fe(CNCH_3)C(C_6F_5){=}NCH_3$[9] (15.4) $C_5H_5Fe(CNCH_3)C(C_6F_5){=}N{=}CH_3$[9] (13.6)	(152 bis 153) (93 bis 94) (90 bis 91)
C_6F_5Li −70 (40 min), 20 (1 h) (Tetrahydrofuran)	[132]	C_6F_5Cu + $F_2C{=}CFJ$	$C_6F_5CF{=}CF_2$ [50] C_6F_5J $C_6F_5C_6F_5$	—
C_6F_5Li	[121]	$IrCl(CO)[P(C_6H_5)_3]_2$	$Ir(C_6F_5)(CO)[P(C_6H_5)_3]_2$	(208 bis 210)[13]
C_6F_5Li −60, dann 20 (1 h) (Äther)	[96]	cis$[(C_2H_5)_3P]_2PtCl_2$	cis$[(C_2H_5)_3P]_2PtCl(C_6F_5)$ (80) cis$[(C_2H_5)_3P]_2Pt(C_6F_5)_2$[22] (92)	(144 bis 146) (160 bis 161)
C_6F_5Li −60, dann 20 (1 h) (Äther)	[96]	trans$[(C_2H_5)_3P]_2PtCl_2$	trans$[(C_2H_5)_3P]_2PtCl(C_6F_5)$ (62) cis$[(C_2H_5)_3P]_2Pt(C_6F_5)_2$[22] (59)	(119 bis 120) siehe oben
C_6F_5Li 0 (18 h) (Äther)	[96]	cis$[(C_6H_5)_3P]_2PtCl_2$	cis$[(C_6H_5)_3P]_2PtCl(C_6F_5)$ (44) cis$[(C_6H_5)_3P]_2Pt(C_6F_5)_2$ (41)	(243 bis 250)[23] (243 bis 250)[23]

Literatur s. S. 57

Tabelle 2 [Fortsetzung].

R_fLi (Lösungsmittel) Reaktionstemperatur in °C (-dauer)		Reaktant	Produkt Ausbeute (in %)	Sdp./Torr (Schmp.) in °C
C_6F_5Li 20 (72 h) (Äther)	[96]	cis$(C_6H_5)_2PCH_2$-$CH_2P(C_6H_5)_2PtCl_2$	$(C_6H_5)_2PCH_2CH_2P(C_6H_5)_2Pt(C_6F_5)_2$ (84)	(269 bis 270)
2-BrC_6F_4Li −75 (1.5 h) (Äther)	[32]	$HgBr_2$	(2-$BrC_6F_4)_2Hg$ (71)	140/0.001[7] (152 bis 154)
2-BrC_6F_4Li −70 (20.75 h) (Äther/Hexan 5:1)	[36]	$HgCl_2$	(2-$BrC_6F_4)_2Hg$ (94)	(160 bis 162)[24]
2-$LiC_6F_4C_6F_5$ −78, dann 20 (3 h) (Äther)	[51]	$HgCl_2$	(2-$C_6F_4C_6F_5)_2Hg$ (25)	(175 bis 195)
4-LiC_5F_4N (Furan)	[110]	Li/Hg	Hg(4-$C_5F_4N)_2$	(201 bis 202)
2-$LiC_6F_4C_6F_4Li$-2′ −78, dann 20 (3 h) (Äther)	[43]	$(\pi$-$C_5H_5)_2TiCl_2$	Ti C_5H_5 C_5H_5 (25)	(> 230)
1,4-$Li_2C_6F_4$ 20 (mehrere h) (Äther)	[122]	π-$C_5H_5Fe(CO)_2J$	1,4-[π-$C_5H_5Fe(CO)_2]_2C_6F_4$[27] (58)	(248 bis 250)[13]
3-$LiC_6F_4(\pi$-$C_5H_5)Fe(CO)_2$ −78, dann 20 (mehrere h) (Äther)	[122]	π-$C_5H_5Fe(CO)_2J$	1,3-[π-$C_5H_5Fe(CO)_2]_2C_6F_4$	(164 bis 165.5)
2-BrC_6F_4Li −78, dann langsamer 20 (Äther/Hexan)	[33]	$TiCl_4$	2,2′-$Br_2C_6F_4 \cdot C_6F_4$[26] (48)	(97.5 bis 98.5)

Literatur s. S. 57

Tabelle 2 [Fortsetzung].

[1] CH_3J und $HgCl_2$ werden nacheinander portionsweise zugegeben. — [2] Führt man die Umsetzung analog bei −22°C durch, so fällt die Ausbeute auf 10.5% und bei −78°C beträgt sie 0%. — [3] R_f = F– (F_2 F_2 F F F_2 F_2) . — [4] Wert aus P. J. N. Brown, R. Stephens, J. C. Tatlow, J. R. Taylor (J. Chem. Soc. Perkin Trans. I **1972** 937/41). — [5] Auch bei −100°C tritt sofort Hg-Ausscheidung ein.

[6] Erhöhung des Schmelzpunktes vermutlich verursacht durch Polymerbildung. — [7] Sublimation. — [8] Zusätzlich entstehen auch noch C_6F_5-freie Verbindungen. — [9] Isomere Produkte. — [10] Ind = Indenyl.

[11] Ausgangsverbindungen werden bei −78°C zusammengefügt. — [12] Erhöht man die eingesetzte Menge $[(C_2H_5)_3P]_2NiCl_2$ auf das etwa 1.5fache, so erhöht sich die Ausbeute an $[(C_2H_5)_3P]_2Ni(C_6F_5)Cl$ auf 62%. — [13] Zersetzung. — [14] Zusätzlich wird in [91] bei −78°C (1 h) gerührt und exo$(1\text{-}C_6F_5)C_5H_5Fe(CO)_3$, das nicht zweifelsfrei charakterisiert wurde, isoliert. — [15] Wert aus M. D. Rausch (Inorg. Chem. **3** [1964] 300/1).

[16] Py = Pyridyl. — [17] Zusätzlich entstehen 4 weitere Substanzen in so geringen Mengen, daß sie nicht identifiziert werden konnten. — [18] Zusätzlich entsteht $C_5H_5Mo(CO)_2[(C_6H_5)_3P]Br$. — [19] Zusätzlich entsteht $C_5H_5W(CO)_2[(C_6H_5)_3P]Br$. — [20] Keine Umsetzung erfolgt mit $C_5H_5M(CO)_2[(C_6H_5)_3P]_2^+PF_6^-$, M = Mo, W.

[21] Zu dieser Verbindung s. auch M. R. Churchill, T. A. O'Brien, M. D. Rausch, Y. F. Chang (Chem. Commun. **1967** 992/3). — [22] Entsteht bei Verwendung einer doppelten Menge C_6F_5Li. — [23] Schmilzt und wandelt sich in das feste trans-Isomere um. — [24] Umkristallisiert aus CCl_4. — [25] Angenommene, instabile Spezies, die zu $C_6F_5C_6F_5$ in 70% Ausbeute zerfällt.

[26] Auf diese Weise wird in [33] die Synthese weiterer Biphenyle durchgeführt. — [27] Bildet sich auch aus $4\text{-}LiC_6F_4(\pi\text{-}C_5H_5)Fe(CO)_2$ und $\pi\text{-}C_5H_5Fe(CO)_2J$ in Äther bei −78°C, dann 20°C (mehrere Stunden) in 87% Ausbeute [122].

Literatur s. S. 57

Tabelle 3:

Reaktionen von Perfluorhalogenorgano-Lithium-Verbindungen mit Substanzen, die eine C=O-Gruppe enthalten. Siedepunkt (Sdp.) in °C/Druck in Torr, Schmelzpunkt (Schmp.) in °C, Brechungsindex n_D, Dichte D, IR-Spektrum, Wellenlängen λ_{max} mit molarem Extinktionskoeffizienten ε im UV-Spektrum, Massenspektrum, chemische Verschiebung δ und Spin-Spin-Kopplungskonstante J im ^{19}F- und ^{1}H-NMR-Spektrum (d = Dublett, tr = Triplett, qu = Quartett, qui = Quintett, sept = Septett).

R_fLi Reaktionszeit in °C (-dauer) (Lösungsmittel)		Reaktant	Produkt Ausbeute (in %)	Sdp./Torr (Schmp.) in °C	n_D, D in g/cm³, Massenspektrum IR-Spektrum (in cm⁻¹) UV-Spektrum (λ in nm) ^{1}H-, ^{19}F-NMR-Spektrum (δ in ppm)
$CF_3CF_2CF_2Li$[1)] −40 bis −45 (1 h) (Äther)	[3]	$CH_3C(O)CH_3$	$C_3F_7C(CH_3)_2$ (OH)	107/743	$n_D^{20} = 1.3260$
$CF_3CF_2CF_2Li$[1)] −40 bis −45 (1 h) (Äther)	[3]	$C_2H_5C(O)H$	$C_3F_7CHC_2H_5$ (OH)	115/743	$n_D^{20} = 1.3250$
$CF_3CF_2CF_2Li$[1)] −74 (1 h) (Äther) −40 (48 h), dann 20	 [3] [4]	$C_6H_5C(O)H$	$C_3F_7CHC_6H_5$ OH (54.4) [3]	89/9.5 [3]	$n_D^{20} = 1.4141$ [3]; IR: ν(OH) = 3440 (m, br), 1498 (m), 1458 (m), 1345 (s), 1225 (s, br), 1188 (s, br), 1112 (s), 1065 (m), 808 (w), 800 (w), 698 (m) [4]
$CF_3CF_2CF_2Li$ −74[2)] (Äther)	[3]	$CH_3C(O)Cl$	CH_3 (6.24) $C_3F_7C(OH)CH_2COC_3F_7$	68.5/29	$n_D^{20} = 1.3194$
$CF_3CF_2CF_2Li$ −74 (1 h)[3)] (Äther)	[3]	$C_6H_5C(O)OC_2H_5$	$C_3F_7C(O)C_6H_5$ (4.8)	64/12	—
$CF_3CF_2CF_2Li$ −45 (0.5 h)[4)]	[3]	$C_3F_7C(O)OC_2H_5$	$(C_3F_7)_2CO$ (2) $(C_3F_7)_3COH$ (37)	75/743 115/743 (10)	$n_D^{20} = 1.26985$ $n_D^{20} = 1.2890$

Literatur s. S. 57

Tabelle 3 [Fortsetzung].

Reaktionen von Perfluorhalogenorgano-Lithium-Verbindungen mit Substanzen, die eine C=O-Gruppe enthalten. Siedepunkt (Sdp.) in °C/Druck in Torr, Schmelzpunkt (Schmp.) in °C, Brechungsindex n_D, Dichte D, IR-Spektrum, Wellenlängen λ_{max} mit molarem Extinktionskoeffizienten ε im UV-Spektrum, Massenspektrum, chemische Verschiebung δ und Spin-Spin-Kopplungskonstante J im ^{19}F- und ^{1}H-NMR-Spektrum (d = Dublett, tr = Triplett, qu = Quartett, qui = Quintett, sept = Septett).

R_fLi Reaktionszeit in °C (-dauer) (Lösungsmittel)		Reaktant	Produkt Ausbeute (in %)	Sdp./Torr (Schmp.) in °C	n_D, D in g/cm³, Massenspektrum IR-Spektrum (in cm⁻¹) UV-Spektrum (λ in nm) ^{1}H-, ^{19}F-NMR-Spektrum (δ in ppm)
$n\text{-}C_3F_7Li$ −60[5] (Äther)	[77]	$C_3F_7C(O)OC_2H_5$	$(n\text{-}C_3F_7)_2CO$ (8.7) $(n\text{-}C_3F_7)_2CHOH$ (42) $(n\text{-}C_3F_7)_2C(OH)(CH_3)$ (3.7)	75 bis 76.5 114.3 bis 117.5 58/87[6] 70/103[7] 131	 n_D^{20} = 1.293 bis 1.296, D^{20} = 1.668 n_D^{25} = 1.2911[6], D_4^{20} = −1.6735[6]
$n\text{-}C_3F_7Li$ −65[8], dann 20 (36 h) (Äther)	[77]	$(n\text{-}C_3F_7)_2CO$	$(n\text{-}C_3F_7)_2C(OH)CH_3$ (20)	(132 bis 133)	n_D^{20} = 1.3031, D^{25} = 1.763
$CF_3(CF_2)_5CF_2Li$ −95 (0.75 h) (Äther oder Pentan)	[7]	$CH_3C(O)H$	$C_7F_{15}CH(OH)CH_3$[9]	170.5	n_D^{20} = 1.317; IR (Film): ν(OH) = 3380; 1% Lösung in CCl_4: ν(OH) = 3607
$(CF_3)_2CFLi$ −78 (0.5 h)[10]	[6]	$(CH_3)_2C=O$	$(CF_3)_2CFC(OH)(CH_3)_2$ (13)	109/756	n_D^{20} = 1.33421; IR: 3472, 1389, 1355, 1290(br), 1250, 1208(d), 1145, 1107, 1021, 999, 980, 956, 846, 755, 725
$(CF_3)_2CFLi$ −78 (0.5 h)[10]	[6]	$C_2H_5C(O)H$	$(CF_3)_2CFCH(OH)C_2H_5$ (53)	109/758	n_D^{20} = 1.32875; IR: 3636, 3472, 2985, 1471, 1393, 1370, 1355, 1250(br), 1136, 1101, 1063, 1046, 1031, 1020, 990(sh), 980, 970(d), 934, 840(sh), 826, 757, 724, 649
$LiCF_2(CF_2)_2CF_2Li$ −85 bis −80 (0.3 h), dann 20	[16]	$CH_3C(O)H$	$CH_3CH(OH)CF_2CF_2$–$CF_2CF_2CH(OH)CH_3$	(87 bis 89) (88.5 bis 90.5)	IR (KBr): ν(OH) = 3400, 3330; (2%ige Lösung in Benzol): ν(OH) = 3575; Massenspektrum: 290, M^+ (<1%)

Literatur s. S. 57

Tabelle 3 [Fortsetzung].

R_fLi Reaktionszeit in °C (-dauer) (Lösungsmittel)		Reaktant	Produkt Ausbeute (in %)	Sdp./Torr (Schmp.) in °C	n_D, D in g/cm³, Massenspektrum IR-Spektrum (in cm⁻¹) UV-Spektrum (λ in nm) ¹H-, ¹⁹F-NMR-Spektrum (δ in ppm)
R_fLi[11] −40 (0.5 h), dann 20 (1 h)	[18]	$CH_3C(O)H$	$R_fCH(OH)CH_3$[11] (40)	(99 bis 100)	IR: ν(OH) = 3500; ¹H-NMR[12]: δ(CH_3) = −1.3 (d), J = 7 Hz; δ(OH) = −1.9 (d), J = 8 Hz, δ(CH) = −4.3 (qui), J = 7 Hz, Intensitätsverhältnis 3:1:1
R_fLi[11] −60, dann 0 (12 h) (Äther)	[126]	HC(O)H	R_fCH_2OH[11] (90)	100/14[40] (161)	IR: ν(OH) = 3290; ¹H-NMR[12] (in CCl_4): δ(OH) = −5.2 (tr), δ(CH_2) = −4.4 (d), J(OH-CH_2) = 5.5 Hz; Massenspektrum: 324, M⁺
R_fLi[11] −60 (2 h), dann 20 (18 h) (Äther)	[126]	$CH_3C(O)Cl$[41]	$R_fC(=CH_2)OC(O)CH_5$[11] (53) R_fH[11] (27)	177 bis 178	IR: ν(C=O) = 1748 (s), ν(C_SCH_2) = 1657 (w); ¹H-NMR[12]: δ(CH_3) = −1.9; δ(=CH_2) = −5.3 (qu); Massenspektrum: 378, M⁺
R_fLi[11]	[126]	$CH_3C(O)Cl$[42]	$R_fC(O)CH_3$[11] (20)	(38 bis 39)	IR: ν(C=O) = 1744; ¹H-NMR[12] (in CCl_4): δ(CH_3) = −2.1; Massenspektrum: 336, M⁺
			$R_fC(=CH_2)OC(O)CH_3$[11] (18)		—
			R_fH[11] (20)		
(Formel: F_2, F_2, F, F, F, F, F, Li) Rückfluß (6 h) (Äther/Pentan)	[128]	$CH_3C(O)H$	(Formel: F_2, F_2, F, F, F, F, F, $CH(OH)CH_3$) (66)		—

Literatur s. S. 57

Tabelle 3 [Fortsetzung].

Reaktionen von Perfluorhalogenorgano-Lithium-Verbindungen mit Substanzen, die eine C=O-Gruppe enthalten. Siedepunkt (Sdp.) in °C/Druck in Torr, Schmelzpunkt (Schmp.) in °C, Brechungsindex n_D, Dichte D, IR-Spektrum, Wellenlängen λ_{max} mit molarem Extinktionskoeffizienten ε im UV-Spektrum, Massenspektrum, chemische Verschiebung δ und Spin-Spin-Kopplungskonstante J im ^{19}F- und ^{1}H-NMR-Spektrum (d = Dublett, tr = Triplett, qu = Quartett, qui = Quintett, sept = Septett).

R_fLi Reaktionszeit in °C (-dauer) (Lösungsmittel)	Reaktant	Produkt Ausbeute (in %)	Sdp./Torr (Schmp.) in °C	n_D, D in g/cm^3, Massenspektrum IR-Spektrum (in cm^{-1}) UV-Spektrum (λ in nm) ^{1}H-, ^{19}F-NMR-Spektrum (δ in ppm)
F_2, F_2, F, F, F–, –Li, F, F (Strukturformel)	[128] $(CH_3)_2CO$	F, F, F, F, F–, –$C(CH_3)_2OH$, F, F (Strukturformel) (65)		—
$(CF_2)_n$ C–Li=C–F (Strukturformel) −70 (Äther)	[17] $CH_3C(O)H$	$(CF_2)_n$ C–CH(OH)CH$_3$=C–F (Strukturformel) n = 4 (63) n = 3 (42) n = 2 (25)	(44 bis 45) 141 138	—
CF_2=CFLi −78 (1 h), dann 20 (4 h) (Äther)	[78] $CF_3C(O)CH_3$	CF_2=CFC(CH$_3$)(OH)CF$_3$ (72.7) $CF_3(CH_3)_2COH$[13] (6.2)	(104 bis 111)	
		F_3C, OH, H_2, H_2, H_3C, CF_3, F_3C, O, OH (Strukturformel)[14] (geringe Menge)		IR: ν(OH) = 3367, 3636 (sh); $\nu_{as}(CH_2)$ = 3012 (m), ν_s = 2976 (w)
CF_2=CFLi −78[15] (Äther)	[78] $C_2F_5C(O)H$	CF_2=CFCH(OH)C_2F_5 (28) C_2F_5CH=CFC(O)OH (1.5)	86 bis 87 (67 bis 70)	n_D^{20} = 1.348; IR: ν(OH) = 3389, ν(C=C) = 1795
CF_2=CFLi −78 (Äther)	[78] $C_6H_5C(O)H$	C_6H_5CH(OH)CF=CF_2 (53)	—	—

Literatur s. S. 57

Tabelle 3 [Fortsetzung].

R_fLi Reaktionszeit in °C (-dauer) (Lösungsmittel)		Reaktant	Produkt Ausbeute (in %)	Sdp./Torr (Schmp.) in °C	n_D, D in g/cm³, Massenspektrum IR-Spektrum (in cm^{-1}) UV-Spektrum (λ in nm) ^{1}H-, ^{19}F-NMR-Spektrum (δ in ppm)
CF_2=CFLi −78, dann 20 (Äther)	[10, 11]	$(CF_3)_2CO$	CF_2=CFC$(CF_3)_2$OH[39] [11]	83 bis 85 [10] 86 [11]	n_D^{24} = 1.3002 [10], 1.3000 [11]
CF_2=CFLi −78, dann 20 (Äther)	[10]	$(CF_2Cl)_2CO$	CF_2=CFC$(CF_2Cl)_2$OH	120	n_D^{23} = 1.3666; IR: 3990 (m), 1770 (m), 733 (s); ^{1}H-NMR[37]: δ(OH) = −5.5; Massenspektrum: 280 (M^+), 198 (M^+-CF_2Cl), 85 (CF_2Cl^+), 81 (CF_2=CF^+)
CF_2=CFLi −78, dann 20 (Äther)	[10]	$CF_3C(O)Cl$	$(CF_2$=$CF)_2C(OH)CF_3$ (85)	91	n_D^{25} = 1.3351; IR: 3448 (m), 1770 (vs), 1325 (s), 1258 (m), 1205 (m), 1136 (m), 1070 (m), 943 (m), 894 (m), 735 (m)
CF_2=CFLi −78[15] (Äther)	[78]	=O	OH CF=CF_2 (80)	—	^{1}H-NMR[37]: δ(OH) = −5.3; Massenspektrum: 260 (M^+), 241 (M^+-F), 191 (M^+-CF_3), 69 (CF_3^+) IR: ν(OH) = 3425 (s), $ν_{as}(CH_2)$ = 2967 (s), $ν_s(CH_2)$ = 2890 (s), ν(CF_2=CF) = 1776 (s), δ(CH_2) = 1451 (m)
CF_2=CFLi −78, dann 20 (Äther)	[11]	$(CH_3)_2$C=O	$(CH_3)_2$C=CFCOOH[16] (30)	(64 bis 66)	—
CF_2=CClLi −78, dann 20 (Äther)	[11]	$(CH_3)_2$C=O	$(CH_3)_2$C=CClCOOH[16] (15)	(85 bis 86)	—

Literatur s. S. 57

Tabelle 3 [Fortsetzung].

Reaktionen von Perfluorhalogenorgano-Lithium-Verbindungen mit Substanzen, die eine C=O-Gruppe enthalten. Siedepunkt (Sdp.) in °C/Druck in Torr, Schmelzpunkt (Schmp.) in °C, Brechungsindex n_D, Dichte D, IR-Spektrum, Wellenlängen λ_{max} mit molarem Extinktionskoeffizienten ε im UV-Spektrum, Massenspektrum, chemische Verschiebung δ und Spin-Spin-Kopplungskonstante J im ^{19}F- und ^{1}H-NMR-Spektrum (d = Dublett, tr = Triplett, qu = Quartett, qui = Quintett, sept = Septett).

R_fLi Reaktionszeit in °C (-dauer) (Lösungsmittel)	Reaktant	Produkt Ausbeute (in %)	Sdp./Torr (Schmp.) in °C	n_D, D in g/cm³, Massenspektrum IR-Spektrum (in cm⁻¹) UV-Spektrum (λ in nm) ^{1}H-, ^{19}F-NMR-Spektrum (δ in ppm)
CF_2=CClLi [11] −78, dann 20 (Äther)	$CH_3C(O)CF_3$	$CH_3(CF_3)C(OH)CCl{=}CF_2$ (61)	105 bis 106	$n_D^{25} = 1.3620$
CF_2=CClLi [11] −78, dann 20 (Äther)	$(CF_3)_2C{=}O$	$(CF_3)_2C(OH)CCl{=}CF_2$ (56)	93 bis 93.5	$n_D^{24} = 1.3315$
CF_2=CClLi [11] −78, dann 20 (Äther)	$C_6H_5C(O)H$	$C_6H_5CH{=}CClCOOH$[16] (44)	(139 bis 140)	—
CFCl=CClLi [11] −78, dann 20 (Äther)	$(CH_3)_2C{=}O$	$(CH_3)_2C(OH)CCl{=}CFCl$ (60)	98 bis 99/90	$n_D^{25} = 1.4627$
CFCl=CClLi [11] −78, dann 20 (Äther)	$CH_3C(O)CF_3$	$CH_3(CF_3)C(OH)CCl{=}CFCl$ (66)	136 bis 138	Isomer A: $n_D^{24} = 1.4601$; Isomer B: 1.4105
$CF_3C{\equiv}CLi$ [13] −78, dann 20 (3 h) (Äther/Pentan)	$CH_3C(=O)CH_3$	$CF_3C{\equiv}CC(OH)(CH_3)_2$ (70)	110 bis 112 110 bis 111[17]	$n_D^{27} = 1.3642$, $n_D^{20} = 1.3629$[17]
$CF_3C{\equiv}CLi$ [13] −78, dann 20 (3 h) (Äther/Pentan)	$CH_3C(=O)CF_3$	$CF_3C{\equiv}CC(OH)(CF_3)CH_3$ (55)	96	$n_D^{24} = 1.3230$

Literatur s. S. 57

Tabelle 3 [Fortsetzung].

R_fLi Reaktionszeit in °C (-dauer) (Lösungsmittel)		Reaktant	Produkt Ausbeute (in %)	Sdp./Torr (Schmp.) in °C	n_D, D in g/cm^3, Massenspektrum IR-Spektrum (in cm^{-1}) UV-Spektrum (λ in nm) ^1H-, ^{19}F-NMR-Spektrum (δ in ppm)
$CF_3C{\equiv}CLi$ −78, dann 20 (3 h) (Äther/Pentan)	[13]	CF_3CCF_3 ‖ O	$CF_3C{\equiv}CC(CF_3)_2$ (25) | OH	86	$n_D^{24} = < 1.3000$; Massenspektrum: $C_6Cl_5^+$ (17); 212, $C_6Cl_4^+$ (9); 1.95, $C_6F_5C^+O$ (12)
$CF_3C{\equiv}CLi$ −78, dann 20 (3 h) (Äther/Pentan)	[13]	$C_2H_5C(O)H$	$CF_3C{\equiv}CCHC_2H_5$ (54) | OH	118	$n_D^{24} = 1.3679$
$CF_3C{\equiv}CLi$ −78, dann 20 (3 h) (Äther/Pentan)	[13]	$CH_3CC_6H_5$ ‖ O	$CF_3C{\equiv}CC(CH_3)C_6H_5$ (69) | OH	71 bis 73	—
$CF_3C{\equiv}CLi$ −78, dann 20 (3 h) (Äther/Pentan)	[13]	$CH_3COC_2H_5$ ‖ O $CH_3C(O)Cl$	$(CF_3C{\equiv}C)_2CCH_3$ (25) | OH (54)	130	$n_D^{24} = 1.3540$
C_6F_5Li −78 (5 min) −78 (2 h) (Äther)	[22]	$C_2H_5O(O)CH$ $HC(O)NC_6H_5$ | CH_3	$C_6F_5C(O)H$ (61)	— 178 bis 180	—
C_6F_5Li 0 (1 h) (Äther)	[22]	$C_6H_5C(O)H$	$C_6F_5(C_6H_5)CHOH$ (80)	160 bis 162/15 (42 bis 44)	—

Literatur s. S. 57

Tabelle 3 [Fortsetzung].

Reaktionen von Perfluorhalogenorgano-Lithium-Verbindungen mit Substanzen, die eine C=O-Gruppe enthalten. Siedepunkt (Sdp.) in °C/Druck in Torr, Schmelzpunkt (Schmp.) in °C, Brechungsindex n_D, Dichte D, IR-Spektrum, Wellenlängen λ_{max} mit molarem Extinktionskoeffizienten ε im UV-Spektrum, Massenspektrum, chemische Verschiebung δ und Spin-Spin-Kopplungskonstante J im ^{19}F- und ^{1}H-NMR-Spektrum (d = Dublett, tr = Triplett, qu = Quartett, qui = Quintett, sept = Septett).

R_fLi Reaktionszeit in °C (-dauer) (Lösungsmittel)		Reaktant	Produkt Ausbeute (in %)	Sdp./Torr (Schmp.) in °C	n_D, D in g/cm³, Massenspektrum IR-Spektrum (in cm⁻¹) UV-Spektrum (λ in nm) ^{1}H-, ^{19}F-NMR-Spektrum (δ in ppm)
C_6F_5Li −78 (2 h)[18] (Äther/Hexan)	[73]	$C_6H_5C(O)C(O)C_6H_5$	$C_6F_5(C_6H_5)C(OH)C(O)C_6H_5$ (56)	(112 bis 114)	IR: ν(OH) ≈ 3330 (s), ν(C=O) ≈ 1687; ^{1}H-NMR[19]: δ(OH) = −5.58; δ(CH) = −8.0 bis −7.2 (komplex); ^{19}F-NMR[20]: $\delta(F_o)$ = −26.7, $\delta(F_m)$ = −0.6, $\delta(F_p)$ = −8.4; $J(F_m\text{-}F_p)$ = 20.7 Hz, $J(F_o\text{-}F_p)$ = 3.3 Hz; Massenspektrum: 273, $C_6H_5(C_6F_5)C^+OH$ (9); 195, $C_6F_5CO^+$ (27); 167, $C_6F_5^+$ (7); 105, C_6H_5CO (100); 77, $C_6H_5^+$ (43); 51, $C_4H_3^+$ (12)
C_6F_5Li −78 (6 h)[21] (Äther/Hexan)	[73]	$C_6F_5C(O)C(O)C_6F_5$	$(C_6F_5)_2C(OH)C(O)C_6F_5$ (74)	(116 bis 117)	IR: ν(OH) ≈ 3470, ν(C=O) ≈ 1720, ^{19}F-NMR[20]: $\delta(F_o)$[22] = −23.7, $\delta(F_m)$ = −1.5, $\delta(F_p)$ = −11.0; $J(F_m\text{-}F_p)$ = 20 Hz, $J(F_o\text{-}F_p)$ = 4 Hz, $\delta(F_o)$[23] = −25.2, $\delta(F_m)$ = −2.05, $\delta(F_p)$ = −15.5; $J(F_m\text{-}F_p)$ = 20 Hz, $J(F_o\text{-}F_p)$ = 6 Hz; Massenspektrum[24]: 558, M^+ (<1); 363, $(C_6F_5)_2C^+OH$ (53); 195, $C_6F_5CO^+$ (100); 167, $C_6F_5^+$ (36); 117, $C_5F_3^+$ (18)
C_6F_5Li −78 (6 h)[25] (Äther/Hexan)	[73]	$C_6F_5C(O)C(O)C_6F_5$	$(C_6F_5)_2C(OH)C(O)C_6F_5$ (60)	s. oben	s. oben
			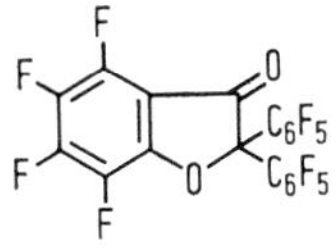 4,5,6,7-Tetrafluor-Benzofuranon mit C_6F_5, C_6F_5 (Strukturformel) (25)	(158 bis 159)	IR: ν(C=O) = 1750; ^{19}F-NMR[20]: $\delta(F_7)$ = −1.7, $\delta(F_6)$ = −23.9, $\delta(F_5)$ = −0.5, $\delta(F_4)$ = −25.5; $J(F_6\text{-}F_7)$ = 18.5 Hz, $J(F_5\text{-}F_7)$ = 2 Hz, $J(F_5\text{-}F_6)$ = 18.5 Hz

Tabelle 3 [Fortsetzung].

R_fLi Reaktionszeit in °C (-dauer) (Lösungsmittel)		Reaktant	Produkt (Ausbeute in %)	Sdp./Torr (Schmp.) in °C	n_D, D in g/cm³, Massenspektrum IR-Spektrum (in cm^{-1}) UV-Spektrum (λ in nm) ¹H-, ¹⁹F-NMR-Spektrum (δ in ppm)
					$J(F_4\text{-}F_7) = 16.3$ Hz, $J(F_4\text{-}F_6) = 9.5$ Hz, $J(F_4\text{-}F_5) = 20.5$ Hz, $\delta(F_o) = -25.2$, $\delta(F_m) = -2.4$, $\delta(F_p) = -12.2$, $J(F_m\text{-}F_p) = 20$ Hz, $J(F_o\text{-}F_p) = 4.2$ Hz; Massenspektrum[24]: 538, M^+ (50); 491, M^+-COF (16); 346, $C_{13}F_{10}^+$ (24); 343, $C_{12}F_9O^+$ (14); 327, $C_{13}F_9$ (35); 195, $C_6F_5CO^+$ (83); 176, $C_6F_4CO^+$ (100); 148, $C_6F_4^+$ (45)
C_6F_5Li −78 (3 h)[21] (Äther/Hexan)	[73]	$C_6F_5\underset{O}{\underset{\|}{C}}\underset{O}{\underset{\|}{C}}C_6Cl_5$	$(C_6F_5)_2\underset{HO}{\underset{\mid}{C}}\underset{O}{\underset{\|}{C}}C_6Cl_5$ (85)	235 bis 237	IR: $\nu(OH) \approx 3540$; $\nu(C{=}O) \approx 1730$; ¹⁹F-NMR (Aceton)[20]: $\delta(F_o) = -28.9$, $\delta(F_m) = -1.1$, $\delta(F_p) = -10.1$; Massenspektrum[24]: 443, $(C_6F_5)C_6Cl_5C^+OH$ (<1); 363, $(C_6F_5)_2C^+OH$ (6); 275, $C_6Cl_5C^+O$ (100); 247, $C_6Cl_5^+$ (20); 212, $C_6Cl_4^+$ (18); 195, $C_6F_5CO^+$ (26); 167, $C_6F_5^+$ (11)
C_6F_5Li −78 (3 h)[25] (Äther/Hexan)	[73]	$C_6F_5\underset{O}{\underset{\|}{C}}\underset{O}{\underset{\|}{C}}C_6Cl_5$	$(C_6F_5)_2\underset{HO}{\underset{\mid}{C}}\underset{O}{\underset{\|}{C}}C_6Cl_5$ (20)	s. oben	s. oben
			$(C_6F_5)_2CHO\underset{O}{\underset{\|}{C}}C_6Cl_5$ (80)	(145 bis 147)	IR: $\nu(C\text{-}H) \approx 2980$, $\nu(C{=}O) \approx 1767$; ¹H-NMR (CCl_4)[19]: $\delta(C\text{-}H) = -7.6$; ¹⁹F-NMR[20]: $\delta(F_o) = -21.8$; $\delta(F_m) = -1.5$, $\delta(F_p) = -10.9$, $J(F_m\text{-}F_p) = 20$ Hz; Massenspektrum[24]: 638, M^+ (19); 347, $(C_6F_5)_2C^+H$ (100); 346, $C_{13}F_{10}^+$ (31); 278, $C_{12}HF_7^+$ (15); 275, $C_6Cl_5CO^+$ (15); 247, $C_6Cl_5^+$ (12); 195, $C_6F_5CO^+$ (10)

Tabelle 3 [Fortsetzung].

Reaktionen von Perfluorhalogenorgano-Lithium-Verbindungen mit Substanzen, die eine C=O-Gruppe enthalten. Siedepunkt (Sdp.) in °C/Druck in Torr, Schmelzpunkt (Schmp.) in °C, Brechungsindex n_D, Dichte D, IR-Spektrum, Wellenlängen λ_{max} mit molarem Extinktionskoeffizienten ε im UV-Spektrum, Massenspektrum, chemische Verschiebung δ und Spin-Spin-Kopplungskonstante J im ^{19}F- und ^1H-NMR-Spektrum (d = Dublett, tr = Triplett, qu = Quartett, qui = Quintett, sept = Septett).

R_fLi Reaktionszeit in °C (-dauer) (Lösungsmittel)		Reaktant	Produkt (Ausbeute in %)	Sdp./Torr (Schmp.) in °C	n_D, D in g/cm^3, Massenspektrum IR-Spektrum (in cm^{-1}) UV-Spektrum (λ in nm) ^1H-, ^{19}F-NMR-Spektrum (δ in ppm)
C_6F_5Li −78 (3 h)[21] (Äther/Hexan)	[73]	$C_6F_5CCC_6H_5$ ‖ ‖ O O	$(C_6F_5)_2CCC_6H_5$ (67) | ‖ HO O	124 bis 126	IR: ν(OH) ≈ 3390; ν(C=O) ≈ 1695; ^1H-NMR[19]: δ(OH) = −5.55 (br), δ(CH) = −8.1 bis −7.35 (komplex); ^{19}F-NMR[20]: $\delta(F_o) = -22.5$, $\delta(F_m) = -0.9$; $\delta(F_p) = -9.9$, $J(F_m\text{-}F_p) = 20.4$ Hz, $J(F_o\text{-}F_p) = 3.8$ Hz
C_6F_5Li −78 (n-Hexan) −65 (n-Hexan)	[74]	$(C_6F_5)_2C{=}O$ + $C_6F_5C(O)OC_2H_5$	$(C_6F_5)_3COH$ (72) (60)	(116 bis 117)	IR: ν(OH) = 3600; ^1H-NMR (CCl_4)[19]: δ(OH) = −4.18 (sept), J(H-F) = 3 Hz; UV (100% H_2SO_4)[26]: λ_{max} = 500 nm, ε = 42658
C_6F_5Li 0 (Äther)	[75]	$(C_6F_5)_2C{=}O$	$(C_6F_5)_3COH$[27] (79)	(116.5 bis 117.5)	UV (Alkohol): λ_{max} = 266 nm, ε = 2291
C_6F_5Li 0 (Äther) −10 (Äther)	[75] [104]	$(C_6H_5)_2CO$	$C_6F_5(C_6H_5)_2COH$[27] (97) (70) [104]	(58.5 bis 59.5)	UV (Alkohol): λ_{max} = 260 nm, ε = 955
C_6F_5Li 0 (Äther)	[75]	$C_6H_5C(O)C_6F_5$	$(C_6F_5)_2C_6H_5COH$[27] (73)	(54.0 bis 55.5)	UV (Alkohol): λ_{max} = 264 nm, ε = 1202
C_6F_5Li −78, dann 20 (innerhalb von 12 h) (Äther/Hexan)	[76]	$[CH_3OC(O)]_2$	$(C_6F_5)_2CCOCH_3$ | ‖ HO O	(79 bis 80)	^{19}F-NMR[20]: $\delta(F_o) = -22.6$, $\delta(F_m) = -0.6$, $\delta(F_p) = -9.1$, $J(F_m\text{-}F_p) = 20.2$ Hz, $J(F_o\text{-}F_p) = 3.5$ Hz; Massenspektrum[24]: 422, M^+ (<1); 363, $(C_6F_5)_2COH^+$ (100); 195, $C_6F_5CO^+$ (93); 167, $C_6F_5^+$ (26); 59, $C_2H_3O_2^+$ (39)
			$(C_6F_5)_3COH$	s. oben	s. oben

Literatur s. S. 57

Tabelle 3 [Fortsetzung].

R_fLi Reaktionszeit in °C (-dauer) (Lösungsmittel)		Reaktant	Produkt (Ausbeute in %)	Sdp./Torr (Schmp.) in °C	n_D, D in g/cm³, Massenspektrum IR-Spektrum (in cm^{-1}) UV-Spektrum (λ in nm) ^1H-, ^{19}F-NMR-Spektrum (δ in ppm)
C_6F_5Li −60 bis −50, dann 10 (Äther/Hexan)	[40]	$(CF_3)_2CO$	$C_6F_5(CF_3)_2COH$ (79)	158 bis 160	$n_D^{25} = 1.3780$
C_6F_5Li[28] −78 (0.5 h), dann −20	[44]	$(CH_3O)_2CO$	$(C_6F_5)_2CO$ (70)	(90 bis 91) (91 bis 92)[29]	^{19}F-NMR[20]: $\delta(F_o) = -2.6$, $\delta(F_m) = -21.3$, $\delta(F_p) = -16.4$; $J(F_2\text{-}F_3) = 24.7 \mp 0.3$ Hz, $J(F_2\text{-}F_4) = 5.0 \pm 0.1$ Hz, $J(F_2\text{-}F_5) = 10.8 \pm 0.2$ Hz, $J(F_3\text{-}F_4) = 19.7 \pm 0.1$ Hz
C_6F_5Li −78 (2 h), dann 20 (Äther/Benzol)	[71]	$CF_2ClC(O)CFCl_2$	$C_6F_5(CF_2Cl)C(OH)CFCl_2$ (78.1)	112/12	^{19}F-NMR[30]: $\delta(CF_2Cl) = -21.2$, $\delta(CFCl_2) = -15.0$, $\delta(F_1) = 48.9$, $\delta(F_2) = 58.3$, $\delta(F_3) = 82.5$, $\delta(F_4) = 82.9$, $\delta(F_5) = 71.3$
C_6F_5Li −78 (2 h), dann 20 (Äther/Benzol)	[71]	$(CF_2Cl)_2CO$	$(CF_2Cl)_2C(OH)C_6F_5$ (80)	88/8	^{19}F-NMR[30]: $\delta(CF_2Cl) = -17.3$, $\delta(F_1) = 51.5$, $\delta(F_2) = 60.3$, $\delta(F_3) = \delta(F_4) = 83.5$, $\delta(F_5) = 72.2$
C_6F_5Li −78 (2 h), dann 20 (Äther/Benzol)	[71]	$CF_3C(O)CF_2Cl$	$CF_3(C_6H_5)C(OH)CF_2Cl$ (67.5)	85/20 187.5[31]	^{19}F-NMR[30]: $\delta(CF_3) = -4.4$, $\delta(CF_2Cl) = -13.7$, $\delta(F_1) = \delta(F_2) = 59.3$, $\delta(F_3) = \delta(F_4) = 85.9$, $\delta(F_5) = 74.3$
C_6F_5Li −5, dann 0 (2.5 h) (Äther)	[72]	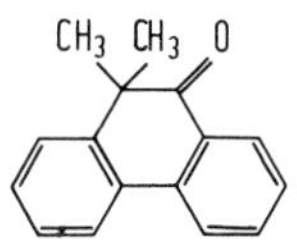 CH_3 CH_3 O	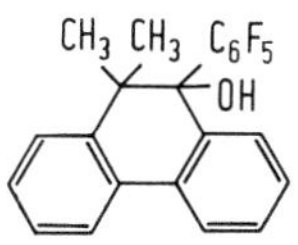 CH_3 CH_3 C_6F_5 OH	—	—

Tabelle 3 [Fortsetzung].

Reaktionen von Perfluorhalogenorgano-Lithium-Verbindungen mit Substanzen, die eine C=O-Gruppe enthalten. Siedepunkt (Sdp.) in °C/Druck in Torr, Schmelzpunkt (Schmp.) in °C, Brechungsindex n_D, Dichte D, IR-Spektrum, Wellenlängen λ_{max} mit molarem Extinktionskoeffizienten ε im UV-Spektrum, Massenspektrum, chemische Verschiebung δ und Spin-Spin-Kopplungskonstante J im ^{19}F- und ^1H-NMR-Spektrum (d = Dublett, tr = Triplett, qu = Quartett, qui = Quintett, sept = Septett).

R_fLi Reaktionszeit in °C (-dauer) (Lösungsmittel)		Reaktant	Produkt (Ausbeute in %)	Sdp./Torr (Schmp.) in °C	n_D, D in g/cm^3, Massenspektrum IR-Spektrum (in cm^{-1}) UV-Spektrum (λ in nm) ^1H-, ^{19}F-NMR-Spektrum (δ in ppm)
C_6F_5Li −78 (14 h)[32] (Äther/Hexan)	[76]	$CH_3O\underset{O}{\underset{\|}{C}}\underset{O}{\underset{\|}{C}}OCH_3$	$C_6F_5\underset{O}{\underset{\|}{C}}\underset{O}{\underset{\|}{C}}OCH_3$ (47)	47 bis 48/0.001	IR: $\nu(C{=}O) = 1740$ bis 1700; ^{19}F-NMR[20]: $\delta(F_o) = -22.5$, $\delta(F_m) = -2.0$, $\delta(F_p) = -16.1$, $J(F_m\text{-}F_p) = 19.5$ Hz; $J(F_o\text{-}F_p) = 5.6$ Hz (in CH_3OH): $\delta(F_o) = -23.0$, $\delta(F_m) = -2.1$, $\delta(F_p) = -16.3$; Massenspektrum[24]: 254, M^+ (3), 195, $C_6F_5CO^+$ (100), 167, C_6F_5 (23); 117, $C_5F_3^+$ (14); 59, $C_2H_3O_2^+$ (14);
			$C_6F_5\underset{O}{\underset{\|}{C}}\underset{O}{\underset{\|}{C}}C_6F_5$	70/0.01[33] (79 bis 80) (80 bis 80.5)[34]	^{19}F-NMR[20]: $\delta(F_o) = -24.6$, $\delta(F_m) = -2.6$, $\delta(F_p) = -18.3$; $J(F_m\text{-}F_p) = 20.0$ Hz, $J(F_o\text{-}F_p) = 6.1$ Hz; Massenspektrum[24]: 390, $M^+(<1)$; 362, M^+-CO (6); 195, $C_6F_5CO^+$ (100); 167, $C_6F_5^+$ (20); 148, $C_6F_4^+$ (15); 117, $C_5F_3^+$ (12)
C_6F_5Li −78 (3 h)[21] (Äther/Hexan)	[76]	$C_6F_5\underset{O}{\underset{\|}{C}}\underset{O}{\underset{\|}{C}}OCH_3$	$C_6F_5\underset{O}{\underset{\|}{C}}\underset{O}{\underset{\|}{C}}C_6F_5$ (5)	s. oben	—
			$(C_6F_5)_2\underset{HO}{\underset{\mid}{C}}\underset{O}{\underset{\|}{C}}OCH_3$ (90)	s. oben	—
C_6F_5Li −78 (3 h)[35]	[76]	$(C_2H_5O\underset{O}{\underset{\|}{C}}\underset{O}{\underset{\|}{C}}OC_2H_5$	$C_6F_5\underset{O}{\underset{\|}{C}}\underset{O}{\underset{\|}{C}}OC_2H_5$ (38)	58/0.002	IR: $\nu(C{=}O) \approx 1755$, ≈ 1738; ^{19}F-NMR[20]: $\delta(F_o) = -23.3$, $\delta(F_m) = -2.0$, $\delta(F_p) = -16.2$; $J(F_m\text{-}F_p) = 19.4$ Hz, $J(F_o\text{-}F_p) = 5.6$ Hz; Massenspektrum[24]: 268, M^+ (<1); 195, $C_6F_5CO^+$ (100); 167, $C_6F_5^+$ (19); 117, $C_5F_3^+$ (12); 29, $C_2H_5^+$ oder CHO^+ (48)

Tabelle 3 [Fortsetzung].

R_fLi Reaktionszeit in °C (-dauer) (Lösungsmittel)		Reaktant	Produkt (Ausbeute in %)	Sdp./Torr (Schmp.) in °C	n_D, D in g/cm³, Massenspektrum IR-Spektrum (in cm⁻¹) UV-Spektrum (λ in nm) ¹H-, ¹⁹F-NMR-Spektrum (δ in ppm)
			$C_6F_5\underset{O}{\underset{\|}{C}}\underset{O}{\underset{\|}{C}}C_6F_5$ (40)	110 bis 112/0.001 (70 bis 71)	IR: $\nu(C{=}O) \approx 1715$, ≈ 1685; ^{19}F-NMR[20]: $\delta(F_o) = -25.0$, $\delta(F_m) = -1.9$, $\delta(F_p) = -16.2$; $J(F_m\text{-}F_p) = 20.1$ Hz, $J(F_o\text{-}F_p) = 5.5$ Hz; Massenspektrum[24]: 195, $C_6F_5CO^+$ (11); 167, $C_6F_5^+$ (21); 117, $C_5F_3^+$ (27); 105, $C_6H_5CO^+$ (63); 77, $C_6H_5^+$ (100); 51, $C_4H_3^+$ (75)
C_6F_5Li −78 (4 h)[21] (Äther/Hexan)	[76]	$C_6Cl_5\underset{O}{\underset{\|}{C}}\underset{O}{\underset{\|}{C}}OCH_3$	$C_6F_5\underset{O}{\underset{\|}{C}}\underset{O}{\underset{\|}{C}}C_6Cl_5$ (87)	(132 bis 133)	IR: $\nu(C{=}O) \approx 1720$, 1705; ^{19}F-NMR[20]: $\delta(F_o) = -25.2$, $\delta(F_m) = -2.4$, $\delta(F_p) = -16.2$; $J(F_m\text{-}F_p) = 20.2$ Hz, $J(F_2\text{-}F_4) = 5.5$ Hz; Massenspektrum[24]: 275, $C_6Cl_5CO^+$ (100); 247, $C_6Cl_5^+$ (17); 212, $C_6Cl_4^+$ (9); 195, $C_6F_5CO^+$ (12)
4-CF_3-C_6F_4Li −60, dann 20 (Tetrahydrofuran/Hexan)	[40]	$(CF_3)_2CO$	4-$CF_3C_6F_4(CF_3)_2COH$ (61)	103 bis 104	$n_D^{28} = 1.3732$
Li-2-BrC_6F_4 −78 (1 h), dann −20 (1 h) (Äther/Hexan)	[44]	$(CH_3O)_2CO$	$CH_3C(O)O$-2H-C_6F_4[36]	—	—
2-$LiC_6F_4C_6F_4Li$-2′ −75 (1.5 h), dann 0 (Tetrahydrofuran/ Hexan)	[44]	$(CH_3O)_2CO$	(60)	(195)	IR: $\nu(C{=}O) = 1737$ (s); ^{19}F-NMR[20]: $\delta(CF) = -30.3$, -24.9, -19.6, -11.9; UV: $\lambda_{max} = 256$ ($\varepsilon = 55700$), 240 (sh), ($\varepsilon = 44400$); 207 ($\varepsilon = 19200$); Massenspektrum: 324, M^+; 296 (M^+-CO), metastabiler Peak bei ≈ 270

Literatur s. S. 57

Tabelle 3 [Fortsetzung].

Reaktionen von Perfluorhalogenorgano-Lithium-Verbindungen mit Substanzen, die eine C=O-Gruppe enthalten. Siedepunkt (Sdp.) in °C/Druck in Torr, Schmelzpunkt (Schmp.) in °C, Brechungsindex n_D, Dichte D, IR-Spektrum, Wellenlängen λ_{max} mit molarem Extinktionskoeffizienten ε im UV-Spektrum, Massenspektrum, chemische Verschiebung δ und Spin-Spin-Kopplungskonstante J im ^{19}F- und ^{1}H-NMR-Spektrum (d = Dublett, tr = Triplett, qu = Quartett, qui = Quintett, sept = Septett).

R_fLi Reaktionszeit in °C (-dauer) (Lösungsmittel)	Reaktant	Produkt (Ausbeute in %)	Sdp./Torr (Schmp.) in °C	n_D, D in g/cm^3, Massenspektrum IR-Spektrum (in cm^{-1}) UV-Spektrum (λ in nm) ^{1}H-, ^{19}F-NMR-Spektrum (δ in ppm)
2-$LiC_6F_4C_6F_4$-Li-2′ [76] −78 (1.5 h)[21] (Hexan/ Tetrahydrofuran)	$(C_2H_5OC)_2$ (C=O)	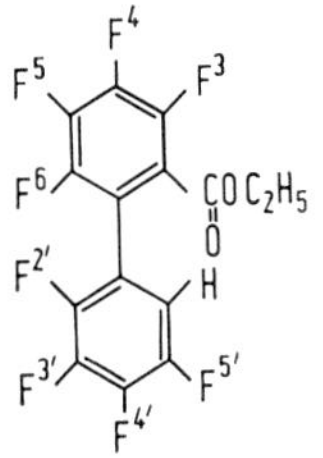	95 bis 97/0.005	^{19}F-NMR[20]: $\delta(F^6) = -24.5$, $\delta(F^5) = -10.2$, $\delta(F^4) = -14.8$, $\delta(F^3) = -25.5$, $\delta(F^{5'}) = -25.5$, $\delta(F^4) = -9.8$, $\delta(F^{3'}) = -8.0$, $\delta(F^2) = -26.1$, $J(F^5\text{-}F^6) = 21.5$ Hz, $J(F^4\text{-}F^6) = 7.5$ Hz, $J(F^4\text{-}F^5) = 20$ Hz, $J(F^3\text{-}F^6) = 12$ Hz, $J(F^3\text{-}F^5) = 4.7$ Hz, $J(F^3\text{-}F^4) = 20$ Hz, $J(F^{4'}\text{-}F^{5'}) = 19$ Hz, $J(F^4\text{-}H) = 4.2$ Hz, $J(F^{3'}\text{-}F^{5'}) = 7.5$ Hz, $J(F^3\text{-}F^{4'}) = 19$ Hz, $J(F^{3'}\text{-}H) = 2.4$ Hz, $J(F^{2'}\text{-}F^{3'}) = 19$ Hz; Massenspektrum[24]: 398, M^+ (6); 325, $M^+\text{-}C_3H_5O_2$ (100); 298, $C_{12}H_2F_8^+$ (12); 278, $C_{12}HF_7^+$ (15); 247, $C_{11}HF_6^+$ (12)
		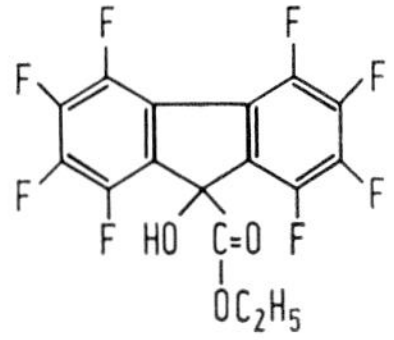	(77 bis 78)	^{19}F-NMR[20]: $\delta = -11.9, -16.3, -26.4, -27.3$; Massenspektrum[24]: 354, $M^+\text{-}CO_2$ oder OC_2H_4 (22); 325, $M^+\text{-}C_3H_5O_2$ (100); 324, $C_{13}F_8O^+$ (42); 296, $C_{12}F_8^+$ (25); 277, $C_{12}F_7^+$ (14)

Tabelle 3 [Fortsetzung].

R_fLi Reaktionszeit in °C (-dauer) (Lösungsmittel)		Reaktant	Produkt (Ausbeute in %)	Sdp./Torr (Schmp.) in °C	n_D, D in g/cm^3, Massenspektrum IR-Spektrum (in cm^{-1}) UV-Spektrum (λ in nm) ^1H-, ^{19}F-NMR-Spektrum (δ in ppm)
2-$LiC_6F_4C_6F_4Li$-2' −78 (1.5 h)[21] (Hexan/ Tetrahydrofuran)	[76]	$CH_3OC(O)C(O)OCH_3$	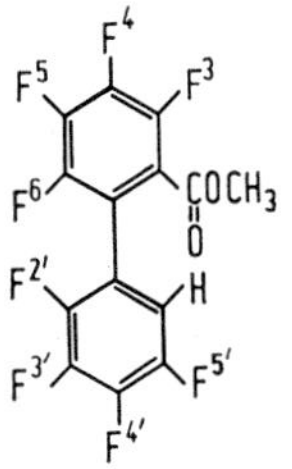 (49)	(47 bis 48)	^{19}F-NMR[20]: $\delta(F^6) = -23.6$, $\delta(F^5) = -10.0$, $\delta(F^4) = -14.6$, $\delta(F^3) = -24.0$, $\delta(F^{5'}) = -24.0$, $\delta(F^{4'}) = -9.6$, $\delta(F^{3'}) = -8.2$, $\delta(F^{2'}) = -25.1$, $J(F^5\text{-}F^6) = 21$ Hz, $J(F^4\text{-}F^6) = 7$ Hz, $J(F^4\text{-}F^5) = 19.3$ Hz, $J(F^3\text{-}F^6) = 11.5$ Hz; $J(F^3\text{-}F^5) = 5$ Hz, $J(F^3\text{-}F^4) = 20.5$ Hz, $J(F^{3'}\text{-}F^{4'}) = 19$ Hz, $J(F^3\text{-}H) = 3$ Hz, $J(F^{2'}\text{-}F^{5'}) = 11.5$ Hz, $J(F^{2'}\text{-}F^{4'}) = 5.7$ Hz, $J(F^{2'}\text{-}F^{3'}) = 20.5$ Hz, $J(F^{2'}\text{-}H) = 5.7$ Hz; Massenspektrum[24]: 384, M^+ (3); 325, M^+-$C_2H_3O_2$ (100); 278, $C_{12}HF_7^+$ (20); 247, $C_{11}HF_6^+$ (17), 59, $C_2H_3O^{2+}$ (11)

Tabelle 3 [Fortsetzung].

1) Die Synthese des n-C_3F_7Li erfolgt in Anwesenheit des Reaktanten. Nach beendeter Zugabe von n-C_3F_7Li wird 0.5 h im Rückfluß erhitzt. — 2) Das Gemisch wird langsam (5°C/h) bis zum Sieden erwärmt und 18 h im Rückfluß gehalten. — 3) Genaue Arbeitsvorschrift und weitere Produkte s. [3]. — 4) Anschließend rühren bei − 35 bis − 15°C (6 h) und auf 20°C bei einer Temperatursteigerung von 3°C/h erwärmen lassen. — 5) Bei dieser Temperatur werden zu vorgelegtem n-C_3F_7J abwechselnd CH_3Li und $C_3F_7COOC_2H_5$ innerhalb von 0.75 h zugetropft. Anschließend wird bei − 50 bis − 35°C (36 h) gerührt und danach auf 20°C (24 h) erwärmt. Zusätzlich wird 24 h gerührt und dann 2 h im Rückfluß erhitzt.

6) Werte aus A. L. Henne, W. C. Francis (J. Am. Chem. Soc. **75** [1953] 991/2). — 7) Wert aus R. N. Haszeldine (J. Chem. Soc. **1953** 1757/63). — 8) Vorgelegt werden n-C_3F_7J und $(C_3F_7)_2CO$ und CH_3Li zugetropft. — 9) Zusätzliche Reaktionsbedingungen, Produkte und Mengen sind tabellarisch in [7] zusammengefaßt. — 10) CH_3Li und Aceton werden abwechselnd zugegeben, anschließend auf 20°C erwärmt mit einer Temperatursteigerungsrate von 20°C/h.

11) R_f = F–[Ring: F_2, F_2, F, F, F_2, F_2]–. — 12) Äußerer Standard $Si(CH_3)_4$. — 13) Entsteht zusätzlich, wenn die Reaktion bei − 45°C in Äther durchgeführt wird. —

14) Zugabe von CH_3Li (zuerst) und $CH_3C(O)CF_3$ in Perioden von 15 Minuten zu $CF_2{=}CFBr$ bei − 50 bis − 40°C in Äther und Erwärmung auf 20°C innerhalb von 3 Stunden. Zusätzlich entstehen hierbei 28% $CF_2{=}CF(CH_3)_2COH$ und geringe Mengen $CF_3(CH_3)_2OH$. Bei − 78°C entstehen 15.7% $CF_3(CF_2{=}CF)C(CH_3)OH$ und 18.2% $CF_3C(CH_3)_2OH$. — 15) Sukzessive Zugabe von CH_3Li und CO-Verbindung zu $CF_2{=}CFBr$.

16) Primär bildet sich in Lösung $(CF_2{=}CX)C(CH_3)_2OH$, das sich beim Destillationsversuchumlagert und nach Hydrolyse die entsprechende Carbonsäure liefert. — 17) Werte entstammen A. L. Henne, M. Nager (J. Am. Chem. Soc. **74** [1952] 650/2). — 18) Erwärmen auf 20°C innerhalb 1 h. — 19) Innerer Standard $Si(CH_3)_4$. — 20) Innerer Standard C_6F_6.

21) Hydrolyse mit HCl (Gas) bei − 78°C. — 22) Für die beiden äquivalenten C_6F_5-Gruppen. — 23) Für den $C_6F_5C{=}O$-Rest. — 24) Massenspektrum: m/e, Bruchstück Intensität in (%). — 25) Hydrolyse mit verdünnter Salzsäure bei 20°C.

26) Das UV-Spektrum wird dem Kation $(C_6F_5)_3C^+$ zugeordnet. — 27) ν(OH) = 3635 bis 3608(m); ν(C-C-Ring) = 1510 bis 1495(s); ν(C-F) = 1020 bis 980(s). — 28) Tropft man $(CH_3O)_2CO$ gelöst in Äther zu C_6F_5Li und läßt auf 20°C erwärmen, bevor hydrolysiert wird, so entsteht ein bei 70°C/0.001 Torr sublimierendes Produkt aus 4 Komponenten. Es enthält $(C_6F_5)_2CO$, $(CH_3OC_6F_4)_2CO$ (ohne Angabe der Positionen), $C_6F_5(2\text{-}CH_3OC_6F_5)CO$ und $(C_6F_5)_3COH$. — 29) Dieser Wert stammt aus A. K. Barbour, M. W. Buxton, P. L. Coe, R. Stephens, J. C. Tatlow (J. Chem. Soc. **1961** 808/17). — 30) Innerer Standard CF_3COOH, Zuordnung: [Ring mit F_1, F_2, F_3, F_4, F_5].

31) Wert aus M. H. Kaufmann, J. D. Braun (J. Org. Chem. **31** [1966] 3090/3). — 32) Anschließend behandeln mit HCl (Gas) (0.5 h) und erwärmen auf 20°C. — 33) Sublimation. — 34) Wert aus S. S. Dua, A. E. Jukes, H. Gilman (Organometal. Chem. Syn. **1** [1970/71] 87/92). — 35) Zu dieser Lösung wird C_6H_5Li bei − 78°C hinzugefügt und anschließend 36 h gerührt.

36) Zusätzlich entstehen $CH_3C(O)O\text{-}2\text{-}BrC_6F_4$ und 1,2-$(CH_3C(O)O)_2C_6F_4$. Ausbeuten hängen vom Mengenverhältnis und der Hydrolysetemperatur ab. Sie werden in [44] tabellarisch angegeben. — 37) Standard $Si(CH_3)_4$. — 38) Standard $CFCl_3$. — 39) Ausbeute je nach Aufarbeitung des Reaktionsgemisches zwischen 54 und 75%. — 40) Sublimation. — 41) Überschuß. — 42) Molverhältnis 1:1.

Literatur:

[1] R. N. Haszeldine (Angew. Chem. **66** [1954] 693/701). — [2] H. J. Emeléus, R. N. Haszeldine (J. Chem. Soc. **1949** 2949/52). — [3] O. R. Pierce, E. T. McBee, G. F. Judd (J. Am. Chem. Soc. **76** [1954] 474/8). — [4] J. A. Beel, H. C. Clark, D. Whyman (J. Chem. Soc. **1962** 4423/5). — [5] H. J. Emeléus (J. Chem. Soc. **1954** 2979/86).

[6] R. D. Chambers, W. K. R. Musgrave, J. Savory (J. Chem. Soc. **1962** 1993/9). — [7] P. Johncock (J. Organometal. Chem. **19** [1969] 257/65). — [8] D. Seyferth, T. Wada, G. Raab (Tetrahedron Letters **1960** Nr. 22, S. 20/2). — [9] D. Seyferth, D. E. Welch, G. Raab (J. Am. Chem. Soc. **84** [1962] 4266/9). — [10] P. Tarrant, R. H. Summerville, R. W. Whitfield (J. Org. Chem. **35** [1970] 2742/5).

[11] F. G. Drakesmith, R. D. Richardson, O. J. Stewart, P. Tarrant (J. Org. Chem. **33** [1968] 286/91). — [12] F. G. Drakesmith, O. J. Stewart, P. Tarrant (J. Org. Chem. **33** [1968] 472/4). — [13] F. G. Drakesmith, O. J. Stewart, P. Tarrant (J. Org. Chem. **33** [1968] 280/5). — [14] M. I. Bruce, D. A. Harbourne, F. Wanugh, F. G. A. Stone (J. Chem. Soc. A **1968** 356/9). — [15] Union Carbide Corp., H. G. Viehe (D.P. 1126390 [1959/62]; C.A. **58** [1963] 10235).

[16] P. Johncock (J. Organometal. Chem. **6** [1966] 433/4). — [17] S. F. Campbell, R. Stephens, J. C. Tatlow (Chem. Commun. **1967** 151/2). — [18] S. F. Campbell, R. Stephens, J. C. Tatlow (Tetrahedron **21** [1965] 2997/3008). — [19] W. B. Hollyhead, R. Stephens, J. C. Tatlow (Tetrahedron **25** [1969] 1777/83). — [20] F. Hardwick, A. E. Pedler, A. E. Stephens, J. C. Tatlow (J. Fluorine Chem. **4** [1974] 9/18).

[21] S. F. Campbell, J. M. Leach, R. Stephens, J. C. Tatlow (Tetrahedron Letters **1967** 4269/72). — [22] P. L. Coe, R. Stephens, J. C. Tatlow (J. Chem. Soc. **1962** 3227/31). — [23] R. J. Harper, E. J. Soloski, C. Tamborski (J. Org. Chem. **29** [1964] 2385/9). — [24] D. E. Fenton, A. G. Massey (J. Inorg. Nucl. Chem. **27** [1965] 329/33). — [25] S. C. Cohen, M. L. N. Reddy, D. M. Roe, A. J. Tomlinson, A. G. Massey (J. Organometal. Chem. **14** [1968] 241/51).

[26] M. R. Smith, H. Gilman (J. Organometal. Chem. **37** [1972] 35/40). — [27] F. W. G. Fearon, H. Gilman (J. Organometal. Chem. **10** [1967] 535/7). — [28] D. Sethi, R. D. Howells, H. Gilman (J. Organometal. Chem. **69** [1974] 377/81). — [29] C. Tamborski, E. J. Soloski (J. Org. Chem. **31** [1966] 743/5). — [30] C. Tamborski, E. J. Soloski (J. Organometal. Chem. **20** [1969] 245/50).

[31] R. D. Howells, H. Gilman (Tetrahedron Letters **1974** 1319/20). — [32] R. D. Chambers, J. A. Cunningham, D. A. Pyke (Tetrahedron **24** [1968] 2783/7). — [33] S. C. Cohen, D. E. Fenton, A. J. Tomlinson, A. G. Massey (J. Organometal. Chem. **6** [1966] 301/5). — [34] S. C. Cohen, A. G. Massey (Chem. Commun. **1966** 457/8). — [35] S. C. Cohen, D. E. Fenton, D. Shaw, A. G. Massey (J. Organometal. Chem. **8** [1967] 1/8).

[36] C. Tamborski, E. J. Soloski (J. Organometal. Chem. **10** [1967] 385/91). — [37] F. W. G. Fearon, H. Gilman (J. Organometal. Chem. **13** [1968] 73/80). — [38] S. S. Dua, H. Gilman (J. Organometal. Chem. **64** [1974] C1/C2). — [39] K. Kuroda, N. Ishikawa (Nippon Kagaku Zasshi **91** [1970] 489/94; C.A. **73** [1970] Nr. 66669). — [40] C. Tamborski, W. H. Burton, W. B. Laurence (J. Org. Chem. **31** [1966] 4229/30).

[41] D. E. Fenton, A. G. Massey (Tetrahedron **21** [1965] 3009/18). — [42] S. C. Cohen, A. J. Tomlinson, M. R. Wiles, A. G. Massey (J. Organometal. Chem. **11** [1968] 385/92). — [43] S. C. Cohen, A. G. Massey (J. Organometal. Chem. **10** [1967] 471/81). — [44] R. D. Chambers, D. J. Spring (J. Chem. Soc. C **1968** 2394/7). — [45] C. Tamborski, E. J. Soloski (J. Org. Chem. **31** [1966] 746/9).

[46] R. D. Chambers, F. G. Drakesmith, W. K. R. Musgrave (J. Chem. Soc. **1965** 5045/8). — [47] R. J. de Pasquale, C. Tamborski (J. Organometal. Chem. **13** [1968] 273/82). — [48] R. J. de Pasquale (J. Organometal. Chem. **15** [1968] 233/6). — [49] S. C. Cohen, A. G. Massey (Tetrahedron Letters **1966** 4393/4). — [50] J. D. Park, S. K. Choi (Dachau Hwahak Hwoejee **17** [1973] 286/97 (Englisch); C. A. **79** [1973] Nr. 105369).

[51] D. E. Fenton, A. J. Park, D. Shaw, A. G. Massey (J. Organometal. Chem. **2** [1964] 437/46). — [52] Union Carbide Corp., H. G. Viehe (D.P. 1126389 [1958/62]; C.A. **58** [1963] 6860). — [53] D. J. Beng, B. J. Wakerfield (J. Chem. Soc. C **1969** 2342/6). — [54] S. C. Cohen, A. J. Tomlinson, M. R. Wiles, A. G. Massey (Chem. Ind. [London] **1967** 877/8). — [55] R. D. Chambers, D. J. Spring (Tetrahedron Letters **1969** 2481/2).

[56] D. S. Sethi, M. R. Smith, H. Gilman (J. Organometal. Chem. **24** [1970] C41/C42).— [57] E. T. McBee, C. W. Roberts, G. F. Judd, T. S. Chao (Proc. Indiana Acad. Sci. **65** [1955] 94/9; C.A. **1958** 10870). — [58] H. C. Clark, J. T. Kwon, D. Whyman (Can. J. Chem. **41** [1963] 2628/33). — [59] D. Seyferth, K. A. Brändle, G. Raab (Angew. Chem. **72** [1960] 77/8). — [60] T. Chivers (J. Organometal. Chem. **19** [1969] 75/80).

[61] J. Haiduc, H. Gilman (J. Organometal. Chem. **11** [1968] 55/61). — [62] M. Weidenbruch, G. Abrotat, K. John (Chem. Ber. **104** [1971] 2124/33). — [63] C. Tamborski, E. J. Soloski, S. M. Dec (J. Organometal. Chem. **4** [1965] 446/54). — [64] A. J. Oliver, W. A. G. Graham (J. Organometal. Chem. **19** [1969] 17/27). — [65] P. J. Morris, H. Gilman (J. Organometal. Chem. **11** [1968] 463/9).

[66] J. Haiduc, H. Gilman (J. Organometal. Chem. **14** [1968] 73/8). — [67] J. Haiduc, H. Gilman (J. Organometal. Chem. **13** [1968] 257/8). — [68] M. F. Lappert, J. Lynch (Chem. Commun. **1968** 750/1). — [69] T. Brennan, H. Gilman (J. Organometal. Chem. **16** [1969] 63/70). — [70] F. W. G. Fearon, H. Gilman (J. Organometal. Chem. **10** [1967] 409/19).

[71] R. A. Bekker, G. V. Asratyan, B. L. Dyatkin (Zh. Org. Khim. **9** [1973] 1635/40; J. Org. Chem. [USSR] **9** [1973] 1658/62; C.A. **79** [1973] Nr. 126014). — [72] V. G. Shubin, D. V. Korchagina, G. L. Borodkin, B. G. Derendyaev, V. A. Koptyug (Zh. Org. Khim. **9** [1973] 1031/41; J. Org. Chem. [USSR] **9** [1973] 1057/65; C.A. **79** [1973] Nr. 41567). — [73] R. D. Chambers, M. Clark (J. Chem. Soc. Perkin Trans. I **1972** 2469/74). — [74] R. Filler, C. H. Wang, M. A. McKinney, F. N. Miller (J. Am. Chem. Soc. **89** [1967] 1026/7).— [75] N. N. Vorozhtsov, V. A. Barkhash, T. N. Gerasimova, E. G. Lokshina, N. G. Ivanova (Zh. Obshch. Khim. **37** [1967] 1293/6; J. Gen. Chem. USSR **37** [1967] 1225/7; C.A. **68** [1968] Nr. 49195).

[76] R. D. Chambers, M. Clark, D. J. Spring (J. Chem. Soc. Perkin Trans. I **1972** 2464/9). — [77] E. T. McBee, C. W. Roberts, S. G. Curtis (J. Am. Chem. Soc. **77** [1955] 6387/90). — [78] P. Tarrant, P. Johncock, J. Savory (J. Org. Chem. **28** [1963] 839/43). — [79] D. D. Callander, P. L. Coe, J. C. Tatlow (Tetrahedron **22** [1966] 419/32). — [80] D. D. Callander, P. L. Coe, J. C. Tatlow, R. C. Terrell (J. Chem. Soc. C **1971** 1542/7).

[81] C. Tamborski, E. J. Soloski, R. J. de Pasquale (J. Organometal. Chem. **15** [1968] 494/6). — [82] A. J. Tomlinson, A. G. Massey (J. Organometal. Chem. **8** [1967] 321/7). — [83] M. D. Rausch, H. B. Gordon (J. Organometal. Chem. **74** [1974] 85/90). — [84] P. M. Treichel, J. P. Stenson (Inorg. Chem. **8** [1969] 2563/7). — [85] E. Samuel, M. D. Rausch (J. Am. Chem. Soc. **95** [1973] 6263/7).

[86] R. B. King, A. Efraty, W. M. Douglas (J. Organometal. Chem. **56** [1973] 345/55). — [87] P. M. Treichel, M. A. Chaudhari, F. G. A. Stone (J. Organometal. Chem. **1** [1963] 98/100). — [88] M. A. Chaudhari, P. M. Treichel, F. G. A. Stone (J. Organometal. Chem. **2** [1964] 206/12). — [89] J. R. Phillips, D. T. Rosevear, F. G. A. Stone (J. Organometal. Chem. **2** [1964] 455/60). — [90] P. M. Treichel, R. L. Shubkin (J. Organometal. Chem. **5** [1966] 490/2).

[91] P. M. Treichel, R. L. Shubkin (Inorg. Chem. **6** [1967] 1328/34). — [92] J. A. J. Thompson, W. A. G. Graham (Inorg. Chem. **6** [1967] 1875/9). — [93] P. M. Treichel, R. L. Shubkin (Inorg. Chim. Acta **2** [1968] 485/6). — [94] M. A. Chaudhari, F. G. A. Stone (J. Chem. Soc. A **1966** 838/41). — [95] M. Schmeißer, M. Weidenbruch (Chem. Ber. **100** [1967] 2306/11).

[96] D. T. Rosevear, F. G. A. Stone (J. Chem. Soc. **1965** 5275/9). — [97] J. Burdon, P. L. Coe, M. Filton, J. C. Tatlow (J. Chem. Soc. **1964** 2673/6). — [98] S. C. Cohen, A. G. Massey (Chem. Ind. [London] **1968** 252/3). — [99] G. M. Brooke, B. S. Furniss (J. Chem. Soc. C **1967** 869/73). — [100] R. E. Banks, R. N. Haszeldine, E. Phillips, I. M. Young (J. Chem. Soc. C **1967** 2091/5).

[101] D. G. Holland, C. Tamborski (J. Org. Chem. **31** [1966] 280/3). — [102] R. D. Chambers, C. A. Heaton, W. K. R. Musgrave (J. Chem. Soc. C **1968** 1933/7). — [103] M. Green. A. Taunton-Rigby, F. G. A. Stone (J. Chem. Soc. A **1968** 2762/5). — [104] T. N. Gerasimova, V. A. Barkhash, N. N. Vorozhtsov (Zh. Obshch. Khim. **38** [1968] 519/24; J. Gen. Chem. USSR **38** [1968] 510/4; C.A. **69** [1968] Nr. 58885). — [105] L. J. Belf, M. W. Buxton, J. F. Tilney-Bassett (Tetrahedron **22** [1967] 4719/27).

[106] D. E. Fenton, A. G. Massey, D. S. Urch (J. Organometal. Chem. **6** [1966] 352/8). — [107] C. Tamborski, E. J. Soloski (J. Organometal. Chem. **17** [1969] 185/92). — [108] P. Tarrant, W. H. Oliver (J. Org. Chem. **31** [1966] 1143/6). — [109] D. E. Fenton, A. J. Park, D. Shaw, A. G. Massey (Tetrahedron Letters **1964** 949/50). — [110] R. D. Chambers, F. G. Drakesmith, J. Hutchinson, W. K. R. Musgrave (Tetrahydron Letters **1967** 1705/6).

[111] A. G. Massey, E. W. Randall, D. Shaw (Chem. Ind. [London] **1963** 1244/5). — [112] M. Schmeißer, N. Wessal, M. Weidenbruch (Chem. Ber. **101** [1968] 1897/1901). — [113] D. D. Callander, P. L. Coe, J. C. Tatlow (Chem. Commun. **1966** 144/5). — [114] D. D. Callander, P. L. Coe, J. C. Tatlow, A. J. Uff (Tetrahedron **25** [1968] 25/36). — [115] H. Heaney, T. J. Ward (Chem. Commun. **1969** 810).

[116] S. C. Cohen, D. Moore, R. Price, A. G. Massey (J. Organometal. Chem. **12** [1968] P37/P38). — [117] S. C. Cohen, A. G. Massey (unveröffentlichte Ergebnisse, zitiert in [118]). — [118] S. C. Cohen, A. G. Massey (in: Advan. Fluorine Chem. **6** [1970] 83/286). — [119] R. Filler, A. E. Fiebig (Chem. Commun. **1968** 606/7). — [120] G. A. Razuvaev, V. N. Latyaeva, A. N. Lineva, N. N. Spiridonova (J. Organometal. Chem. **46** [1972] C13/C14).

[121] R. L. Bennett, M. I. Bruce, R. J. Goodfellow (J. Fluorine Chem. **2** [1972/73] 447/8). — [122] S. C. Cohen (J. Chem. Soc. Dalton Trans. **1973** 553/5). — [123] M. D. Rausch, F. H. Tibbetts (Inorg. Chem. **9** [1970] 512/6). — [124] Union Carbide Corp., H. G. Viche (U.S.P. 3506728 [1964/70]; C.A. **72** [1970] Nr. 121684). — [125] S. F. Campbell, J. M. Leach, R. Stephens, J. C. Tatlow, K. N. Wood (J. Fluorine Chem. **1** [1971/72] 103/6).

[126] S. F. Campbell, J. M. Leach, R. Stephens, J. C. Tatlow (J. Fluorine Chem. **1** [1971/72] 85/101). — [127] R. Stephens, J. C. Tatlow, K. N. Wood (J. Fluorine Chem. **1** [1971/72] 165/78). — [128] S. F. Campbell, R. Stephens, J. C. Tatlow, W. T. Westwood (J. Fluorine Chem. **1** [1971/72] 439/44). — [129] F. Hordwick, R. Stephens, J. C. Tatlow, J. R. Taylor (J. Fluorine Chem. **3** [1973/74] 151/65). — [130] G. G. Yakobson, T. D. Petrova, L. T. Kann (UdSSR P. 364224 [1973/74]; C.A. **79** [1973] Nr. 31651).

[131] S. C. Cohen, T. V. Iorns, R. S. Mosher (J. Fluorine Chem. **3** [1973/74] 233/4). — [132] E. J. Soloski, W. E. Ward, C. Tamborski (J. Fluorine Chem. **2** [1972/73] 361/71). — [133] T. V. Chuikova, V. D. Shteingarts (Izv. Sibirsk. Otd. Akad. Nauk SSSR Ser. Khim. Nauk **1973** 83/90; C.A. **79** [1973] Nr. 104987).

Perfluoro-haloorgano Compounds of Main Group 2

2 Perfluorhalogenorgano-Verbindungen der 2. Hauptgruppe

Verbindungen dieses Typs sind lediglich vom Magnesium in größerer Zahl dargestellt und untersucht worden. Einige wenige Substanzen sind von Beryllium und Calcium synthetisiert worden. Diese werden anschließend vollständig abgehandelt.

Perfluoro-organo Compounds of Beryllium and Calcium

2.1 Perfluororgano-Verbindungen des Berylliums und Calciums

Bis(pentafluorphenyl)beryllium $(C_6F_5)_2Be$

Setzt man $BeCl_2$, gelöst in Äther, zu einer Suspension von C_6F_5Li in Benzol (50 ml)/Äther (200 ml) bei −78°C zu, läßt unter Rühren auf 20°C erwärmen und rührt anschließend noch weitere 2 Stunden, so erhält man nach Abdampfen der Lösungsmittel (gegen Ende im Vakuum) ein braunes Produkt, das nach einer halben Stunde fest wird. Versuche, diesen Rest durch Vakuumdestillation zu reinigen, scheiterten, da er bei 90°C schmilzt und bei 130°C (beides Ölbadtemperaturen) verpufft. Charakterisiert wurde die Substanz mittels einer Verhältnisanalyse; sie ergab $Be : C_2H_5OC_2H_5 : C_6F_5$ wie 1:0.70:1.89. Mit N,N,N′,N′-Tetramethyläthylendiamin reagiert das $(C_6F_5)_2Be$-Ätherat in Benzol innerhalb von 15 min zu $(C_6F_5)_2Be \cdot (CH_3)_2NCH_2CH_2N(CH_3)_2$, das, aus Benzol/Hexan umkristallisiert, kleine Nadeln liefert. Diese zersetzen sich bei 123 bis 126°C zu schwarzem Teer. Analog wird der Pyridinkomplex $(C_6F_5)_2Be \cdot 2\,C_5H_5N$ synthetisiert. Beim Erhitzen auf 150°C verändert er seine Farbe, und bei 170°C zersetzt er sich zu einer schwarzen Flüssigkeit [1]. $(C_6F_5)_2Be \cdot 0.7\,(C_2H_5)_2O$ reagiert, in Äther gelöst, mit Tetrahydrofuran in einer schwach exothermen Reaktion zu $(C_6F_5)_2Be \cdot 2\,(CH_2)_4O$ (Schmelzpunkt 134 bis 136°C). Dieses setzt sich mit Bis(cyclopentadienyl)beryllium in Benzol (24 h) zu monomerem $C_6F_5BeC_5H_5$ um (Schmelzpunkt 108 bis 109°C, Zersetzung). Versetzt man eine Lösung von $[(CH_3)_3C]_2Be \cdot (C_2H_5)_2O$ und $(C_6F_5)_2Be \cdot 0.7\,(C_2H_5)_2O$ in Benzol nach 2 Tagen mit einem Überschuß $(CH_3)_2NCH_2CH_2N(CH_3)_2$, so erhält man nach 0.5 h ein Produkt, das, aus Benzol/Hexan umkristallisiert, Prismen von $C_6F_5BeC(CH_3)_3 \cdot (CH_3)_2NCH_2CH_2N(CH_3)_2$ liefert (Schmelzpunkt 95 bis 98°C, Zersetzung). Dieser Komplex zerfällt langsam bei 20°C [2].

Pentafluorphenylcalciumfluorid C_6F_5CaF

Kondensiert man auf einem mit flüssigem N_2 gekühlten Kühlfinger Ca-Atome und mit H_2O-Dampf gesättigtes C_6F_6 auf, so erhält man beim Aufwärmen 88% C_6F_5H und kein polymeres Produkt. In einem ähnlich durchgeführten Versuch wird C_6H_5F in C_6H_6 umgewandelt. Es wird vermutet, daß sich hierbei intermediär C_6F_5CaF bildet, das mit H_2O zu C_6F_5H hydrolysiert. Ähnlich durchgeführte Reaktionen mit $CF_3C{\equiv}CCF_3$ führen intermediär zu R_fCaF, das sich nur sehr schwer nachweisen läßt [3].

Literatur:

[1] G. E. Coates, R. C. Srivastava (J. Chem. Soc. Dalton Trans. **1972** 1541/4). — [2] G. E. Coates, D. L. Smith, R. C. Srivastava (J. Chem. Soc. Dalton Trans. **1973** 618/22). — [3] K. J. Klabunde, J. Y. F. Low, M. Scott Key (J. Fluorine Chem. **2** [1972/73] 207/9).

Perfluoro-haloorgano Compounds of Magnesium

2.2 Perfluorhalogenorgano-Verbindungen des Magnesiums

General

2.2.1 Allgemeines

Die Synthese von Perfluorhalogenorgano-Grignardverbindungen erfolgt hauptsächlich in den Lösungsmitteln Äther oder Tetrahydrofuran. Generell bieten sich zwei Synthesewege an, nämlich die direkte Umsetzung von R_fX (X = Cl, Br, J) mit Mg, das beispielsweise durch Jod oder $(CH_2Br)_2$ aktiviert werden kann, oder die Umgrignardierung von RMgX (R = CH_3, C_2H_5, $(CH_3)_2CH$, C_6H_5 u. a.) mit R_fY (Y = F, Cl, Br, J, H). Bei letzterer Reaktion nimmt die Umgrignardierungsgeschwindigkeit in der Reihenfolge J ≈ Br > H > Cl ab. Die Synthesen werden unter Rühren in inerter Atmosphäre mit wasserfreien Lösungsmitteln durchgeführt. Da Grignardverbindungen in reinem Zustand bisher nicht isoliert worden sind, erfolgt die Ausbeuteangabe auf Grund von Primärreaktionen, wie z. B. Hydrolyse, Umsetzung mit CO_2 bzw. R_3SiCl. Im allgemeinen ähneln R_fMg-X-Verbindungen in ihrem chemischen Verhalten den entsprechenden R_fLi-Substanzen. Die Grignardagenzien sind vor allem, wenn sie einen perfluorierten Arylrest aufweisen, stabiler als analoge Li-Verbindungen, dennoch sind sie diesen nicht überlegen, da Lösungsmitteleinflüsse sich in der R_fMg-Chemie stärker auswirken als in der R_fLi-Chemie.

Literatur s. S. 112

2.2.2 Darstellung

Preparation

Trifluormethylmagnesiumhalogenide CF_3MgX (X = Cl, Br, J)

Versuche, CF_3MgCl aus $(CH_3)_2CHMgCl$ und CF_3Br bzw. CF_3H bei −115°C in Tetrahydrofuran herzustellen, blieben erfolglos [1]. In Ausbeuten von 1% erhält man dagegen CF_3MgBr bei der Umsetzung von aktivem Magnesium (hergestellt durch Kondensation von Mg-Dampf mit Tetrahydrofuran bei −196°C) mit CF_3Br bei −30°C. Die bei dieser Temperatur langsam ablaufende Umsetzung liefert hauptsächlich Polymere [2]. Mit sublimiertem Mg reagiert CF_3Br in absolutem Äther nicht. Verwendet man dagegen normale Mg-Späne und aktiviert diese mit Hg, so erfolgt augenblicklich Reaktion. Die besten Ausbeuten (19%) erzielt man bei −20°C und einem Amalgam, das aus annähernd gleichen Mengen Mg und Hg hergestellt wird. Arbeitet man bei −20°C in 2-Butanon oder Tetrahydrofuran, so ist CF_3MgBr nur in 5% Ausbeute erhältlich. Keine Ausbeutenverbesserungen werden mit CF_3J erzielt. Die analog durchgeführte Reaktion mit CF_3J liefert bei −65°C 14% und bei 25°C 9% CF_3MgJ [3].

Erste Versuche zur Synthese von CF_3MgJ aus CF_3J und Mg sind von Haszeldine [4] bereits 1951 unternommen worden. Diese Ergebnisse ließen sich jedoch nur schwer reproduzieren, da viele Faktoren die Bildung der Grignardverbindung beeinflussen. Zwischen CF_3J und Mg erfolgt in Benzol, Cyclohexan und Perfluormethylcyclohexan auch bei erhöhten Temperaturen keine Umsetzung. Führt man die Reaktion im Lösungsmittel mit Lewisbasencharakter, wie z. B. $C_2H_5OC_2H_5$, $C_4H_9OC_4H_9$ und $(CH_2)_5O$ durch, so tritt Bildung von CF_3MgJ ein. Reines Mg, aktiviert durch Jod oder RJ (R = CH_3, C_2H_5), setzt sich mit CF_3J in Äther bei −60 bzw. +20°C in 38 bzw. 20% Ausbeute oder in $C_4H_9OC_4H_9$ bei −60 bzw. +20°C in 33 bzw. 18% Ausbeute oder in $(CH_2)_5O$ bei −60 bzw. +20°C in 29 bzw. 20% Ausbeute zu CF_3MgJ um. Aus Reihenuntersuchungen im Temperaturbereich von −60 bis +60°C wird geschlossen, daß mit steigender Temperatur die Ausbeuten in den drei Äthern abnehmen. Außerdem zeigen sie, daß $(CH_2)_5O$ oberhalb −40°C ein geeigneteres Lösungsmittel darstellt als $C_2H_5OC_2H_5$. Da die angegebenen Werte nicht reproduzierbar sind, wird auf eine Wiedergabe verzichtet [5].

Trifluorvinylmagnesiumbromid $CF_2{=}CFMgBr$

Trifluorvinylmagnesiumjodid $CF_2{=}CFMgJ$

1-Chlor-2,2-difluorvinylmagnesiumjodid $CF_2{=}CClMgJ$

1-Brom-2,2-difluorvinylmagnesiumjodid $CF_2{=}CBrMgJ$

Das mit Jod aktivierte Mg reagiert in Tetrahydrofuran bei −20 bis −25°C (1 h) mit $CF_2{=}CFBr$ in 43.3% Ausbeute zu $CF_2{=}CFMgBr$. In Äther erfolgt mit $CF_2{=}CFX$ (X = Cl, Br) keine Umsetzung. Dagegen setzt sich mit Jod und C_2H_5Br aktiviertes Mg in Äther bei −20 bis −5°C (2 h) mit $CF_2{=}CFJ$ in 69% Ausbeute zu $CF_2{=}CFMgJ$ um [7]. Die Umgrignardierung von C_6H_5MgBr mit $CF_2{=}CFJ$ in Äther liefert $CF_2{=}CFMgBr$ [62]. Ohne Zugabe von C_2H_5J gelingt die Synthese von $CF_2{=}CFMgJ$ bei 0°C in 22% Ausbeute [8]. Tropft man zu einer auf 0°C gekühlten Suspension von Mg-Spänen in absolutem Tetrahydrofuran $CF_2{=}CFBr$ mit einer Geschwindigkeit von 50 g/h während einer Stunde zu, so entsteht $CF_2{=}CFMgBr$ [9]. In 53% Ausbeute bildet sich bei −20°C $CF_2{=}CFMgBr$, wenn das Mg mit CH_2BrCH_2Br aktiviert wird [10]. Die Austauschreaktion von RMgBr mit $CF_2{=}CFJ$ führt in Äther bei −70°C innerhalb von 15 min zu $CF_2{=}CFMgJ$. Für R = C_2H_5 beträgt die Ausbeute 98% und für R = C_6H_5 93%. In Tetrahydrofuran ist die Umsetzung zwischen C_6H_5MgBr und $CF_2{=}CFJ$ bei −70°C (0.25 h) quantitativ. Dagegen erfolgt mit C_2H_5MgBr unter den selben Bedingungen keine nennenswerte Reaktion [11]. Mit C_6H_5MgBr läßt sich $(C_6H_5)_3SnCF{=}CF_2$ zu $CF_2{=}CFMgBr$ spalten [12].

$CF_2{=}CXJ$ (X = Cl, Br) reagiert mit Mg in siedendem Äther zu $CF_2{=}CXMgJ$ [13]. $CF_2{=}CBrMgBr$ ist auch aus $CF_2{=}CBr_2$ und Mg in Tetrahydrofuran synthetisiert worden [24].

Pentafluoräthylmagnesiumbromid C_2F_5MgBr

Heptafluor-n-propylmagnesiumhalogenid n-C_3F_7MgX (X = Br, J)

Heptafluorpropyl-2-magnesiumbromid $(CF_3)_2CFMgBr$

Literatur s. S. 112

Preparation of Perfluorohaloorgano Compounds of Magnesium

3-Jodhexafluorpropylmagnesiumbromid $CF_2JCF_2CF_2MgBr$

Die Austauschreaktion zwischen C_2F_5J und C_6H_5MgBr erfolgt bei $-78^\circ C$ in Äther und führt in 38% Ausbeute zu C_2F_5MgBr [6].

Bereits 1946 wird das Auftreten von n-C_3F_7MgBr bei der Umsetzung von n-C_3F_7Br mit Mg in Äther unter extremem Ausschluß von Feuchtigkeit beobachtet. Der Nachweis erfolgt durch Hydrolyse, wobei sich n-C_3F_7H bildet [23]. Allgemeine Hinweise zur Darstellung von n-C_3F_7MgJ aus n-C_3F_7J und Mg werden in [4] angegeben. Führt man die Umsetzung n-C_3F_7J + Mg in absolutem Äther bei 0 bzw. $-80^\circ C$ durch, so entsteht n-C_3F_7MgJ in 5 bis 7 bzw. 45% Ausbeute [14]. Die bei verschiedenen Temperaturen durchgeführten Reaktionen werden durch Zugabe von Jod initiiert. Ausbeuten α an n-C_3F_7MgJ in Abhängigkeit von Lösungsmittel und Temperatur t werden nachfolgend angegeben:

t in °C . . .	−60	−30	0	20	40	
α in % . . .	58	68	59	50	33	für $(C_2H_5)_2O$
α in % . . .	62	66	61	49	27	für $(n\text{-}C_4H_9)_2O$
α in % . . .	64	72	65	57	48	für $(CH_2)_5{>}O$

t in °C . . .	−60	−40	−20	−10	−5	+10	20	40	
α in % . . .	—	41	56	—	51	—	—	—	für $(CH_3)_3N$
α in % . . .	27	45	—	52	—	55	56	52	für $(C_2H_5)_3N$

Mit zunehmender Lösungsmittelmenge an ROR ($R = C_2H_5$, n-C_4H_9) nimmt die Ausbeute bei 0°C zu [15]. In nur 5% Ausbeute entsteht es bei 0°C in Äther oder Tetrahydrofuran. Dagegen setzt die Reaktion in $C_4F_9OC_4F_9$ oder $(C_2F_5)_3N$ nicht ein. Ziemlich hohe Konzentrationen des Grignardreagenzes werden bei $-80^\circ C$ erzielt [16]. Setzt man n-C_3F_7J mit Magnesiumamalgam bei 0°C in Äther um, so bildet sich n-C_3F_7MgJ in 37% Ausbeute [3]. Durch metathetische Reaktionen zwischen RMgBr und n-C_3F_7J läßt sich n-C_3F_7MgX synthetisieren. Nachfolgend werden R, X, Lösungsmittel, Temperatur in °C, Ausbeute in % angegeben: $R = C_6H_5$, Br, Äther, 0 bis 10, 65 [17]; C_6H_5, Br, Tetrahydrofuran, −70, 37 [11]; C_6H_5, Br, Äther, −78 bis −40, 85 bis 90; α-Naphthyl, Br, Äther, −78 bis −40, 40 bis 58; o-Tolyl, Br, Äther, −78 bis −40, 87; CH_3, J, Äther, −78 bis −40, 19; $(CH_3)_2CH$, Br, Äther, −78 bis −40, 12; $(CH_3)_3C$, Cl, Äther, −78 bis −40, 32 [6]. Führt man Umsetzungen zwischen n-C_3F_7J und R'MgBr bei $-70^\circ C$ (0.25 h) durch, so ist für $R' = C_2H_5$ in Äther die Ausbeute an n-C_3F_7MgBr 94% und in Tetrahydrofuran 0%. Für $R' = C_6H_5$ beträgt der Umsatz in Äther 99% und in Tetrahydrofuran 90% [11]. Auch $(CF_3)_2CFMgBr$ läßt sich durch eine Austauschreaktion von $(CF_3)_2CFJ$ und C_6H_5MgBr in Äther bei $-78^\circ C$ in 70.5% Ausbeute erhalten [18].

$CF_2JCF_2CF_2MgBr$ läßt sich aus RMgBr ($R = C_2H_5$ bzw. C_6H_5) und $CF_2JCF_2CF_2CF_2J$ in Äther bei $-70^\circ C$ (1 h) in 97 bzw. 98% Ausbeute herstellen. In Tetrahydrofuran erfolgt mit C_6H_5MgBr bei $-70^\circ C$ (0.25 h) nur ein 53%iger Austausch [11].

3,3,3-Trifluorpropinylmagnesiumhalogenid $CF_3C{\equiv}CMgX$ (X = Br, J)

Perfluorbut-1-inylmagnesiumjodid $CF_3CF_2C{\equiv}CMgJ$

3-Trifluormethylperfluorbut-1-inylmagnesiumjodid $(CF_3)_2CFC{\equiv}CMgJ$

Pentafluorphenyläthinylmagnesiumbromid $C_6F_5C{\equiv}CMgBr$

2-Halogen-3,3,4,4-tetrafluorcyclobutenylmagnesiumbromid (Vierring: F_2, F_2, MgBr, X) (X = F, Cl, Br)

Perfluor-n-hexylmagnesiumbromid n-$C_6F_{13}MgBr$

6-Brom-perfluorhexylmagnesiumbromid $CF_2Br(CF_2)_5MgBr$

Perfluor-n-octylmagnesiumbromid n-$C_8F_{17}MgBr$

8-Jod-perfluoroctylmagnesiumbromid $CF_2J(CF_2)_7MgBr$

Perfluor-n-decylmagnesiumbromid n-$C_{10}F_{21}MgBr$

Bei der Einwirkung von $CF_3C{\equiv}CH$ auf C_2H_5MgBr, gelöst in Äther, entstehen C_2H_6 und 75% $CF_3C{\equiv}CMgBr$, bezogen auf $CF_3C{\equiv}CH$ [19]. Analog bildet sich $CF_3C{\equiv}CMgJ$ aus CH_3MgJ und $CF_3C{\equiv}CH$ [20, 21].

Literatur s. S. 112

Preparation of Perfluorohaloorgano Compounds of Magnesium

Analog zur Synthese von $CF_3C{\equiv}CMgJ$ werden $R_fC{\equiv}CMgJ$ ($R_f = CF_3CF_2$, $(CF_3)_2CF$) aus $R_fC{\equiv}CH$ und CH_3MgJ in Äther hergestellt. Nähere Angaben fehlen [22]. In Anwesenheit von CuJ setzt sich $C_6F_5C{\equiv}CH$ mit C_2H_5MgBr in Äther zu $C_6F_5C{\equiv}CMgBr$ um [61].

Der Austauschprozeß zwischen F_2, F_2, MgBr, X und C_2H_5MgBr in Äther führt zu F_2, F_2, Br, X [X = F (0°C, 1 h, 30%), Cl, Br]. Das Grignardreagenz mit X = Br wird auch aus 1-Jod-2-brom-3,3,4,4-tetrafluorcyclobuten erhalten. Setzt man zu einer eisgekühlten Lösung von 1-Jod-2-chlor-3,3,4,4-tetrafluorcyclobuten C_2H_5MgBr zu und rührt 2 h, so entsteht der Grignardkörper mit X = Cl in 71% Ausbeute. Diese Reaktion ist auch in Tetrahydrofuran bei 50°C (0.25 h) oder mit CH_3MgBr in Äther bei 0°C erfolgreich durchgeführt worden [25]. Austauschreaktionen zwischen RMgBr und R_fJ führen zu R_fMgBr und RJ. Für R = C_2H_5 ist R_f = n-C_nF_{2n+1} (n = 6, 8 [26], 10 [26, 66]). Die Reaktion wird bei −78°C in Äther durchgeführt [26, 66]. Die Ausbeute an n-$C_{10}F_{21}MgJ$ beträgt 84% [66]. Für R_f = n-C_8F_{17} kann der Austausch mit RMgBr (R = C_2H_5, C_6H_5) bei −70°C sowohl in Äther als auch in Tetrahydrofuran durchgeführt werden [11, 27]. Mit R = C_2H_5 ist die Umsetzung in Äther nach 15 min quantitativ und in Tetrahydrofuran 76%. Mit R = C_6H_5 ist der Umsatz nach 15 min in Äther 99% und in Tetrahydrofuran 93%. Mit R_f = $CF_2Br(CF_2)_5$ erfolgt der Austausch sowohl mit 1 als auch mit 2 mol RMgBr (R = C_2H_5) in Äther lediglich zu $CF_2Br(CF_2)_5MgBr$. Hierbei tritt in Äther nach 15 min keine und in Tetrahydrofuran mit 1 mol C_2H_5MgBr beinahe vollständige Umsetzung ein. Nahezu keine Reaktion wird in Äther beobachtet mit R = C_6H_5 nach 15 min und Tetrahydrofuran ist die Ausbeute nach 0.5 h 77% und nach 2 h 55%. Die analog durchgeführten Umsetzungen mit R_f = $CF_2J(CF_2)_5$ und R = C_2H_5 in Äther sind nach 0.5 bzw. 1 h sowie mit R = C_6H_5 nach 0.25 bzw. 1 h vollständig. In Tetrahydrofuran wird nach 0.25 h mit C_6H_5MgBr ein 53%iger Austausch erzielt [11].

2-Trifluormethyl-3-oxa-perfluorpentylmagnesiumjodid $(CF_3)_2CFOCF_2CF_2MgJ$

2-Trifluormethyl-3-oxa-perfluorheptylmagnesiumjodid $(CF_3)_2CFOCF_2CF_2CF_2CF_2MgJ$

2-Trifluormethyl-3-oxa-perfluornonylmagnesiumjodid
$(CF_3)_2CFOCF_2CF_2CF_2CF_2CF_2CF_2MgJ$

2-Trifluormethyl-3-oxa-perfluorundecylmagnesiumjodid
$(CF_3)_2CFOCF_2CF_2CF_2CF_2CF_2CF_2CF_2CF_2MgJ$

Die Umgrignardierung von C_2H_5MgBr mit $(CF_3)_2CFO(CF_2)_nJ$ in Tetrahydrofuran bei −78°C (0.75 h) führt zu $(CF_3)_2CFO(CF_2)_nMgJ$. Für n = 2, 4, 6 bzw. 8 beträgt die Ausbeute 65.0, 58.4, 59.6 bzw. 62.3% [66].

Pentafluorphenylmagnesiumhalogenide C_6F_5MgX (X = F, Cl, Br, J)

o-, m-, p-Chlor-tetrafluorphenylmagnesiumchloride 2-, 3-, 4-ClC_6F_4MgCl

3,5-Dichlor-2,4,6-trifluorphenylmagnesiumchlorid 3,5-$Cl_2C_6F_3MgCl$

2-Brom-tetrafluorphenylmagnesiumbromid 2-BrC_6F_4MgBr

4-Perfluortolylmagnesiumhalogenid 4-$CF_3C_6F_4MgX$

4-Perfluorbiphenylmagnesiumhalogenid 4-$C_6F_5C_6F_4MgX$ (X = F oder Br)

2-Perfluorbiphenylmagnesiumbromid 2-$C_6F_5C_6F_4MgBr$

4-Pentafluorphenoxy-tetrafluorphenylmagnesiumhalogenid 4-$C_6F_5OC_6F_4MgX$
(X = Cl oder Br)

Preparation of Perfluoro-haloorgano Compounds of Magnesium

Chlortetrafluorphenoxy-tetrafluorphenylmagnesiumchlorid $ClF_4C_6OC_6F_4MgCl$

2-Perfluornaphthylmagnesiumhalogenid $2\text{-}C_{10}F_7MgX$

Tropft man eine Lösung von C_2H_5Br in Tetrahydrofuran zu einem Gemisch aus Mg und C_6F_6, gelöst in Tetrahydrofuran, langsam (0.75 h) zu, so tritt bereits nach Zugabe einiger ml C_2H_5Br-Lösung unter Erwärmen Reaktion ein, die unter Kühlung mit Eiswasser und Zugabe des gesamten C_2H_5Br den C_6F_5Mg-Grignard in 86% Ausbeute liefert. Solche hohen Umsetzungen werden nur erzielt, wenn C_2H_5Br und C_6F_6 im gleichen Molverhältnis eingesetzt werden. Die mit $1,2\text{-}Br_2C_2H_4$ an Stelle von C_2H_5Br analog durchgeführte Grignardierung in Tetrahydrofuran führt zum Reagenz in nur 52% Ausbeute. Hierbei fällt infolge Lösungsmittelmangel ein weißer Feststoff aus, der bei Verwendung eines Überschusses an Tetrahydrofuran sich wieder auflöst, ohne daß eine Steigerung der Ausbeute beobachtet wird. Erhöht man das Molverhältnis $1,2\text{-}Br_2C_2H_4/C_6F_6$ auf 2:1, so steigt die Ausbeute auf 75%. In Äther bzw. in einem Tetrahydrofuran-Benzol-Gemisch (55/30) sinkt der Umsatz auf 3 bzw. 33% [28].

Die durch $CoCl_2$ katalysierte Umgrignardierung von 2 mol C_2H_5MgBr mit 1 mol C_6F_6 in Tetrahydrofuran führt bei 0°C (1.25 h) in 91% Ausbeute zu C_6F_5MgX (X = F oder Br). Ändert man das Molverhältnis $C_2H_5MgBr:C_6F_6$ auf 1:1 bzw. 4:1, so fällt die Ausbeute auf 49 bzw. 68%. Auch andere Übergangsmetallhalogenide katalysieren diese Reaktion. Nachfolgend werden Halogenid, molares Verhältnis des Halogenids, Ausbeute in (%) und Reaktionszeit in h nach Zugabe von C_2H_5MgBr angegeben.

$CoCl_2$, 0.02 (91) 0.5 h; $FeCl_2$, 0.02 (96) 0.5 h; $NiCl_2$, 0.02 (43) 1 h; CuJ, 0.02 (25) 24 h; $TiCl_4$, 0.04 (39) 5 h; AgCl, 0.02 (5) 5 h; $PdCl_2$, 0.04 (61) 18 h; $RhCl_3$, 0.04 (58) 24 h. Auch andere Organomagnesiumhalogenide können an Stelle von C_2H_5MgBr eingesetzt werden. Unter gleichen Bedingungen (Molverhältnis 2:1) setzt sich CH_3MgCl zu 86% und C_6H_5MgBr zu 29% um. Die Umsetzung von $(C_2H_5)_2Mg$ mit C_6F_6 in Tetrahydrofuran bei 0°C (0.5 h nach Zugabe von $(C_2H_5)_2Mg$) führt in Gegenwart von 0.025 mol $CoCl_2$ zu C_6F_5MgF in 91% Ausbeute [29].

Durch $(CH_2Br)_2$ in siedendem Äther aktiviertes Mg setzt sich mit C_6F_5Cl zu C_6F_5MgCl in 67 [30, 31] bzw. 49% [32] bzw. 65 bis 70% [33] Ausbeute um. Die Reaktion wird so geführt, daß zunächst $(CH_2Br)_2$ zu in siedendem Äther aufgeschlämmtem Mg getropft wird. Hierzu setzt man C_6F_5Cl tropfenweise zu und fügt in Intervallen von 20, 50 und 80 min weiteres $(CH_2Br)_2$ hinzu. Die Umsetzung ist nach weiterem 0.5stündigem Erhitzen im Rückfluß beendet [30]. An Stelle von $(CH_2Br)_2$ können auch C_2H_5Br, C_2H_5J und $(CH_2J)_2$ eingesetzt werden, wobei die Ausbeuten auf 20, 45 und 48% sinken [33]. Ohne Zusätze reagiert C_6F_5Cl mit Mg in Tetrahydrofuran bei −10°C (1 h) zu C_6F_5MgCl in 99 [34] bzw. nach 1.25 h in 87% Ausbeute [35]. Dagegen bilden sich in siedendem Tetrahydrofuran nur perfluorierte aromatische Polymere [30, 31, 32]. Die Umgrignardierung von C_2H_5MgBr mit C_6F_5Cl in Tetrahydrofuran bei 0 bis 5°C führt zu C_6F_5MgCl [67]. Austauschreaktionen zwischen RMgX und $(C_6F_5)_2Si(CH_3)H$ in Tetrahydrofuran bei 0°C liefern C_6F_5MgX. Nachfolgend werden R, X, Reaktionsdauer in h und Ausbeuten in % angegeben: CH_3, Cl, 3 h, 67%; CH_3, Cl 10 h, 73%; CH_3, Br, 10 h, 62%; CH_3, Cl, 3 h, 66% in Äther (80%)-Tetrahydrofuran-Gemisch; C_2H_5. Br, 0.33 h, 43%; C_2H_5, Br, 6 h, 67%; $(CH_3)_2CH$, Cl, 3 h, 48%; $(CH_3)_2CH$, Cl, 16 h, 48%; $(CH_3)_2CH$, Cl, 6 h, 18%; C_6H_5, Br, 3 h, 51%. Reaktionen zwischen RMgX und $C_6F_5Si(CH_3)_2H$ in Tetrahydrofuran führen bei 0°C (10 h) ebenfalls zu C_6F_5MgX. Für R = CH_3 bzw. C_2H_5 und X = Cl bzw. Br beträgt die Ausbeute 72 bzw. 37%. Mit $(CH_3)_2CHMgBr$ erfolgt unter gleichen Bedingungen kein und mit C_6H_5MgBr ein 10%iger Austausch [36]. C_6F_5Br reagiert in Äther in Gegenwart eines Körnchens Jod mit Mg-Spänen unter Wärmeentwicklung. Nach 2stündigem Erhitzen im Rückfluß ist die Reaktion beendet [37, 38]. Diese Umsetzung kann durch Zusatz von $CoCl_2$ und C_2H_5Br beschleunigt werden [37]. Die Synthese dieses Grignards kann auch in peroxidfreiem Tetrahydrofuran durchgeführt werden. Die Reaktion wird mit einem Körnchen Jod gestartet und ist nach 1stündigem Erhitzen im Rückfluß vollständig [38].

Aktiviert man Mg mit $(CH_2Br)_2$ in Äther und tropft zur Suspension bei −10 bis 0°C C_6F_5Br zu, ohne daß die Temperatur 0°C übersteigt, so bildet sich in einer exothermen Reaktion C_6F_5MgBr [40]. Diese Reaktion ist auch mit C_6H_5Br aktiviertem Mg in Tetrahydrofuran bei −30 bis 0°C mit guten Ausbeuten an C_6F_5MgBr durchgeführt worden [41]. Auf Zugabe von C_6F_5H zu C_2H_5MgBr, gelöst in Tetrahydrofuran, entweichen 86% C_2H_6 und es bildet sich C_6F_5MgBr in

85% Ausbeute [39]. Die Austauschreaktion zwischen C_2H_5MgBr und C_6F_5Br bei 0°C in Tetrahydrofuran liefert C_6F_5MgBr in 98% Ausbeute [42]. Sehr leicht reagiert auch eine durch Kondensation von Tetrahydrofuran und Mg-Dampf bei −196°C hergestellte Aufschlämmung des Metalls mit C_6H_5Br. Bei −30°C (0.75 h) bildet sich das Grignardreagenz in 77% Ausbeute [2]. In einer interessanten Variante der Grignardsynthese werden $(C_2H_5O)_4Si$ bzw. $SiCl_4$, Magnesiumspäne und C_6F_5Br aufgeschlämmt und Äther zur Suspension zugetropft. Sobald eine bestimmte Menge Lösungsmittel zugesetzt ist, tritt heftige Reaktion ein, die nach 18 bzw. 12 h beendet ist. Über C_6F_5MgBr bilden sich hierbei Pentafluorphenylsilane in guten Ausbeuten [43].

Preparation of Perfluorohaloorgano Compounds of Magnesium

Zur Synthese von C_6F_5MgJ bieten sich zwei Methoden an: Die Umsetzung von C_6F_5J mit Mg in Äther, wobei in Gegenwart eines Körnchens Jod die Reaktion nach 5 h beendet ist [38]. Ohne Jod als Starter ist der Prozeß in siedendem Äther nach 3 h abgeschlossen [44]. Ferner reagiert C_6F_5H mit CH_3MgJ bei 20°C (24 h) in Tetrahydrofuran unter Entwicklung von 75% CH_4 zu C_6F_5MgJ in 56% Ausbeute [39].

Ein Gemisch aus Dichlortetrafluorbenzol-Isomeren (10%, o-, 80% m- und 10% p-$C_6F_4Cl_2$) setzt sich in Äther in Gegenwart eines Überschusses $(CH_2Br)_2$ mit Mg in 17 bis 25% Ausbeute zu einem o-, m-, p-Isomerengemisch von ClC_6F_4MgCl um. Bei Verwendung von Tetrahydrofuran als Lösungsmittel steigt die Ausbeute auf das 3- bis 4fache. Anzeichen für die Bildung von Digrignardverbindungen werden nicht beobachtet [45]. Analog werden 3-ClC_6F_4- bzw. 3,5-$Cl_2C_6F_3MgCl$ aus 1,3-$Cl_2C_6F_4$ bzw. 1,3,5-$Cl_3C_6F_3$ in Tetrahydrofuran unter Zugabe von $(CH_2Br)_2$ in 31 bzw. 35% Ausbeute synthetisiert [46]. In Tetrahydrofuran setzt sich bei 0°C 1,2-$Br_2C_6F_4$ mit Mg zu 2-BrC_6F_4MgBr in 40% Ausbeute um [47]. In Äther springt die Umsetzung mit 1,2-$Br_2C_6F_4$ auch in Gegenwart von Jod und Erwärmen nicht an. Erst nach Zugabe einer gleichgroßen Menge Tetrahydrofuran und Erhitzen im Rückfluß für einige Stunden bildet sich 2-BrC_6F_4MgBr in 30% Ausbeute [48].

Die in Äther durchgeführte Umsetzung von $CF_3C_6F_5$ mit C_2H_5MgBr setzt nach Zugabe eines Gemisches von 0.0013 mol $CoCl_2$ und 0.05 mol Tetrahydrofuran (innerhalb von 20 bis 30 min) ein und liefert nach 45 min das 4-$CF_3C_6F_4MgX$ in 43% Ausbeute. In Tetrahydrofuran allein setzt keine Reaktion ein. Bei Veränderung der Reaktionszeit, der Menge $CoCl_2$ und des Äther/Tetrahydrofuran-Verhältnisses bildet sich das Grignardreagenz in schlechteren Ausbeuten. Ähnlich reagiert Perfluornaphthalin in Tetrahydrofuran mit 2 mol C_2H_5MgBr in Gegenwart katalytischer Mengen $CoCl_2$ bei 0°C (1 h) zu 2-Perfluornaphthylmagnesiumhalogenid in 55% Ausbeute. Tropft man 2 mol C_2H_5MgBr, gelöst in Tetrahydrofuran, zu einer Lösung von $C_6F_5C_6F_5$ in Tetrahydrofuran, die katalytische Mengen $CoCl_2$ enthält, innerhalb von 25 min zu, so erhält man bei 0°C (0.5 h) 74% 4-$C_6F_5C_6F_4MgX$ (X = F oder Br) [29]. Die Umsetzung von 4-$HC_6F_4C_6F_5$ mit C_2H_5MgBr in Tetrahydrofuran bei 0°C (4 h) führt zu 14% 4-$C_6F_5C_6F_4MgX$. Mit $(CH_3)_2CHMgBr$ bilden sich unter gleichen Bedingungen nur 6% [49]. Durch Jod aktiviertes Mg setzt sich in Tetrahydrofuran mit 2-Br-$C_6F_4C_6F_5$ innerhalb von 5 h zu 2-$C_6F_5C_6F_4MgBr$ um [48, 69]. In sehr guter Ausbeute bildet sich 4-$C_6F_5OC_6F_4MgBr$ aus 4-$C_6F_5OC_6F_4Br$ und Mg in Tetrahydrofuran bei 35°C innerhalb von 2 h. Diese Reaktion wird durch Zugabe von 2 Tropfen C_2H_5Br eingeleitet. Noch rascher (15 min) verläuft die Umgrignardierung von C_2H_5MgBr mit 4-$C_6F_5OC_6F_4Br$ im gleichen Lösungsmittel [50]. Die Austauschreaktionen zwischen C_6F_5Br und 4-$C_6F_4OC_6F_4MgCl$ bzw. C_6F_5MgCl und 4-$C_6F_5OC_6F_4Br$ führt bei 25 ± 1°C zu 4-$C_6F_5OC_6F_4MgBr$ in 56% Ausbeute. Durch Umgrignardierung (4-$C_6F_5OC_6F_4Br$ + C_2H_5MgCl) wird 4-$C_6F_5OC_6F_4MgCl$ bei 25 ± 1°C in Tetrahydrofuran [51] bzw. in Äther in 90% Ausbeute erhalten [50]. Aktiviert man Mg mit einem Kristall Jod und fügt hierzu ein Gemisch aus $(4\text{-}ClC_6F_4)_2O$ und $(CH_2Br_2)_2$, gelöst in Tetrahydrofuran, zu, so entsteht bei 40°C (1 h) 4,4'-$ClC_6F_4OC_6F_4MgCl$ in 23.8% Ausbeute [52].

2,3,5,6-Tetrafluorpyridylmagnesiumhalogenid $4\text{-}C_5F_4N\text{-}MgX$ (X = Br, J)

In Tetrahydrofuran gelöstes 4-BrC_5F_4N wird bei −20°C zu im gleichen Lösungsmittel suspendiertem Mg hinzugefügt und zunächst auf −10°C, dann auf 0°C erwärmt sowie 1 h bei dieser Temperatur gerührt. Hierbei entsteht C_5F_4NMgBr in 59% Ausbeute [53]. Analog wird aus 4-JC_5F_4N und

Literatur s. S. 112

Preparation of Perfluorohaloorgano Compounds of Magnesium

Mg bei 20°C C_5F_4NMgJ in 47% Ausbeute synthetisiert. Die Reaktion springt nach 30 min an, und das Gemisch wird dann auf −15°C (2 h) gekühlt [54].

Undecafluorbicyclo[2,2,1]heptylmagnesiumhalogenid (X = Br, J)

Nonafluorbicyclo[2,2,1]hept-2-enylmagnesiumhalogenid

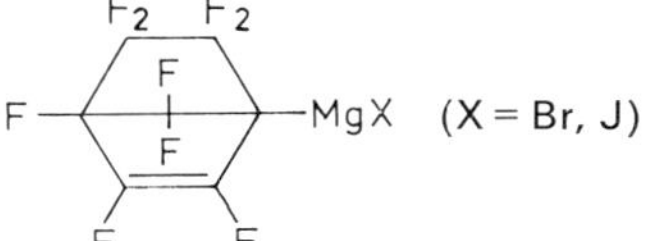

4-Jodoctafluorbicyclo[2,2,1]hept-2-enylmagnesiumjodid

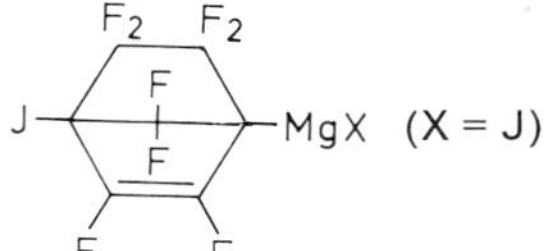

Die Umsetzung von R_fX (R_f = Undecafluorbicyclo[2,2,1]-heptyl-) mit Mg in Äther führt für X = J bei −50°C (2 h) und dann bei −20°C (4 h) in 36% Ausbeute bzw. für X = Br bei 35°C (4 h) zu R_fMgX. Erhitzt man R_fJ mit einem Überschuß Mg bei 35°C (4 h), so bildet sich R_fMgJ in 83% Ausbeute [55, 146]. Mit C_2H_5MgBr liefert R_fJ in Äther bei −50°C (2 h) und anschließend −20°C (4 h) R_fMgJ [146]. — Durch Jod aktiviertes Mg reagiert mit $R_f'J$ (R_f' = Nonafluorbicyclo[2,2,1]hept-2-enyl) beim Erhitzen im Rückfluß (2 h, nachdem alles R_fJ zugetropft war [56] bzw. 24 h [57, 147]) zu $R_f'MgJ$. Analog setzt sich $R_f'Br$ zu $R_f'MgBr$ um [56]. 1,4-Dijodoctafluorbicyclo[2,2,1]hept-2-en reagiert mit Mg in siedendem Äther (1 h) zu 4-Jod-octafluorbicyclo[2,2,1]hept-2-enylmagnesiumjodid [58].

n-Perfluorbutyl-1,4-di(magnesiumbromid) $BrMg(CF_2)_4MgBr$

Perfluor-n-hexyl-1,6-di(magnesiumbromid) $BrMg(CF_2)_6MgBr$

Tetrafluorphenyl-1,4-di(magnesiumbromid) $4\text{-}BrMgC_6F_4MgBr$

Octafluorbiphenyl-4,4'-di(magnesiumbromid) $4\text{-}BrMgC_6F_4C_6F_4MgBr\text{-}4'$

Hexafluornaphthyldi(magnesiumbromid) $C_{10}F_6(MgBr)_2$

Bis(tetrafluorphenyl-4-magnesiumchlorid)äther $(4\text{-}ClMgC_6F_4)_2O$

Decafluorbicyclo[2,2,1]heptyl-1,4-di(magnesiumbromid)

Quecksilber-bis(tetrafluorphenyl-3-magnesiumbromid) $(3\text{-}BrMgC_6F_4)_2Hg$

Quecksilber-bis(tetrafluorphenyl-4-magnesiumbromid) $(4\text{-}BrMgC_6F_4)_2Hg$

Intermediär führt die Reaktion von $Br(CF_2)_4Br$ mit Mg in Tetrahydrofuran bei −50°C zu $BrMg(CF_2)_4MgBr$, das durch Sekundärreaktion mit $(CH_3)_2SiHCl$ nachgewiesen wird [143].

Literatur s. S. 112

Perfluorohaloorgano Compounds of Magnesium

Setzt man RMgBr mit 2 mol $Br(CF_2)_6Br$ in Tetrahydrofuran bei −70°C um, so erhält man für R = C_2H_5 bzw. C_6H_5 innerhalb von 0.25 bzw. 2 h $BrMg(CF_2)_6MgBr$ in 90 bzw. 5% Ausbeute [11]. Außerdem bildet es sich als Zwischenprodukt bei der Umsetzung von $Br(CF_2)_6Br$ mit Mg in Tetrahydrofuran bei −35 bis −40°C (12 h) [143, 144]. Die durch $CoCl_2$ katalysierte Umsetzung von C_6F_6 mit 2 bzw. 4 mol C_2H_5MgBr in Tetrahydrofuran bei 0°C (1.25 h) führt zu 1,4-$C_6F_4(MgBr)_2$ in 2 bzw. 6% Ausbeute [29]. Höhere Ausbeuten von 24 bzw. 30% erzielt man während der Reaktion von 1,4-$C_6F_4H_2$ mit 3 bzw. 2 mol C_2H_5MgBr bei 20°C (3.5 h) in Tetrahydrofuran [39]. Decafluorbiphenyl liefert mit C_2H_5MgBr bzw. $(C_2H_5)Mg$ in Gegenwart von $CoCl_2$ bei 0°C (24 h) in Tetrahydrofuran im Molverhältnis 2:1 umgesetzt 4-$BrMgC_6F_4C_6F_4MgBr$-4' in 10 bzw. 6% Ausbeute. In 55% Ausbeute entsteht das Grignardreagenz, wenn 4-$C_6F_5C_6F_4H$ mit einem vierfachen Überschuß von C_2H_5MgBr bei 0°C (48 h) umgesetzt wird [49]. Eine zusätzliche Ausbeutesteigerung (75%) läßt sich durch Zugabe katalytischer Mengen $CoCl_2$ erzielen. Dagegen bildet sich eine Digrignardverbindung des Octafluornaphthalin aus $C_{10}F_8$ und 2 mol C_2H_5MgBr unter obigen Bedingungen nur in sehr geringer Ausbeute [29]. Aus (4-$ClC_6F_4)_2O$ und mit Jod aktiviertem Mg bildet sich in Gegenwart von $(CH_2Br)_2$ bei 40°C (1 h) in 23.6% Ausbeute (4-$ClMgC_6F_4)_2O$ [52]. Durch CH_3J aktiviertes Mg setzt sich mit 1,4-Dibromodecafluorbicyclo[2,2,1]heptan in siedendem Äther (1.5 h) zum entsprechenden Digrignardreagenz um [55, 58], das auch aus der analogen 1,4-Dijodverbindung synthetisiert werden kann [55]. In siedendem Tetrahydrofuran reagiert (3-$BrC_6F_4)_2Hg$ mit Mg (Molverhältnis 1:2) in 20% Ausbeute zu (3-$BrMgC_6F_4)_2Hg$. Dagegen entsteht (4-$BrMgC_6F_4)_2Hg$ aus (4-$BrC_6F_4)_2Hg$ und Mg in nur 5% Ausbeute [59].

Bis(pentafluorphenyl)magnesium $(C_6F_5)_2Mg$

Bis(3-bromtetrafluorphenyl)magnesium (3-$BrC_6F_4)_2Mg$

Schüttelt man $C_6F_5MgCH_3$ mit $(C_2H_5)_2Mg$ in einem evakuierten Bombenrohr bei 20°C (24 h), so bildet sich $(C_6F_5)_2Mg$ als Diätheratkomplex [60]. Bei der Umsetzung von C_6F_5Br bzw. C_6F_5H mit $(C_2H_5)_2Mg$ in Tetrahydrofuran bei 0°C entsteht $(C_6F_5)_2Mg$ in 99 bzw. 86% Ausbeute [42]. Quantitativ setzt sich $(C_6H_5)_2Hg$ in siedendem Tetrahydrofuran (12 h) mit Mg zu $(C_6F_5)_2Mg$ um. Analog wird (3-$BrC_6F_4)_2Mg$ aus (3-$BrC_6F_4)_2Hg$ und Mg (Molverhältnis 3:1) synthetisiert [59].

2.2.3 Physikalische Eigenschaften

Physical Properties

Da Perfluorhalogenorgano-Magnesium-Verbindungen im allgemeinen nicht isolierbar sind — sie werden direkt weiter umgesetzt —, ist nur wenig über ihre physikalischen Eigenschaften bekannt geworden. Es existieren allerdings zwei Arbeiten [60, 63], in denen Lösungen von Pentafluorphenylgrignardverbindungen und des $(C_6F_5)_2Mg$ mit Hilfe der ^{19}F-NMR-Spektroskopie untersucht werden. Die folgenden Werte für die chemische Verschiebung δ (gemessen gegen $CF_3C_6H_5$ als innerer Standard), beziehen sich auf das para-ständige F-Atom, dessen Signal ein empfindlicherer Indikator für strukturelle Variationen und außerdem linienärmer als das der o- und m-F-Atome ist:

Verbindung	Lösungsmittel	Konzentration (in mol/l)	δ in ppm	
$(C_6F_5)_2Mg$	Äther	—	95.50	
	Tetrahydrofuran	—	97.80	
			A	B
C_6F_5MgBr	Äther	0.06	95.27	95.49
	Äther	0.25	95.50	95.80
	Äther	0.53	95.58	95.93
	Äther	0.96	95.64	96.31
	Tetrahydrofuran	0.15	98.09	98.20
	Tetrahydrofuran	0.34	98.12	98.26
	Tetrahydrofuran	0.71	98.07	98.20
	Tetrahydrofuran	1.03	97.97	98.12
C_6F_5MgJ	Äther	0.85	95.30	95.95
C_6F_5MgCl	Äther	0.70	96.33	96.97

Für $(C_6F_5)_2Mg$ wird ein scharfes konzentrationsunabhängiges Triplett gefunden. C_6F_5MgBr in Äther zeigt bei t $\leqq 20°C$ zwei Tripletts gleicher Intensität, die beim Erhitzen der Lösung auf 94°C in ein scharfes Triplett übergehen. Zusatz von $(C_6F_5)_2Mg$ führt zur Vergrößerung der Intensität des Tripletts B gegenüber der von Triplett A. Hieraus und aus Intensitätsmessungen folgt, daß Triplett B „$(C_6F_5)_2Mg$" und A „C_6F_5MgBr" zuzuordnen sind, wobei K = [„C_6F_5MgBr"]/2[„$(C_6F_5)_2Mg$"] = 1.0 unabhängig von [C_6F_5MgBr] und der Temperatur zwischen + 22 und − 55°C ist. In THF ist K = 0.7. Es handelt sich bei Triplett B jedoch nicht um das Signal des reinen $(C_6F_5)_2Mg$, wie aus der beträchtlichen Differenz von $\delta((C_6F_5)_2Mg)$ und δ (Triplett B) selbst für geringe Konzentrationen zu ersehen ist. Dies zeigt, daß noch weitere sich schnell einstellende Gleichgewichte vorhanden sein müssen. Die ^{19}F-NMR-Linien des „C_6F_5MgCl" sind breiter, die des „C_6F_5MgJ" schärfer. Hieraus folgt, daß die Geschwindigkeitsabstufungen der Gleichgewichte in der Reihenfolge Chlorid > Bromid > Jodid abnehmen. Mischungen von C_6F_5MgJ und C_6F_5MgCl weisen jeweils nur 2 Liniengruppen auf, obwohl die getrennten Lösungen deutlich verschiedene chemische Verschiebungen zeigen. Auch dieses wird als Hinweis für weitere sich schnell einstellende Gleichgewichte, so z. B. Halogenaustausch, gewertet [60].

Chemical Reactions

2.2.4 Chemisches Verhalten

Thermal Stability

2.2.4.1 Thermische Stabilität

Of Perfluorohaloalkyl- and alkenyl-magnesium Compounds

2.2.4.1.2 Von Perfluorhalogenalkyl- und alkenyl-Magnesium-Verbindungen

Perfluorhalogenalkyl-Magnesium-Verbindungen sind oberhalb 0°C unbeständig [64] und somit instabiler als die entsprechenden Perfluorarylgrignards.

Erhitzt man CF_3MgJ im Rückfluß in Äther, so entstehen 81% CF_3H, 6% $CF_2{=}CF_2$ und $(CF_2)_n$. Die hohe Ausbeute an CF_3H läßt vermuten, daß der Zerfall hauptsächlich zu CF_3-Radikalen erfolgt, die durch Protonenabstraktion vom Lösungsmittel in CF_3H umgewandelt werden [5]. Versuche, Difluorcarben als Zwischenprodukt durch Abfangen mit Cyclohexen nachzuweisen, verliefen nicht erfolgreich [3]. Sehr unbeständig ist auch n-C_3F_7MgJ, das bei 20°C innerhalb einiger Stunden quantitativ zerfällt. Mit fallender Temperatur nimmt die Beständigkeit bis − 80°C zu [16]. Im einzelnen sind nachfolgende Zerfallsraten ermittelt worden (Temperatur, Dauer und Zerfall in %) [15]: In Äther: − 60°C, 24 h, 2%; − 40°C, 168 h, 29%; − 20°C, 168 h, 38%; 0°C, 72 h, 48%; 20°C, 72 h, 75%; 40°C, 36 h, 61%. In Tetrahydropyran: − 40°C, 168 h, 29%; 0°C, 72 h, 37%; 20°C, 72 h, 44%; 40°C, 40 h, 39%. Diese Ergebnisse zeigen, daß n-C_3F_7MgJ in Tetrahydropyran beständiger ist. Erhitzt man eine Lösung von n-C_3F_7MgJ in Dibutyläther rasch bis zum Sieden, so erhält man 76% $CF_3CF_2CF_2H$, 6% $CF_3CF{=}CF_2$ und einen Feststoff. Auch für diesen Zerfall wird hauptsächlich ein Radikalmechanismus vorgeschlagen, wobei $CF_3CF_2CF_2$ ein Proton vom Lösungsmittel abstrahiert und in $CF_3CF_2CF_2H$ übergeht. Die Bildung von $CF_3CF{=}CF_2$ erfolgt vermutlich durch Spaltung des Grignardreagenzes in $(MgJ)^+$ sowie in $CF_3CF_2CF_2^-$, das sich in $CF_3CF{=}CF_2$ und F^- umwandelt. Die durch $CF_3CF_2CF_2^-$ ausgelöste Polymerisation des $CF_3CF{=}CF_2$ führt dann zum beobachteten hochmolekularen, perfluorierten Feststoff. Das Auftreten von geringen Mengen n-C_6F_{14} bei der Synthese von n-C_3F_7MgJ wird auf die Reaktion $C_3F_7J + C_3F_7MgJ \rightarrow$ n-$C_6F_{14} + MgJ_2$ zurückgeführt. Das gleichzeitige Erscheinen von MgJ_2 und MgF_2 stützt diese Annahmen. In verdünnten Lösungen ist (n-$C_3F_7)_2Mg$ wesentlich stabiler als in konzentrierten [15].

Hauptprodukt beim langsamen thermischen Zerfall von R_fMgBr (R_f = n-C_6F_{13}, n-C_8F_{17}, n-$C_{20}F_{21}$) in Äther oder Pentan ist eine trans-1-Bromperfluorvinylverbindung. Die Zersetzung des n-$C_8F_{17}MgBr$ in Äther läuft ab gemäß:

$$\text{n-}C_8F_{17}MgBr \rightarrow \underset{F}{\overset{\text{n-}C_6F_{13}}{}}\!\!>C{=}C<\!\!\underset{Br}{\overset{F}{}}\ (50\text{ bis }60\%) + C_{16}F_{32}\ (20\%) + \underset{F}{\overset{\text{n-}C_6F_{13}}{}}\!\!>C{=}C<\!\!\underset{F}{\overset{F}{}}\ (10\%)$$

In geringer Menge fallen auch noch eine Anzahl unidentifizierter Produkte an. Ähnlich läuft die langsame thermische Zersetzung entsprechender R_fMgJ-Verbindungen ab, hierbei entstehen trans-1-Jodperfluorvinylverbindungen in wesentlich geringeren Ausbeuten [26]. Die thermische Stabilität des n-C_8F_{17}MgBr ist eine Funktion von Zeit, Temperatur und Lösungsmittel. Nachfolgend sind die ermittelten Werte aufgeführt:

Lösungsmittel	Zeit in h	Temperatur in °C	Ausbeute α in %	
			$C_8F_{17}H$	C_6H_5J
Äther	0.25	−70	100	99
Äther	20	−70	97	100
Äther	4	−40	61	—
Tetrahydrofuran	0.25	−70	88	93
Tetrahydrofuran	20	−70	59	100
Tetrahydrofuran	4	−40	14	—

Die Größe α (C_6H_5J) gibt den Umsetzungsgrad der Reaktion n-$C_8F_{17}J + C_6H_5MgBr \rightarrow$ n-$C_8F_{17}MgBr + C_6H_5J$ und die Größe α($C_8F_{17}H$) die durch Hydrolyse des Grignards mit verdünnter Salzsäure erhaltene Menge $C_8F_{17}H$ wieder. Hiernach ist 100 − α($C_8F_{17}H$) der Zerfallsgrad von n-C_8F_{17}MgBr. Es zeigt sich, daß die Verbindung in Äther stabiler ist als in Tetrahydrofuran. Der erste Reaktionsschritt dieser Zersetzung ist die Abspaltung eines F^- gemäß:

$$n\text{-}C_8F_{17}MgBr \rightarrow n\text{-}C_6F_{13}CF{=}CF_2 + MgBrF$$

Es wird vermutet, daß in Äther als nächstes ein nucleophiler Angriff eines Br^- auf die Doppelbindung erfolgt, der zur Bildung eines instabilen Carbanions führt, dessen Zersetzung ausschließlich die trans-1-Bromperfluorvinylverbindung liefert:

$$n\text{-}C_6F_{13}CF{=}CF_2 + Br^- \rightarrow [n\text{-}C_6F_{13}\bar{C}FCF_2Br] \rightarrow (n\text{-}C_6F_{13})(F)C{=}C(F)(Br) + F^- \quad (52\%)$$

Zusätzlich entstehen geringere Mengen n-C_8F_{17}H, n-$C_6F_{13}CF{=}CF_2$ und ein Gemisch aus zwei $C_{16}F_{32}$-Isomeren. In Tetrahydrofuran verläuft die Zersetzung im 2. Schritt nach [27]:

$$n\text{-}C_6F_{13}CF{=}CF_2 + n\text{-}C_8F_{17}MgBr \rightarrow [n\text{-}C_6F_{13}\bar{C}FCF_2C_8F_{17}]\overset{+}{Mg}Br \rightarrow \underset{\text{2 Isomere}}{C_{16}F_{32}} + MgBrF$$

In ätherischer Lösung zerfällt $(CF_3)_2CFMgBr$ beim Aufwärmen von −78 auf +20°C und anschließendem Erhitzen im Rückfluß (1 h) zu 70.5% $CF_3CF{=}CF_2$ [18]. 2-Chlor-3,3,4,4-tetrafluorcyclobutenylmagnesiumbromid ist in Gegenwart eines Überschusses von C_2H_5MgBr unbeständig und liefert nach 12stündigem Aufbewahren, nach erfolgter Hydrolyse, in geringer Ausbeute nachfolgende NMR-, IR- und massenspektroskopisch charakterisierte Produkte: 1-Chlor-3,3-dibrom-4,4-difluorcyclobuten, Siedepunkt 157°C/613 Torr, $D_{25}^{25} = 2.03$ g/cm³; 1,3-Dibrom-3-chlor-4,4-difluorcyclobuten, Siedepunkt 156°C/623 Torr, $D_{25}^{25} = 2.114$ g/cm³, $n_D^{25} = 1.5091$; 1,3,3-Tribrom-4,4-difluorcyclobuten, Siedepunkt 179°C/613 Torr, $D_{25}^{25} = 2.44$ g/cm³, $n_D^{25} = 1.5408$. Zusätzlich fällt eine größere Menge teerartiger Produkte und 12.8% 1-Chlor-3,3,4,4-tetrafluorcyclobuten an, so daß ein 87.2%iger Zerfall des Grignardreagenz stattfindet [25]. Undecafluorbicyclo[2,2,1]heptylmagnesiumbromid bzw. -jodid zerfällt in siedendem Äther unter Abspaltung von MgFX (X = Br, J) zu einem reaktiven Olefin oder Diradikal. Dieses addiert zunächst X^- und liefert unter β-Eliminierung 1-Brom- bzw. 1-Jod-nonafluorbicyclo[2,2,1]hept-2-en [55, 146].

2.2.4.1.3 Von Perfluorhalogenoaryl-Magnesium-Verbindungen

Of Perfluorohaloaryl-magnesium Compounds

Bei 0°C ist C_6F_5MgBr in Tetrahydrofuran ziemlich stabil. Erst nach 55 h werden gaschromatographisch Anzeichen einer Zersetzung beobachtet [65]. Bei 20°C ist an einer Lösung von C_6F_5MgBr in Tetrahydrofuran sogar innerhalb von 120 h kein Zerfall beobachtet worden [42]. In siedendem Äther ist C_6F_5MgBr stabil und kann auch Tetrahydrofuran bei 20°C (40 h) ohne nennenswerten Zerfall aufbewahrt werden. Es zerfällt aber in der Siedehitze zu Fluorpolyphenylenen, die geringe Mengen Br_2 enthalten [41]. Ein Produkt mit gleichen physikalischen Eigenschaften fällt auch beim Erhitzen von C_6F_5MgBr in siedendem Tetrahydrofuran (24 h) in 70% Ausbeute an [42]. Zusätzlich entstehen infolge Reaktionen mit dem Lösungsmittel geringe Mengen weiterer Produkte [41]. Bewahrt man eine Lösung von C_6F_5MgCl in Tetrahydrofuran bei 28°C auf, so tritt nach 16.5 h teilweise Zersetzung zu einem (wie oben angegeben) weißen unlöslichen Feststoff ein [34], der sich auch beim Erhitzen im Rückfluß (1 h) bildet [32]. In siedendem Äther ist C_6F_5MgCl stabil [30]. Je nach Herstellungstemperatur des C_6F_5MgBr erhält man in Tetrahydrofuran nach 8stündigem Erhitzen im Rückfluß 45 bis 95% Polymer, dessen Eigenschaften ebenfalls von der Reaktionstemperatur abhängen und das 1.85 bis 6.9% Br_2 enthalten kann. Zugabe von $C_6F_5C_6F_5$ fördert die Zersetzung, wobei kürzere Kettenlängen und ein geringerer Bromgehalt beobachtet werden [41]. Das 4-$C_6F_5C_6F_4MgX$ spaltet sich in Tetrahydrofuran nach 5 h ebenfalls zu einem Perfluorpolyphenylen, das bis 400°C nicht schmilzt [29].

Die Umsetzung von C_6F_5MgBr mit MCl_4 (M = Si, Ge, Sn) in Tetrahydrofuran führt für M = Si bei 0°C (1.75 h) außer zu $(C_6F_5)_4Si$ infolge Zersetzung des Grignardreagenzes zusätzlich zu hochfluorierten Polyphenylenen, die gaschromatographisch nachgewiesen werden konnten. Das komplexe Gemisch enthält hauptsächlich $C_6F_5(C_6F_4)_nC_6F_5$ (n = 0, Schmelzpunkt 81 bis 82°C; n = 1, Schmelzpunkt 176 bis 177°C und n = 2, Schmelzpunkt 210 bis 211°C). Die drei Produkte machen 90% des polymeren Gemisches aus, wobei die Mengen in der Reihenfolge n = 0, 1, 2 abnehmen. In Abwesenheit von $SiCl_4$ erscheinen diese Nebenprodukte nicht. Während der Umsetzung mit $GeCl_4$ bzw. $SnCl_4$ treten die gleichen Produkte auf, das Gemisch ist aber nicht ausführlich untersucht worden [65]. Stabiler als alle übrigen Grignardverbindungen ist 4-$C_6F_5OC_6F_4MgBr$. In Tetrahydrofuran sind bei 20°C (24 h) nur 5% und in der Siedehitze nach 3 h (39%), 25 h (60%), 70 h (78%) und 264 h (99%) zerfallen. Das Aufarbeiten der Lösung führte zu einem glasigen Polymer [50]. Sehr beständig ist auch $(C_6F_5)_2Mg$ in Tetrahydrofuran. Nach 6stündigem Erhitzen im Rückfluß bleiben 75 bis 80% unzersetzt und nach 18 h ist der Zerfall vollständig. Das anfallende Polymer weist die Eigenschaften eines Polyfluorphenylen-Polymers auf [42].

Thermal Stability of Perfluorohaloarylmagnesium Compounds in Presence of Scavenger Reagents

In Gegenwart von Abfangreagenzien

Perfluorhalogenaryl-Magnesiumhalogenide zerfallen ganz analog den Perfluorhalogenaryl-Lithium-Verbindungen in Gegenwart von Abfangreagenzien, wie z.B. Benzol, Furan, substituierten Benzolen, polycyclischen ungesättigten Kohlenwasserstoffen, Steroiden usw., zu einem Perfluorin, das mit dem vorhandenen Reagenz Diels-Alder-Reaktionen eingeht. Da Umsetzungen von Primärprodukten nicht abgehandelt werden, sollen hier nur einige wenige Reaktionen des aus C_6F_5MgX hergestellten Arin erwähnt werden. Ausführlich sind Diels-Alder-Additionen beim Lithium (s. S. 10) behandelt worden. Die hier angegebene Literatur ist eine Ergänzung der im Lithiumkapitel aufgeführten, ohne daß Vollständigkeit angestrebt wird.

Bei der Umsetzung von C_6F_5MgCl mit Äthylenoxid in siedendem Benzol (5 h) bildet sich nicht nur $C_6F_5CH_2CH_2OH$, sondern auch 2,3,4,5-Tetrafluorbiphenyl in 21% Ausbeute. Durch thermische Zersetzung von C_6F_5MgCl entsteht Tetrafluorbenzyn C_6F_4, das mit C_6H_6 zum Biphenylderivat reagiert. Führt man die Reaktion in Toluol aus, so bildet sich analog $HC_6F_4C_6H_4CH_3$ [70]. Diese Ergebnisse konnten nicht bestätigt werden, da C_6F_5MgX (X = Cl, Br) auch in Abwesenheit von Äthylenoxid C_6F_4 liefert, dieses reagiert jedoch mit Benzol nicht zu 2,3,4,5-Tetrafluorbiphenyl, sondern zu Tetrafluorbenzobicycloocta[2,2,2]trien in 33% Ausbeute für X = Cl und in 48% Ausbeute für X = Br. Zusätzlich konnten etwa 5% 2-$HC_6F_4C_6F_5$ isoliert werden. Neben der Diels-Alder-Reaktion, die hauptsächlich abläuft, addiert Tetrafluorbenzyn 1 mol C_6F_5MgCl zu 2-$C_6F_5C_6F_4MgCl$, das nach erfolgter Hydrolyse 2-$HC_6F_4C_6F_5$ liefert [71]. Die Zersetzung von C_6F_5MgCl in Gegenwart von Benzol, Toluol, Mesitylen und Anisol liefert 1,4-Diels-Alder-Additionsprodukte [72]. Erwärmt man eine ätherische Lösung von C_6F_5MgBr und Tetrachlorthiophen (gelöst in Cyclohexan) so, daß der Äther abdestillieren kann, und erhitzt dann 15 h im Rückfluß, so entsteht 1,2,3,4-Tetrachlortetrafluornaphthalin [73]. Das durch Zersetzung von C_6F_5MgBr in Dioxan zugängliche Tetrafluorbenzyn reagiert mit Bis-(cyclopentadienyl)nickel und liefert in 20% Ausbeute $C_5H_5NiC_5H_5C_6F_4$. Es handelt sich um das 1:1-Isomerengemisch, das durch 1,2- oder 1,3-Addition von C_6F_4 an einem Cyclopentadienring entstanden ist. In Äther, Diäthylenglycoldimethyläther und Tetrahydrofuran erfolgt nur geringfügige Reaktion. In siedendem Dioxan setzt sich C_6F_4 mit $Co_2(CO)_8$ zu $Co_4(CO)_{10}C_6F_4$ um. Analog liefert $Fe_3(CO)_{12}$ in 10% Ausbeute $Fe_2(CO)_8C_6F_4$ [74]. Die Addition von C_6F_4 an Benzol, Mono-, Tri-, Tetra- und Hexaalkylbenzole sowie Tetralin, Naphthalin und Anthracen sind in [75] angegeben. Weitere Angaben über Umsetzungen mit Tetrafluorbenzyn werden in [76, 133 bis 142] aufgeführt.

Literatur s. S. 112

2.2.4.2 Hydrolyse

Hydrolysis of Perfluorohaloorgano Compounds of Magnesium

Perfluorhalogenorgano-Magnesium-Verbindungen sind hydrolyseempfindlich und reagieren mit H_2O bzw. H^+ zu dem entsprechenden H-Perfluorkohlenwasserstoff gemäß [4, 64, 68]:

$$R_fMgX + H^+(H_2O) \rightarrow R_fH + XMg^+(XMgOH)$$

Die unterschiedlichen Ausbeuten sind darauf zurückzuführen, daß die Hydrolysereaktion als Maß für die Bildung des Grignardreagenzes benutzt wird und sich nicht auf den Hydrolysevorgang selbst bezieht.

Nachfolgend werden R_f, Hydrolysemittel, Reaktionsbedingungen und Ausbeute angegeben: CF_3, H_2O, −15°C (Äther), 100% [5]; CF_2=CF, 2n H_2SO_4, −20°C (Tetrahydrofuran), 43.3% [7]; CF_2=CF, 6n HCl, 0°C (Äther), 22% [8]; C_8F_{17}, 6n HCl, −70°C, anschließend 20°C (Äther), 100%. Analog werden die Grignardverbindungen mit R = CF_3, n-C_3F_7, $CF_2Br(CF_2)_5$, -$(CF_2)_6$- zu CF_3H, n-C_3F_7H, $CF_2Br(CF_2)_5H$ und $H(CF_2)_6H$ hydrolysiert [11]. $(CF_3)_2CF$, 3n H_2SO_4, −30°C (Äther), 82% [18]; 2-Chlor-3,3,4,4-tetrafluorcyclohexenyl, H_2O, 20°C (Äther), 71%; 2-Brom-3,3,4,4-tetrafluorcyclohexenyl, H_2O, 20°C (Äther), 65% [25]; n-C_8F_{17}, 6n HCl, −70°C, dann 20°C (Äther), 100% [27]; C_6F_5, 4n HCl, 0 bis 20°C (Tetrahydrofuran), 86% [28]; C_6F_4, 4n HCl, 0 bis 20°C (Tetrahydrofuran), 2% [29]; C_6F_5, H_2O, dann verdünntes H_2SO_4, 20°C (Äther), 67% [30, 38]; C_6F_5, H_2O, 20°C (Äther), 49.4% [32]; C_6F_5, 4n HCl, 20°C (Tetrahydrofuran), 98% [42]; C_6F_5, D_2O, 20°C (Äther), — [38]; 2-$C_6F_5C_6F_4$, H_2O, 20°C (Tetrahydrofuran), —; 2-BrC_6F_4, H_2O, dann 2n H_2SO_4, 20°C (Tetrahydrofuran), 30% [48]; 4,4′-$C_6F_4C_6F_4$, verdünntes HCl, 20°C (Tetrahydrofuran), 55%; 4-$C_6F_5C_6F_4$, 4n HCl, 20°C (Tetrahydrofuran), 14% [49]; 4-$C_6F_5OC_6F_4$, verdünntes HCl, 20°C (Äther), 90% [50]; 1-Undecafluorbicyclo[2,2,1]heptyl, H_3O^+, 20°C (Äther), 36% [55, 146]; 1-Nonafluorbicyclo[2,2,1]hept-2-enyl, H_3O^+, 20°C (Äther), 83% [55, 56]; 1,4-Decafluorbicyclo[2,2,1]-heptyl, H_3O^+, 20°C (Äther), — [55]; 1,4-Decafluorbicyclo[2,2,1]heptyl, 4n HCl, 20°C (Äther), — [58]; $(3\text{-}C_6F_4)_2Hg$, H_3O^+, 20°C (Tetrahydrofuran), 20%; $(4\text{-}C_6F_4)_2Hg$, H_3O^+, 20°C (Tetrahydrofuran), 5% [59]; n-$C_{10}F_{21}$, 3n HCl, 20°C (Äther), 84%; $(CF_3)_2CFO(CF_2)_6$; 3n HCl, 20°C (Äther), 68.5%; $(CF_3)_2CFO(CF_2)_8$, —, 3n HCl, 20°C (Äther), 63.1% [66].

2.2.4.3 Reaktionen mit Organoelementhalogeniden $R_nM^mX_{m-n}$, M = Si, Ge, Sn, Pb

Reactions with Organoelement Halides

Umsetzungen von Perfluorhalogenorganomagnesiumhalogeniden mit Verbindungen von S, Se und Te, sofern sie zu Titelverbindungen führen, sind in Erg.-Werk, Bd. 9 und 12 „Perfluorhalogenorgano-Verbindungen der Hauptgruppenelemente", Teil 1 und 2, abgehandelt und über das Register in Bd. 12 zugänglich, die des P, As, Sb, Bi in Erg.-Werk, Bd. 24, „Perfluorhalogenorgano-Verbindungen der Hauptgruppenelemente" Teil 3 beschrieben und über das Register am Ende des hier vorliegenden Bandes auffindbar. In Tabelle 4 (S. 72) werden Reaktionen von Perfluorhalogenorganomagnesiumhalogeniden beschrieben, sofern diese nicht zu Titelverbindungen führen.

2.2.4.4 Umsetzungen mit Verbindungen mit einer C=O-Gruppe und Übergangsmetallverbindungen

Reactions with Compounds Containing a C=O Group and with Transition Metals

Reaktionen von Perfluorhalogenorgano-Magnesium-Verbindungen mit CO_2, Aldehyden, Ketonen, Estern, Carbonsäuren, ihren Anhydriden und Halogeniden sind in Tabelle 5 (S. 89) aufgeführt. In Tabelle 7 (S. 110) werden Umsetzungen mit Übergangsmetallverbindungen einschließlich solcher des Zn, Cd, Hg angegeben.

2.2.4.5 Reaktionen mit Halogenen, Organylhalogeniden, B-, N-, P-, As-, O- und S-Verbindungen

Reactions with Halogens, Organyl Halides, B-, N-, P-, As-, O-, and S-Compounds

Auffallend ist hierbei, daß im Vergleich zu R_fLi-Verbindungen nur wenig Umsetzungen von Perfluorhalogenorganogrignards mit Organylhalogeniden beschrieben werden. Derartige Reaktionen, die in Gegenwart von Übergangsmetallverbindungen studiert worden sind, werden in Tabelle 6 (S. 106) beschrieben. Zusätzlich kondensiert C_6F_5MgX (X = Br oder J) mit CH_2=$CHCH_2Br$ in Äther zu $C_6F_5CH_2$-CH=CH_2 (Siedepunkt 150°C) [130]. Mit Dibromäthan setzt sich C_6F_5MgCl in Äther beim Erhitzen im Rückfluß (3 h) in 69% Ausbeute zu symmetrischem Tetrakis(pentafluorphenyl)-äthan um. Schmelzpunkt 219 bis 220°C [127].

Literatur s. S. 112

Tabelle 4:

Umsetzungen von Perfluororgano-Magnesium-Verbindungen mit R_nMX_{4-n}, n = 1 bis 4, X = Halogen, R = Alkyl, THF = Tetrahydrofuran, Siedepunkt (Sdp.) in °C/Druck in Torr, Schmelzpunkt (Schmp.) in °C, Brechungsindex n_D, Dichte D, chemische Verschiebung δ und Spin-Spin-Kopplungskonstante J in Hz im ^{1}H- und ^{19}F-NMR-Spektrum, IR-Spektrum, Wellenlängen λ mit molaren Extinktionskoeffizienten im UV-Spektrum.

R_fMgX (Lösungsmittel)		Reaktant Temperatur in °C (Zeit in h)	Produkt Ausbeute (in %)	Sdp./Torr (Schmp.) in °C	n_D, D in g/cm^3 IR-Spektrum (in cm^{-1}) ^{1}H-NMR- und ^{19}F-NMR-Spektrum (δ in ppm) Massenspektrum; UV-Spektrum (λ in nm)
CF_2=CFMgBr (THF)	[77]	$(C_2H_5O)_4Si$ −20 bis 0 (8 h)	$(C_2H_5O)_3SiCF{=}CF_2$[1] (8)	40/10	n_D^{25} = 1.3678; ^{19}F-NMR[2), 3)]: δ(F_1) = 23.5 ± 0.2; δ(F_2) = 50.3 ± 0.3; δ(F_3) = 139.8 ± 0.5; J(F_1-F_2) = 59.3 ± 0.5 Hz, J(F_1-F_3) = 24.9 ± 0.6 Hz, J(F_2-F_3) = 117.4 ± 0.9 Hz
CF_2=CFMgBr (THF)		$(C_2H_5)_3SiX$	$(C_2H_5)_3SiCF{=}CF_2$	34/9.2 [78] 34.5 bis 34.8/10 [77]	^{19}F-NMR[2), 3)]: δ(F_1) = 24.3 ± 0.2, δ(F_2) = 53.7 ± 0.5; δ(F_3) = 135.1 ± 0.4; J(F_1-F_2) = 70.5 ± 1.1 Hz, J(F_1-F_3) = 26.5 ± 0.9 Hz, J(F_2-F_3) = 115.1 ± 1.2 Hz [77]
CF_2=CFMgBr (THF)	[81]	$(CH_3)_2SiHCl$ 0	$CF_2{=}CFSi(CH_3)_2H$ (25)	50	n_D^{20} = 1.3513; D_{20}^{20} = 0.976
CF_2=CFMgBr (THF)	[77]	$(C_2H_5)_3GeJ$	$(C_2H_5)_3GeCF{=}CF_2$ (40)	45/10	n_D^{25} = 1.4138; ^{19}F-NMR[2), 3)]: δ(F_1) = 26.4 ± 0.2, δ(F_2) = 58.3 ± 0.4, δ(F_3) = 130.8 ± 0.6; J(F_1-F_2) = 78.8 ± 0.9 Hz, J(F_1-F_3) = 31.9 ± 0.7 Hz, J(F_2-F_3) = 115 ± 1.0 Hz
CF_2=CFMgBr (THF)		$(C_6H_5)_3GeBr$	$(C_6H_5)_3Ge(CF{=}CF_2)$ (31.3)	(84) [77, 78]	—
CF_2=CFMgBr (THF)	[80]	$(CH_3)_2SnCl_2$ 40 bis 50 (15 h)	$(CH_3)_2Sn(CF{=}CF_2)_2$ (65)	59 bis 61/40	IR[8)]: ν(C=C) = 1719, ν(C-F) = 1284, 1272, 1151, 1128, 1113, 1005
CF_2=CFMgBr (THF)	[80]	$(n\text{-}C_4H_9)_2SnCl_2$ 40 bis 50 (15 h)	$(n\text{-}C_4H_9)_2Sn(CF{=}CF_2)_2$ (72)	60 bis 63/0.4	IR[8)]: ν(C=C) = 1727, ν(C-F) = 1290, 1278, 1155, 1128, 1115, 1005
CF_2=CFMgBr (THF)	[80]	$(CH_2{=}CH)_2SnCl_2$ 40 bis 50 (15 h)	$(CH_2{=}CH)_2Sn(CF{=}CF_2)_2$ (46)	51 bis 53/10	IR[8)]: ν(C=C) = 1722, ν(C-F) = 1297, 1285, 1160, 1140, 1125, 1008

Literatur s. S. 112

Tabelle 4 [Fortsetzung].

R_fMgX (Lösungsmittel)		Reaktant Temperatur in °C (Zeit in h)	Produkt (Ausbeute in %)	Sdp./Torr (Schmp.) in °C	n_D, D in g/cm^3 IR-Spektrum (in cm^{-1}) ^1H-NMR- und ^{19}F-NMR-Spektrum (δ in ppm) Massenspektrum; UV-Spektrum (λ in nm)
$CF_2=CFMgBr$ (THF)	[80]	$(C_6H_5)_2SnCl_2$ 40 bis 50 (15 h)	$(C_6H_5)_2Sn(CF=CF_2)_2$ (67)	75 bis 80/0.02	IR[8]: 1719, 1287, 1277, 1155, 1131, 1117, 1008
$CF_2=CFMgBr$ (THF)		$(C_2H_5)_3SnCl$ −15 (7 h) [79]	$(C_2H_5)_3SnCF=CF_2$ (80)	66 bis 67/12 [78, 79]	$n_D^{25}=1.4392$ [78, 79]; $D_4^{25}=1.401$; IR ($CHCl_3$): $\nu(C=C)=1707$, $\nu(C\text{-}F)=1280$, 1266, 1098, 998 [79]; ^{19}F-NMR[2), 3)]: $\delta(F_1)=25.6\pm0.2$, $\delta(F_2)=60.6\pm0.3$, $\delta(F_3)=130.1\pm0.6$; $J(F_1\text{-}F_2)=80.7\pm1.1$ Hz, $J(F_1\text{-}F_3)=33.7\pm0.6$ Hz, $J(F_2\text{-}F_3)=113.7\pm0.7$ Hz [77]
$CF_2=CFMgBr$ (THF)	[79]	$(C_2H_5)_2SnX_2$ −15 (7 h)	$(C_2H_5)_2Sn(CF=CF_2)_2$	55 bis 57/12	$n_D^{25}=1.4168$; $D_4^{25}=1.595$
$CF_2=CFMgBr$ (THF)		$(n\text{-}C_4H_9)_3SnX$ −15 (7 h) [79] 45 bis 50 (15 h) [80]	$(n\text{-}C_4H_9)_3SnCF=CF_2$ (63) [80]	73/0.2 [79] 74/02 [78] 81 bis 82/0.4 [80]	$n_D^{25}=1.4512$ [78, 79]; IR ($CHCl_3$): $\nu(C=C)=1707$, $\nu(C\text{-}F)=1277$, 1263, 1094, 994 [79]
$CF_2=CFMgBr$ (THF)		$(n\text{-}C_4H_9)_2SnX_2$ −20, dann unter Rückfluß (16 h) [79]	$(n\text{-}C_4H_9)_2Sn(CF=CF_2)_2$ (56)	53/0.2 [78, 79]	$n_D^{25}=1.4283$ [78, 79]; $D_4^{25}=1.404$; IR ($CHCl_3$): $\nu(C=C)=1712$, $\nu(C\text{-}F)=1288$, 1275, 1113, 1005 [79]
$CF_2=CFMgBr$ (THF)	[79]	$n\text{-}C_4H_9SnX_3$ −15 (7 h)	$n\text{-}C_4H_9Sn(CF=CF_2)_3$	44 bis 45/1.3	$n_D^{25}=1.4049$; $D_4^{25}=1.685$; IR ($CHCl_3$): $\nu(C=C)=1711$, $\nu(C\text{-}F)=1295$, 1283, 1122, 1007
$CF_2=CFMgBr$ (THF)	[79]	$C_6H_5SnCl_3$ −15 (7 h)	$C_6H_5Sn(CF=CF_2)_3$ (71.5)	60/0.65	$n_D^{25}=1.4567$; $D_4^{25}=1.614$; IR ($CHCl_3$): $\nu(C=C)=1715$, $\nu(C\text{-}F)=1298$, 1284, 1123, 1009
$CF_2=CFMgBr$ (THF)		$(C_6H_5)_3SnX$ −15 (3 h) [79]	$(C_6H_5)_3SnCF=CF_2$	(68) [78, 79]	IR ($CHCl_3$): $\nu(C=C)=1711$, $\nu(C\text{-}F)=1287$, 1275, 1110, 1002 [79]

Tabelle 4 [Fortsetzung].

Umsetzungen von Perfluororgano-Magnesium-Verbindungen mit R_nMX_{4-n}, n = 1 bis 4, X = Halogen, R = Alkyl, THF = Tetrahydrofuran, Siedepunkt (Sdp.) in °C/Druck in Torr, Schmelzpunkt (Schmp.) in °C, Brechungsindex n_D, Dichte D, chemische Verschiebung δ und Spin-Spin-Kopplungskonstante J in Hz im ^{1}H- und ^{19}F-NMR-Spektrum, IR-Spektrum, Wellenlängen λ mit molaren Extinktionskoeffizienten im UV-Spektrum.

R_fMgX (Lösungsmittel)		Reaktant Temperatur in °C (Zeit in h)	Produkt (Ausbeute in %)	Sdp./Torr (Schmp.) in °C	n_D, D in g/cm³ IR-Spektrum (in cm⁻¹) ^{1}H-NMR- und ^{19}F-NMR-Spektrum (δ in ppm) Massenspektrum; UV-Spektrum (λ in nm)
$CF_3C{\equiv}CMgBr$ (Äther)	[145]	$(CH_3)_2GeCl_2$ Rückfluß (3 h)	$(CF_3C{\equiv}C)_2Ge(CH_3)_2$ (10)	126	IR[23]: ν(C≡C) = 2208 (s), ν(C-F) = 1251 (s), 1221 (s), 1179 (s); ^{1}H-NMR[4]: δ(CH_3) = −0.39; ^{19}F-NMR[7]: δ(CF_3) = 52.6
$CF_3C{\equiv}CMgBr$ (Äther)	[145]	$(CH_3)_2SnCl_2$ Rückfluß (3 h)	$(CF_3C{\equiv}C)_2Sn(CH_3)_2$ (21)	156	IR[23]: ν(C≡C) = 2195 (s), ν(C-F) = 1242 (s), 1220 (s), 1172 (s); ^{1}H-NMR[4]: δ(CH_3) = −0.49; J(^{117}Sn-CH_3) = 68.6 Hz, J(^{119}Sn-CH_3) = 72.7 Hz; ^{19}F-NMR[7]: δ(CF_3) = 51.54
$CF_3C{\equiv}CMgJ$ (n-Butyläther)	[20]	$(CH_3)_3SiCl$ 20 (2 h)	$(CH_3)_3SiC{\equiv}CCF_3$ (18)	73 (Zersetzung)	IR: 2205, 1262, 1222, 1165; ^{1}H-NMR[4]: δ(CH_3) = 0.20; ^{19}F-NMR[5]: δ(CF_3) = −26.6
$CF_3C{\equiv}CMgJ$	[22]	$(CH_3)_2SiCl_2$	$(CH_3)_2Si(C{\equiv}CCF_3)_2$	111	IR: ν(C≡C) = 2221; ^{1}H-NMR[4]: δ(CH) = −0.10; ^{19}F-NMR[6]: δ(CF_3) = 53.4
$CF_3C{\equiv}CMgJ$ (Äther)	[145]	$(CH_3)_2SiCl_2$ Rückfluß (3 h)	$(CF_3C{\equiv}C)_2Si(CH_3)_2$ (11)	111	IR[23]: ν(C≡C) = 2221 (s), ν(C-F) = 1250 (s), 1222 (s), 1179 (s); ^{1}H-NMR[4]: δ(CH_3) = −0.10; ^{19}F-NMR[7]: δ(CF_3) = 53.41
$CF_3C{\equiv}CMgJ$ (Äther)	[145]	CH_3SiCl_3 Rückfluß (3 h)	$(CF_3C{\equiv}C)_2Si(CH_3)_2$[21] (5)	111	s. oben
$CF_3C{\equiv}CMgJ$ (Äther)	[145]	$(CH_3)_3GeCl$ Rückfluß (3 h)	$CF_3C{\equiv}CGe(CH_3)_3$ (14.5)	94	IR[23]: ν(C≡C) = 2201 (s), ν(C-F) = 1261 (s), 1219 (s), 1163 (s); ^{1}H-NMR[4]: δ(CH_3) = −0.17; ^{19}F-NMR[7]: δ(CF_3) = 51.35

Literatur s. S. 112

Tabelle 4 [Fortsetzung].

R_fMgX (Lösungsmittel)		Reaktant Temperatur in °C (Zeit in h)	Produkt (Ausbeute in %)	Sdp./Torr (Schmp.) in °C	n_D, D in g/cm³; IR-Spektrum (in cm⁻¹); ¹H-NMR- und ¹⁹F-NMR-Spektrum (δ in ppm); Massenspektrum; UV-Spektrum (λ in nm)
$CF_3C{\equiv}CMgJ$ (Äther)	[145]	CH_3GeCl_3 Rückfluß (3 h)	$(CF_3C{\equiv}C)_3GeCH_3$ (7)[22]	132 bis 133.5 (47)	IR (Verreibung): $\nu(C{\equiv}C) = 2223$(s), ν(C-F) = 1241 (s), 1218 (s), 1166 (s); ¹H-NMR[4]: $\delta(CH_3) = -1.07$; ¹⁹F-NMR[6] (gelöst in $CDCl_3$): $\delta(CF_3) = 52.85$
$CF_3CF_2C{\equiv}CMgJ$ (Äther)	[145]	$(CH_3)_3GeBr$ Rückfluß (3 h)	$CF_3CF_2C{\equiv}CGe(CH_3)_3$ (74)	104	IR[23]: $\nu(C{\equiv}C) = 2195$(s), ν(C-F) = 1339 (s), 1225 (s), 1200 (s), 1130 (s), 1050 (s); ¹H-NMR[4]: $\delta(CH_3) = -0.16$; ¹⁹F-NMR[7]: $\delta(CF_3) = 86.65$, $\delta(CF_2) = 101.9$, $J(CF_3\text{-}CF_2) = 4.1$ Hz
$CF_3CF_2C{\equiv}CMgJ$ (Äther)	[145]	$(CH_3)_2GeCl_2$ Rückfluß (3 h)	$(CF_3CF_2C{\equiv}C)_2Ge(CH_3)_2$ (67)	138	IR[23]: $\nu(C{\equiv}C) = 2200$(s), ν(C-F) = 1340 (s), 1226 (s), 1207 (s), 1137 (s), 1051 (s); ¹H-NMR[4]: $\delta(CH_3) = -0.47$; ¹⁹F-NMR[7]: $\delta(CF_3) = 86.9$, $\delta(CF_2) = 103.7$, $J(CF_3\text{-}CF_2) = 3.8$ Hz
$CF_3C{\equiv}CMgJ$ (Äther)	[145]	$(CH_3)_3SnCl$ Rückfluß (3 h)	$CF_3C{\equiv}CSn(CH_3)_3$ (64)	125	IR[23]: $\nu(C{\equiv}C) = 2188$(s), ν(C-F) = 1252 (s), 1219 (s), 1164 (s); ¹H-NMR[4]: $\delta(CH_3) = -0.26$, $J(^{117}Sn\text{-}CH_3) = 58.2$ Hz, $J(^{119}Sn\text{-}CH_3) = 61.0$ Hz; ¹⁹F-NMR[7]: $\delta(CF_3) = 50.25$
$CF_3CF_2C{\equiv}CMgJ$ (Äther)	[145]	$(CH_3)_3SnCl$ Rückfluß (3 h)	$CF_3CF_2C{\equiv}CSn(CH_3)_3$ (20)	131	IR[23]: $\nu(C{\equiv}C) = 2182$(s), ν(C-F) = 1346 (s), 1231 (s), 1208 (s), 1133 (s), 1054 (s); ¹H-NMR[4]: $\delta(CH_3) = -0.22$, $J(^{117}Sn\text{-}CH_3) = 59.0$ Hz, $J(^{119}Sn\text{-}CH_3) = 61.7$ Hz; ¹⁹F-NMR[7]: $\delta(CF_3) = 86.43$, $\delta(CF_2) = 101.1$, $J(CF_3\text{-}CF_2) = 4.1$ Hz

Literatur s. S. 112

Tabelle 4 [Fortsetzung].

Umsetzungen von Perfluororgano-Magnesium-Verbindungen mit R_nMX_{4-n}, n = 1 bis 4, X = Halogen, R = Alkyl, THF = Tetrahydrofuran, Siedepunkt (Sdp.) in °C/Druck in Torr, Schmelzpunkt (Schmp.) in °C, Brechungsindex n_D, Dichte D, chemische Verschiebung δ und Spin-Spin-Kopplungskonstante J in Hz im ^{1}H- und ^{19}F-NMR-Spektrum, IR-Spektrum, Wellenlängen λ mit molaren Extinktionskoeffizienten im UV-Spektrum.

R_fMgX (Lösungsmittel)		Reaktant Temperatur in °C (Zeit in h)	Produkt (Ausbeute in %)	Sdp./Torr (Schmp.) in °C	n_D, D in g/cm³ IR-Spektrum (in cm^{-1}) ^{1}H-NMR- und ^{19}F-NMR-Spektrum (δ in ppm) Massenspektrum; UV-Spektrum (λ in nm)
$CF_3C{\equiv}CMgJ$ (Äther)	[20]	$(C_2H_5)_2GeBr$ 20	$(C_2H_5)_3Ge(C{\equiv}CCF_3)$ (62)	98 bis 100/105	IR: 2205, 1259, 1218, 1140; ^{1}H-NMR: $\delta(CH_3) = -0.80$ (Hauptpeak eines komplexen Multipletts); ^{19}F-NMR[5)]: $\delta(CF_3) = -27.6$
$CF_3C{\equiv}CMgJ$	[22]	CH_3GeCl_3	$CH_3Ge(C{\equiv}CCF_3)_3$	(47)	IR: $\nu(C{\equiv}C) = 2233$; ^{1}H-NMR[4)]: $\delta(CH) = -1.07$; ^{19}F-NMR[7)]: $\delta(CF_3) = 52.9$
$CF_3C{\equiv}CMgJ$ (Äther)	[21]	$(CH_3)_3SnCl$ Rückfluß (3 h)	$(CH_3)_3SnC{\equiv}CCF_3$ (64)	125	—
$CF_3CF_2C{\equiv}CMgX$	[22]	$(CH_3)_3GeCl$	$(CH_3)_3GeC{\equiv}CCF_2CF_3$	104	IR: $\nu(C{\equiv}C) = 2195$; ^{1}H-NMR[4)]: $\delta(CH) = -0.16$; ^{19}F-NMR[6)]: $\delta(CF_3) = 86.7$; $\delta(CF_2) = 101$
$CF_3CF_2C{\equiv}CMgX$	[22]	$(CH_3)_2GeCl_2$	$(CH_3)_2Ge(C{\equiv}CCF_2CF_3)_2$	138	IR: $\nu(C{\equiv}C) = 2200$; ^{1}H-NMR[4)]: $\delta(CH) = -0.47$; ^{19}F-NMR[6)]: $\delta(CF_3) = 86.9$, $\delta(CF_2) = 104$
$CF_3CF_2C{\equiv}CMgX$	[22]	$(CH_3)_3SnCl$	$(CH_3)_3SnC{\equiv}CCF_2CF_3$	131	IR: $\nu(C{\equiv}C) = 2182$; ^{1}H-NMR[4)]: $\delta(CH) = -0.22$; ^{19}F-NMR[7)]: $\delta(CF_3) = 86.4$, $\delta(CF_2) = 101$
$(CF_3)_2CFC{\equiv}CMgX$	[22]	$(CH_3)_3GeCl$	$(CH_3)_3GeC{\equiv}CCF(CF_3)_2$	113	IR: $\nu(C{\equiv}C) = 2182$; ^{1}H-NMR[4)]: $\delta(CH) = -0.18$; ^{19}F-NMR[7)]: $\delta(CF_3) = 73.0$, $\delta(CF) = 166$
$(CF_3)_2CFC{\equiv}CMgJ$ (Äther)	[145]	$(CH_3)_3GeBr$ Rückfluß (3 h)	$(CF_3)_2CFC{\equiv}CGe(CH_3)_3$ (77)	113.1	IR[23)]: $\nu(C{\equiv}C) = 2182$(s), ν(C-F) = 1312(s), 1272(s), 1245(s), 1182(s), 1158(s), 1077(s); ^{1}H- und ^{19}F-NMR: s. oben, $J(CF_3\text{-}CF) = 10.6$ Hz

Tabelle 4 [Fortsetzung].

R_fMgX (Lösungsmittel)		Reaktant Temperatur in °C (Zeit in h)	Produkt (Ausbeute in %)	Sdp./Torr (Schmp.) in °C	n_D, D in g/cm^3 IR-Spektrum (in cm^{-1}) ^1H-NMR- und ^{19}F-NMR-Spektrum (δ in ppm) Massenspektrum; UV-Spektrum (λ in nm)
F F N MgJ F F (THF)	[54]	$(CH_3)_3SiCl$ −15 (2 h), dann 20 (1 h)	$(CH_3)_3SiC_5F_4N$ (48)	40/0.5	IR (Film): ν(C-H) = 2976, 2915; ν (polyfluorierter Ring) = 1634, 1462, 1439, 1420; 1377, 1294, 1258, 1228, 935, 880, 848, 825, 770, 733, 705; ^{19}F-NMR[5]: $\delta(F_2$ und $F_6) = 15.7$, $\delta(F_3$ und $F_5) = 53.4$
$C_6F_4ClMgCl$ (Äther/Hexan)	[45]	$(CH_3)_2SiHCl$ Rückfluß (4 h)	$C_6F_4ClSi(CH_3)_2H$ (17.6)	69.8 bis 70.0/5	$n_D^{20} = 1.4666$; $D_4^{20} = 1.3388$
$C_6F_4ClMgCl$ (THF/Hexan)	[45]	$(CH_3)_2SiHCl$	$C_6F_4ClSi(CH_3)_2H$ (73.2)	—	IR: 2969 (w), 2910 (w), ν(Si-H) = 2174; 1623 (m), 1606 (m), 1566 (w), 1504 (m), 1486 (vs), 1462 (m), 1445 (vs), 1404 (w), 1378 (w), 1365 (w), 1337 (w), 1318 (w), 1259 (s), 1250 (s), 1123 (w), 1109 (w), 1087 (vs), 1048 (m), 960 (m), 952 (m), 916 (s), 905 (m), 889 (vs), 864 (w), 850 (m), 711 (w), 687 (w), 656 (w), 632 (w)
$C_6F_4ClMgCl$ (THF/Hexan)	[45]	CH_3SiHCl_2	$(C_6F_4Cl)_2SiCH_3H$ (15.5)	130/1.8 —	$n_D^{20} = 1.5052$; $D_4^{20} = 1.5975$; IR: 2970 (w), ν(Si-H) = 2205 (m), 1623 (s, br); 1568 (w), 1507 (m), 1485 (vs), 1465 (m), 1450 (vs), 1410 (w), 1380 (w), 1368 (w), 1345 (w), 1322 (w), 1265 (m), 1253 (s), 1112 (m), 1090 (vs), 1049 (m), 962 (m), 955 (m), 919 (s), 896 (m), 882 (m), 850 (s), 713 (w), 694

Literatur s. S. 112

Tabelle 4 [Fortsetzung].

Umsetzungen von Perfluororgano-Magnesium-Verbindungen mit R_nMX_{4-n}, n = 1 bis 4, X = Halogen, R = Alkyl, THF = Tetrahydrofuran, Siedepunkt (Sdp.) in °C/Druck in Torr, Schmelzpunkt (Schmp.) in °C, Brechungsindex n_D, Dichte D, chemische Verschiebung δ und Spin-Spin-Kopplungskonstante J in Hz im ^{1}H- und ^{19}F-NMR-Spektrum, IR-Spektrum, Wellenlängen λ mit molaren Extinktionskoeffizienten im UV-Spektrum.

R_fMgX (Lösungsmittel)		Reaktant Temperatur in °C (Zeit in h)	Produkt (Ausbeute in %)	Sdp./Torr (Schmp.) in °C	n_D, D in g/cm^3 IR-Spektrum (in cm^{-1}) ^{1}H-NMR- und ^{19}F-NMR-Spektrum (δ in ppm) Massenspektrum; UV-Spektrum (λ in nm)
			$C_6F_4ClSiH(CH_3)Cl$ (41.2)	55 bis 55.3/1.5	n_D^{20} = 1.4791; D_4^{20} = 1.4819; IR: 2973 (w), ν(Si-H) = 2214 (m), 1625 (m), 1610 (m), 1568 (w), 1507 (m), 1486 (vs), 1465 (m), 1448 (vs), 1405 (w), 1380 (w), 1369 (w), 1345 (w), 1322 (s), 1264 (m), 1256 (s), 1123 (w), 1113 (m), 1092 (vs), 1051 (m), 963 (m), 959 (m), 920 (s), 892 (s), 848 (s), 708 (w), 672 (w), 532 (m)
$C_6F_4ClMgCl$ (THF/Hexan)	[45]	$(C_2H_5O)_2Si(CH_3)Cl$	$C_6F_4ClSi(OC_2H_5)_2CH_3$ (49.5)	85.5 bis 86.5/1	n_D^{20} = 1.4497; D_4^{20} = 1.2915; IR: 2979 (w), 2927 (w), 2887 (w), 1622 (m), 1505 (m), 1485 (s), 1457 (m, br), 1441 (vs), 1393 (m), 1365 (w), 1296 (w), 1266 (m), 1253 (m), 1246 (m), 1169 (m), 1110 (vs), 1090 (vs), 1047 (m), 960 (m, br), 914 (s), 878 (w), 852 (w), 832 (m), 660 (m)
$C_6F_4ClMgCl$ (THF/Hexan)	[45]	$C_2H_5OSi(CH_3)_2Cl$	$C_6F_4ClSi(OC_2H_5)(CH_3)_2$ (53.3)	77 bis 79/2.9	n_D^{20} = 1.4582; D_4^{20} = 1.2989; IR: 2978 (m), 2936 (w), 2885 (w, br); 1624 (m), 1505 (m), 1486 (s), 1457 (m), 1442 (vs), 1396 (w), 1362 (w), 1316 (w), 1296 (w), 1262 (s), 1250 (m, br), 1168 (m), 1111 (s), 1086 (vs), 1043 (m), 960 (m, br), 913 (s), 878 (m), 848 (m), 837 (s), 727 (w), 713 (w), 690 (w), 647 (w)

Tabelle 4 [Fortsetzung].

R_fMgX (Lösungsmittel)	Reaktant Temperatur in °C (Zeit in h)	Produkt (Ausbeute in %)	Sdp./Torr (Schmp.) in °C	n_D, D in g/cm^3 IR-Spektrum (in cm^{-1}) ^{1}H-NMR- und ^{19}F-NMR-Spektrum (δ in ppm) Massenspektrum; UV-Spektrum (λ in nm)
C_6F_5MgX [29] X = F oder Br (THF)	$C_6H_5(CH_3)_2SiCl$ 0 (24 h)	$C_6H_5(CH_3)_2SiC_6F_5$	—	^{1}H-NMR[11]: $\delta(CH_3) = -0.60$ (Triplett); $J(F_o\text{-C-C-Si-}CH_3) = 1.5$ Hz, $\delta(C_6H_5) = -7.25$ (Multiplett)
C_6F_5MgX X = F oder Br [29] X = Br [131] (THF)	$(CH_3)_3SiCl$ (1 h), $CoCl_2$-Katalysator [29] 0 [131]	$(CH_3)_3SiC_6H_5$ (78) [29] (85) [131]	—	—
C_6F_5MgX (X = Cl) [34] (X = Br) [84, 86]	$(CH_3)_3SiCl$ 0 (mehrere h) [34] − 20 bis 20 (6 h) [84]	$(CH_3)_3SiC_6F_5$ (78) [34]; (42) [84] (72) [86]	64.5/14, 172 bis 173 [34] 60/14 [84]; 56/9 [86]	IR: 1639 (s), 1513 (vs), 1466 (vs), 1256 (vs), 1085 (vs), 970 (vs), 847 (vs), 812 (vs) [84]; $n_D^{25} = 1.4307$ [86]
C_6F_5MgCl [82] (Äther/Hexan)	$(C_2H_5O)_2Si(C_2H_3)Cl$ Rückfluß (2 h)	$(C_2H_5O)_2Si(C_2H_3)C_6F_5$ (73)	89/3.8	$n_D^{20} = 1.4339$; $D_4^{20} = 1.2487$; IR: 2980 (m), 2928 (m), 2894 (m), 2868 (m), 1643 (m), 1598 (w), 1521 (s), 1469 (vs), 1404 (m), 1395 (m), 1384 (m), 1368 (w), 1292 (s), 1274 (w), 1168 (m), 1108 (s), 1096 (vs), 1011 (m), 977 (s, br), 664 (m), 622 (w), 586 (w), 557 (m)
C_6F_5MgCl [83] (THF/$(C_2H_5)_2O$)	$(CH_3)_3PbCl$ Rückfluß (12 h)	$(CH_3)_3PbC_6F_5$ (33)	40 bis 45/10^{-2}	IR (gelöst in CS_2 und CCl_4): 3030 (m), 2924 (m), 2151 (w), 1629 (s), 1605 (w), 1497 (s), 1456 (s), 1435 (s), 1403 (m), 1370 (sh), 1357 (s), 1346 (sh), 1312 (w), 1264 (s), 1172 (m), 1159 (m), 1124 (w), 1066 (s), 1062 (sh), 1052 (s), 1007 (m), 1002 (sh), 957 (s), 892 (w), 781 (vbr); ^{1}H-NMR[11] (10%ige Lösung in CCl_4): $\delta(CH_3) = -1.25$, $J(^{207}Pb\text{-H}) = 61.0$ Hz, $J(\text{F-H}) = 0.50$ Hz

Literatur s. S. 112

Tabelle 4 [Fortsetzung].

Umsetzungen von Perfluororgano-Magnesium-Verbindungen mit R_nMX_{4-n}, n = 1 bis 4, X = Halogen, R = Alkyl, THF = Tetrahydrofuran, Siedepunkt (Sdp.) in °C/Druck in Torr, Schmelzpunkt (Schmp.) in °C, Brechungsindex n_D, Dichte D, chemische Verschiebung δ und Spin-Spin-Kopplungskonstante J in Hz im ^1H- und ^{19}F-NMR-Spektrum, IR-Spektrum, Wellenlängen λ mit molaren Extinktionskoeffizienten im UV-Spektrum.

R_fMgX (Lösungsmittel)		Reaktant Temperatur in °C (Zeit in h)	Produkt (Ausbeute in %)	Sdp./Torr (Schmp.) in °C	n_D, D in g/cm³ IR-Spektrum (in cm⁻¹) ^1H-NMR- und ^{19}F-NMR-Spektrum (δ in ppm) Massenspektrum; UV-Spektrum (λ in nm)
C_6F_5MgCl	[110]	$(C_6H_5)_3PbCl$	$(C_6H_5)_3PbC_6F_5$ (54)	—	—
C_6F_5MgCl (Äther)	[83]	$(C_6H_5)_3PbCl$ Rückfluß (12 h)	$(C_6H_5)_3PbC_6F_5$	—	IR[10]: 3058 (m), 1629 (m), 1567 (m), 1504 (s), 1471 (sh), 1462 (s), 1439 (m), 1431 (s), 1362 (s), 1348 (w), 1325 (m), 1295 (m), 1264 (m), 1183 (w), 1152 (w), 1126 (w), 1072 (s), 1062 (sh), 1053 (sh), 1015 (m), 1007 (sh), 995 (s), 962 (s), 903 (w), 844 (w), 772 (w), 725 (s), 692 (s), 667 (w), 599 (w); ^1H-NMR[11]: (10%ige Lösung in CCl_4): δ(CH) = −7.45 (komplex)
C_6F_5MgCl (Äther)	[128]	$(CH_3)_2Si(H)Cl$ Rückfluß (2 h)	$C_6F_5(CH_3)_2SiH$ (37)	—	IR: 2166 (s), 1644 (m), 1518 (s), 1467 (s), 1408 (w), 1383 (w), 1293 (m), 1260 (m), 1091 (s), 976 (s), 903 (s), 892 (s), 852 (w), 828 (m), 726 (w), 703 (w)
C_6F_5MgCl (Äther)	[128]	$CH_3Si(H)Cl_2$ Rückfluß (4 h)	$(C_6F_5)_2CH_3SiH$ (71)	—	IR: 2220 (vs), 1645 (s), 1518 (s), 1480 (s), 1472 (s), 1408 (w), 1382 (m), 1297 (s), 1266 (w), 1094 (s), 979 (s), 899 (m), 869 (m), 830 (m), 722 (w)
	[129]	Rückfluß (6 h)	(31)	85 bis 87/3	n_D^{20} = 1.4611, D_4^{20} = 1.5727
			$C_6F_5(CH_3)SiHCl$ (29)	34 bis 36/3	n_D^{20} = 1.4470, D_4^{20} = 1.4706

Tabelle 4 [Fortsetzung].

R_fMgX (Lösungsmittel)		Reaktant Temperatur in °C (Zeit in h)	Produkt Ausbeute (in %)	Sdp./Torr (Schmp.) in °C	n_D, D in g/cm^3 IR-Spektrum (in cm^{-1}) ^1H-NMR- und ^{19}F-NMR-Spektrum (δ in ppm) Massenspektrum; UV-Spektrum (λ in nm)
C_6F_5MgCl (Äther)	[128]	$(C_2H_5O)_2SiHCl$ Rückfluß (4 h)	$C_6F_5(C_2H_5O)_2SiH$ (78)	—	IR: 1644 (m), 1518 (m), 1465 (s), 1408 (w), 1294 (m), 1266 (m), 1168 (m), 1114 (s), 1092 (s), 977 (s), 849 (w), 746 (w)
C_6F_5MgCl (Äther)	[128]	$(C_2H_5O)_2SiCl_2$ Rückfluß (4 h)	$(C_6F_5)_2Si(OC_2H_5)_2$ (42)	—	IR: 1647 (s), 1520 (s), 1477 (s), 1471 (s), 1385 (m), 1298 (s), 1171 (m), 1114 (s), 1095 (s), 979 (s), 730 (w), 726 (w)
C_6F_5MgBr (Äther)		$(CH_3)_2SiCl_2$ Rückfluß (24 h)	$(CH_3)_2Si(C_6F_5)_2$ (80) [85]	94/0.6 250/750 (31.5 bis 32) [85]	—
C_6F_5MgBr (Äther)	[89]	$(C_6H_5)_3SiCl$ Rückfluß (6 h)	$(C_6H_5)_3SiC_6F_5$ (13.5)	(129 bis 130)	UV (Cyclohexan): $\lambda_{max}=270.5$ ($\varepsilon=1716$), $\lambda_{max}=265.5$ ($\varepsilon=2068$), $\lambda_{max}=260.5$ ($\varepsilon=1760$), $\lambda_{max}=254.5$ (sh) ($\varepsilon=1210$)
C_6F_5MgBr (Äther)	[43]	$Si(OC_2H_5)_4$ Rückfluß (18 h)	$(C_2H_5O)_3SiC_6F_5$ (55) $(C_2H_5O)_2Si(C_6F_5)_2$ (35)	235 bis 238 298 bis 303	—
C_6F_5MgBr (Äther)	[81]	$(CF_2{=}CF)Si(CH_3)_2Cl$ Rückfluß (4 h)	$CF_2{=}CFSi(CH_3)_2(C_6F_5)$ (57)	89/20	$n_D^{20}=1.4214$; $D_{20}^{20}=0.976$
C_6F_5MgBr (Äther)		$(CH_3)_3SnBr$ Rückfluß (48 h) [87] Rückfluß (1 h); dann Toluol, Rückfluß (1 h) [88]	$(CH_3)_3SnC_6F_5$ (60) [86, 87, 88]	34 bis 36/10^{-2} [87]	$n_D^{25}=1.4726$ [86]; 1.4744 [88]; IR (Film): 3000 (m), 2920 (m), 1639 (s), 1511 (vs), 1466 (vs), 1449 (vs), 1408 (w), 1370 (s), 1274 (s), 1199 (m), 1128 (w), 1071 (vs), 1054 (vs), 1017 (m), 1007 (m), 957 (vs), 781 (vs), 729 (m), 602 (w), 533 (vs),

Literatur s. S. 112

Tabelle 4 [Fortsetzung].

Umsetzungen von Perfluororgano-Magnesium-Verbindungen mit R_nMX_{4-n}, n = 1 bis 4, X = Halogen, R = Alkyl, THF = Tetrahydrofuran, Siedepunkt (Sdp.) in °C/Druck in Torr, Schmelzpunkt (Schmp.) in °C, Brechungsindex n_D, Dichte D, chemische Verschiebung δ und Spin-Spin-Kopplungskonstante J in Hz im ^{1}H- und ^{19}F-NMR-Spektrum, IR-Spektrum, Wellenlängen λ mit molaren Extinktionskoeffizienten im UV-Spektrum.

R_fMgX (Lösungsmittel)		Reaktant Temperatur in °C (Zeit in h)	Produkt Ausbeute (in %)	Sdp./Torr (Schmp.) in °C	n_D, D in g/cm^3 IR-Spektrum (in cm^{-1}) ^{1}H-NMR- und ^{19}F-NMR-Spektrum (δ in ppm) Massenspektrum; UV-Spektrum (λ in nm)
				97.5/20 [86] 118 bis 119/50 [88]	514 (s) [87]; ν(C=C) = 1645 (vs); ν(C-F) = 1075 (s), 963 (vs) [88]; ^{19}F-NMR[6)]: $\delta(F_o)$ = 122.2, $\delta(F_p)$ = 153.9, $\delta(F_m)$ = 161.4; UV (Cyclohexan): λ_{max} = 263 (ε = 600); UV (CH_3OH): λ_{max} = 262.5 (ε = 1270) [87]
C_6F_5MgBr (Äther)		$(CH_3)_2SnBr_2$ Rückfluß (48 h)	$(CH_3)_2Sn(C_6F_5)_2$ (58) [87]	74 bis 76/10^{-2} [87] 94 bis 96/1.7 [90]	n_D^{20} = 1.4970 [90]; IR (Film): 2923 (m), 2864 (m), 1644 (s), 1513 (vs), 1459 (vs), 1412 (m), 1370 (vs), 1282 (s), 1208 (m), 1136 (m), 1075 (vs), 1068 (vs), 1010 (s), 961 (vs), 786 (vs), 723 (m), 609 (m), 582 (w), 546 (m), 528 (m); ^{19}F-NMR[6)]: $\delta(F_o)$ = 122.1, $\delta(F_p)$ = 151.4, $\delta(F_m)$ = 160.2; UV (Cyclohexan): λ_{max} = 265 (ε = 1540); UV (CH_3OH): λ_{max} = 261.5 (ε = 1140) [87]
C_6F_5MgBr (Äther)	[87]	CH_3SnBr_3 Rückfluß (72 h)	$CH_3Sn(C_6F_5)_3$ (69)	(72 bis 73) Sublimation: 60 bis 65/10^{-3}	IR (KBr-Preßling): 2955 (w), 2925 (m), 2851 (w), 1637 (s), 1506 (vs), 1465 (vs), 1369 (s), 1276 (s), 1139 (m), 1121 (m), 1086 (vs), 1072 (vs), 1021 (m), 1013 (m), 963 (vs), 796 (m), 783 (m), 744 (w), 721 (w), 611 (m), 582 (w), 542 (m); ^{19}F-NMR[6)]: $\delta(F_o)$[13)] = 122.1, $\delta(F_p)$ = 148.9, $\delta(F_m)$ = 159.0; UV (Cyclohexan): λ_{max} = 266.5 (ε = 2880); UV (CH_3OH): λ_{max} = 263 (ε = 1990)

Literatur s. S. 112

Tabelle 4 [Fortsetzung].

R_fMgX (Lösungsmittel)	Reaktant Temperatur in °C (Zeit in h)	Produkt Ausbeute (in %)	Sdp./Torr (Schmp.) in °C	n_D, D in g/cm^3 IR-Spektrum (in cm^{-1}) ^{1}H-NMR- und ^{19}F-NMR-Spektrum (δ in ppm) Massenspektrum; UV-Spektrum (λ in nm)
C_6F_5MgBr (Äther) [87]	$(C_6H_5)_3SnBr$ Rückfluß (72 h)	$(C_6H_5)_3SnC_6F_5$ (8)	(86)	IR (KBr-Preßling): 3040 (w), 1636 (m), 1512 (s), 1466 (vs), 1448 (s), 1428 (s), 1371 (m), 1268 (w), 1080 (s), 1074 (s), 1021 (m), 998 (m), 962 (s), 786 (w), 730 (vs), 697 (vs), 606 (w); ^{19}F-NMR[6]: $\delta(F_o)$[13] = 118.5, $\delta(F_p) = 151.7$, $\delta(F_m) = 160.0$; UV (Cyclohexan): $\lambda_{max} = 253$, ($\varepsilon = 1120$); 259.5 ($\varepsilon = 1590$), 265 ($\varepsilon = 1520$); UV (CH_3OH): $\lambda_{max} = 254$ ($\varepsilon = 2030$), 260 ($\varepsilon = 2390$), 264, 269[12], 253 [12] ($\varepsilon = 2340$, 1980, 2020)
C_6F_5MgBr (Äther)	$(C_6H_5)_2SnBr_2$ Rückfluß (48 h)	$(C_6H_5)_2Sn(C_6F_5)_2$ (54) [87]	(85) [87] (78) [90]	(KBr-Preßling): 3052 (m), 3025 (w), 1633 (s), 1505 (vs), 1462 (vs), 1444 (vs), 1425 (s), 1369 (s), 1266 (m), 1190 (w), 1153 (w), 1130 (w), 1076 (vs), 1064 (vs), 1019 (m), 994 (m), 959 (vs), 787 (m), 727 (vs), 691 (s), 605 (m); ^{19}F-NMR[6]: $\delta(F_o)$[13] = 119.7, $\delta(F_p) = 150.2$, $\delta(F_m) = 159.5$; UV (Cyclohexan): $\lambda_{max} = 260$ ($\varepsilon = 2130$), 264.5 ($\varepsilon = 2300$); UV (CH_3OH): $\lambda_{max} = 259$ ($\varepsilon = 2630$), 264, 268[12] ($\varepsilon = 2740$, 2400) [87]
C_6F_5MgBr (Äther)	$C_6H_5SnBr_3$ Rückfluß (72 h)	$C_6H_5Sn(C_6F_5)_3$ (85) [87]	(95 bis 96) Sublimation: 80 bis 90/10^{-3} [87] (100 bis 102) [90]	(KBr-Preßling): 1638 (s), 1508 (vs), 1468 (vs), 1448 (s), 1428 (m), 1369 (s), 1274 (m), 1190 (w), 1136 (w), 1086 (vs), 1006 (m), 997 (m), 961 (vs), 796 (m), 724 (m), 690 (m), 607 (m); ^{19}F-NMR[6]: $\delta(F_o)$[13] = 121.0, $\delta(F_p) = 148.8$, $\delta(F_m) = 159.0$; UV (Cyclohexan): $\lambda_{max} = 265$ ($\varepsilon = 3050$); UV (CH_3OH): $\lambda_{max} = 263$ ($\varepsilon = 3100$) [87]

Tabelle 4 [Fortsetzung].

Umsetzungen von Perfluororgano-Magnesium-Verbindungen mit R_nMX_{4-n}, n = 1 bis 4, X = Halogen, R = Alkyl, THF = Tetrahydrofuran, Siedepunkt (Sdp.) in °C/Druck in Torr, Schmelzpunkt (Schmp.) in °C, Brechungsindex n_D, Dichte D, chemische Verschiebung δ und Spin-Spin-Kopplungskonstante J in Hz im ^{1}H- und ^{19}F-NMR-Spektrum, IR-Spektrum, Wellenlängen λ mit molaren Extinktionskoeffizienten im UV-Spektrum.

R_fMgX (Lösungsmittel)		Reaktant Temperatur in °C (Zeit in h)	Produkt Ausbeute (in %)	Sdp./Torr (Schmp.) in °C	n_D, D in g/cm^3 IR-Spektrum (in cm^{-1}) ^{1}H-NMR- und ^{19}F-NMR-Spektrum (δ in ppm) Massenspektrum; UV-Spektrum (λ in nm)
C_6F_5MgBr (Äther)	[87]	p-$CH_3C_6H_4SnCl_3$ Rückfluß (9 h)	p-$CH_3C_6H_4Sn(C_6F_5)_3$ (80)	(107) Sublimation: 140/0.01	(KBr-Preßling): 2950 (w), 2915 (m), 2855 (w), 1639 (s), 1512 (vs), 1475 (vs), 1447 (vs), 1370 (s), 1278 (m), 1079 (s), 1065 (s), 1014 (w), 1004 (w), 961 (s), 799 (s), 743 (w), 718 (w), 608 (m), 578 (w)
C_6F_5MgBr (Äther)	[87]	(p-$CH_3C_6H_4)_2SnCl_2$ Rückfluß (11 h)	(p-$CH_3C_6H_4)_2Sn(C_6F_5)_2$	(73 bis 75)	—
C_6F_5MgBr	[90]	(o-$CH_3C_6H_4)_2SnCl_2$	(o-$CH_3C_6H_4)_2Sn(C_6F_5)_2$	(174)	—
C_6F_5MgBr (Toluol)	[88]	$(C_4H_9)_3SnCl$	$(C_4H_9)_3SnC_6F_5$ (78)	132 bis 136/1.1 112 bis 115/0.5	n_D^{20} = 1.4801; IR: ν(C=C) = 1675 (m), ν(C-F) = 1075 (vs), 962 (vs)
C_6F_5MgBr (Toluol)	[88]	$(C_4H_9)_2SnCl_2$	$(C_4H_9)_2Sn(C_6F_5)_2$ (76)	139 bis 141/2 128 bis 131/0.5	n_D^{20} = 1.4914; IR: ν(C=C) = 1630 (mw), ν(C-F) = 1078 (vs), 963 (vs)
C_6F_5MgBr (Toluol)	[88]	$(CH_3)_2SnCl_2$	$(CH_3)_2(C_6F_5)_2$ (65) [88]	126/2.6 [88]	n_D^{20} = 1.4912 [88]; IR: ν(C=C) = 1645 (ms), ν(C-F) = 1075 (s), 965 (s) [88]
C_6F_5MgBr (Toluol)		$C_6H_5SnCl_3$	$C_6H_5Sn(C_6F_5)_3$ (72) [88]	189 bis 190/1.1 (97 bis 99) [88]	IR: ν(C=C) = 1635 (m), ν(C-F) = 1075 (s), 966 (vs) [88]
C_6F_5MgBr (Toluol)	[88]	$C_4H_9SnCl_3$	$C_4H_9Sn(C_6F_5)_3$ (77)	168 bis 171/1.1 (62 bis 64)	IR: ν(C=C) = 1645 (s), ν(C-F) = 1081 (vs), 966 (vs)
C_6F_5MgBr (Äther→Dibutyläther)	[88]	$(C_2H_3)_2SnCl_2$ Rückfluß (1 h, dann 2 h)	$(CH_2{=}CH)_2Sn(C_6F_5)_2$ (75)	107 bis 109/0.3 124 bis 127/1.3	n_D^{20} = 1.5014; IR: ν(C=C) = 1635 (ms), ν(C-F) = 1077 (s), 961 (s)

Literatur s. S. 112

Tabelle 4 [Fortsetzung].

R_fMgX (Lösungsmittel)	Reaktant Temperatur in °C (Zeit in h)	Produkt Ausbeute (in %)	Sdp./Torr (Schmp.) in °C	n_D, D in g/cm³ IR-Spektrum (in cm^{-1}) ^1H-NMR- und ^{19}F-NMR-Spektrum (δ in ppm) Massenspektrum; UV-Spektrum (λ in nm)
C_6F_5MgBr (Toluol) [88]	$(C_6H_5)_3SnCl$	$(C_6H_5)_3SnC_6F_5$ (63)	208 bis 210/9 (82 bis 84)	IR: ν(C=C) = 1637 (ms), ν(C-F) = 1077 (s), 963 (vs)
C_6F_5MgBr (Toluol) [88]	$(C_6H_5)_2SnCl_2$	$(C_6H_5)_2Sn(C_6F_5)_2$ (71)	180 bis 182/0.45	IR: ν(C=C) = 1637 (ms), ν(C-F) = 1077 (s), 963 (vs)
C_6F_5MgBr (Äther) [83]	$(C_6H_5)PbCl$ Rückfluß (ca. 2 h)	$(C_6H_5)_3PbC_6F_5$ (13)	(85 bis 87)	IR: s. S. 30
$ClMgC_6F_4OC_6F_4MgCl$ (THF/Hexan) [52]	$(CH_3)_2SiHCl$ 50 (2 h)	$O[C_6F_4Si(CH_3)_2H]_2$ (23.6)	124 bis 125/0.5 (61)	2970 (m), 2910 (w), 2175 (s), 1637 (s), 1575 (w), 1506 (vs), 1488 (vs), 1474 (vs), 1436 (m), 1407 (w), 1384 (s), 1325 (w), 1282 (s), 1260 (s), 1118 (vs), 1070 (w), 1034 (s), 1014 (w), 974 (vs), 906 (vs), 893 (vs), 853 (s), 834 (s), 706 (m), 660 (m), 634 (m)
		$HC_6F_4OC_6F_4Si(CH_3)_2H$ (26)	117.5/2	n_D^{20} = 1.4783; D_4^{20} = 1.4462; IR: 3090 (w), 2969 (w), 2909 (w), 2173 (m), 1636 (m), 1530 (s), 1500 (s), 1486 (s), 1468 (vs), 1436 (w), 1409 (w), 1380 (m), 1279 (m), 1260 (w), 1240 (w) 1180 (m), 1137 (m), 1116 (s), 1022 (s), 978 (s), 953 (s), 902 (s), 892 (s), 854 (m), 841 (m), 829 (m), 719 (m), 700 (w), 658 (w), 630 (w)
		p-$ClC_6F_4OC_6F_4Si(CH_3)H$ (23.8)	105/0.5	n_D^{20} = 1.4885; D_4^{20} = 1.5114; IR: 2967 (w), 2914 (w), 2175 (m), 1636 (m), 1570 (w), 1509 (vs), 1491 (s), 1469 (vs), 1436 (m), 1384 (m), 1281 (m), 1260 (m), 1122 (s), 1070 (w), 1036 (s), 1002 (m), 974 (s), 904 (s), 894 (s), 884 (s), 854 (s), 832 (m), 709 (m), 660 (m), 634 (m)

Literatur s. S. 112

Tabelle 4 [Fortsetzung].

Umsetzungen von Perfluororgano-Magnesium-Verbindungen mit R_nMX_{4-n}, n = 1 bis 4, X = Halogen, R = Alkyl, THF = Tetrahydrofuran, Siedepunkt (Sdp.) in °C/Druck in Torr, Schmelzpunkt (Schmp.) in °C, Brechungsindex n_D, Dichte D, chemische Verschiebung δ und Spin-Spin-Kopplungskonstante J in Hz im ^{1}H- und ^{19}F-NMR-Spektrum, IR-Spektrum, Wellenlängen λ mit molaren Extinktionskoeffizienten im UV-Spektrum.

R_fMgX (Lösungsmittel)		Reaktant Temperatur in °C (Zeit in h)	Produkt Ausbeute (in %)	Sdp./Torr (Schmp.) in °C	n_D, D in g/cm^3 IR-Spektrum (in cm^{-1}) ^{1}H-NMR- und ^{19}F-NMR-Spektrum (δ in ppm) Massenspektrum; UV-Spektrum (λ in nm)
$(C_6F_5)_2Mg$ (THF)	[42]	$(CH_3)_3SiCl$ 20 (19 h)	$C_6F_5Si(CH_3)_3$ (86)	—	s. S. 81 ^{1}H-NMR[1]: $\delta(CH_3) = -0.30$; ^{19}F-NMR[2]: $\delta(CF_3) = 82$ (Triplett), $\delta(7\text{-}CF_2) = 127$ (Multiplett), δ(6- bis 3-CF_2) = 122 (Multiplett), $\delta(CF_2CSi) = 119$ (Multiplett), $\delta(CF_2\text{-}Si) = 129$ (Multiplett)
n-$C_8F_{17}MgBr$ (THF)[20]	[27]	$(CH_3)_3SiCl$ [113] −70 (2 h), dann 20 (2 h)	n-$C_8F_{17}Si(CH_3)_3$ (77)	70/9.6	Massenspektrum (m/e, Bruchstück): 400 [M^+-$FSi(CH_3)_3$], 381 [M^+-F, $FSi(CH_3)_3$], 92 [$FSi(CH_3)_3^+$], 73 [$Si(CH_3)_3^+$]
n-$C_{10}F_{21}MgBr$ (THF)	[66]	$(CH_3)_3SiCl$ −78 (6 bis 8 h), dann 20	$(CH_3)_3SiC_{10}F_{21}$ (63)	73 bis 74/5	$n_D^{20} = 1.3248$; IR: ν(C-F) = 1245, 1210, 1150; ν(Si-CH_3) = 850, 765; ^{1}H-NMR: $\delta = -0.30$; ^{19}F-NMR[14]
n-$C_{10}F_{21}MgBr$ (THF)	[66]	$(CH_3)_2SiHCl$ −78 (6 bis 8 h), dann 20	$(CH_3)_2SiHC_{10}F_{21}$ (57.1)	75/10	$n_D^{20} = 1.3200$; IR: ν(Si-H) = 2175; ν(C-F) = 1250, 1205, 1150; ν(Si-CH_3) = 845, 780; ^{1}H-NMR: $\delta(CH_3) = -0.38$ (d), δ(SiH) = −4.25, J(CH_3-SiH) = 3.8 Hz; ^{19}F-NMR[15]
$(CF_3)_2CFO(CF_2)_2MgBr$ (THF)	[66]	$(CH_3)_3SiCl$ −78 (6 bis 8 h), dann 20	$(CH_3)_3Si(CF_2)_2O$–$CF(CF_3)_2$	122 bis 123	$n_D^{20} = 1.3180$; IR: ν(C-F) = 1245, 1195, 1135; ν(Si-CH_3) = 850, 760; ^{1}H-NMR: $\delta = -0.29$; ^{19}F-NMR[16]
$(CF_3)_2CFO(CF_2)_4MgBr$ (THF)	[66]	$(CH_3)_3SiCl$ −78 (6 bis 8 h), dann 20	$(CH_3)_3Si(CF_2)_4O$–$CF(CF_3)_2$	54 bis 55/35	$n_D^{20} = 1.3184$; IR: ν(C-F) = 1100 bis 1300; ν(Si-CH_3) = 845, 765; ^{1}H-NMR: $\delta = -0.31$

Literatur s. S. 112

Tabelle 4 [Fortsetzung].

R_fMgX (Lösungsmittel)	Reaktant Temperatur in °C (Zeit in h)	Produkt Ausbeute (in %)	Sdp./Torr (Schmp.) in °C	n_D, D in g/cm³ IR-Spektrum (in cm⁻¹) ¹H-NMR- und ¹⁹F-NMR-Spektrum (δ in ppm) Massenspektrum; UV-Spektrum (λ in nm)
$(CF_3)_2CFO(CF_2)_4MgBr$ (THF) [66]	$(CH_3)_2SiHCl$ −78 (6 bis 8 h), dann 20	$(CH_3)_2SiH(CF_2)_4O(CF_3)_2CF$ (O–CF verbunden)	60 bis 61/80	n_D^{20} = 1.3092; IR: ν(Si-H) = 2170; ν(C-F) = 1245, 1195, 1150, ν(Si-CH₃) = 840, 870; ¹H-NMR: δ(CH₃) = −0.38 (d), δ(Si-H) = −4.25, J(CH₃-SiH) = 3.8 Hz
$(CF_3)_2CFO(CF_2)_6MgBr$ (THF) [66]	$(CH_3)_3SiCl$ −78 (6 bis 8 h), dann 20	$(CH_3)_3Si(CF_2)_6O(CF_3)_2CF$ (O–CF verbunden)	68 bis 69/8	n_D^{20} = 1.3184; IR: ν(C-F) = 1250, 1200, 1150, ν(Si-CH₃) = 850, 765; ¹H-NMR: δ = −0.31; ¹⁹F-NMR[17]
$(CF_3)_2CFO(CF_2)_6MgBr$ (THF) [66]	$(CH_3)_2SiHCl$ −78 (6 bis 8 h), dann 20	$(CH_3)_2SiH(CF_2)_6O(CF_3)_2CF$ (O–CF verbunden)	52 bis 53/10	n_D^{20} = 1.3110; IR: ν(Si-H) = 2175, ν(C-F) = 1100 bis 1300; ν(Si-CH₃) = 840, 785; ¹H-NMR: δ(CH₃) = −0.39 (d); δ(SiH) = 4.20, J(CH₃-SiH) = 3.7 Hz; ¹⁹F-NMR[18]
$(CF_3)_2CFO(CF_2)_8MgBr$ (THF) [66]	$(CH_3)_3SiCl$ −78 (6 bis 8 h), dann 20	$(CH_3)_3Si(CF_2)_8O(CF_3)_2CF$ (O–CF verbunden)	83 bis 84/10	n_D^{20} = 1.3188; IR: ν(C-F) = 1250, 1200, 1155; ν(Si-CH₃) = 855, 770; ¹H-NMR: δ = −0.30; ¹⁹F-NMR[19]
$BrMg(CF_2)_4MgBr$[24] (THF) [143]	$CH_3Si(H_2)Cl$ −50	$CF_2Si(H_2)CH_3$–$(CF_2)_2$–$CF_2Si(H_2)CH_3$ (45 bis 50)	(28 bis 29)	—
$BrMg(CF_2)_6MgBr$[24] (THF) [143]	$CH_3Si(H_2)Cl$ −50	$CF_2Si(H_2)CH_3$–$(CF_2)_4$–$CF_2SiH_2CH_3$ (45 bis 50)	116/15	MR_D (gef.): 78.08; (ber.): 78.1
$BrMg(CF_2)_6MgBr$[24] (THF) [144]	$(CH_3)_2Si(H)Cl$ −35 bis −40 (12 h)[25]	$CF_2Si(H)(CH_3)_2$–$(CF_2)_4$–$CF_2Si(H)(CH_3)_2$ (69)	70 bis 72/18[9]	IR: ν(Si-H) = 2190, ν(C-F) = 1300 bis 1100, δ[Si(CH₃)₃] = 895, 875, 845; ¹⁹F-NMR: δ₁ = 120 (Multiplett), δ₂ = 121 (Multiplett), δ₃ = 127 (Multiplett); ¹H-NMR (CCl₄-Lösung): δ(SiH) = −5.8 (Multiplett), δ[(CH₃)₃Si] = −9.62 (d)

Tabelle 4 [Fortsetzung].

[1] Isoliert als $(C_2H_5O)_3SiCFBrCF_2Br$, Siedepunkt: 63 bis 64°C/0.25 Torr; $n_D^{25} = 1.4212$.

[2] $F_3C=CF_1F_2$ (F₃ an C, F₁ und F₂ an C) — [3] Innerer Standard: $CF_3C_6H_5$. — [4] Äußerer Standard: $Si(CH_3)_4$.

[5] Äußerer Standard: CF_3COOH. — [6] Innerer Standard: $CFCl_3$. — [7] Äußerer Standard: $CFCl_3$.

[8] Aufgenommen in CS_2- und C_2Cl_4-Lösungen. — [9] Reinheit 98%.

[10] Nujol- und Hexachlorbutadienverreibung. — [11] Innerer Standard: $Si(CH_3)_4$. — [12] Schulter. — [13] Gelöst in Aceton.

[14] $Si-CF_2$ (129.0)-CF_2 (119.6)-$(CF_2)_6$ (122.5, 10 F; 123.3, 2 F)-CF_2 (127.0)-CF_3 (81.7).

[15] $Si-CF_2$ (127.2)-CF_2 (120.7)-$(CF_2)_6$ (122.6, 10 F; 123.4, 2 F)-CF_2 (126.9)-CF_3 (81.7).

[16] $Si-CF_2$ (130.5)-CF_2(82.7)-OCF (146.0)-$(CF_3)_2$ (81.0).

[17] $Si-CF_2$ (129.1)-CF_2 (119.6)-$(CF_2)_2$(122.8)-CF_2 (126.0)-CF_2-OCF-$(CF_3)_2$.
(146.0)
(81.5, 8 F)

[18] $Si-CF_2$ (127.1)-CF_2 (120.0)-$(CF_2)_2$ (122.2)-CF_2 (125.3)-CF_2-OCF-$(CF_3)_2$.
(145.8)
(81.2, 8 F)

[19] $Si-CF_2$ (129.1)-CF_2 (119.5)-$(CF_2)_4$ (122.7)-CF_2-OCF-$(CF_3)_2$.
(146.0)
(81.5, 8 F)

[20] In Äther erfolgte keine Umsetzung. — [21] Das erwartete $(CF_3C{\equiv}C)_3SiCH_3$ bildet sich hierbei nicht; vermutlich erfolgt Zerfall zu $(CF_3C{\equiv}C)_4Si$ und $(CF_3C{\equiv}C)_2Si(CH_3)_2$.

[22] Vermutlich ist die Ausbeute beträchtlich höher. — [23] Aufgenommen in der Gasphase.

[24] Alle Reaktionspartner werden gleichzeitig eingesetzt. — [25] Anschließend erwärmen auf 20°C innerhalb von 30 h und bei 20°C (8 h) rühren.

Literatur s. S. 112

Tabelle 5:

Umsetzungen von Perfluorhalogenorganomagnesiumhalogeniden mit Verbindungen, die eine CO-Funktion aufweisen. THF = Tetrahydrofuran, Siedepunkt (Sdp.) in °C/Druck in Torr, Schmelzpunkt (Schmp.) in °C, Brechungsindex n_D, Dichte D, chemische Verschiebung δ im ^{1}H- und ^{19}F-NMR-Spektrum, IR-Spektrum, Wellenlängen λ mit molaren Extinktionskoeffizienten ε im UV-Spektrum.

R_fMgX (Lösungsmittel)		Reaktant Reaktionstemperatur in °C (Dauer)	Produkt Ausbeute (in %)	Sdp./Torr (Schmp.) in °C	n_D, D in g/cm³ IR-Spektrum (in cm⁻¹) ^{1}H-NMR- und ^{19}F-NMR-Spektren (δ in ppm) Massenspektrum; UV-Spektrum (λ in nm)
CF_2=CFMgBr (THF)	[9]	HCHO 0 (1 bis 2 h)	CH_2=CFCOOH (3)	(52)	—
CF_2=CFMgBr (THF)	[9]	CF_3CHO 0 (1 bis 2 h)	$CF_3CH(OH)CF=CF_2$ (53)	95 bis 96	$n_D^{24} = 1.3200$
CF_2=CFMgBr (THF)	[9]	CH_3CHO 0 (1 bis 2 h)	CH_3CH=CFCOOH (11)	(114 bis 115)	—
CF_2=CFMgBr (THF)	[9]	C_6H_5CHO 0 (1 bis 2 h)	C_6H_5CH=CFCOOH (16)	(155 bis 156)	—
CF_2=CFMgBr (THF)	[9]	$CH_3C(O)CF_3$ 0 (1 bis 2 h)	$CH_3C(CF_3)(OH)CF=CF_2$ (29)	98	$n_D^{24} = 1.3340$
			$CH_3C(CF_3)$=CFCOOH (11)	100 bis 108/26	—
CF_2=CFMgBr (THF)	[9]	$CH_3C(O)CH_3$ 0 (1 bis 2 h)	$(CH_3)_2C$=CFCOOH (17)	(64 bis 66)	—
CF_2=CFMgBr (THF)	[9]	$CH_3COC_6H_5$ 0 (1 bis 2 h)	$C_6H_5C(CH_3)$=CFCOOH (14)	(128 bis 129)	—
CF_2=CFMgBr (THF)	[9]	$C_6H_5COC_6H_5$ 0 (1 bis 2 h)	$(C_6H_5)_2C$=CFCOOH (32)	(160 bis 162)	—

Literatur s. S. 112

Tabelle 5 [Fortsetzung].

Umsetzungen von Perfluorhalogenorganomagnesiumhalogeniden mit Verbindungen, die eine CO-Funktion aufweisen. THF = Tetrahydrofuran, Siedepunkt (Sdp.) in °C/Druck in Torr, Schmelzpunkt (Schmp.) in °C, Brechungsindex n_D, Dichte D, chemische Verschiebung δ im ^1H- und ^{19}F-NMR-Spektrum, IR-Spektrum, Wellenlängen λ mit molaren Extinktionskoeffizienten ε im UV-Spektrum.

R_fMgX (Lösungsmittel)		Reaktant Reaktionstemperatur in °C (Dauer)	Produkt Ausbeute (in %)	Sdp./Torr (Schmp.) in °C	n_D, D in g/cm³ IR-Spektrum (in cm⁻¹) ^1H-NMR- und ^{19}F-NMR-Spektren (δ in ppm) Massenspektrum; UV-Spektrum (λ in nm)
$CF_2{=}CFMgBr$ (Äther)	[11]	$(CF_3)_2CO$ −70 (2 h)	$F_2C{=}CFC(CF_3)_2OH$ (98)	85 bis 86/760	^1H-NMR[1]: $\delta(OH) = -3.13$; ^{19}F-NMR[2]: $\delta = 77.3$[3] (Multiplett, 6 F, CF_3); Massenspektrum (m/e, Bruchstück): 248, M^+; 209, $(M\text{-}HF_2)^+$; 179, $(M\text{-}CF_3)^+$; 159, $[M\text{-}(CF_3+HF)]^+$; 109, $F_2C{=}CFCO^+$
$CF_2{=}CFMgJ$ (Äther)		CO_2	$CF_2{=}CFCOOH$ (32) [62] (38) [7]	60 bis 62/25 51/17	—
		−70 bis −40 (8 h), dann −80 (17 h) [7]		[62] (36) [7, 62]	
$CF_2{=}CClMgJ$ (Äther)	[13]	HCHO Rückfluß, dann 20 (3 h)	$CF_2{=}CClCH_2OH$ (54)	42 bis 43/20	$n_D^{20} = 1.4028$; $D_4^{20} = 1.427$
$CF_2{=}CBrMgJ$ (Äther)	[13]	HCHO Rückfluß, dann 20 (3 h)	$CF_2{=}CBrCH_2OH$ (56)	35.5 bis 36/5	$n_D^{20} = 1.4469$; $D_4^{20} = 1.8966$
C_2F_5MgBr (Äther)		$(CH_3)_2CO$ [59] −78 (3 h)	$CF_3CF_2C(OH)(CH_3)_2$ (38)	94 bis 97	$n_D^{20} = 1.3325$ bis 1.3335
$(CF_3)CFMgBr$ (Äther)	[18]	C_2H_5CHO −78 (0.5 h)[4]	$(CF_3)_2CFCH(OH)C_2H_5$ (17.5)	109/758	$n_D^{20} = 1.32875$; IR: 3636, 3472, 2985, 1471, 1393, 1370, 1355 (Triplett), 1250 (br), 1136, 1101, 1063, 1046, 1031, 1020, 990 (sh), 980, 970 (Dublett), 934, 840 (sh), 826, 757, 724, 649

Literatur s. S. 112

Tabelle 5 [Fortsetzung].

R_fMgX (Lösungsmittel)		Reaktant Reaktionstemperatur in °C (Dauer)	Produkt Ausbeute (in %)	Sdp./Torr (Schmp.) in °C	n_D, D in g/cm³ IR-Spektrum (in cm⁻¹) ¹H-NMR- und ¹⁹F-NMR-Spektren (δ in ppm) Massenspektrum; UV-Spektrum (λ in nm)
$(CF_3)CFMgBr$ (Äther)	[18]	CH_3CHO −40	$(CF_3)_2CFCH(OH)CH_3$ (22.7)	90	n_D^{25} = 1.31722; IR: 3434 (br), 1292, 1224, 1168, 1127, 1120 (Dublett), 1099, 1081, (sh), 1010, 996, 963, 947, 731, 726 (Dublett)
$(CF_3)CFMgBr$ (Äther)	[18]	C_3H_7CHO −50 bis 20 (1 h), Rückfluß (0.25 h)	$(CF_3)_2CFCH(OH)C_3H_7$ (37)	128.5	n_D^{20} = 1.34407; IR: 3425, 2967, 2941 (sh), 2882, 1307, 1266 (sh), 1220, 1167, 1147 (Dublett), 1121, 1110 (Dublett), 1068, 1038, 983, 954, 734, 725, 675, 671 (sh)
$(CF_3)CFMgBr$ (Äther)	[18]	$C_2H_5COCH_3$ −40	$(CF_3)_2CFC(CF_3)(OH)CH_2CH_3$ (24.5)	126.5	n_D^{20} = 1.34996; IR: 3623 (sh), 3448, 2994, 2959 (sh), 1307, 1266, 1220, 1170, 1143 (Dublett), 1112, 1099 (Dublett), 1053, 990, 966, 736, 729 (Dublett), 669
n-C_3F_7MgBr (Äther)	[6]	CH_3CHO −50 bis 20	$C_3F_7CH(OH)CH_3$ (30)	98.5 bis 101	n_D^{20} = 1.3157
n-C_3F_7MgBr (Äther)	[6]	C_3H_7CHO −50 bis 20	$C_3F_7CH(OH)C_3H_7$ 45.5	128 bis 130	n_D^{20} = 1.3376
n-C_3F_7MgBr (Äther)		Cyclohexanon [11] −70 bis 20	1-C_3F_7-cyclohexanol (75)	(43 bis 44)	¹H-NMR¹⁾: δ(CH_2) = −1.70 (Multiplett), δ(OH) verdeckt; ¹⁹F-NMR²⁾: δ(CF_3) = 80 (Triplett), δ(CF_2CF_2) = 122 (Multiplett) Massenspektrum: Ionen bei 249 (M-F), 99, (cyclo-$C_6H_{10}OH$), 81 (C_2F_3), 69 (CF_3)
		−40 bis 20 (5 h) [6]	(90)	167 bis 168	n_D^{20} = 1.3858; D_4^{20} = 1.354

Literatur s. S. 112

Tabelle 5 [Fortsetzung].

Umsetzungen von Perfluorhalogenorganomagnesiumhalogeniden mit Verbindungen, die eine CO-Funktion aufweisen. THF = Tetrahydrofuran, Siedepunkt (Sdp.) in °C/Druck in Torr, Schmelzpunkt (Schmp.) in °C, Brechungsindex n_D, Dichte D, chemische Verschiebung δ im ^1H- und ^{19}F-NMR-Spektrum, IR-Spektrum, Wellenlängen λ mit molaren Extinktionskoeffizienten ε im UV-Spektrum.

R_fMgX (Lösungsmittel)		Reaktant Reaktionstemperatur in °C (Dauer)	Produkt Ausbeute (in %)	Sdp./Torr (Schmp.) in °C	n_D, D in g/cm^3 IR-Spektrum (in cm^{-1}) ^1H-NMR- und ^{19}F-NMR-Spektren (δ in ppm) Massenspektrum; UV-Spektrum (λ in nm)
n-C_3F_7MgBr (Äther)	[6]	$C_6H_5COCH_3$	$C_3F_7C(CH_3)(C_6H_5)OH$ (77.4)	102 bis 104/22	n_D^{20} = 1.4219 bis 1.4215; D_4^{20} = 1.411
n-C_3F_7MgBr (Äther)	[6]	$C_6H_5COC_6H_5$	$C_3F_7C(C_6H_5)_2OH$ (62)	143 bis 144/10	n_D^{20} = 1.4831 bis 1.4839; D_4^{20} = 1.334
n-C_3F_7MgBr (Äther)	[6]	2-Cyclohexenon −40 bis 20 (6 h)	1-(n-C_3F_7)-2-Cyclohexen-1-ol	67 bis 70/17 31)	—
n-C_3F_7MgBr (Äther)		CH_3COCH_3 0 [60] 0 bis 10 (8 h) [17]	$C_3F_7C(CH_3)_2OH$ (37) (65)	— 107 bis 108	—
n-C_3F_7MgJ (THF)	[92]	CH_3COCH_3 −30 bis 25	$C_3F_7C(CH_3)_2OH$ (48)	107 bis 108	n_D^{20} = 1.3250
n-C_3F_7MgJ (n-Butyläther)	[15]	HCHO −25 (11 h)	$CF_3CF_2CF_2CH_2OH$ 30) (42)	96.5	n_D^{10} = 1.299
n-C_3F_7MgJ		CH_3CHO	$C_3F_7CH(OH)CH_3$	101 [15]	n_D^{20} = 1.315 [15]
(n-Butyläther)		−25 (11 h) [15] −50 (41 h), 20 (24 h), 60 (1 h) [91]	(37) [15] (41) [91]	—	—
n-C_3F_7MgJ (n-Butyläther)	[15]	CH_3COCH_3 −25 (11 h)	$C_3F_7C(CH_3)_2OH$ (32)	106.5 bis 107	n_D^{25} = 1.324

Tabelle 5 [Fortsetzung].

R_fMgX (Lösungsmittel)		Reaktant Reaktionstemperatur in °C (Dauer)	Produkt Ausbeute (in %)	Sdp./Torr (Schmp.) in °C	n_D, D in g/cm^3 IR-Spektrum (in cm^{-1}) ^1H-NMR- und ^{19}F-NMR-Spektren (δ in ppm) Massenspektrum; UV-Spektrum (λ in nm)
n-C_3F_7MgJ (n-Butyläther)	[91]	CH_3COCl[6)]	$C_3F_7C(=O)CH_3$ (15) $(C_3F_7)_2C(OH)CH_3$ (22)	58 bis 59	—
n-C_3F_7MgJ (n-Butyläther)	[91]	C_2H_5COCl[6)]	$C_3F_7C(=O)C_2H_5$ (18) $(C_3F_7)_2C(OH)C_2H_5$ (27)	78	—
n-C_3F_7MgJ (n-Butyläther)	[91]	C_3H_7COCl[6)]	$C_3F_7C(=O)C_3H_7$ (21) $(C_3F_7)_2C(OH)C_3H_7$ (23)	100	—
n-C_3F_7MgJ (n-Butyläther)	[91]	CF_3COCl[6)]	$C_3F_7C(=O)CF_3$ (36) $(C_3F_7)_2C(OH)CF_3$ (11)	29.5	—

Literatur s. S. 112

Tabelle 5 [Fortsetzung].

Umsetzungen von Perfluorhalogenorganomagnesiumhalogeniden mit Verbindungen, die eine CO-Funktion aufweisen. THF = Tetrahydrofuran, Siedepunkt (Sdp.) in °C/Druck in Torr, Schmelzpunkt (Schmp.) in °C, Brechungsindex n_D, Dichte D, chemische Verschiebung δ im ^1H- und ^{19}F-NMR-Spektrum, IR-Spektrum, Wellenlängen λ mit molaren Extinktionskoeffizienten ε im UV-Spektrum.

R_fMgX (Lösungsmittel)		Reaktant Reaktionstemperatur in °C (Dauer)	Produkt Ausbeute (in %)	Sdp./Torr (Schmp.) in °C	n_D, D in g/cm^3 IR-Spektrum (in cm^{-1}) ^1H-NMR- und ^{19}F-NMR-Spektren (δ in ppm) Massenspektrum; UV-Spektrum (λ in nm)
n-C_3F_7MgJ (n-Butyläther)	[91]	C_2F_5COCl [6)]	$C_3F_7C(=O)C_2F_5$ (41) $(C_3F_7)_2C(OH)C_2F_5$ (15)	52	—
n-C_3F_7MgJ (n-Butyläther)		C_3F_7COCl [6)] [91] −30 [16]	$(C_3F_7)_3COH$ (16) $(C_3F_7)_2CO$ (31) [91]; (4) [16]	75 [91]	—
n-C_3F_7MgJ (THF)	[92]	CF_3COCH_3	$(CF_3COCH_3)_n$	(93 bis 94)	—
n-C_3F_7MgJ (n-Butyläther)	[91]	C_2H_5CHO [7)]	$CF_3CF_2CF_2CH(OH)C_2H_5$ (45 [8)]), (49 [9)])	114 bis 115 114 bis 115	—
n-C_3F_7MgJ (n-Butyläther)		C_3H_7CHO [7)] [91]	$CF_3(CF_2)_2CH(OH)C_3H_7$ (40 [8)]), (46 [9)]) (16 [9), 10)]) [16]	128 bis 130 71/60 [91] 63.5/45 [16]	— n_D^{20} = 1.3391 [16]
n-C_3F_7MgJ (n-Butyläther)	[91]	CF_3CHO [12)]	$CF_3CF_2CF_2CH(OH)CF_3$ (29)	51 bis 22/209	—
n-C_3F_7MgJ (n-Butyläther)	[91]	C_2F_5CHO [12)]	$C_3F_7CH(OH)C_2F_5$ (30)	61/150	—
n-C_3F_7MgJ (n-Butyläther)	[91]	C_3F_7CHO [12)]	$(C_3F_7)_2CH(OH)$ (27)	70/103	—
n-C_3F_7MgJ (THF)	[92]	C_3F_7CHO −50, dann 20	$(C_3F_7)_2CH(OH)$ (33)	94 bis 95 [5)]	—

Literatur s. S. 112

Tabelle 5 [Fortsetzung].

R_fMgX (Lösungsmittel)		Reaktant Reaktionstemperatur in °C (Dauer)	Produkt Ausbeute (in %)	Sdp./Torr (Schmp.) in °C	n_D, D in g/cm^3 IR-Spektrum (in cm^{-1}) ^1H-NMR- und ^{19}F-NMR-Spektren (δ in ppm) Massenspektrum; UV-Spektrum (λ in nm)
n-C_3F_7MgJ (THF)	[16]	$HCOOC_2H_5$ −80 (23 h) −30 (20 h)	$C_3F_7CH(OH)_2$ (24)	92 bis 98[11)]	—
n-C_3F_7MgJ ($(C_2H_5)_2O$)	[15]	CO_2[18)]	C_3F_7COOH[19)]	—	isoliert als Natriumsalz
n-C_3F_7MgJ ($(C_2H_5)_2O$) (THF)	[16]	CO_2 −80 (24 h) −80 (48 h)	C_3F_7COOH (41)[20)] (51)	—	—
n-C_3F_7MgJ (n-Butyläther)	[91]	$CH_3CO_2C_2H_5$[13)]	$C_3F_7CH(CH_3)OH$ (2[14)], 8[15)], 12[16)]) $C_3F_7COCH_3$ (19[14)], 11[15)], 43[16)]) $(C_3F_7)_2C(CH_3)OH$ (21[14)], 32[15)], 8[16)])	—	—
n-C_3F_7MgJ (n-Butyläther)	[91]	$CF_3CO_2C_2H_5$[13)]	$C_3F_7CH(CF_3)OH$ (8[15)], 2[16)]) $C_3F_7COCF_3$ (41[15)], 53[16)]) $(C_3F_7)_2C(CF_3)OH$ (8[15)], 5[16)])	—	—
n-C_3F_7MgJ (THF)	[92]	$CF_3CO_2C_2H_5$ −30 bis 25, dann 50 (mehrere Stunden)	$C_3F_7COCF_3$[21)] (50)	30 bis 31	—

Literatur s. S. 112

Tabelle 5 [Fortsetzung].

Umsetzungen von Perfluorhalogenorganomagnesiumhalogeniden mit Verbindungen, die eine CO-Funktion aufweisen. THF = Tetrahydrofuran, Siedepunkt (Sdp.) in °C/Druck in Torr, Schmelzpunkt (Schmp.) in °C, Brechungsindex n_D, Dichte D, chemische Verschiebung δ im ^{1}H- und ^{19}F-NMR-Spektrum, IR-Spektrum, Wellenlängen λ mit molaren Extinktionskoeffizienten ε im UV-Spektrum.

R_fMgX (Lösungsmittel)		Reaktant Reaktionstemperatur in °C (Dauer)	Produkt Ausbeute (in %)	Sdp./Torr (Schmp.) in °C	n_D, D in g/cm^3 IR-Spektrum (in cm^{-1}) ^{1}H-NMR- und ^{19}F-NMR-Spektren (δ in ppm) Massenspektrum; UV-Spektrum (λ in nm)
n-C_3F_7MgJ (n-Butyläther)	[91]	$C_2F_5CO_2C_2H_5$[13)]	$C_3F_7CH(C_2F_5)OH$ (6[15)], 4[16)], 0[17)]) $C_3F_7COC_2F_3$ (39[15)], 51[16)], 42[17)]) $(C_3F_7)_2C(C_2F_5)OH$ (10[15)], 3[16)], 18[17)])	—	—
n-C_3F_7MgJ (n-Butyläther)	[91]	$C_2H_5CO_2C_2H_5$[13)]	$C_3F_7CH(C_2H_5)OH$ (8[14)], 9[15)], 7[16)], 0[17)]) $C_3F_7COC_2H_5$ (16[14)], 10[15)], 37[16)], 8[17)]) $(C_3F_7)_2C(C_2H_5)OH$ (19[14)], 28[15)], 7[16)], 26[17)])	—	—
n-C_3F_7MgJ (n-Butyläther)	[91]	$C_3H_7CO_2C_2H_5$[13)]	$C_3F_7CH(C_3H_7)OH$ (15[14)], 14[15)], 10[16)], 6[17)]) $C_3F_7COC_3H_7$ (13[14)], 5[15)], 39[16)], 0[17)]) $(C_3F_7)_2C(C_3H_7)OH$ (12[14)], 18[15)], 5[16)], 28[17)])	—	—
n-C_3F_7MgJ ($(C_2H_5)_2O$)	[16]	$C_3F_7CO_2C_2H_5$ −50 (18 h), −40 (24 h), −30 (12 h)	$C_3F_7COC_3F_7$ (20)	75/740	$D_4^{20} = 1.6250$, IR-Spektrum abgebildet
$CF_3C\equiv CMgX$ ($(C_2H_5)_2O$)	[19]	CH_3COCH_3	$CF_3C\equiv CC(CH_3)_2OH$ (75)	110 bis 111	$n_D^{20} = 1.3629$

Literatur s. S. 112

Tabelle 5 [Fortsetzung].

R_fMgX (Lösungsmittel)		Reaktant Reaktionstemperatur in °C (Dauer)	Produkt Ausbeute (in %)	Sdp./Torr (Schmp.) in °C	n_D, D in g/cm^3 IR-Spektrum (in cm^{-1}) ^1H-NMR- und ^{19}F-NMR-Spektren (δ in ppm) Massenspektrum; UV-Spektrum (λ in nm)
F_2 F_2 F F F—MgJ F F (Äther)	[147]	CH_3CHO Rückfluß (2 h)	F_2 F_2 F F F—C(CH$_3$)(H)—OH F F (64)	165	IR: ν(OH) = 3400, ν(CF=CF) = 1760; ^1H-NMR[29]: δ(CH_3) = −1.5 (Dublett), δ(CH) = −4.6 (Quintett), δ(OH) = −3.2 (Dublett)
F_2 F_2 F F F—MgJ F F (Äther)	[147]	$(CH_3)_2CO$ Rückfluß (3 h)	F_2 F_2 F F F—C(CH_3)$_2$—OH F F (73)	(37)	IR: ν(OH) = 3450, ν(CF=CF) = 1770; ^1H-NMR[29]: δ(CH_3) = −1.6 (Dublett), δ(OH) = −2.2 (br); Massenspektrum: m/e = 314, M^+
C_5NF_4MgJ (THF)	[54]	C_6H_5CHO −10 bis −5 (0.75 h)	C_6H_5CHOH (30) C_5NF_4	(100 bis 101) 80/1[24]	—
C_5NF_4MgBr (THF)	[53]	$CH_3COC_2H_5$ −10 (0.5 h), 20 (1.5 h)	OH, C_2H_5—C—CH_3, F F F F N	80 bis 82/12 bis 13[22]	$n_D^{20} = 1.4524$
C_5NF_4MgJ (THF)	[54]	$C_6H_5COC_6H_5$ −20 (3 h); 20	$(C_6H_5)_2COH$ (30) C_5NF_4	(106 bis 107)	^{19}F-NMR[23]: δ (2- oder 6-F) = 13.0, δ (3- oder 5-F) = 59.2

Tabelle 5 [Fortsetzung].

Umsetzungen von Perfluorhalogenorganomagnesiumhalogeniden mit Verbindungen, die eine CO-Funktion aufweisen. THF = Tetrahydrofuran, Siedepunkt (Sdp.) in °C/Druck in Torr, Schmelzpunkt (Schmp.) in °C, Brechungsindex n_D, Dichte D, chemische Verschiebung δ im ^{1}H- und ^{19}F-NMR-Spektrum, IR-Spektrum, Wellenlängen λ mit molaren Extinktionskoeffizienten ε im UV-Spektrum.

R_fMgX (Lösungsmittel)		Reaktant Reaktionstemperatur in °C (Dauer)	Produkt Ausbeute (in %)	Sdp./Torr (Schmp.) in °C	n_D, D in g/cm³ IR-Spektrum (in cm⁻¹) ^{1}H-NMR- und ^{19}F-NMR-Spektren (δ in ppm) Massenspektrum; UV-Spektrum (λ in nm)
C_5NF_4MgBr (THF)	[53]	CO_2 −10 (2 h)	C_5NF_4COOH (59)	(104 bis 105)	—
C_5NF_4MgJ (THF)	[54]	CO_2 −15 (3 h), 20 (1 h)	C_5NF_4COOH (47)	74/<1[24]	—
C_6F_5MgCl (Äther)	[32]	$(CH_3CO)_2O$ −70 bis 20	$C_6F_5CO_2CH_3$	48 bis 50/3	$n_D^{17,5}$ = 1.4330
3,5-$Cl_2C_6F_3MgCl$ (THF)	[46]	CO_2	3,5-$Cl_2C_6F_3COOH$ (35)	(130.5 bis 132)	^{19}F-NMR[26]: δ (2-,6-F) = 109.7; δ (4-F) = 113.4
C_6F_5MgCl (BrH_2CCH_2Br, dann THF)	[30, 33]	CO_2 20 (1.5 h)	C_6F_5COOH (41)	(102.5 bis 103.5) 120/0.05[24]	—
C_6F_5MgCl (Äther/Benzol)		$ClCO_2C_2H_5$ Rückfluß (1 h)	$(C_6F_5)_2CO$ (33)	(89 bis 90)	—
C_6F_5MgCl (THF)	[32]	CO_2 (12 h)	C_6F_5COOH (66)	(115 bis 105.5)	—
3-ClC_6F_4MgBr (THF)	[46]	CO_2	3-ClC_6F_4COOH (33)	(85 bis 86)	^{19}F-NMR[26]: δ (2-F) = 118.4, δ(6-F) = 131.2, δ(4-F) = 135.5, δ(5-F) = 163.2
C_6F_5MgCl (Äther)	[32]	$C_6H_5N(CH_3)CHO$ Rückfluß (4 h)	C_6F_5CHO (62.4)	59 bis 59.5/11	n_D^{25} = 1.4250

Tabelle 5 [Fortsetzung].

R_fMgX (Lösungsmittel)		Reaktant Reaktionstemperatur in °C (Dauer)	Produkt Ausbeute (in %)	Sdp./Torr (Schmp.) in °C	n_D, D in g/cm³ IR-Spektrum (in cm⁻¹) ¹H-NMR- und ¹⁹F-NMR-Spektren (δ in ppm) Massenspektrum; UV-Spektrum (λ in nm)
C_6F_5MgCl (Äther)	[32]	CH_3CHO	$C_6F_5CH(CH_3)OH$ (33)	102 bis 103/30	$n_D^{17} = 1.4394$
C_6F_5MgCl (Äther)	[127]	$HCOOC_2H_5$ 20 (1 h), Rückfluß (3 h)	$(C_6F_5)_2CHOH$ (60)	(76)	IR (in CCl_4): ν(OH) = 3620, ν(Ring) = 1520, ν(C-F) = 1000
C_6F_5MgJ (Äther)	[44]	$HCOOC_2H_5$ 0	$(C_6F_5)_2CHOH$	108 bis 110/1.5 (79 bis 80)	IR: ν(OH) = 3400, ν(Ring) = 1525
C_6F_5MgJ (Äther)	[44, 95]	CH_3COCl 15 (15 h)	$C_6F_5COCH_3$ (9)	—	IR: ν(CH_3) = 2960, ν(C=O) = 1720, ν(Ring) = 1530, 1505, δ(CH_3) = 1415, 1370, 1325
C_6F_5MgJ (Äther)	[44, 95]	CF_3COOLi 15 (15 h)	$C_6F_5COCF_3$ (72)	130 bis 131	IR: ν(C=O) = 1760, ν(Ring) = 1520
C_6F_5MgJ (Äther)	[38]	CO_2 20 (8 h)	C_6F_5COOH (2)	(102)	—
C_6F_5MgBr	[93]	CF_3CHO −78, dann Rückfluß (1 h)	$C_6F_5CH(OH)\text{-}CF_3$ (53)	(65 bis 67) 50 bis 75[24]	IR: ν(OH) = 3480, ν(Ring) = 1500 (s)[25]
C_6F_5MgBr (Äther)	[44]	$C_6H_5NCHONH(CH_3)$ 20 bis 25 (1.6 h), dann Rückfluß (4 h)	C_6F_5CHO	67 bis 70/15 168 bis 170/760 (20)	IR: ν(C=O) = 1715, ν(Ring) = 1515

Tabelle 5 [Fortsetzung].

Umsetzungen von Perfluorhalogenorganomagnesiumhalogeniden mit Verbindungen, die eine CO-Funktion aufweisen. THF = Tetrahydrofuran, Siedepunkt (Sdp.) in °C/Druck in Torr, Schmelzpunkt (Schmp.) in °C, Brechungsindex n_D, Dichte D, chemische Verschiebung δ im ^{1}H- und ^{19}F-NMR-Spektrum, IR-Spektrum, Wellenlängen λ mit molaren Extinktionskoeffizienten ε im UV-Spektrum.

R_fMgX (Lösungsmittel)		Reaktant Reaktionstemperatur in °C (Dauer)	Produkt Ausbeute (in %)	Sdp./Torr (Schmp.) in °C	n_D, D in g/cm³ IR-Spektrum (in cm⁻¹) ^{1}H-NMR- und ^{19}F-NMR-Spektren (δ in ppm) Massenspektrum; UV-Spektrum (λ in nm)
C_6F_5MgBr (Äther)	[44]	C_6H_5CHO Rückfluß (1 h)	$(C_6H_5)(C_6F_5)CHOH$	115 bis 117/1.7 (47)	IR: ν(OH) = 3360, ν(Ring) = 1525, 1510
C_6F_5MgBr (Äther)	[123]	$C_6H_5CH{=}CHC(=O)C_6F_5$ 0, dann 20 (18 h)	$C_6H_5(C_6F_3)CHCH(C(=O)C_6H_5)$–$CH(C_6H_5)CH_2C(=O)C_6H_5$ (36)	(183 bis 184)	IR: 1690, 1680
C_6F_5MgBr (Äther)	[123]	$C_6F_5CH{=}CHC(=O)C_6H_5$ 0, dann 20 (18 h)	$(C_6F_5)_2CHCH(C(=O)C_6H_5)$–$CH(C_6F_5)CH_2C(=O)C_6H_5$ (42)	(158 bis 159)	IR: ν(C=O) = 1630, ν(Ring) = 1525, 1505
C_6F_5MgBr (Äther)	[123]	$C_6H_5CH{=}CHC(=O)C_6F_5$ 0, dann 20 (18 h)	$C_6H_5(C_6F_5)CHCH_2$–$C(=O)C_6F_3$ (45)	(63 bis 64.5)	IR: ν(C=O) = 1720, ν(Ring) = 1525, 1500
C_6F_5MgBr (Äther)	[123]	$C_6F_5CH{=}CHC(=O)C_6F_5$ 0, dann 20 (18 h)	$(C_6F_5)_2CHCH_2C(=O)C_6F_5$ (40)	(63.5 bis 64.5)	IR: ν(C=O) = 1720, ν(Ring) = 1525, 1500

Tabelle 5 [Fortsetzung].

R_fMgX (Lösungsmittel)		Reaktant Reaktionstemperatur in °C (Dauer)	Produkt Ausbeute (in %)	Sdp./Torr (Schmp.) in °C	n_D, D in g/cm³ IR-Spektrum (in cm⁻¹) ¹H-NMR- und ¹⁹F-NMR-Spektren (δ in ppm) Massenspektrum; UV-Spektrum (λ in nm)
C_6F_5MgBr (Äther)	[96]	$2\text{-}NO_2C_6H_4CHO$ 0, dann 15 (6 h)	$C_6F_5CH(OH)C_6H_4NO_2$ (61)	(60 bis 62)	—
C_6F_5MgBr (Äther)	[97]	C_3F_7CHO 20 (20 h)	$C_3F_7CH(OH)C_6F_5$ (95)	76/12	—
C_6F_5MgBr (Äther)	[98]	CCl_3CHO Rückfluß (12 h)	$CCl_3CH(OH)C_6F_5$ (70)	124 bis 126/20	—
C_6F_5MgBr (Äther)	[98]	$CHCl_2CHO$ Rückfluß (6 h)	$CHCl_2CH(OH)C_6F_5$ (54)	118 bis 120/20	—
C_6F_5MgBr (Äther)	[98]	$CClF_2CHO$ Rückfluß (24 h)	$CClF_2CH(OH)C_6F_5$	(50 bis 51)	—
C_6F_5MgBr (Äther)	[98]	CH_2BrCHO Rückfluß (6 h)	$CH_2BrCH(OH)C_6F_5$ (23)	128 bis 130/29 (≈ 18)	—
C_6F_5MgBr (Äther)	[98]	CF_3CHO Rückfluß (12 h)	$CF_3CH(OH)C_6F_5$	(65 bis 68) 30/760[24)]	—
C_6F_5MgBr (Äther)	[94]	C_3F_7CHO 15 (20 h)	$C_6F_5CH(C_3F_7)OH$ (75)	76/12	—
C_6F_5MgBr (Äther)	[37]	CH_3CHO 0 (1 h)	$C_6F_5CH(CH_3)OH$ (81)	80 bis 82/37	$n_D^{20} = 1.4426$
C_6F_5MgBr (Äther)	[44]	C_6H_5COCl 15 (15 h)	$C_6F_5COC_6H_5$	—	—

Literatur s. S. 112

Tabelle 5 [Fortsetzung].

Umsetzungen von Perfluorhalogenorganomagnesiumhalogeniden mit Verbindungen, die eine CO-Funktion aufweisen. THF = Tetrahydrofuran, Siedepunkt (Sdp.) in °C/Druck in Torr, Schmelzpunkt (Schmp.) in °C, Brechungsindex n_D, Dichte D, chemische Verschiebung δ im ^{1}H- und ^{19}F-NMR-Spektrum, IR-Spektrum, Wellenlängen λ mit molaren Extinktionskoeffizienten ε im UV-Spektrum.

R_fMgX (Lösungsmittel)		Reaktant Reaktionstemperatur in °C (Dauer)	Produkt Ausbeute (in %)	Sdp./Torr (Schmp.) in °C	n_D, D in g/cm^3 IR-Spektrum (in cm^{-1}) ^{1}H-NMR- und ^{19}F-NMR-Spektren (δ in ppm) Massenspektrum; UV-Spektrum (λ in nm)
C_6F_5MgBr (Äther)	[131]	$(C_6H_5)_2CO$ 0	$C_6F_5(C_6H_5)_2COH$	—	—
C_6F_5MgBr (Äther)	[44]	CH_3COCH_3 15 (15 h)	$(CH_3)_2(C_6F_5)COH$	58/0.25	IR: $\nu(OH) = 3400$, $\nu(CH) = 2960$, 2920; $\delta(CH_3) = 1450$, 1380, $\nu(Ring) = 1525$, 1495
C_6F_3MgBr (Äther)	[97]	C_3F_7COCl 20 (20 h)	$C_3F_7COC_6F_5$ (66)	62 bis 64/19	—
C_6F_5MgBr (Äther)	[99]	$(CF_3)_2CO$	C_6F_5-$C(CF_3)_2OH$ (33)	158 bis 160	$n_D^{20} = 1.3780$
C_6F_5MgBr (Äther)	[94]	C_3F_7COCl (20 h)	$C_6F_5COC_3F_7$ (66)	62 bis 64/19	—
C_6F_5MgBr (Äther)	[95]	C_6H_5COCl 15 (15 h)	$C_6F_5COC_6H_5$ (58)	93/0.2 (33 bis 34)	IR: $\nu(C{=}O) = 1704$, $\nu(Ring) = 1515$; UV (C_2H_5OH): $\lambda_{max} = 256.0$ ($\varepsilon = 19000$)
C_6F_5MgBr (THF)	[100]	CO_2 (0.5 h)	C_6F_5COOH (67)	(103 bis 104)	—
2-$C_6F_4BrMgBr$ (THF)	[114]	CO_2 0 bis 20	2-BrC_6F_4COOH (40)	(108 bis 109)	(KBr) = 1705 (Carbonyl), 1465, 1505, (C_6F_5), 2800, 3100 (OH)

Tabelle 5 [Fortsetzung].

R_fMgX (Lösungsmittel)		Reaktant Reaktionstemperatur in °C (Dauer)	Produkt Ausbeute (in %)	Sdp./Torr (Schmp.) in °C	n_D, D in g/cm^3 IR-Spektrum (in cm^{-1}) ^1H-NMR- und ^{19}F-NMR-Spektren (δ in ppm) Massenspektrum; UV-Spektrum (λ in nm)
$BrMg(CF_2)_6MgBr$ (THF)	[11]	CO_2 −70 (22 h)	$HO_2C(CF_2)_6CO_2H$ (81)	(144)	345 ($M-CO_2H$), 326 ($M-F, CO_2H$), 45 (CO_2H)
$C_6F_4(MgBr)_2$ (THF)	[39]	CO_2[27] Eisbad	$C_6F_4(CO_2H)_2$ (30)	(281.5 bis 282.5)	—
$n-C_8F_{17}MgBr$ (Äther)	[27]	$(CH_3)_2C{=}O$ −70 (0.25 h), dann 20 (3 h)	$n-C_8F_{17}C(CH_3)_2OH$ (90)	(42 bis 43) 48/0.25[24]	^1H-NMR[1]: $\delta(OH) = -1.90$, $\delta(CH_3) = -1.50$; ^{19}F-NMR[2]: $\delta(CF_3) = 80$ (Triplett), $\delta(7\text{-}CF_2) = 126$ (Multiplett), $\delta(6\text{- bis }2\text{-}CF_2) = 121$ (Multiplett), $\delta(CF_2\text{-}COH) = 118$ (Multiplett); Massenspektrum (m/e, Bruchstück): 477 (M^+-H), 463 (M^+-CH_3), 459 (M^+-F), 439 (M^+-HF_2), 419 ($M^+-C(CH_3)_2OH$), 69 (CF_3^+), 59 ($C(CH_3)_2OH^+$)
		$(CH_3)_2C{=}O$ −70 (1 h),	(58)		
(THF)		$(CH_3)_2C{=}O$ −70 (1 h) dann 20 (3 h)	(52)		
$n-C_8F_{17}MgBr$ (Äther)	[11]	O=C1CCCCC1 −70 (0.25 h), dann 20 (1 h)	OC1(CCCCC1)C_8F_{17} (81)	(57 bis 58) 68 bis 70/0.2 bis 0.25[24]	^1H-NMR[1]: $\delta(OH) = -1.50$, $\delta(CH_2) = -1.70$ (Multiplett, br); ^{19}F-NMR[2]: $\delta(CF_3) = 82$ (Triplett), $\delta(7\text{-}CF_2) = 126$ (Multiplett), $\delta(6\text{- bis }3\text{-}CF_2) = 122$ (Multiplett), = 123 (Multiplett), $\delta(1\text{-}CF_2) = 119$ (Multiplett); Massenspektrum (m/e, Bruchstück): 518 (M^+), 499 (M^+-F), 481 [$M^+-(F^+ H_2O)$], 479 (M^+-F_2H), 99 ($c-C_6H_{10}OH^+$)

Literatur s. S. 112

Tabelle 5 [Fortsetzung].

Umsetzungen von Perfluorhalogenorganomagnesiumhalogeniden mit Verbindungen, die eine CO-Funktion aufweisen. THF = Tetrahydrofuran, Siedepunkt (Sdp.) in °C/Druck in Torr, Schmelzpunkt (Schmp.) in °C, Brechungsindex n_D, Dichte D, chemische Verschiebung δ im ^{1}H- und ^{19}F-NMR-Spektrum, IR-Spektrum, Wellenlängen λ mit molaren Extinktionskoeffizienten ε im UV-Spektrum.

R_fMgX (Lösungsmittel)		Reaktant Reaktionstemperatur in °C (Dauer)	Produkt Ausbeute (in %)	Sdp./Torr (Schmp.) in °C	n_D, D in g/cm^3 IR-Spektrum (in cm^{-1}) ^{1}H-NMR- und ^{19}F-NMR-Spektren (δ in ppm) Massenspektrum; UV-Spektrum (λ in nm)
n-$C_8F_{17}MgBr$ (THF)	[27]	$(CF_3)_2C{=}O$ −70 (2 h), dann 20 (2 h)	n-$C_8F_{17}C(CF_3)_2OH$ (64)	—	^{19}F-NMR[2]: δ(CF_3) = 81 (Triplett), δ(7-CF_2) = 126 (Multiplett), δ(6- bis 3-CF_2) = 122 (Multiplett), δ(2-CF_2) = 120 (Multiplett), δ(CF_2COH) = 113 (Multiplett), δ[$(CF_3)_2C$] = 72 (Multiplett); Massenspektrum (m/e, Bruchstück): 567 (M^+-F), 517 (M^+-CF_3), 400 ($C_8F_{16}^+$), 167 [$C(CF_3)_2OH^+$], 69 (CF_3^+)
(Äther)		$(CF_3)_2C{=}O$ −70 (1 h), dann 20 (3 h)	(49)		
n-$C_8F_{17}MgBr$ (Äther/THF)	[27]	CO_2 −70 (20 h), dann 20	n-$C_8F_{17}CO_2H$[28]	—	—
p-$C_6F_5OC_6F_4MgBr$ (THF)	[50]	CO_2 0/30, dann 20	p-$C_6F_5OC_6F_4COOH$ (76)	(163 bis 165)	—
$(C_6F_5)_2Mg$ (THF)	[42]	CO_2 20 (3 h)	$C_6F_5CO_2H$ (83)	(95 bis 102)	—

Literatur s. S. 112

Tabelle 5 [Fortsetzung].

[1] Innerer Standard: $Si(CH_3)_4$. — [2] Innerer Standard: $CFCl_3$. — [3] Zusätzlich tritt ein ABX-Muster für die restlichen 3 F-Atome bei 90.6, 107.6, 185.3 ppm auf. — [4] Anschließend erwärmen auf 20°C mit einer Geschwindigkeit von 15°C/h. — [5] Verunreinigt durch geringe Mengen Tetrahydrofuran. Identifiziert als 3,5-Dinitrobenzoeester. Schmelzpunkt: 106 bis 107°C.

[6] Zugabe des Reaktanten bei −20°C (3 h), dann 24 h rühren, innerhalb 12 bis 15 h auf 20°C erwärmen, und anschließend auf 50°C (0.5 h) erhitzen. — [7] Zugabe des Aldehyds bei −50°C (5 h), dann 36 h rühren, innerhalb 24 h auf 20°C erwärmen und 1 h auf 60°C erhitzen. — [8] Die Ausbeuten liegen etwas niedriger, wenn die Aldehyde während der Bildung des Grignardreagenzes zugefügt werden. — [9] In Äther. — [10] Reaktant bei −40°C zugeben, bei −50 bis −40°C (36 h), dann bei −30°C (17 h) und bei −20°C (17 h) gerührt. Anschließend auf 20°C erwärmt und nochmals 36 h gerührt.

[11] Destillation über P_2O_5 führt zu C_3F_7CHO. Siedepunkt: 28°C. — [12] Zugabe der gasförmigen Aldehyde bei −50°C (8 h), innerhalb 4 h auf 20°C erwärmen und 24 h zusätzlich rühren. — [13] Ester bei −50°C (1 h) zugefügt, bei −40°C (24 h) rühren, auf 20°C (24 h) aufgewärmt, anschließend 24 h rühren. — [14] Molares Verhältnis Ester:Grignard = 1:1. — [15] Molares Verhältnis Grignard:Ester = 2.5:1.

[16] Grignardlösung zugeführt zu Ester, gelöst in n-Butyläther bei −50°C; sonst Bedingungen wie unter [13] angegeben. — [17] Umsetzung erfolgt in Gegenwart von $MgBr_2$. — [18] Leitet man CO_2 ein, während sich der Grignard bildet, erhält man nachfolgende Ausbeuten: −40°C (57%); −20°C (65%); 0°C (56%); 20°C (43%). — [19] Einleiten von CO_2 nach erfolgter Grignardbildung führt zu nachfolgenden Ausbeuten: −40°C (43%); −20°C (59%); 0°C (46%); 20°C (23%). — [20] In größerer Verdünnung geringfügige Änderung der Ausbeute, aber sehr viel längere Reaktionszeiten erforderlich.

[21] Primär entsteht $C_3F_7(CF_3)C(OH)_2$ (Siedepunkt: 104 bis 105°C, n_D^{20} = 1.3449, D_4^{20} = 1.388 g/cm³), das über P_2O_5 zum Keton entwässert wird. — [22] Badtemperatur. — [23] Äußerer Standard: CF_3COOH. — [24] Sublimationstemperatur. — [25] Aufgespalten in ein Dublett.

[26] Werte umgerechnet auf $CFCl_3$ als Standard. — [27] Fest zugegeben. — [28] Isoliert und charakterisiert als n-$C_8F_{17}COOC_2H_5$ in 70% Ausbeute (Siedepunkt: 200°C). — [29] Äußerer Standard: $Si(CH_3)_4$. — [30] Unreines Produkt geht bei 95 bis 105°C über; durch Erhitzen mit P_2O_5 auf 80°C (3 h) erhält man nach erneuter Destillation die reine Verbindung.

[31] Verunreinigt mit C_6H_5J. Erhitzen des Gemisches mit P_2O_5 führt zu 2-(1-Heptafluorpropyl)-1,3-cyclohexadien (Siedepunkt: 130 bis 131°C, n_D^{20} = 1.3749 bis 1.3752, D_4^{20} = 1.334 g/cm³).

Literatur s. S. 112

Tabelle 6:

Umsetzungen von Perfluorhalogenorganomagnesiumhalogeniden mit Verbindungen von Elementen der 5. Hauptgruppe sowie mit Brom, Jod, Äthylenoxid, Dimethylsulfat. Siedepunkt (Sdp.) in °C/Druck in Torr, Schmelzpunkt (Schmp.) in °C, Brechungsindex n_D, Dichte D, IR-Spektrum, chemische Verschiebung δ im ^{1}H- und ^{19}F-NMR-Spektrum, Wellenlänge λ mit molarem Extinktionskoeffizienten im UV-Spektrum.

R_fMgX (Lösungsmittel)		Reaktant Reaktionstemperatur in °C (Dauer)	Produkt Ausbeute (in %)	Sdp./Torr (Schmp.) in °C	n_D, D in g/cm^3 IR-Spektrum (in cm^{-1}), UV-Spektrum (λ in nm) ^{1}H- und ^{19}F-NMR-Spektrum (δ in ppm)
$CF_2{=}CFMgJ$ (Äther)	[104]	$Cl_2PN(C_2H_5)_2$	$(CF_2{=}CF)_2PN(C_2H_5)_2$ (37.5)	60/25	$n_D^{25} = 1.4098$; $D_4^{20} = 1.291$
$CF_2{=}CFMgJ$ (Äther)	[104]	$[(C_2H_5)_2N]_2PCl$ −30 (2 h)	$CF_2{=}CFP[N(C_2H_5)_2]_2$ (53.6)	89 bis 90/11	$n_D^{20} = 1.4470$; $D_4^{20} = 1.054$
$CF_3C{\equiv}CMgJ$ (Äther)	[20]	$(CH_3)_2AsJ$ 20 (2 h)	$(CH_3)_2AsC{\equiv}CCF_3$ (35)	98	IR:2210, 1257, 1216, 1161; ^{1}H-NMR[b)]: $\delta(CH_3) = -1.08$; ^{19}F-NMR[c)]: $\delta(CF_3) = -27.9$
$CF_3C{\equiv}CMgJ$ (Äther)	[20]	CH_3AsCl_2 20 (2 h)	$CH_3As(C{\equiv}CCF_3)_2$ (15)	122 bis 124	IR: 2210, 1250, 1222, 1150; ^{1}H-NMR[b)]: $\delta(CH_3) = -1.44$; ^{19}F-NMR[c)]: $\delta(CF_3) = -26.4$
C_5NF_4MgJ (THF)		C_5F_5N −40 (3 h) [54] −35 bis 40 (1 h) [53]	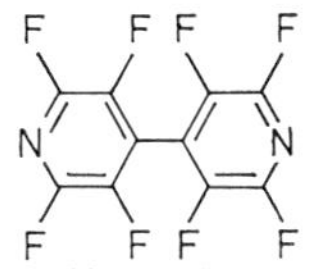 F F F F / N N / F F F F (32) [54] (68) [53]	(82 bis 83) [54]	—
C_6F_5MgBr (THF)	[103]	$C_6F_5NO_2$ −10 bis 4 (18 h)	2-$C_6F_5C_6F_4NO_2$ (6)	(77 bis 77.5)	—
			$C_{12}F_{10}$ (1)	(67.5 bis 69)	
			4-$C_6F_5C_6F_4NO_2$ (61)	72.5 bis 73.5/0.01	
			2,4-$(C_6F_5)_2C_6F_3NO_2$ (13)	(109 bis 110.5)	

Tabelle 6 [Fortsetzung].

R_fMgX (Lösungsmittel)		Reaktant Reaktionstemperatur in °C (Dauer)	Produkt Ausbeute (in %)	Sdp./Torr (Schmp.) in °C	n_D, D in g/cm³ IR-Spektrum (in cm⁻¹), UV-Spektrum (λ in nm) ¹H- und ¹⁹F-NMR-Spektrum (δ in ppm)
C_6F_5MgBr (THF)	[53]	C_5F_5N −10 bis 0 (3 h)	4-C_6F_5-C_5F_4N (45)	(98.5 bis 99.5)	—
1-MgBr-2-Cl-3,3,4,4-F_4-cyclobuten (F_2, F_2, MgBr, Cl) (Äther)	[25]	J_2 20 (3 h)	1-J-2-Cl-3,3,4,4-F_4-cyclobuten (F_2, F_2, J, Cl) (22)	48/70	$n_D^{25}=1.4420$, $D_{25}^{25}=2.066$
1-MgBr-2-Br-3,3,4,4-F_4-cyclobuten (F_2, F_2, MgBr, Br) (Äther)	[25]	J_2	1-J-2-Br-3,3,4,4-F_4-cyclobuten (F_2, F_2, J, Br) (58.5)	126.5/614	$n_D^{25}=1.4671$, $D_{25}^{25}=2.3291$
C_6F_5MgCl (Äther)	[32]	J_2	C_6F_5J (46.7)	159 bis 160 60 bis 60.5/25	—
C_6F_5MgCl (Äther)	[126]	Br_2 20 (1 h)	C_6F_5Br (69)	138/761.8	$n_D^{19.2}=1.4480$; UV: $\lambda_{max}=240$ ($\varepsilon=1072$), 265 ($\varepsilon=564$)
C_6F_5MgCl (Äther, dann THF)	[101]	$(CH_2)_2O$ 20 (16 h)	$C_6F_5CH_2CH_2OH$ (70)	98/13	$n_D^{20}=1.4428$
C_6F_5MgBr (THF)		$(CH_2)_2O$ −10, dann 20 (16h) [40]	$C_6F_5CH_2CH_2OH$ (57) [40]	90 bis 106/15 [40]	$n_D^{21}=1.4458$ [40]
		20 (16 h) [102]	(82) [102]	88 bis 90/6 [102]	$n_D^{24}=1.4428$ [102]

Literatur s. S. 112

Tabelle 6 [Fortsetzung].

Umsetzungen von Perfluorhalogenorganomagnesiumhalogeniden mit Verbindungen von Elementen der 5. Hauptgruppe sowie mit Brom, Jod, Äthylenoxid, Dimethylsulfat. Siedepunkt (Sdp.) in °C/Druck in Torr, Schmelzpunkt (Schmp.) in °C, Brechungsindex n_D, Dichte D, IR-Spektrum, chemische Verschiebung δ im ^1H- und ^{19}F-NMR-Spektrum, Wellenlänge λ mit molarem Extinktionskoeffizienten im UV-Spektrum.

R_fMgX (Lösungsmittel)		Reaktant Reaktionstemperatur in °C (Dauer)	Produkt Ausbeute (in %)	Sdp./Torr (Schmp.) in °C	n_D, D in g/cm^3 IR-Spektrum (in cm^{-1}), UV-Spektrum (λ in nm) ^1H- und ^{19}F-NMR-Spektrum (δ in ppm)
C_6F_5MgBr (Äther)	[38]	$(C_2H_5O)_3CH$ Rückfluß (10 h)	C_6F_5CHO	—	—
C_6F_5MgJ (Äther)	[44]	$HCOOC_2H_5$ 0 (1 h)	C_6F_5CHO	168 bis 170 (20)	IR: ν(C=O) = 1715, ν(Ring) = 1515
C_6F_5MgJ (Äther)	[44]	$(CH_3)_2SO_4$ Rückfluß (16 h)	$C_6F_5CH_3$	115 bis 118	IR: ν(CH) = 2950, 2900, ν(Ring) = 1520, δ(CH_3) = 1450, 1380
C_6F_5MgBr (Äther/Toluol)	[105]	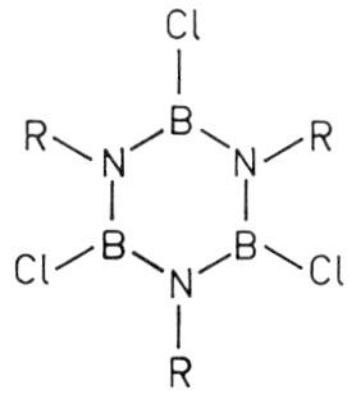 R = C_6H_5	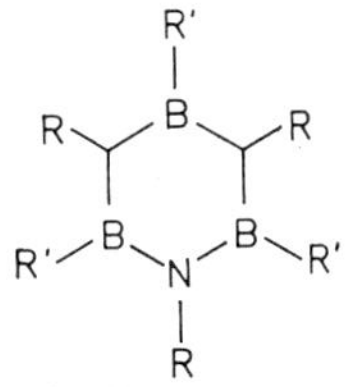 R′ = C_6F_5 (60)	308/9[a] (340)	IR (CCl_4): 3620 (w), ν(C-H) = 3065 (w), 3038 (w), 2955 (w), 2922 (w); ν(C_6F_5-Ring) = 1650 (m), ν(C=C) = 1592 (m), 1480 (vs), 1452 (w), ν(B-N) = 1401 (sh), 1390 (vs); ν(C-N) = 1280 (vw); 1175 (w), ν(C-F) = 1090 (s), 1070 (m); γ(C-H) = 967 (m), 918 (w), 899 (w), 698 (m)
C_6F_5MgJ (Äther)	[105]	R = CF_3CH_2 Rückfluß	R′ = C_6F_5 (45)	150/0.03[a] (185)	IR (CCl_4): ν(CH_2) = 2984 (w), ν(C_6F_5-Ring) = 1647 (m); 1480 (vs), δ(CH_2) = 1449 (m), ν(B-N) = 1430 (sh), 1419 (vs), ν(C-F)? = 1404 (m); 1342 (w), 1328 (vw), 1307 (w), ν(C-F), δ(CH_2) = 1265 (m), 1247 (m), ν(C-F) = 1162 (vs), 1150 (vs), ν(C-F-Ring) = 1096 (s), 972 (m); 939 (m), ν(C-C) = 839 (m); 693 (s)

Literatur s. S. 112

Tabelle 6 [Fortsetzung].

R_fMgX (Lösungsmittel)		Reaktant Reaktionstemperatur in °C (Dauer)	Produkt Ausbeute (in %)	Sdp./Torr (Schmp.) in °C	n_D, D in g/cm^3 IR-Spektrum (in cm^{-1}), UV-Spektrum (λ in nm) ^1H- und ^{19}F-NMR-Spektrum (δ in ppm)
C_6F_5MgJ (Äther)	[105]	R = CH_3	R' = C_6F_5 (70)	245/9[a] (275)	IR (CCl_4): $\nu(CH_3)$ = 3000 (sh), 2960 (w), 2920 (sh), 2840 (vw); $\nu(C_6F_5$-Ring) = 1650 (m); 1480, $\delta(CH_3)$ = 1453 (sh), ν(B-N) = 1418 (sh), 1411 (vs); 1332 (sh), ν(C-N) = 1280 (w), $\rho(NCH_3, NC_6F_5)$ = 1150 (s), ν(C-F) = 1080 (m), 972 (s); 675 (w)
4-ClC_6F_4MgBr (Äther)	[132]	PCl_3 −25 (1 h)	4-$ClC_6F_4PCl_2$ (63)	99/101	n_D^{20} = 1.4975
4-$CF_3C_6F_4MgBr$ (Äther)	[132]	PCl_3 −25 (1 h)	4-$CF_3C_6F_4PCl_2$ (59)	125 bis 127/18	n_D^{20} = 1.4915
C_6F_5MgBr ($(C_2H_5)_2O$)	[132]	PF_5 −130 (2 h), dann 20	$C_6F_5PF_4$	122 bis 125	—

[a] Sublimation. — [b] Äußerer Standard $Si(CH_3)_4$. — [c] Äußerer Standard $CFCl_3$.

Literatur s. S. 112

Tabelle 7:

Umsetzungen von Perfluorhalogenorganomagnesiumhalogeniden mit Übergangsmetallverbindungen. THF = Tetrahydrofuran, Siedepunkt (Sdp.) in °C/Druck in Torr, Schmelzpunkt (Schmp.) in °C, Brechungsindex n_D, Dichte D in g/cm^3. Zu Spektren s. Original.

R_fMgX (Lösungsmittel)		Reaktant Reaktionstemperatur in °C (Dauer)	Produkt (Ausbeute in %)	Sdp./Torr (Schmp.) in °C
$CF_2{=}CFMgBr$ (THF)	[106]	$[(C_2H_5)_3P]_2NiCl_2$ 20 (1 h)	$[(C_2H_5)_3P]_2NiCF{=}CF_2$ (Br am CF) (68)	(63 bis 64)[a]
$CF_2{=}CFMgBr$ (THF)	[106]	$[(C_2H_5)_3P]_2NiCl_2$ 20 (1h)	$[(C_2H_5)_3P]_2Ni(CF{=}CF_2)_2$ (25)	(117 bis 118)[b]
$CF_2{=}CFMgBr$ (THF)	[106]	cis-$[(C_2H_5)_3P]_2PtCl_2$ Rückfluß (15 h)	$[(C_2H_5)_3P]_2PtCF{=}CF_2$[c] (Br am CF) (33) (40)[d]	(82 bis 83)[a] (133 bis 134)[e]
$CF_2{=}CFMgJ$ (Äther)	[107]	$HgCl_2$ −10	$(CF_2{=}CF)_2Hg$ (50)	65/17 (3) $n_D^{23} = 1.429$ $D_0^{23} = 3.07$
$CF_3C{\equiv}CMgJ$ (Äther)	[108]	$[(C_2H_5)_3P]_2NiCl_2$ −78 (0.25 h), dann 20 (12 h)	$[(C_2H_5)_3P]_2NiC{\equiv}CCF_3$ (Br am Ni) (19)	(43 bis 45)
$CF_3C{\equiv}CMgJ$ (Äther)	[108]	trans-$[(C_2H_5)_3P]_2PdCl_2$ −78 (0.25 h), dann 20 (16 h)	$[(C_2H_5)_3P]_2Pd(C{\equiv}CCF_3)_2$ (43)	(95 bis 97)
$CF_3C{\equiv}CMgJ$ (Äther)	[108]	trans-$[(C_2H_5)_3P]_2PtCl_2$ −78 (0.25 h), dann 20 (16 h)	$[(C_2H_5)_3P]_2Pt(C{\equiv}CCF_3)_2$ (48)	(100 bis 102)
$CF_3C{\equiv}CMgJ$ (Äther)	[108]	$(\pi\text{-}C_5H_5)_2TiCl_2$ −78 bis 20, 20 (5 h)	$(\pi\text{-}C_5H_5)_2Ti(\sigma\text{-}C{\equiv}CCF_3)_2$ (16)	(≈125)[b] 100/0.001[f]
C_5NF_4MgBr (Äther)	[109]	$HgCl_2$	$[C_5NF_4]_2Hg$ (2,3,5,6-F, N; Hg in 4-Stellung) (72)	(201 bis 202)
C_6F_5MgCl (Äther)	[30, 33]	CH_3HgJ Rückfluß (3 h)	$CH_3HgC_6F_5$ (50)	—
C_6F_5MgCl (THF)	[34]	$HgCl_2$ 0 (15 h)	C_6F_5HgCl (73)	(164 bis 165)
C_6F_5MgCl (THF)	[34]	$HgCl_2$	$(C_6F_5)_2Hg$ (84)	(140.5 bis 141.5)
C_6F_5MgCl (THF)	[34]	CuJ 0 (36 h)	CuC_6F_5[g]	—

Literatur s. S. 112

Tabelle 7 [Fortsetzung].

R_fMgX (Lösungsmittel)		Reaktant Reaktionstemperatur in °C (Dauer)	Produkt (Ausbeute in %)	Sdp./Torr (Schmp.) in °C
C_6F_5MgBr (THF)	[124]	$CuC_6F_5 \cdot$ Dioxanat + $F_2C{=}CFJ$ Rückfluß (18 h)	$C_6F_5CF{=}CF_2$ (50) $C_6F_5C{\equiv}CC_6F_5$ (9) C_6F_5J, $(C_6F_5)_2$	— (121.5 bis 123) —
C_6F_5MgBr (Äther)	[111]	$CoCl_2 + JC{\equiv}CJ$ −20 (2 h)	$C_6F_5C{\equiv}CC_6F_5$ (56)	(123 bis 123.5)
C_6F_5MgBr (THF)	[112]	$\left[\begin{matrix}(C_6H_5)_2PCH_2\\ \vert\\ (C_6H_5)_2PCH_2\end{matrix}\right]CoBr_2$ 0 (0.17)	$\left[\begin{matrix}(C_6H_5)_2PCH_2\\ \vert\\ (C_6H_5)_2PCH_2\end{matrix}\right]Co(C_6F_5)_2$	(186)[b]
C_6F_5MgBr (Äther/Benzol)	[121]	cis-$[(C_2H_5)_3P]_2PtCl_2$ (0.5 h)	cis-$[(C_2H_5)_3P]_2Pt(Br)C_6F_5$ (83)	(169 bis 170)
C_6F_5MgBr (Äther)	[113]	$(C_6H_5)_3PAuCl$ 60 (3 h); 20 (12 h)	$(C_6H_5)_3PAuC_6F_5$ (58)	(171 bis 172)
C_6F_5MgBr (Äther)	[114]	$AuCl_3$ −60, dann 20 (18 h)	$Au(C_6F_5)_3$[h]	—
C_6F_5MgBr (Äther/Dioxan)	[124]	CuBr 0 (0.5 h)	$CuC_6F_5 \cdot$ Dioxanat	—
C_6F_5MgBr (THF)	[115]	CuCl 25 (24 h)	„$C_6F_5Cu(MgBrCl)$"	—
C_6F_5MgX (X = Halogen)	[122]	CuX	C_6F_5Cu[j]	—
C_6F_5MgBr (Äther)	[116]	π-$C_5H_5Fe(CO)_2J$	π-$C_5H_5Fe(CO)_2C_6F_5$ (7)	(144.5 bis 145)
C_6F_5MgBr (Äther)	[117]	$HgCl_2$ Rückfluß (1 h)	$(C_6F_5)_2Hg$ (73)	(142.3) 130/10^{-3}[f]
C_6F_5MgBr (Äther)	[117]	CH_3HgJ Rückfluß (4 h)	$C_6F_5HgCH_3$ (69)	(36)
C_6F_5MgBr (Äther)	[117]	C_6H_5HgCl Rückfluß (12 h)	$C_6F_5HgC_6H_5$ (40)	(164)
C_6F_5MgBr (Äther)	[125]	$C_6H_5Sn(Cl_2)Mn(CO)_5$ 20 (4.5 h)	$(C_6F_5)_2C_6H_5Sn{-}Mn(CO)_5$	(100 bis 102)
C_6F_5MgBr (Äther)	[116]	$Mn(CO)_5Br$	$Mn(CO)_5C_6F_5$ (47)	(121 bis 122)
C_6F_5MgBr (THF)	[118]	π-$C_7H_7Mo(CO)_2J$	π-$C_7H_7Mo(CO)_2C_6F_5$ (55)	(209)[b]
C_6F_5MgBr (THF)	[112]	$[(C_6F_5)_3P]_2NiBr_2$ 0 (0.17 h)	$[(C_6H_5)_3P]_2Ni(C_6F_5)Br$ (81)	(199 bis 200)[b]

Literatur s. S. 112

Tabelle 7 [Fortsetzung].

Umsetzungen von Perfluorhalogenorganomagnesiumhalogeniden mit Übergangsmetallverbindungen. THF = Tetrahydrofuran, Siedepunkt (Sdp.) in °C/Druck in Torr, Schmelzpunkt (Schmp.) in °C, Brechungsindex n_D, Dichte D in g/cm³. Zu Spektren s. Original.

R_fMgX (Lösungsmittel)	Reaktant Reaktionstemperatur in °C (Dauer)	Produkt (Ausbeute in %)	Sdp./Torr (Schmp.) in °C
C_6F_5MgBr [112] (THF)	$[(C_2H_5)_3]_2PNiBr_2$ 0 (0.17)	$[(C_2H_5)_3P]_2Ni(C_6F_5)Br$	(130 bis 131)
C_6F_5MgBr [119] (Äther)	$CH_3(C_6H_5)_2P(Cl)Ni(Cl)P(C_6H_5)_2CH_3$ −15, dann 20 (2 h)	$CH_3(C_6H_5)_2P(C_6F_5)Ni(Cl)P(C_6H_5)_2(CH_3)$ (85)	(208 bis 209)
C_6F_5MgBr [116] (Äther/CH_2Cl_2)	$(\pi\text{-}C_5H_5)_2TiCl_2$	$(\pi\text{-}C_5H_5)_2Ti(C_6F_5)Cl$[i]	(187 bis 188)
C_6F_5MgBr [120] (Äther)	$ZnCl_2$ Rückfluß (1 h)	$(C_6F_5)_2Zn$ (15)	(91 bis 93)
C_6F_5MgBr [123] (Äther)	$CdCl_2$ Rückfluß (1.25 h)	$(C_6F_5)_2Cd$	—
C_6F_5MgJ [44] (Äther)	$LiOC(O)CF_3$ 15 (15 h)	$CH_3C(O)C_6F_5$	130 bis 131
p-$C_6F_5OC_6F_4MgBr$ (THF) [27]	$CuCl_2/O_2$ 65 (120 h)	(p-$C_6F_5OC_6F_4)_2$ (71)	(169 bis 170)

[a] Schmelzpunkt der trans-Form. — [b] Zersetzung. — [c] trans-Form. — [d] In einem Versuch fiel die cis-Form an; bei der Sublimation bei 130°C/0.1 Torr Umwandlung der cis- in die trans-Form. — [e] Schmelzpunkt der cis-Form. — [f] Sublimation. — [g] Oder Komplex, der mit $CH_3C(O)Cl$ zu $C_6F_5C(O)CH_3$ in 69.5% Ausbeute reagiert. — [h] Sublimationsversuche führten zum Zerfall in Au und $C_6F_5C_6F_5$. — [i] Zusätzlich entsteht vermutlich π-$C_5H_5Ti(C_6F_5)Br$. — [j] Fällt in 70% Ausbeute als 1:1- oder 2:1-Dioxan-Komplex an und kann durch Erhitzen auf 130°C (5 h) im Vakuum vom Dioxan befreit werden.

Literatur:

[1] J. Villiéras (Bull. Soc. Chim. France **1967** 1520/32). — [2] K. J. Klabunde, H. F. Efner, L. Satek, W. Donley (J. Organometal. Chem. **71** [1974] 309/13). — [3] E. T. McBee, R. D. Battershell, H. P. Braendlin (J. Org. Chem. **28** [1963] 1131/3). — [4] R. N. Haszeldine (Nature **167** [1951] 139/40, **168** [1951] 1028/31). — [5] R. N. Haszeldine (J. Chem. Soc. **1954** 1273/9).

[6] E. T. McBee, C. W. Roberts, A. F. Meiners (J. Am. Chem. Soc. **79** [1957] 335/7). — [7] I. L. Knunyants, R. N. Sterlin, R. D. Yatsenko, L. N. Pinkina (Izv. Akad. Nauk SSSR Otd. Khim. Nauk **1958** 1345/7; Bull. Acad. Sci. USSR Div. Chem. Sci. **1958** 1297/9; C.A. **1959** 6987). — [8] J. D. Park, R. J. Seffl, J. R. Lacher (J. Am. Chem. Soc. **78** [1956] 59/62). — [9] F. G. Drakesmith, R. D. Richardson, O. J. Stewart, P. Tarrant (J. Org. Chem. **33** [1968] 286/91). — [10] D. Seyferth, G. Raab, K. A. Brändle (J. Org. Chem. **26** [1961] 2934/7).

[11] D. D. Denson, C. F. Smith, C. Tamborski (J. Fluorine Chem. **3** [1973/74] 247/58). — [12] D. Seyferth, T. Wada, G. Raab (Tetrahedron Letters **1960** 20/2). — [13] J. D. Park, J. Abramo, M. Hein, D. N. Gray, J. R. Lacher (J. Org. Chem. **23** [1958] 1661/5). — [14] A. L. Henne, W. C. Francis (J. Am. Chem. Soc. **73** [1951] 3518). — [15] R. N. Haszeldine (J. Chem. Soc. **1952** 3423/8).

Literatur s. S. 112

[16] A. L. Henne, W. C. Francis (J. Am. Chem. Soc. **75** [1953] 992/4). — [17] O. R. Pierce, A. F. Meiners, E. T. McBee (J. Am. Chem. Soc. **75** [1953] 2516). — [18] R. D. Chambers, W. K. R. Musgrave, J. Savory (J. Chem. Soc. **1962** 1993/9). — [19] A. L. Henne, M. Nager (J. Am. Chem. Soc. **74** [1952] 650/2). — [20] W. R. Cullen, W. R. Leeder (Inorg. Chem. **5** [1966] 1004/8).

[21] W. R. Cullen, M. C. Waldman (Inorg. Nucl. Chem. Letters **4** [1968] 205/7). — [22] W. R. Cullen, M. C. Waldman (Inorg. Nucl. Chem. Letters **6** [1970] 205/7). — [23] T. J. Brice, W. H. Pearlson, J. H. Simons (J. Am. Chem. Soc. **68** [1946] 968/9). — [24] D. N. Gray (Diss. Univ. of Colorado 1956). — [25] R. Sullivan, J. R. Lacher, J. D. Park (J. Org. Chem. **29** [1964] 3664/8).

[26] R. D. Howells, H. Gilman (J. Fluorine Chem. **4** [1974] 247/8). — [27] C. F. Smith, E. J. Soloski, C. Tamborski (J. Fluorine Chem. **4** [1974] 35/45). — [28] W. L. Respess, J. P. Ward, C. Tamborski (J. Organometal. Chem. **19** [1969] 191/5). — [29] W. L. Respess, C. Tamborski (J. Organometal. Chem. **18** [1969] 263/74). — [30] G. M. Brooke, R. D. Chambers, J. Heyes, W. K. R. Musgrave (J. Chem. Soc. **1964** 729/33).

[31] G. M. Brooke, R. D. Chambers, J. Heyes, W. K. R. Musgrave (Proc. Chem. Soc. **1963** 94/5). — [32] N. N. Vorozhtsov, V. A. Barkhash, N. G. Ivanova, S. S. Anichkina, O. J. Andreevskaya (Dokl. Akad. Nauk SSSR **159** [1964] 125/8; Dokl. Chem. Proc. Acad. Sci. USSR **154/159** [1964] 1135/8; C.A. **62** [1965] 4045). — [33] Imperial Smelting Company Ltd. (F.P. 1388266 [1963/65]; C.A. **63** [1965] 1815). — [34] A. E. Jukes, H. Gilman (J. Organometal. Chem. **17** [1969] 145/8). [35] E. Hengge, E. Starz, W. Strubert (Monatsh. Chem. **99** [1968] 1787/91).

[36] D. Sethi, R. D. Howells, H. Gilman (J. Organometal. Chem. **69** [1974] 377/81). — [37] W. J. Pummer, L. A. Wall (J. Res. Natl. Bur. Std. A **63** [1959] 167/9; C.A. **1960** 10906). — [38] E. Nield, R. Stephens, J. C. Tatlow (J. Chem. Soc. **1959** 166/71). — [39] R. J. Harper, E. J. Soloski, C. Tamborski (J. Org. Chem. **29** [1964] 2385/9). — [40] Imperial Smelting Corp., G. Fuller (B.P. 1047318 [1964/66]; C.A. **66** [1967] Nr. 18585).

[41] E. J. P. Fear, J. Thrower, M. A. White (RAE-TN-CPM-26 [1963]; C.A. **65** [1966] 7079). — [42] W. L. Respess, C. Tamborski (J. Organometal. Chem. **11** [1968] 619/22). — [43] A. Whittingham, A. W. P. Jarvie (J. Organometal. Chem. **13** [1968] 125/9). — [44] A. K. Barbour, M. W. Buxton, P. L. Coe, R. Stephens, J. C. Tatlow (J. Chem. Soc. **1961** 808/17). — [45] A. L. Klebanskii, Yu. A. Yuzhelevskii, E. G. Kagan, N. B. Zaitsev, A. V. Kharlamova (Zh. Obshch. Khim. **39** [1969] 970/5; J. Gen. Chem. USSR **39** [1969] 942/5; C.A. **71** [1969] Nr. 61457).

[46] N. Ishikowa, S. Hagashi (J. Chem. Soc. Japan **89** [1968] 1131/4; C.A. **70** [1969] Nr. 96481). — [47] L. J. Belf, M. W. Buxton, J. F. Tilney-Bassett (Tetrahedron **23** [1967] 4719/27). — [48] D. E. Fenton, A. J. Park, D. Shaw, A. G. Massey (J. Organometal. Chem. **2** [1964] 437/46). — [49] W. L. Respess, C. Tamborski (J. Organometal. Chem. **22** [1970] 251/63). — [50] R. J. De Pasquale, C. Tamborski (J. Organometal. Chem. **13** [1968] 273/82).

[51] R. J. De Pasquale (J. Organometal. Chem. **15** [1968] 233/6). — [52] Yu. A. Yuzhelevskii, E. G. Kagan, N. B. Zaitsev, A. V. Kharlamova (Zh. Obshch. Khim. **41** [1971] 2463/5; J. Gen. Chem. USSR **41** [1971] 2489/91; C.A. **76** [1972] Nr. 153854). — [53] R. D. Chambers, J. Hutchinson, W. K. R. Musgrave (J. Chem. Soc. **1965** 5040/5). — [54] R. E. Banks, R. N. Haszeldine, E. Phillips, I. M. Young (J. Chem. Soc. C **1967** 2091/5). — [55] S. F. Campbell, J. M. Leach, R. Stephens, J. C. Tatlow (Tetrahedron Letters **1967** 4269/72).

[56] S. F. Campbell, R. Stephens, J. C. Tatlow (Tetrahedron **21** [1965] 2997/3008). — [57] S. F. Campbell, R. Stephens, J. C. Tatlow, W. T. Westwood (J. Fluorine Chem. **1** [1972] 439/44). — [58] S. F. Campbell, J. M. Leach, R. Stephens, J. C. Tatlow, K. N. Wood (J. Fluorine Chem. **1** [1972] 103/16). — [59] F. A. Delapa, S. Stern, S. C. Cohen (J. Fluorine Chem. **1** [1972] 379/80). — [60] D. F. Evans, M. S. Khan (J. Chem. Soc. A **1967** 1643/8).

[61] E. T. Bogoradovskii, V. S. Zavgorodnii, K. S. Mingaleva, A. A. Petrov (Zh. Obshch. Khim. **44** [1974] 142/5; J. Gen. Chem. USSR **44** [1974] 139/41; C. A. **80** [1974] Nr. 96116). — [62] R. N. Sterlin, L. N. Pinkina, I. L. Knunyants, L. F. Nezgavorov (Khim. Nauka i Prom. **4** [1959] 809/10; C.A. **1960** 10837). — [63] D. F. Evans, V. Fazakerley (Chem. Commun. **1968** 974/5). — [64] R. N. Haszeldine (Angew. Chem. **66** [1954] 693/701). — [65] C. Tamborski, E. J. Soloski, J. P. Ward (J. Org. Chem. **31** [1966] 4230/2).

[66] S. S. Dua, R. D. Howells, H. Gilman (J. Fluorine Chem. **4** [1974] 409/13). — [67] C. Tamborski, G. J. Moore (J. Organometal. Chem. **26** [1971] 153/6). — [68] H. J. Emeléus (J. Chem. Soc. **1954** 2979/86). — [69] D. E. Fenton, A. J. Park, D. Shaw, A. G. Massey (Tetrahedron Letters **1964** 949/50). — [70] N. N. Vorozhtsov, V. A. Barkhash, N. G. Ivanova, A. K. Petrov (Tetrahedron Letters **1964** 3375/8).

[71] J. P. N. Brewer, H. Heaney (Tetrahedron Letters **1965** 4709/12). — [72] N. N. Vorozhtsov, N. G. Ivanova, V. A. Barkhash (Zh. Org. Khim. **3** [1967] 220/1; J. Org. Chem. [USSR] **3** [1967] 211/2; C.A. **66** [1967] Nr. 85638). — [73] D. D. Callander, P. L. Coe, J. C. Tatlow, A. J. Uff (Tetrahedron **25** [1969] 25/35). — [74] D. M. Roe, A. G. Massey (J. Organometal. Chem. **23** [1970] 547/50). — [75] J. P. N. Brewer, I. F. Eckhard, H. Heaney, B. A. Marples (J. Chem. Soc. C **1968** 664/76).

[76] J. P. N. Brewer, H. Heaney, T. J. Ward (J. Chem. Soc. C **1969** 355/6). — [77] D. Seyferth, T. Wada, G. A. Maciel (Inorg. Chem. **1** [1962] 232/5). — [78] D. Seyferth, K. Brändle, G. Raab (Angew. Chem. **72** [1960] 77/8). — [79] D. Seyferth, G. Raab, K. A. Brändle (J. Org. Chem. **26** [1961] 2934/7). — [80] H. D. Kaesz, S. L. Stafford, F. G. A. Stone (J. Am. Chem. Soc. **82** [1960] 6232/5; J. Am. Chem. Soc. **81** [1959] 6336).

[81] P. Tarrant, W. H. Oliver (J. Org. Chem. **31** [1966] 1143/6). — [82] A. L. Klebanskii, Yu. A. Yuzhelevskii, E. G. Kagan, O. N. Larionova (Zh. Obshch. Khim. **39** [1969] 2309/13; J. Gen. Chem. USSR **39** [1969] 2248/50; C. A. **72** [1970] Nr. 55569). — [83] D. E. Fenton, A. G. Massey (J. Inorg. Nucl. Chem. **27** [1965] 329/33). — [84] M. Fild, O. Glemser, G. Christoph (Angew. Chem. **76** [1964] 953). — [85] M. Schmeißer, N. Wessal, M. Weidenbruch (Chem. Ber. **101** [1968] 1897/901).

[86] C. Eaborn, J. A. Treverton, D. R. M. Walton (J. Organometal. Chem. **9** [1967] 259/62). — [87] R. D. Chambers, T. Chivers (J. Chem. Soc. **1964** 4782/90). — [88] J. L. W. Pohlmann, F. E. Brinckman, G. Tesi, R. E. Donadio (Z. Naturforsch. **20b** [1965] 1/4). — [89] F. W. G. Fearon, H. Gilman (J. Organometal. Chem. **10** [1967] 409/19). — [90] J. M. Holmes, R. D. Peacock, J. C. Tatlow (J. Chem. Soc. A **1966** 150/3; Proc. Chem. Soc. **1963** 108).

[91] R. N. Haszeldine (J. Chem. Soc. **1953** 1748/57). — [92] O. R. Pierce, M. Levine (J. Am. Chem. Soc. **75** [1953] 1254). — [93] J. M. Antonucci, L. A. Wall (SPE [Soc. Plast. Eng.] J. **3** [1963] 225/30; C.A. **59** [1963] 9844). — [94] Canning and Comp. Ltd., J. C. Tatlow, P. L. Coe (B.P. 1102693 [1964/68]; C.A. **69** [1968] Nr. 43602). — [95] National Smelting Comp. Ltd., J. C. Tatlow (B.P. 923115 [1960/63]; C.A. **59** [1963] 9902).

[96] P. L. Coe, A. E. Jukes, J. C. Tatlow (J. Chem. Soc. C **1966** 2020/5). — [97] P. L. Coe, A. Whittingham (J. Chem. Soc. Perkin Trans. I **1974** 917/9). — [98] P. L. Coe, R. G. Plevey, J. C. Tatlow (J. Chem. Soc. C **1966** 597/603). — [99] C. Tamborski (J. Org. Chem. **31** [1966] 4229/30). — [100] R. J. Harper, C. Tamborski (Chem. Ind. [London] **1962** 1824).

[101] T. D. Petrova, T. I. Savchenko, T. F. Ardyukova, G. G. Yakobson (Izv. Sibirsk. Otd. Akad. Nauk SSSR Ser. Khim. Nauk **1970** Nr. 3, S. 119/22; C.A. **74** [1971] Nr. 53393). — [102] G. Fuller, D. A. Warwick (Chem. Ind. [London] **1965** 651). — [103] G. M. Brooke, W. K. R. Musgrave (J. Chem. Soc. **1965** 1864/9). — [104] R. N. Sterlin, R. D. Yatsenko, L. N. Pinkina, I. L. Knunyants (Khim. Nauka i Prom. **4** [1959] 810/1; C.A. **1960** 10838). — [105] A. Meller, M. Wechsberg, V. Gutmann (Monatsh. Chem. **96** [1965] 387/95).

[106] A. J. Rest, D. T. Rosevear, F. G. A. Stone (J. Chem. Soc. A **1967** 66/8). — [107] R. N. Sterlin, Li Vei-Gan, I. L. Knunyants (Zh. Vses. Khim. Obshchestva im. D. J. Mendeleeva **6** [1961] 108/9; C.A. **1961** 15389; Izv. Akad. Nauk SSSR Otd. Khim. Nauk **1959** 1506; C.A. **1960** 1273). — [108] M. I. Bruce, D. A. Harbourne, F. Waugh, F. G. A. Stone (J. Chem. Soc. A **1968** 356/9). — [109] R. D. Chambers, F. G. Drakesmith, J. Hutchinson, W. K. R. Musgrave (Tetrahedron Letters **1967** 1705/6). — [110] R. C. Edmonson, H. Gilman (unveröffentlichte Ergebnisse, zitiert in [34]).

[111] J. M. Birchall, F.L. Bowden, R. N. Haszeldine, A. B. P. Lever (J. Chem. Soc. A **1967** 747/53). — [112] J. R. Phillips, D. T. Rosevear, F. G. A. Stone (J. Organometal. Chem. **2** [1964] 455/60). — [113] L. G. Vaughan, W. A. Sheppard (J. Am. Chem. Soc. **91** [1969] 6151/6). — [114] L. G. Vaughan, W. A. Sheppard (J. Organometal. Chem. **22** [1970] 739/42). — [115] R. J. De Pasquale, C. Tamborski (J. Org. Chem. **34** [1969] 1736/40).

[116] M. D. Rausch (Inorg. Chem. **3** [1964] 300/1). — [117] R. D. Chambers, G. E. Coates, J. G. Livingstone, W. K. R. Musgrave (J. Chem. Soc. **1962** 4367/71). — [118] M. D. Rausch, A. K. Ignatowicz, M. R. Churchill, T. A. O'Brien (J. Am. Chem. Soc. **90** [1968] 3242/3). — [119] M. D. Rausch, F. E. Tibbetts (Inorg. Chem. **9** [1970] 512/6). — [120] J. G. Noltes, J. W. G. van den Hurk (J. Organometal. Chem. **1** [1963/64] 377/83).

[121] D. T. Rosevear, F. G. A. Stone (J. Chem. Soc. **1965** 5275/9). — [122] A. Cairncross, W. A. Sheppard (J. Am. Chem. Soc. **90** [1968] 2186/7). — [123] R. Filler, V. D. Beaucaire, H. H. Kang (J. Org. Chem. **40** [1975] 935/9). — [124] E. J. Soloski, W. E. Ward, C. Tamborski (J. Fluorine Chem. **2** [1972/73] 361/71). — [125] J. A. J. Thompson, W. A. G. Graham (Inorg. Chem. **6** [1967] 1875/9).

[126] N. N. Vorozhtsov, V. A. Barkhash, T. N. Gerasimova, É. G. Lokshina, N. G. Ivanova (Zh. Obshch. Khim. **37** [1967] 1293/6; J. Gen. Chem. USSR **37** [1967] 1225/7; C.A. **68** [1968] Nr. 49195). — [127] N. N. Vorozhtsov, V. A. Barkhash, S. A. Anichkina (Dokl. Akad. Nauk SSSR **166** [1966] 598/601; Dokl. Chem. Proc. Acad. Sci. USSR **166/171** [1966] 107/10). — [128] A. L. Klebanskii, Yu. A. Yuzhelevskii, E. G. Kagan, G. A. Nikolaev, A. V. Kharlamova (Zh. Obshch. Khim. **38** [1968] 914/9; J. Gen. Chem. USSR **38** [1968] 878/82). — [129] I. V. Romashkin, G. V. Odabashyan, V. A. Pushakov (Zh. Obshch. Khim. **42** [1972] 2490/4; J. Gen. Chem. USSR **42** [1972] 2482/5). — [130] National Smelting Comp. Ltd., M. W. Buxton, J. C. Tatlow (U.S.P. 3113976 [1963]; C.A. **60** [1964] 15773).

[131] R. C. Edmonson, A. E. Jukes, H. Gilman (J. Organometal. Chem. **25** [1970] 273/6). — [132] G. G. Yakobson, G. G. Furin, T. V. Terent'eva (Zh. Org. Khim. **9** [1973] 1707/13; Russ. J. Org. Chem. **9** [1973] 1729/34). — [133] R. Harrison, H. Heaney, J. M. Jablonski, K. G. Mason, J. M. Sketchley (J. Chem. Soc. C **1969** 1684/9). — [134] I. F. Eckhard, H. Heaney, B. A. Marples (J. Chem. Soc. C **1969** 2098/104). — [135] I. F. Eckhard, H. Heaney, B. A. Marples (J. Chem. Soc. C **1970** 2493/7).

[136] H. Heaney, J. M. Jablonski, K. G. Mason, J. M. Sketchley (J. Chem. Soc. C **1971** 3129/31). — [137] B. Hankinson, H. Heaney, R. P. Sharma (J. Chem. Soc. Perkin Trans. I **1972** 2372/7). — [138] B. Hankinson, H. Heaney, A. P. Price, R. P. Sharma (J. Chem. Soc. Perkin Trans. I **1973** 2569/75). — [139] P. C. Buxton, N. J. Hales, B. Hankinson, H. Heaney, S. V. Ley, R. P. Sharma (J. Chem. Soc. Perkin Trans. I **1974** 2681/7). — [140] J. P. N. Brewer, H. Heaney, S. V. Ley, T. J. Ward (J. Chem. Soc. Perkin Trans. I **1974** 2688/93).

[141] I. F. Eckhard, H. Heaney, B. A. Marples (Tetrahedron Letters **1967** 4001/4). — [142] H. Heaney, J. M. Jablonski (Tetrahedron Letters **1967** 2733/5). — [143] A. E. Jukes, H. Gilman (J. Organometal. Chem. **18** [1969] P33/P34). — [144] M. R. Smith, H. Gilman (J. Organometal. Chem. **46** [1972] 251/4). — [145] W. R. Cullen, M. C. Waldman (J. Fluorine Chem. **1** [1971/72] 41/50).

[146] S. F. Campbell, J. M. Leach, R. Stephens, J. C. Tatlow (J. Fluorine Chem. **1** [1971/72] 85/101). — [147] S. F. Campbell, R. Stephens, J. C. Tatlow, W. T. Westwood (J. Fluorine Chem. **1** [1971/72] 439/44).

Perfluorohaloorgano Compounds of Main Group 3 Elements

3 Perfluorhalogenorgano-Verbindungen der 3. Hauptgruppe

Perfluorohaloorganoboron Compounds

3.1 Perfluorhalogenorgano-Bor-Verbindungen

Die Chemie der Perfluorhalogenorgano-Bor-Verbindungen ist nicht sehr umfangreich. Von den wenigen perfluorierten Organoboranen sind lediglich die Perfluorphenyl-Verbindungen stabil. Wesentlich beständiger sind die salzartigen Perfluoralkylboranate, von denen auch nur wenige synthetisiert worden sind. Etwas umfangreicher ist die Chemie der Perfluorphenylborane und -boranate, die leichter als perfluorierte aliphatische Verbindungen zugänglich sind. Entsprechende cyclische Borverbindungen oder Carborane sind bisher nur wenig untersucht.

Trifluoromethyldifluoroborane. Trifluoromethyltrifluoroboric Acid and Its Salts

3.1.1 Trifluormethyl-difluorboran CF_3BF_2, Trifluormethyl-trifluorborsäure $H[CF_3BF_3]$ und ihre Salze

Preparation

3.1.1.1 Darstellung

CF_3BF_2 wird aus $CF_3B(n\text{-}C_4H_9)_2$, das aus $KB(n\text{-}C_4H_9)_2$ und CF_3J in $(C_2H_5)_3N$ in 30%iger Ausbeute [1] hergestellt wird, durch Behandlung mit BF_3 (Raumtemperatur, 24 h) synthetisiert [1]. Bei der Umsetzung von CF_3SCl mit B_2H_6 bildet sich ebenfalls CF_3BF_2, das als $CF_3BF_2 \cdot O(CH_3)_2$ isoliert werden konnte [2]. Die Synthese von Salzen des stabilen $[CF_3BF_3]^-$ erfolgt über $[(CH_3)_3Sn]^+[CF_3BF_3]^-$, das aus BF_3 und $(CH_3)_3SnCF_3$ in CCl_4 erhalten wird. Durch doppelte Umsetzung mit KF in wäßriger Lösung entsteht $K[CF_3BF_3]$. Läßt man $[(CH_3)_3Sn]^+[CF_3BF_3]^-$ durch einen Kationenaustauscher laufen, so bilden sich die Lösungen der freien Säure $H[CF_3BF_3]$, die durch Neutralisation mit NH_4OH bzw. $BaCO_3$ in $NH_4[CF_3BF_3]$ bzw. $Ba[CF_3BF_3]_2$ überführt werden kann [3, 4]. $[(CH_3)_3NH][CF_3BF_3]$ entsteht beim Einleiten von $(CH_3)_3N$ in eine Lösung von BF_3 in CHF_3 bei −110°C als farbloses Pulver [5].

Physical Properties

3.1.1.2 Physikalische Eigenschaften

Zur Charakterisierung der Verbindungen liegen nur IR-Spektren und im Fall von $[CF_3BF_3]^-$ auch ^{19}F-NMR-Spektren vor. IR-Spektren (in cm^{-1}):

CF_3BF_2: 1460 (m), 1400 bis 1350 (w, br), 1255 (m), 1190 (s), 1160 (w), 1080 (s), 1040 (m), 850 (m), 845 (m), 725 (w), 690 (w) [1].

$NH_4[CF_3BF_3]$: 3440 (w), 3180 (m), 3060 (w), 2340 (vw), 1405 (m), 1085 (vs), 1060 (vs), 1043 (vs), 984 (s), 959 (s), 731 (w), 636 (m) [4].

$Ba[CF_3BF_3]_2$: 1090 (vs), 1065 (vs), 1045 (vs), 986 (s), 963 (s), 730 (w), 637 (m) [4].

Die Zuordnung von IR- und Raman-Banden von $K[CF_3BF_3]$ (für ^{10}B und ^{11}B) zwischen 4000 und 50 cm^{-1} unter Annahme von C_{3v}-Symmetrie führt zu folgenden Wellenzahlen (in cm^{-1}, in Klammern Rasse) von 11 der 12 Grundschwingungen des $CF_3BF_3^-$-Ions ([a], [b]): in bzw. außer Phase, ohne Torsionsschwingung:

	ν(C-B)	$\nu(CF_3)$	$\nu(BF_3)$	$\delta(CF_3)$	$\delta(BF_3)$	
^{10}B	1124 (A_1)	987 (A_1)	732 (A_1)	643 (A_1)	311 (A_1)	
^{11}B	—	965	732	638	309	
	$\nu(CF_3)$	$\nu(CF_3)$	$\delta(CF_3)$	$\delta(BF_3)$	$\rho^{a)}$	$\rho^{b)}$
^{10}B	1097 (E)	≈1100 (E)	560 (E)	471 (E)	332 (E)	198 (E)
^{11}B	1096	1060	560	468	331	198

Unter Verwendung eines modifizierten Urey-Bradley-Kraftfeldes wird eine Normalkoordinatenanalyse durchgeführt und die für die CF_3- und BF_3-Gruppen erhaltenen Kraftkonstanten mit denen von C_2F_6 und BF_4^- verglichen [32].

$[(CH_3)_3NH][CF_3BF_3]$: Schmelzpunkt 177°C; IR-Spektrum in [5] abgebildet; ^{19}F-NMR-Spektrum (in wäßriger Lösung, äußerer Standard $CF_3C(O)OH$) von $[CF_3^bBF_3^a]^-$: chemische Verschiebung $\delta(F_a) = 77.3$, $\delta(F_b) = -2.06$ ppm, Spin-Spin-Kopplungskonstante $J(^{11}B\text{-}F^a) = 39.0$, $J(^{11}B\text{-}F^b) = 34$ Hz [6].

Chemical Reactions

3.1.1.3 Chemisches Verhalten

Perfluoralkylborane sind wegen der Schwierigkeit, π-Bindungen zwischen dem Bor und der C_nF_{2n+1}-Gruppe auszubilden, instabil [2, 7] und zerfallen in BF_3 und über (vermutlich elektronisch

Literatur s. S. 124

angeregte) Carbene CF_2 in polymere Perfluorolefine [1]. Lediglich CF_3BF_2 ist über mehrere Monate in Abwesenheit von Substanzen wie O_2, H_2O, Glyptalharzen, die den Zerfall in BF_3 und einen weißen, nicht flüchtigen Rückstand katalysieren, im Vakuum beständig. Thermisch wesentlich beständiger sind die Salze des $[CF_3BF_3]^-$. So ist $K[CF_3BF_3]$ bis 300°C im Vakuum stabil und spaltet erst oberhalb dieser Temperatur $CF_2{=}CF_2$ ab. Führt man die Pyrolyse bei 450°C im Bombenrohr durch, so entsteht hauptsächlich Perfluorcyclobutan und KBF_4. Das Ammoniumsalz zerfällt bereits oberhalb 150°C zu $CF_2{=}CF_2$ und NH_4BF_4. Auffallend ist auch die Beständigkeit der Salze gegenüber Hydrolyse. Selbst ein mehrstündiges Sieden der wäßrigen Lösung führt zu keiner Reaktion [4, 6]. Als Lewis-Säure reagiert CF_3BF_2 mit den Lewis-Basen $(CH_3)_3N$ oder $(C_2H_5)_3N$ zu salzartigen 1:1-Addukten. Physikalische Daten der Verbindungen sind in der Literatur nicht angegeben [1]. $[(CH_3)_3NH][CF_3BF_3]$ ist in Wasser und Äthanol gut löslich [5].

3.1.2 Perfluorvinylborane

Perfluorovinylboranes

3.1.2.1 Darstellung

Preparation

Perfluorvinyl-difluorboran $CF_2{=}CFBF_2$

Perfluorvinyl-dichlorboran $CF_2{=}CFBCl_2$

Bis(perfluorvinyl)-chlorboran $(CF_2{=}CF)_2BCl$

Tris(perfluorvinyl)boran $(CF_2{=}CF)_3B$

Setzt man $(CF_2{=}CF)_2Sn(CH_3)_2$ mit BF_3 um, so entsteht $CF_2{=}CFBF_2$ in 18%iger Ausbeute. Verunreinigungen an BF_3 werden durch Destillation mit einer Vigreuxkolonne bei −125°C beseitigt. Durch Fluorierung von $(CF_2{=}CF)_2BCl$ mit SbF_3 bei −23°C (12 h) wird ebenfalls $CF_2{=}CFBF_2$ und zusätzlich BF_3 erhalten [8]. Eine Schlüsselverbindung zur Synthese von $(CF_2{=}CF)_nBCl_{3-n}$ (n = 1, 2, 3) ist BCl_3. Mit $CF_2{=}CFMgBr$ [9] oder mit $(CF_2C{=}F)_2Sn(CH_3)_2$ (70°C, 1 h, 93% Ausbeute) [8] reagiert es zu $CF_2{=}CFBCl_2$, das auch in p-Xylol mit $Hg(CF{=}CF_2)_2$ in 41%iger Ausbeute zugänglich ist [10]. Bei der Umsetzung von BCl_3 mit $(CF{=}CF_2)_2Sn(CH_3)_2$ im Molverhältnis 1:1 entsteht $(CF_2{=}CF)_2BCl$ in 85%iger Ausbeute. $(CF_2{=}CF)_3B$ kann entweder durch Behandlung von $(CF_2{=}CF)_2BCl$ (bei 50°C) mit einem Überschuß (2:1) an $(CF_2{=}CF)_2Sn(CH_3)_2$ [8] oder aus BCl_3 und $Hg(CF{=}CF_2)_2$ in 50%iger Ausbeute synthetisiert werden [10].

3.1.2.2 Physikalische Eigenschaften

Physical Properties

In Tabelle 8, S. 120, sind physikalische Daten der Perfluorvinyl-Bor-Verbindungen aufgeführt.

^{19}F-NMR-Spektren sind lediglich von $CF_2{=}CFBCl_2$, $CF_2{=}CFBF_2$ und $(CF_2{=}CF)_3B$ aufgenommen worden. Sie zeigen, daß die Fluoratome der CF_2-Gruppe schwächer abgeschirmt sind als die anderer vergleichbarer Perfluorvinylreste. Die Resonanzsignale sind infolge Kopplungen mit den Kernen ^{11}B und ^{10}B verbreitert. Versuche, ein ^{19}F-NMR-Spektrum von $(CF_2{=}CF)_2BCl$ aufzunehmen, scheiterten am raschen Zerfall der Substanz. Chemische Verschiebungen δ in ppm und Kopplungskonstanten J in Hz aus Messungen an 10%igen Lösungen in $CFCl_3$ (innerer Standard) [11] werden nachfolgend angegeben:

$$(F^1)(F^2)C{=}C(F^3)(X)$$

X	$\delta(F^1)$	$\delta(F^2)$	$\delta(F^3)$	$J(F^1\text{-}F^2)$	$J(F^1\text{-}F^3)$	$J(F^2\text{-}F^3)$
BCl_2	71.6	87.9	184.5	7	19	114
BF_2 [b]	72.8	99.8	206.6	18	[a]	117
$B(CF{=}CF_2)_2$ [c]	72.7	91.1	185.9	<5	24	110

[a] $J(F^1\text{-}F^3)$ wegen der Breite der F^1- und F^3-Linien nicht bestimmbar. — [b] $\delta(BF_2)$ = 86.7 ppm, $J(F^2\text{-}BF_2)$ = 25 Hz; 25%ige Lösung in $CFCl_3$. — [c] Wegen der Breite der F^1- und F^2-Signale und Komplexität des F^2-Multipletts Zuordnung der Kopplungskonstanten unsicher.

Literatur s. S. 124

Chemical Reactions

3.1.2.3 Chemische Eigenschaften

Die Perfluorvinyl-Bor-Verbindungen sind farblose, in Kontakt mit Luft selbstentzündliche Stoffe, die mit rußender Flamme brennen und gelegentlich detonieren [8, 10]. Sie sind thermisch weniger stabil als die entsprechenden normalen Vinylverbindungen und zerfallen beim Aufbewahren bei Raumtemperatur unter Abspaltung von BF_3 [8, 12]. Gegenüber Wasser sind sie unbeständig, wobei die Halogenide bei 20°C zu Perfluorvinylborsäuren hydrolysieren [8, 10]. Nur $(CF_2{=}CF)_3B$ wird bei gewöhnlicher Temperatur von H_2O nicht merklich angegriffen. Erhitzt man $CF_2{=}CFBF_2$, $CF_2{=}CFBCl_2$, $(CF_2{=}CF)_2BCl$ oder $(CF_2{=}CF)_3B$ mit Wasser im Bombenrohr auf 120°C (15 h), so erfolgt eine nahezu quantitative Abspaltung der Perfluorvinylgruppe als $CF_2{=}CFH$ [8]. Die Lewis-Azidität nimmt in der Reihenfolge $BCl_3 > CF_2{=}CFBCl_2 > (CF_2{=}CF)_2BCl > (CF_2{=}CF)_3B > BF_3$ ab, dies ergibt sich aus der chemischen Verschiebung der Protonenresonanz der Diäthylätherate [31].

Pentafluorophenylborane and -borates

3.1.3 Pentafluorphenylborane und -borate

Preparation

3.1.3.1 Darstellung

Dihydroxy-pentafluorphenylboran $C_6F_5B(OH)_2$

Hydroxy-bis(pentafluorphenyl)boran $(C_6F_5)_2BOH$

Pentafluorphenyl-difluorboran $C_6F_5BF_2$

Bis(pentafluorphenyl)-fluorboran $(C_6F_5)_2BF$

Pentafluorphenyl-dichlorboran $C_6F_5BCl_2$

Bis(pentafluorphenyl)-chlorboran $(C_6F_5)_2BCl$

Pentafluorphenyl-dibromboran $C_6F_5BBr_2$

Tris(pentafluorphenyl)boran $(C_6F_5)_3B$

Die Hydrolyse des in Aceton gelösten $C_6F_5BCl_2$ bzw. $(C_6F_5)_2BCl$ mit der stöchiometrischen Menge Wasser führt bei −78°C bzw. −20°C zu $C_6F_5B(OH)_2$ bzw. $(C_6F_5)_2BOH$ [13]. Die Fluorierung von $C_6F_5BCl_2$ mit SbF_3 liefert bei −15°C (4 h) $C_6F_5BF_2$ in 73%iger und bei 45°C (1.5 h) in 18%iger Ausbeute. Ferner entsteht es bei der Umsetzung von $C_6F_5Sn(CH_3)_3$ mit BF_3 in trocknem CCl_4 [13, 14]. Erhitzt man $C_6F_5BF_2$ auf 195°C, so zerfallen 77% in BF_3 und $(C_6F_5)_2BF$ [13, 14]. Beide Fluorborane sind über Derivate charakterisiert worden (s. S. 123). BCl_3 reagiert mit $C_6F_5Sn(CH_3)_3$ bei Raumtemperatur zu $C_6F_5BCl_2$ (96% Ausbeute). Wird $(C_6F_5)_2Sn(CH_3)_2$ eingesetzt, so sinkt die Ausbeute auf 74% [13]. Auch mit $C_6F_5HgCH_3$ [13] bzw. $C_6F_5HgC_2H_5$ [15] setzt sich BCl_3 im Bombenrohr zu $C_6F_5BCl_2$ in Ausbeuten von 84 bzw. 91% um. Die Reaktion zwischen BCl_3 und $(C_6F_5)_2Sn(CH_3)_2$ im Molverhältnis 1:1 liefert bei 100°C (2 h) 36% $(C_6F_5)_2BCl$ [13]. Erhitzt man $(C_6F_5)_2Sn(C_4H_9)_2$ mit BBr_3 im Rückfluß, so bildet sich $C_6F_5BBr_2$ in 22%iger Ausbeute [16]. Eine Suspension von C_6F_5Li in Pentan reagiert mit BCl_3 bei Raumtemperatur zu $(C_6F_5)_3B$ (30 bis 50%) [17, 18], das auch aus C_6F_5MgBr und $(C_2H_5)_2O \cdot BF_3$ in 80% Ausbeute erhalten werden kann [19].

Lithium-tetrakis(pentafluorphenyl)borat $Li[B(C_6F_5)_4]$

Kalium-tetrakis(pentafluorphenyl)borat $K[B(C_6F_5)_4]$

Kalium-pentafluorphenyl-trifluorborat $K[B(C_6F_5)F_3]$

Durch Addition eines mols C_6F_5Li an $(C_6F_5)_3B$ entsteht $Li[B(C_6F_5)_4]$, das sich in wäßriger Lösung mit KCl bzw. KNO_3 zu $K[B(C_6F_5)_4]$ umwandeln läßt [18]. Beim Einleiten von $C_6F_5BF_2$ in eine wäßrige Lösung von KF fällt $K[B(C_6H_5)F_3]$ aus [20].

Physical Properties

3.1.3.2 Physikalische Eigenschaften

In Tabelle 8 (S. 120) sind physikalische Daten von Pentafluorphenyl-Bor-Verbindungen zusammengefaßt.

^{19}F-NMR-Spektren

Die in dem Spektrum des $(C_6F_5)_3B$ beobachtete starke Verschiebung $\delta(F_p)$ des paraständigen Fluoratoms gegenüber $\delta(F_p)$ in $[B(C_6F_5)_4]^-$ wird auf die Wechselwirkung des π-Elektronensystems der C_6F_5-Gruppe mit dem unbesetzten p_π-Orbital des Bors zurückgeführt. Im ^{19}F-NMR-Spektrum des $Li[B(C_6F_5)_4]$ sind Anzeichen einer ^{11}B-^{19}F-Kopplung über mehrere Bindungen vorhanden [22].

Nachfolgend werden chemische Verschiebungen $\delta(F_o)$, $\delta(F_p)$ und $\delta(F_m)$ (in ppm) der ortho-, para- und metaständigen Fluoratome der C_6F_5-Gruppe aufgeführt (innerer Standard: $CFCl_3$):

Verbindung		Lösungsmittel	$\delta(F_o)$	$\delta(F_p)$	$\delta(F_m)$
$C_6F_5B(OH)_2$	[13]	Aceton	132.9	155.4	164.1
$C_6F_5BF_2$ [a]	[13]	CCl_4	127.75	143.0	160.4
$C_6F_5BCl_2$	[21]	ohne	128.7	146.0	161.1
	[13]	CCl_4 [a]	128.25	145.3	160.7
	[13]	ohne	129.2	145.0	161.0
$(C_6F_5)_2BCl$	[13]	ohne	129.5	145.35	161.3
$(C_6F_5)_3B$	[22]	Pentan	128.7	144.3	160.6
$Li[B(C_6F_5)_4]$	[22]	Äther	131.6	164.2	167.9
$K[B(C_6F_5)F_3]$	[20]	—	134.25	159.89	164.22

[a] Werte auf unendliche Verdünnung extrapoliert. — [b] $\delta(F_o)$ und $\delta(B\text{-}F)$ überlappen; gemessen gegen äußeren Standard CF_3COOH, Werte offensichtlich auf $CFCl_3$ umgerechnet.

3.1.3.3 Chemisches Verhalten

Chemical Reactions

3.1.3.3.1 Thermische Beständigkeit, Hydrolyse, Perhydrolyse und Löslichkeit

Thermal Stability. Hydrolysis. Perhydrolysis and Solubility

Pentafluorphenyl-Bor-Verbindungen sind infolge der π-Wechselwirkung zwischen dem unbesetzten p-Orbital des Bors und den π-Elektronen des Phenylringes sowie wegen des Fehlens von F-Atomen am α-C-Atom (bezüglich B) beständig und neigen nicht zur BF_3-Abspaltung. Am wenigsten beständig ist $C_6F_5BF_2$, das in flüssiger Phase bei 20°C innerhalb eines Monats zu 40% unter BF_3-Abspaltung zerfällt. Erhitzt man es auf 95°C (16 h) und anschließend auf 194°C (18 h), so erfolgt 77%iger Zerfall in BF_3 und $(C_6F_5)_2BF$ [13, 14]. Unbegrenzt haltbar bei 20°C ist dagegen $C_6F_5BCl_2$ [13], das bei Normaldruck unter leichter Zersetzung bei 123 bis 124°C destilliert werden kann [14]. Die bei 220°C innerhalb von 25 Stunden durchgeführte Pyrolyse führt zu einem 67%igen Zerfall in BCl_3 und $(C_6F_5)_2BCl$ in 59%iger Ausbeute [13]. Während $(C_6F_5)_3B$ nach mehrtägigem Erwärmen auf 270°C im Vakuum in hoher Ausbeute zurückgewonnen werden kann [22], zerfällt $K[B(C_6F_5)F_3]$ bei etwa 300°C im Vakuum zu KBF_4 und einer polymeren perfluorierten Phenylverbindung [20]. $C_6F_5BX_2$ (X = F, Cl) bilden bei der vorsichtigen Hydrolyse $C_6F_5B(OH)_2$, dessen Anion in wäßriger Lösung schnell zu C_6F_5H und $B(OH)_3$ weiter hydrolysiert. Die Säure ist dagegen in einem sauren Aceton-Wasser-Gemisch haltbar. Sie läßt sich mit 85%igem H_2O_2 in C_6F_5OH und $B(OH)_3$ spalten [13]. Versuche, die Säure zu dehydratisieren, sind im Gegensatz zu $C_6H_5B(OH)_2$ selbst bei 140°C und 0.01 Torr nicht gelungen. Die an Luft stabilen, farblosen Kristalle des $(C_6F_5)_2BOH$ zeigen in bezug auf Entwässerung, alkalische und neutrale Hydrolyse ein dem $C_6F_5B(OH)_2$ analoges Verhalten [13]. $(C_6F_5)_3B$ ist thermisch und gegen trocknen Sauerstoff stabil, hydrolysiert aber zu C_6F_5H und $B(OH)_3$ [22]. $K[B(C_6F_6)_4]$ ist in kaltem, luftfreiem Wasser einige Zeit haltbar, greift aber nach längerem Aufbewahren Glas an. Es ist in H_2O löslicher als $K[B(C_6H_5)_4]$ [18]. Das in Wasser nur wenig lösliche $K[B(C_6F_5)F_3]$ wird bei 100°C vollständig zu C_6F_5H, H_3BO_3, KF und HF hydrolysiert [20].

Pentafluorphenyl-Bor-Verbindungen zeigen eine unterschiedliche Löslichkeit in organischen Lösungsmitteln. So ist $(C_6F_5)_3B$ in Kohlenwasserstoffen und unter Komplexbildung auch in Äther löslich [19]. K- und $Li[B(C_6F_5)_4]$ sind merklich in Aceton und Äther löslich, das Lithiumsalz auch in $CHCl_3$ [18].

3.1.3.3.2 Umsetzungen mit Lewis-Basen

Reactions with Lewis Bases

Fast alle Pentafluorphenylverbindungen mit dreifach koordiniertem Bor bilden mit Lewis-Basen Addukte. Aus der Bildungsweise des $C_6F_5BF_2$ aus $(CH_3)_3SnC_6F_5$ mit BF_3 wird geschlossen, daß es im Gegensatz zu CF_3BF_2 eine schwächere Lewis-Säure ist als BF_3 [13, 14]. $C_6F_5BF_2$ bildet mit Pyridin einen 1:1-Komplex, der ebenso wie der des $C_6F_5BCl_2$ mit BCl_3 sich bei 110°C zu $C_6F_5BCl_2$

Literatur s. S.124

Tabelle 8:

Physikalische Eigenschaften der Perfluororgano-Bor-Verbindungen. Siedepunkt (Sdp.) in °C/Druck in Torr, Schmelzpunkt (Schmp.) in °C, Konstanten A, B der Dampfdruckgleichung lg p (Torr) = A − B/T (T in K), Verdampfungsenthalpie ΔH_v in kcal/mol, Trouton-Konstante $\Delta H_v/T_s$ in $cal \cdot mol^{-1} \cdot K^{-1}$, Banden des IR-Spektrums (ν, δ bedeuten Valenz- bzw. Deformationsschwingungen).

Verbindung	Sdp./Torr (Schmp.) in °C	lg p = A − B/T A	B	ΔH_v	$\Delta H_v/T_s$	IR-Spektrum (in cm^{-1})
CF_2=$CFBF_2$ [8]	−14.0[a] (−96[b])	8.247	1389	6.39	24.6	1760 (sh), ν(C=C) = 1725 (vs), $\nu_{as}(^{10}B\text{-}F)$ = 1480 (s) und 1470 (s), $\nu_{as}(^{11}B\text{-}F)$ = 1415 (vs, br), ν(C-F) = 1327 (s), 1319 (s), 1178 (vs) und 1042 (vs), $\delta(BF_2)$ = 703 (s) und 682 (m) [23], s. auch [8]
CF_2=$CFBCl_2$ [8]	48.0[a] (−108[b])	8.008	1645	7.53	23.4	2700 (vw), 2560 (vw), ν(C=C) = 1695 (vs), 1665 (sh), ν(B-C) = 1350 (vs), ν(C-F) = 1287 (s), 1262 (sh), 1158 (m), ν(C-F) = 1128 (s) und 1023 (s), ν_{as} (B-Cl) = 981 (vs), 884 (sh), 864 (vs, br), 847 (sh) [23], s. auch [8]
$(CF_2$=$CF)_2BCl$ [8]	100.5[a] (−57.5[b])	7.861	1861	8.52	22.8	1681 (vs), 1673[i] (vs), 1360 (s), 1319 (m), 1303 (sh), 1255 (w), 1137 (m), 1110 (w), 982 (w), 958 (m), 931 (m), 904 (w), 857 (m), 835 (m), 814 (m) [8], ν(C=C) = 1677[c] [12]
$(CF_2$=$CF)_3B$ [8]	104.9[a] (−107[b])	8.559	2147	9.83	26.0	1678 (vs), 1363 (s), 1313 (s), 1301 (sh), 1209 (m), 1137 (m), 1112 (w), 877 (m), 856 (s), 836 (m) [8], ν(C=C) = 1678[c] [12]
$C_6F_5B(OH)_2$ [13]	140/0.01[j] (290)	—		—		—
$(C_6F_5)_2BOH$ [13]	90/0.02[j] (102)	—		—		—
$C_6F_5BCl_2$ [13]	155[a]	—		—		—
$(C_6F_5)_2BCl$ [13]	68 bis 72/0.02	—		—		—
$C_6F_5BBr_2$ [16]	83 bis 88/20	—		—		—
$(C_6F_5)_3B$	80/Hochvakuum[j] (126 bis 128)[d] [18] (132 bis 134)[e] [19]	—		—		1642 (w)[f], 1578 (w), 1475 (m)[k], 1451 (s), 1426 (m)[k], 1374 (s), 1316 (s), 1292 (m), 1151 (m), 1139 (m), 1110 (m), 1093 (w)[k], 1071 (w), 1012 (s), 973 (s), 926 (vw) [18]

Literatur s. S. 124

Tabelle 8 [Fortsetzung].

Verbindung	Sdp./Torr (Schmp.) in °C	lg p = A − B/T A	B	ΔH$_v$	ΔH$_v$/T$_s$	IR-Spektrum (in cm^{-1})
Li[B(C$_6$F$_5$)$_4$] [18]	—	—	—	—	—	1642 (m)[g], 1513 (s), 1410 (vw), 1299 (vw), 1272 (m), 1129 (m)[k], 1087 (s), 1031 (w), 980 (s), 909 (vw), 775 (m), 769 (m), 756 (m), 682 (m), 659 (m)
K[B(C$_6$F$_5$)$_4$] [18]	—	—	—	—	—	1642 (m)[g], 1513 (s), 1410 (vw), 1277 (sh), 1266 (m), 1124 (w)[k], 1105 (w)[k], 1088 (m), 1055 (w), 1032 (m), 994 (sh), 977 (s), 931 (vw), 915 (w), 901 (vw), 775 (m), 769 (w), 757 (m), 682 (m), 659 (m)
K[B(C$_6$F$_5$)F$_3$] [20]	(324[h])	—	—	—	—	—

[a] Aus der Dampfdruckkurve extrapoliert. — [b] Nach Stock mit magnetischen Kolben bestimmt. — [c] ν(C=C) ist kleiner als in anderen Perfluorvinylverbindungen. Dies deutet auf eine Wechselwirkung der π-Elektronen der CF$_2$=CF-Gruppe mit dem p$_\pi$-Orbital des Bors hin [1, 12]. — [d] Gereinigt durch Sublimation. — [e] Umkristallisiert aus C$_6$H$_{14}$. — [f] Aufgenommen in CHCl$_3$-Lösung. — [g] Aufgenommen als Nujolverreibung. — [h] Umkristallisiert aus C$_2$H$_5$OH/H$_2$O. — [i] Bande erscheint als Dublett. — [j] Sublimationspunkt. — [k] Bande mit Schulter.

Literatur s. S. 124

umwandeln läßt [13]. Das Dichlorid reagiert mit äquimolaren Mengen aromatischer Amine in siedendem Benzol zu monomeren Borimiden gemäß:

$$C_6F_5BCl_2 + 3\,YNH_2 \rightarrow C_6F_5B = NY + 2\,[YNH_3]Cl, \; Y = \text{p-Methoxyphenyl, Mesitylen.}$$

Die Ausbeute beträgt nach 48 Stunden 73 bzw. 83% [24]. Eine Reihe von Addukten bildet das $(C_6F_5)_3B$. Leitet man NH_3 durch eine Lösung von $(C_6F_5)_3B$ in Pentan, so erhält man $(C_6F_5)_3B \cdot NH_3$ (Ausbeute 30 bis 40%). Analog werden $(C_6F_5)_3BX$ ($X = N(CH_3)_3$, $N(C_2H_5)_3$, Pyridin, $P(C_6H_5)_3$) erhalten. Außerdem addiert $(C_6F_5)_3B$ ein Mol C_6F_5Li zu $Li[B(C_6F_5)_4]$, das sich mit $[(C_2H_5)_4N]Cl$ in wäßriger Lösung zu $[(C_2H_5)_4N][B(C_6F_5)_4]$ umsetzen läßt [18]. Physikalische Daten von Pentafluorphenyl-Borderivaten sind in Tabelle 9, S. 123, zusammengefaßt.

Cyclic Perfluoro-organo-boron Compounds

3.1.4 Cyclische Perfluororgano-Bor-Verbindungen

Pentafluoro-phenyl-borazines

3.1.4.1 Pentafluorphenylborazine

2,4,6-Tris(pentafluorphenyl)borazin $(\text{-}B(C_6F_5)N(H)\text{-})_3$

Hexakis(pentafluorphenyl)borazin $(\text{-}B(C_6F_5)N(C_6F_5)\text{-})_3$

Preparation

3.1.4.1.1 Darstellung

2,4,6-Trichlorborazin reagiert mit C_6F_5Li bzw. C_6F_5MgBr und liefert das 2,4,6-Tris(pentafluorphenyl)borazin in 5 bzw. 10% Ausbeute [25]. Analog erfolgt die Synthese des Hexakis(pentafluorphenyl)borazins aus C_6F_5MgBr und 1,3,5-Tris(pentafluorphenyl)-2,4,6-trichlorborazin [26, 27].

Physical Properties

3.1.4.1.2 Physikalische Eigenschaften

$(\text{-}B(C_6F_5)N(H)\text{-})_3$: Schmelzpunkt 211 bis 213°C; Sublimationstemperatur 200°C im Vakuum. IR-Spektrum (in cm^{-1}); aufgenommen als Nujol- bzw. Hexachlorbutadienverreibung. ν(N-H) = 3508(m), 1748(w), 1644(m)*⁾, 1631(w), 1607(w), 1562(s); ν(^{10}B-N) = 1497(sh); ν(^{11}B-N) = 1481(s), 1466(sh), 1440(vw), 1388(m), 1303(m), 1142(s)*⁾, 1133(m), 1096(w), 1070(w), 1059(w), 1049(w), 1016(w), 1001(w), 974(s)*⁾, 877(m), 769(s), 759(sh), 734(m), 698(w), 694(w), 688(vw) (*⁾ bedeutet, daß diese Banden typisch sind für C_6F_5-Gruppen, die an ein B-Atom gebunden sind) [25].

$(\text{-}B(C_6F_5)N(C_6F_5)\text{-})_3$: Schmelzpunkt 402 bis 405°C [26], 345°C (Zersetzung) [27], Sublimationspunkt 250°C/10^{-3} Torr [26], 260°C (Hochvakuum) [27]. IR-Spektrum (in cm^{-1}, aufgenommen als KBr-Preßling): 1651(m), 1519(vs), 1487(s), 1389(vs), 1311(w), 1142(vw), 1095(s), 1005(s), 987(s), 895(m), 805(vw), 740(w), 668(w) [26]. Aufgenommen als Nujol- bzw. Kel-F-Ölverreibung. 1660(m), 1550(sh), 1528(s), 1519(s), 1507(sh), 1489(s), 1425(sh), 1410(sh), 1395(sh), 1388(s), 1315(w), 1211(w), 1152(w), 1144(w), 1100(s), 1088(sh), 1035(sh), 1000(vs), 981(vs), 920(w), 892(s), 795(w), 786(w), 752(w), 734(m), 686(w), 671(w), 661(w), 646(sh), 541(w), 479(w), 457(w) [27]. Massenspektrum: m/e = 1077 (M^+) [27].

Chemical Reactions

3.1.4.1.3 Chemisches Verhalten

Das farblose, kristalline 2,4,6-Tris(pentafluorphenyl)borazin ist löslich in Benzol und Äther, jedoch unlöslich in Wasser. Es ist gegenüber trockner Luft und wasserfreiem HCl beständig und reagiert weder mit H_2 bei 160°C noch mit Cl_2 bei 110°C. Bei 20°C setzt es sich mit H_2O um, wobei nach 5 Tagen 40% der C_6F_5-Gruppen als C_6F_5H abgespalten werden. Dieses Hydrolyseverhalten entspricht dem der Perfluorvinyl- und Pentafluorphenylborane. Obwohl die Verbindung in der Gasphase bis 280°C keine Zersetzungserscheinungen zeigt, zerfällt es in fester Phase relativ schnell unter Abspaltung von C_6F_5H. Bei 210°C (24 h) werden 0.29 mmol, bei 260°C (46 h) zusätzlich 0.08 mmol und bei 280°C (168 h) nochmals 0.12 mmol C_6F_5H abgespalten, so daß innerhalb von 238 h 0.49 mmol = 53% der Substanz zersetzt werden [25]. — Hexakis(pentafluorphenyl)borazin ist gegenüber Wasser bei 100°C beständig, wird aber von siedendem 0.1 normalem NaOH quantitativ hydrolysiert. Die farblosen Kristalle sind in Wasser unlöslich und in organischen Lösungsmitteln schwer löslich [26]. In [27] wird es als hydrolyseempfindlich bezeichnet.

Literatur s. S. 124

Tabelle 9:

Pentafluorphenyl-Borderivate. Siedepunkt (Sdp.) in °C/Druck in Torr, Schmelzpunkt (Schmp.) in °C, chemische Verschiebung δ im ^{19}F-NMR-Spektrum, Banden des IR-Spektrums.

Verbindung	Sdp./Torr (Schmp.) in °C	Umkristallisiert aus	^{19}F-NMR (δ in ppm) (Lösungsmittel)	IR-Spektrum (in cm^{-1})
$C_6F_5BF_2 \cdot C_5H_5N$ [13]	(82 bis 83)	$CHCl_3$/Petroläther	$\delta(F_o) = 132.9$ $\delta(F_p) = 155.6$ $\delta(F_m) = 163.1$ (Aceton)	—
$C_6F_5BCl_2 \cdot C_5H_5N$ [13]	(140 bis 142)	C_6H_6/C_6H_{12}	$\delta(F_o) = 133.1$ 133.5 $\delta(F_p) = 157.2$ 155.7 $\delta(F_m) = 164.1$ 163.3 (Aceton) ($CHCl_3$)	— —
$(C_6F_5)_3B \cdot NH_3$	170[a)] (178 bis 180) [18]	$CHCl_3$ oder Sublimation [18]	$\delta(F_o) = 134.2$ $\delta(F_p) = 157.3$ $\delta(F_m) = 163.9$ (Äther) [22]	1642 (m)[b)], 1595 (w), 1508 (m), 1451 (s), 1410 (m)[e)], 1372 (m), 1284 (m), 1099 (s), 1087 (m)[e)], 1026 (m), 962 (s), 871 (m) [18]
$(C_6F_5)_3B \cdot N(CH_3)_3$[c)]	(164 bis 166) [18]	Äther [18]	$\delta(F_o) = 135.6$ $\delta(F_p) = 159.4$ $\delta(F_m) = 164.4$ ($CHCl_3$) [22]	1639 (m)[b)], 1597 (w), 1449 (s), 1359 (w), 1274 (w), 1081 (s), 1042 (m)[e)], 971 (s), 932 (w), 917 (w) [18]
$(C_6F_5)_3B \cdot NH_5C_5$	160[a)] [18]	Sublimation [18]	$\delta(F_o) = 130.7$ $\delta(F_p) = 157.1$ $\delta(F_m) = 163.5$ (Äther) [22]	1639 (m)[b)], 1626 (m), 1597 (w), 1506 (m)[e)], 1451 (s), 1368 (m), 1282 (m), 1160 (w), 1093 (s), 982 (s), 880 (w), 867 (m) [18]
$(C_6F_5)_3B \cdot P(C_6H_5)_3$ [18]	—	—	—	1639 (m)[b)], 1582 (w), 1504 (m), 1449 (s), 1389 (m)[e)], 1372 (m), 1326 (w), 1282 (m), 1093 (s), 1078 (w), 976 (s), 893 (w)
$[(C_2H_5)_4N][B(C_6F_5)_4]$	(244 bis 246) [18]	—	$\delta(F_o) = 131.2$ $\delta(F_p) = 163.5$ $\delta(F_m) = 167.1$ (Aceton) [22]	1642 (m)[d)], 1513 (s), 1410 (vw), 1272 (m), 1129 (vw), 1115 (w), 1105 (m)[e)], 1093 (m), 1087 (s), 1055 (sh), 1031 (w), 996 (m), 979 (s), 908 (w), 775 (m), 770 (sh), 759 (m), 683 (m), 669 (sh), 662 (m) [18]

a) Sublimationspunkt im Hochvakuum. — b) Aufgenommen in Chloroformlösung. — c) ^{1}H-NMR: $\delta(CH_3) = -2.6$ ppm, Linienbreite 0.5 Hz; $(C_6F_5)_3B \cdot N(C_2H_5)_3$: $\delta(CH_3) = -1.25$ ppm, $\delta(CH_2) = -3.07$ ppm, $J(CH_3\text{-}CH_2) = 7$ Hz. Die ^{1}H-NMR-Spektren der beiden Addukte weisen auf nachfolgende Elektronenakzeptorstärke hin: $BJ_3 > Br_3 > BCl_3 > B(C_6F_5)_3 \approx BF_3 \approx BH_3 > B(CH_3)_3$ [22]. — d) Aufgenommen als Nujolverreibung.
e) Bande mit Schulter.

Literatur s. S. 124

Perfluoro-halo-organo-carboranes

3.1.4.2 Perfluorhalogenorganocarborane

Hierzu s. auch die Bände über Carborane in „Borverbindungen", Erg.-Werk.

1,7-Difluor-1,7-dicarba-closo-dodecaboran(12) $FCB_{10}H_{10}CF$

Perfluor-1,7-dicarba-closo-dodecaboran(12) $FCB_{10}F_{10}CF$

$FCB_{10}H_{10}CF$ wird durch Reaktion von in Äther suspendiertem $LiCB_{10}H_{10}CLi$ mit ClO_3F (verdünnt mit N_2) bei −15°C erhalten. Es wird empfohlen, diese Umsetzung mit äußerster Vorsicht auszuführen. Das Produkt wurde durch Umkristallisieren aus Petroläther gereinigt, Schmelzpunkt 230 bis 231°C. Charakterisiert wurde die Verbindung durch das IR-Spektrum [28]. $FCB_{10}F_{10}CF$ wird durch Behandlung von $FCB_{10}H_{10}CF$ in HF-Suspension mit F_2 und anschließender Vakuumsublimation bei 60°C (0.1 Torr) in 41.6%iger Ausbeute dargestellt. Die Fluorierung von $HCB_{10}H_{10}CH$ ergibt nur $HCB_{10}F_{10}CH$ [28]. Demgegenüber berichten Lagow, Margrave [29], daß feingemahlenes $HCB_{10}H_{10}CH$ in einer Nickelapparatur bei Reaktion mit F_2 (verdünnt mit He) nach 10 Tagen bei Raumtemperatur $FCB_{10}F_{10}CF$ mit einer Ausbeute >85% (nach Vakuumsublimation) ergibt. Die Verbindung wird durch das IR-Spektrum (ν(B-F) = 1370 cm^{-1} (vs, br), ν(C-F) = 1060 cm^{-1} (vs, br), 730 cm^{-1} (m, br), Gerüstschwingung) als Verreibung in Nujol bzw. Fluorcarbonöl und durch das Massenspektrum charakterisiert [29]. Sie ist eine weiße, hydrolytisch sehr empfindliche Substanz, die an feuchter Luft selbstentzündlich ist [28, 29]. Eine eingetretene Hydrolyse macht sich durch eine breite intensive IR-Bande bei 3190 cm^{-1} bemerkbar [29].

Massenspektrum von $FCB_{10}F_{10}CF$ (aufgenommen bei 60°C, für ^{11}B, ^{12}C und ^{19}F ermittelte m/e-Werte, Intensitäten in Klammern): $B_{10}C_2F_{12}^+ = M^+$, 362(w); $B_{10}C_2F_{11}^+$, M^+-19, 343(s); $B_{10}C_2F_{10}^+$, M^+-38, 324(vs); $B_{10}CF_8^+$, 274(s); $B_9CF_7^+$, $B_8C_2F_7^+$, 245(s); $B_8C_2F_5^+$, 207; $B_8CF_5^+$, 195; $B_9F_5^+$, 194; BC_2F_7, 168; $B_6C_2F_4^+$, 166; $B_5C_2F_4^+$, 155; $B_4C_2F_4^+$, 144; $B_2CF_5^+$, 129; $B_2C_2F_4^+$, 122; $B_2F_5^{\ddagger}$, 117(vs); $BC_2F_4^+$, 111; $B_2C_2F_3^+$, 103(s); B_3CF_3, 102(s); $B_4CF_2^+$, 94; $BC_2F_3^+$, 92; $B_2C_2F_2^+$, 84(vs); $C_2F_3^+$, 81; $B_2F_2C^+$, 72; BF_3^+, 68(vs); B_3CF^+, 64(vs); $C_2F_2^+$, 62(vs); BCF_2^+, 61; $B_2F_2^+$, 60; BF_2^+, 49; CF^+, 31; BF^+, 30 [29].

1,7-Bis(perfluorpropanol-2)-1,7-dicarba-closo-dodecaboran(12)
$HOC(CF_3)_2$-$CB_{10}H_{10}C$-$C(CF_3)_2OH$

1,7-Bis(Pentafluorchlorpropanol-2)-1,7-dicarba-closo-dodecaboran(12)
$HOC(CF_2Cl)(CF_3)$-$CB_{10}H_{10}C$-$C(CF_2Cl)(CF_3)OH$

Bis[bis(trifluormethyl)phosphanyl]-closo-2,4-dicarbaheptaboran $[(CF_3)_2PC]_2B_5H_5$

Hexafluoraceton bzw. Pentafluorchloraceton reagieren mit $LiCB_{10}H_{10}CLi$ zu $HOC(CF_3)_2$-$CB_{10}H_{10}C$-$C(CF_3)_2OH$, Schmelzpunkt 80 bis 81°C (umkristallisiert aus Petroläther 30 bis 40°C) bzw. $HOC(CF_2Cl)(CF_3)$-$CB_{10}H_{10}C$-$C(CF_2Cl)(CF_3)OH$, Siedepunkt 140 bis 145°C/1 bis 2 Torr, Schmelzpunkt 43 bis 45°C. Die Protonen der beiden Diol-Gruppen zeigen infolge der kombinierten Elektronegativitäten des Gerüstes -$CB_{10}C$- und der Perhalogengruppe bereits recht azide Eigenschaften und bilden mit NH_3, N_2H_4 und aliphatischen Aminen Salze des Typs $[(CH_3)_2NH_2]_2[m$-$B_{10}H_{10}(C$-$C(CF_3)_2O)_2]$, Schmelzpunkt 105 bis 106°C [30]. Tropft man 2 mmol $(CF_3)_2PCl$ zu 1 mmol $(LiC)_2B_5H_5$ in Äther bei −23°C unter starkem Rühren, erwärmt auf 25°C, so bildet das Heptaboran (11% Ausbeute) das auch in Äther/Hexan bei −23°C (2 h) sowie 25°C (0.5 h) durch portionsweise Zugabe von 2.1 mmol $(LiC)_2B_5H_5$ zu 4.6 mmol $(CF_3)_2PJ$ in 10% Ausbeute erhalten werden kann, physikalische Eigenschaften s. Original [33].

Literatur:

[1] T. D. Parsons, J. M. Self, L. H. Schaad (J. Am. Chem. Soc. **89** [1967] 3446/8). — [2] T. D. Parsons, E. D. Baker, A. B. Burg, G. L. Juvinall (J. Am. Chem. Soc. **83** [1961] 250/1). — [3] R. D. Chambers, H. C. Clark, C. J. Willis (Proc. Chem. Soc. **1960** 114/5). — [4] R. D. Chambers, H. C. Clark, C. J. Willis (J. Am. Chem. Soc. **82** [1960] 5298/301). — [5] J. Jander, H. Nagel (Liebigs Ann. Chem. **669** [1963] 1/10).

[6] R. D. Chambers, H. C. Clark, L. W. Reeves, C. J. Willis (Can. J. Chem. **39** [1961] 258/9). — [7] J. J. Lagowski, P. G. Thompson (Proc. Chem. Soc. **1959** 301/2). — [8] S. L. Stafford, F. G. A. Stone (J. Am. Chem. Soc. **82** [1960] 6238/40). — [9] H. D. Kaesz, S. L. Stafford, F. G. A. Stone (J. Am. Chem. Soc. **81** [1959] 6336). — [10] R. N. Sterlin, V. L. Isaev, G. M. Zakharov, B. Martin, I. L. Knunyants (Zh. Vses. Khim. Obshchestva **12** [1967] 475/7; C.A. **68** [1968] Nr. 13025).

[11] T. D. Coyle, S. L. Stafford, F. G. A. Stone (Spectrochim. Acta **17** [1961] 968/76). — [12] T. D. Coyle, S. L. Stafford, F. G. A. Stone (J. Chem. Soc. **1961** 3103/8). — [13] R. D. Chambers, T. Chivers (J. Chem. Soc. **1965** 3933/9). — [14] R. D. Chambers, T. Chivers (Proc. Chem. Soc. **1963** 208). — [15] R. D. Chambers, J. A. Cunningham (J. Chem. Soc. C **1967** 2185/8).

[16] J. L. W. Pohlmann, F. E. Brinckman, G. Tesi, R. E. Donadio (Z. Naturforsch. **20b** [1965] 1/4). — [17] A. G. Massey, A. J. Park, F. G. A. Stone (Proc. Chem. Soc. **1963** 212). — [18] A. G. Massey, A. J. Park (J. Organometal. Chem. **2** [1964] 245/50). — [19] J. L. W. Pohlmann, F. E. Brinckman (Z. Naturforsch. **20b** [1965] 5/11). — [20] R. D. Chambers, T. Chivers, D. A. Pyke (J. Chem. Soc. **1965** 5144/5).

[21] A. J. R. Bourn, D. G. Gillies, E. W. Randall (Proc. Chem. Soc. **1963** 200). — [22] A. G. Massey, A. J. Park (J. Organometal. Chem. **5** [1966] 218/25). — [23] S. L. Stafford, F. G. A. Stone (Spectrochim. Acta **17** [1961] 412/33). — [24] P. I. Paetzold, W. M. Simon (Angew. Chem. **78** [1966] 825/6). — [25] A. G. Massey, A. J. Park (J. Organometal. Chem. **2** [1964] 461/5).

[26] A. Meller, M. Wechsberg, V. Gutmann (Monatsh. Chem. **97** [1966] 619/32). — [27] O. Glemser, G. Elter (Z. Naturforsch. **21b** [1966] 1132/6). — [28] S. Kongpricha, H. Schroeder (Inorg. Chem. **8** [1969] 2449/52). — [29] R. J. Lagow, J. L. Margrave (J. Inorg. Nucl. Chem. **35** [1973] 2084/5). — [30] C. Obenland, S. Papetti (J. Org. Chem. **31** [1966] 3868/9).

[31] N. Walker, A. J. Leffler (Inorg. Chem. **13** [1973] 484). — [32] J. F. Jackovitz, C. A. Falletta, J. C. Carter (Appl. Spectry. **27** [1973] 209/13). — [33] L. Maya, A. B. Burg (Inorg. Chem. **13** [1974] 1522/3).

3.2 Perfluorhalogenorgano-Aluminium-Verbindungen

Perfluorohaloorganoaluminum Compounds

Perfluorierte aliphatische Aluminiumverbindungen sind außerordentlich instabil und bisher entweder nur indirekt nachgewiesen oder aber, wie $(CF_2{=}CF)_3Al$, als Trimethylaminaddukt isoliert worden. Stabiler sind die Pentafluorphenylalane und -alanate, von denen einige Verbindungen exakt charakterisiert werden konnten.

3.2.1 Darstellung

Preparation

Bis(perfluorvinyl)alan-trimethylamin $(CF_2{=}CF)_2AlH \cdot N(CH_3)_3$

Tris(perfluorvinyl)alan-trimethylamin $(CF_2{=}CF)_3Al \cdot N(CH_3)_3$

Lithium-trifluormethyl-jodaluminat $Li[Al(CF_3)H_2J]$

Lithium-perfluor-n-propyl-jodaluminate $Li[Al(C_3F_7)H_2J]$, $Li[Al(C_3F_7)HJ_2]$, $Li[Al(C_3F_7)_2J_2]$

Lithium-perfluor-2-propyl-jodaluminat $Li\{Al[CF(CF_3)_2]H_2J\}$

Lithium-perfluorcycloalkenyl-jodaluminate $(CF_2)_n$ Ring mit C–X ‖ C–AlH$_2$J; $(CF_2)_n$ Ring mit C–X ‖ C–AlHJ$_2$

Beim Einbringen einer ätherischen Lösung von $(CF_2{=}CF)_2Hg$ in eine ätherische Lösung von $AlH_3 \cdot N(CH_3)_3$ wird in einer schon bei $-20°C$ heftigen Reaktion (unter H_2-Entwicklung) mit anschließendem 24stündigem Rühren bei Raumtemperatur intermediär $(CF_2{=}CF)AlH \cdot N(CH_3)_3$ gebildet, das durch weitere Zugabe von $(CF_2{=}CF)_2Hg$ zu $(CF_2{=}CF)_3Al \cdot N(CH_3)_3$, einer klaren, farblosen Flüssigkeit, reagiert [1].

Perfluorpropylderivate des Aluminiums konnten bisher nicht isoliert, sondern nur indirekt durch Zersetzungsreaktionen [2, 3, 4] bzw. spektroskopisch nachgewiesen werden [4]. In Äther [2] bzw. Tetrahydrofuran [3] bei $-78°C$ oder bei $-45°C$ [4] verläuft die Reaktion von $CF_3CF_2CF_2J$ mit $LiAlH_4$ [2] in folgenden Schritten:

$$C_3F_7J + LiAlH_4 \rightarrow LiAl(C_3F_7)H_2J + H_2$$
$$C_3F_7J + LiAl(C_3F_7)H_2J \rightarrow LiAl(C_3F_7)HJ_2 + C_3F_7H,$$
$$C_3F_7J + LiAl(C_3F_7)HJ_2 \rightarrow LiAl(C_3F_7)_2J_2 + HJ$$

Die analog durchgeführte Umsetzung von $(CF_3)_2CFJ$ mit $LiAlH_4$ (bei $-45°C$) führt zu dem noch unbeständigeren $LiAl[(CF_3)_2CF]H_2J$ [4], die von CF_3J und $LiAlH_4$ vermutlich zu $LiAl(CF_3)H_2J$ [2]. Perfluorchloralkenyljodaluminate werden als Zwischenstufe bei der Reduktion von Perfluorchlorcycloolefinen $(CF_2)_n$ Ring mit C–X ‖ C–J mit $LiAlH_4$ bei 0°C in Äther postuliert [5].

Pentafluorphenyl-dibromalan $C_6F_5AlBr_2$

Bis(pentafluorphenyl)-bromalan $(C_6F_5)_2AlBr$

Lithium-pentafluorphenyl-fluoraluminat $Li[Al(C_6F_5)H_2F]$

Lithium-chlortetrafluorphenyl-fluoraluminat $Li[Al(C_6F_4Cl)H_2F]$

Lithium-tris(pentafluorphenyl)-bromaluminat $Li[Al(C_6F_5)_3Br]$

Tris(pentafluorphenyl)alan-ätherat $(C_6F_5)_3Al \cdot O(C_2H_5)_2$

Beim Erhitzen von $AlBr_3$ mit $C_6F_5HgCH_3$ (Molverhältnis 1:1) bei 70°C (5 d) im Bombenrohr entsteht $C_6F_5AlBr_2$ (97%ige Ausbeute). Führt man die Reaktion in Petroläther im Molverhältnis 2:1 bei 45°C (96 h) im Bombenrohr durch, so fällt $(C_6F_5)_2AlBr$ in 80%iger Ausbeute an [6, 7]. $Li[Al(C_6F_5)FH_2]$ bildet sich vermutlich bei der Umsetzung des C_6F_6 mit $Li[AlH_4]$ in Tetrahydrofuran [8]. Aus dem Reaktionsverlauf sowie aus ^1H- und ^{19}F-Kernresonanzspektren wird auf die Bildung von $LiAl(C_6F_4Cl)H_2F$ bei der Umsetzung von C_6F_5Cl mit $LiAlH_4$ in Tetrahydrofuran (bei 20°C) oder Äther (bei 35°C) geschlossen [12].

$(C_6F_5)_3Al$ ist bisher nur in Form von Komplexen bekannt geworden. So bleibt bei der Einwirkung von C_6F_5Br auf in Tetrahydrofuran gelöstem $LiAlH_4$ nach Abdampfen des Lösungsmittels eine viskose Flüssigkeit zurück, die nach dem Erhitzen auf 120°C im Vakuum und anschließender Extraktion mit siedendem Methylcyclohexan $LiAl(C_6F_5)_3Br$ liefert [3, 9]. Man vermutet, daß sich primär $LiAl(C_6F_5)_2Br_2$ bildet, das beim Erhitzen zu $LiAl(C_6F_5)_3Br$, $C_6F_5AlBr_2$ und LiBr disproportioniert. Die Ausbeute beträgt 30% [9]. Verwendet man anstelle von C_6F_5Br die Chlor- bzw. Jodverbindung, so treten andere Reaktionen ein [3]. Ein Ätherat des $(C_6F_5)_3Al$ erhält man durch Zugabe von in Toluol gelöstem AlX_3 (X = Cl, Br) zu einer eisgekühlten Lösung von C_6F_5MgBr in Äther in 67%iger Ausbeute [10].

Physical Properties

3.2.2 Physikalische Eigenschaften

Über die Perfluorhalogenorgano-Aluminium-Verbindungen liegen folgende Angaben über Siedepunkt (Sdp.), Schmelzpunkt (Schmp.), ^{19}F-NMR-Spektrum (chemische Verschiebung δ in ppm) und IR-Spektrum vor: $(CF_2{=}CF)_3Al \cdot N(CH_3)_3$: Sdp. 42.5°C/>$10^{-3}$ Torr [1]. — $(CF_2{=}CF)_2AlH \cdot N(CH_3)_3$: IR-Spektrum (in cm^{-1}): ν(Al-H) = 1869, ν(C=C) = 1709, ν(C-F) = 1099 [1]. — $LiAl(n\text{-}C_3F_7)H_2J$: $\delta(CF_3)$ = 80.5 (Triplett), $\delta(\beta\text{-}CF_2)$ = 128.3 (br), $\delta(\alpha\text{-}CF_2)$ = 124.8 (br) (Lösungsmittel Äther, Standard $CFCl_3$); $\delta(CF_3)$ = 80.0 (Triplett), $\delta(\beta\text{-}CF_2)$ = 127.0 (br), $\delta(\beta\text{-}CF_2)$ = 125.5 (br) (Lösungsmittel Tetrahydrofuran, Standard $CFCl_3$) [4]. — $LiAl[(CF_3)_2CF]H_2J$: $\delta(CF_3)$ = 76.6 (Dublett), δ(CF) = 217.3 (br) (Lösungsmittel Tetrahydrofuran, äußerer Standard $CFCl_3$) [4].

$C_6F_5AlBr_2$: Schmp. 69 bis 71°C. Sublimation im Vakuum unter geringer Disproportionierung bei 80 bis 90°C; $\delta(F_o) = -41$, $\delta(F_m) = -2.8$, $\delta(F_p) = -15.1$ (Lösungsmittel Petroläther, Standard vermutlich C_6F_6) [7]. — $(C_6F_5)_2AlBr$: $\delta(F_o) = -41$, $\delta(F_m) = -2.6$, $\delta(F_p) = -13.8$ (Lösungsmittel Petroläther, Standard vermutlich C_6F_6) [7]. — $(C_6F_5)_3Al \cdot O(C_2H_5)_2$: Schmp. 173 bis 175°C [10]. $LiAl(C_6F_5)H_2F$: $\delta(F_o) = -18.9$ (br), $\delta(F_p) = 19.8$ (tr), $\delta(F_m) = 24.9$ (m) (Lösungsmittel Äther, Standard 1,2,4,5-Tetrafluorbenzol) [8].

$LiAl(C_6F_4Cl)H_2F$: Zwei Signale gleicher Intensität im ^{19}F-NMR-Spektrum, $\delta(F_o)$ = 120.8 (br), $\delta(F_m)$ = 144.8 (Multiplett), Zuordnung bezüglich dem p-ClC_6F_4-Al-Gerüst (Lösungsmittel Äther, äußerer Standard $CFCl_3$) [12].

$LiAl(C_6F_5)_3Br$: Sublimiert unter Zersetzung bei 160°C im Vakuum [9]. δ_1 = 44.7, δ_2 = 73.8, δ_3 = 82.9 (Lösungsmittel C_6H_6, Standard CF_3COOH). Eine Zuordnung der δ-Werte wird nicht angegeben. IR-Spektrum (in cm^{-1}): 1653 (s), 1536 (ms), 1518 (s), 1353 (ms), 1271 (ms), 1179 (w), 1115 (mw), 1068 (vs), 1057 (s), 1916 (m), 990 (ms), 956 (vs), 913 (mw), 862 (ms), 846 (ms), 743 (m), 732 (ms) [3].

Chemical Reactions

3.2.3 Chemisches Verhalten

Perfluororgano-Aluminium-Verbindungen sind luftempfindliche Substanzen, die leicht AlF_3 abspalten. Pentafluorphenylderivate neigen sogar dazu, sich beim Erhitzen explosionsartig zu zersetzen.

Die bei −20°C stabile luftempfindliche Flüssigkeit $(CF_2{=}CF)_3Al \cdot N(CH_3)_3$ wird beim Aufbewahren bei Raumtemperatur etwas dunkel und viskos. Bei erhöhter Temperatur erfolgt mit H_2O

Hydrolyse zu $CF_2{=}CFH$. Molekulargewichtsbestimmungen in Cyclohexan haben ergeben, daß das Molekül zu größeren Einheiten assoziiert ist [1]. Thermisch sehr instabil sind die Perfluorpropylderivate des Aluminiums. Sie konnten lediglich durch bei 0°C aufgenommene ^{19}F-NMR-Spektren und Zersetzungsprodukte charakterisiert werden. Die Reaktionsprodukte der Umsetzung n-C_3F_7J und $LiAlH_4$ bzw. $(CF_3)_2CFJ$ und $LiAlH_4$ vor und nach der Hydrolyse sind tabellarisch mit Molangaben in [4] aufgeführt. Sie zeigen, daß unter gleichen Bedingungen $LiAl[(CF_3)_2CF]H_2J$ instabiler als $LiAl(C_3F_7)H_2J$ ist [4]. Das intermediär auftretende $LiAl(C_3F_7)_2J_2$ reagiert mit $(C_2H_5)_3MCl$ zu intermediär auftretendem $(C_2H_5)_3MC_3F_7$ (M = Pb, Sn). Dagegen erfolgt mit $(C_2H_5)_2TiCl_2$ nur ein Halogenaustausch gemäß $(C_2H_5)_2TiCl_2 + LiAl(C_3F_7)_2J_2 \rightleftharpoons (C_2H_5)_2TiClJ + LiAl(C_3F_7)_2ClJ$ [3].

Die Pentafluorphenylalane $(C_6F_5)_nAlBr_{3-n}$ (n = 1, 2) sind Molekulargewichtsbestimmungen zufolge in Benzol dimer. Die luft- und feuchtigkeitsempfindlichen Substanzen können an Luft selbstentzündlich sein und bei unkontrollierter Hydrolyse explodieren. $C_6F_5AlBr_2$ kann im Vakuum ohne merkliche Zersetzung auf 140°C (3 h) bzw. 100°C (12 h) erwärmt werden. Erhitzt man 24 h auf 160°C, so färbt sich die Flüssigkeit dunkelrot und zersetzt sich. Bei 180°C erfolgt innerhalb von 30 min Zersetzung. Rasches Erwärmen auf 195°C führt zu einer explosiven Zersetzung. Diese thermische Stabilität wird auf eine Wechselwirkung der π-Elektronen des Phenylringes mit dem unbesetzten Pπ-Orbital des Aluminiums zurückgeführt [7]. $C_6F_5AlBr_2$ reagiert mit $(CH_3)_3N$ bzw. Benzophenon zu $C_6F_5AlBr_2 \cdot N(CH_3)_3$ (Schmelzpunkt 42°C). Mit Äther bildet es $C_6F_5AlBr_2 \cdot O(C_2H_5)_2$, ^{19}F-NMR-Spektrum (Standard vermutlich C_6F_6): $\delta(F_o) = -41$, $\delta(F_m) = -1.3$, $\delta(F_p) = -10.8$ (in ppm) [7]. Mit Acetyl- bzw. Benzoylchlorid liefert es nach Hydrolyse des Reaktionsproduktes mit Eiswasser Pentafluorphenylacetophenon bzw. Pentafluorphenylbenzophenon (Schmelzpunkt 33°C) [7]. Mit Olefinen zeigt es Einschiebungsreaktionen gemäß:

$$C_6F_5AlBr_2 + CH_3CH{=}CH_2 \rightarrow C_6F_5(CH_2CH_2CH_2)_nAlBr_2$$

Das Produkt enthält noch π-gebundenes Propen. $C_6F_5AlBr_2$ bewirkt eine schnelle Polymerisation des Propen [11]. Außer ^{19}F-NMR-spektroskopisch erfolgt die Charakterisierung des $Li[Al(C_6F_5)FH_2]$ auch chemisch. In [8] sind die Reaktionsprodukte der Umsetzung C_6F_6 und $LiAlH_4$ vor und nach der Hydrolyse tabellarisch mit Molangaben aufgeführt. Das isolierbare und aus Benzol, Cyclohexan oder Methylcyclohexan umkristallisierbare farblose $LiAl(C_6F_5)_3Br$ ist luftempfindlich [3, 9]. Der Komplex $(C_6F_5)_3Al \cdot O(C_2H_5)_3$ läßt sich im Vakuum (0.5 Torr) sublimieren und aus einem Gemisch von Toluol und n-Hexan umkristallisieren. Ein rasches Erhitzen des Komplexes führt zur heftigen Explosion. Alle Versuche, den Äther aus dem Komplex zu entfernen, scheiterten [10].

Literatur:

[1] B. Bartocha, A. J. Bilbo (J. Am. Chem. Soc. **83** [1961] 2202/3). — [2] M. Hauptschein, A. J. Saggiomo, C. S. Stokes (J. Am. Chem. Soc. **78** [1956] 680/2). — [3] R. S. Dickson, B. O. West (Australian J. Chem. **19** [1966] 2073/8). — [4] R. S. Dickson, G. D. Sutcliffe (Australian J. Chem. **25** [1972] 761/8). — [5] D. J. Burton, F. J. Mettille (Inorg. Nucl. Chem. Letters **4** [1968] 9/14).

[6] R. D. Chambers, J. A. Cunningham (Tetrahedron Letters **1965** 2389/91). — [7] R. D. Chambers, J. A. Cunningham (J. Chem. Soc. C **1967** 2185/8). — [8] R. S. Dickson, G. D. Sutcliffe (Australian J. Chem. **24** [1971] 295/301). — [9] R. S. Dickson (Chem. Commun. **1965** 68). — [10] J. L. W. Pohlmann, F. E. Brinckman (Z. Naturforsch. **20b** [1965] 5/11).

[11] R. D. Chambers, J. A. Cunningham (Tetrahedron Letters **1967** 3813/4). — [12] R. S. Dickson, G. D. Sutcliffe (Australian J. Chem. **26** [1973] 63/9).

3.3 Perfluororgano-Gallium-Verbindungen

Perfluoroorganogallium Compounds

Vom Gallium ist bisher lediglich der Komplex $(C_6F_5)_3Ga \cdot O(C_2H_5)_2$ synthetisiert worden. Er entsteht bei der Einwirkung von $GaCl_3$ auf C_6F_5MgJ in einem Äther/Toluol-Gemisch. Die farblosen, prismatischen Kristalle schmelzen bei 169 bis 171°C. Die hygroskopische Substanz ist in benzolischer Lösung monomer und kann unzersetzt sublimiert werden, J. L. W. Pohlmann, F. E. Brinckman (Z. Naturforsch. **20b** [1965] 5/11).

3.4 Perfluororgano-Indium-Verbindungen

Perfluoroorganoindium Compounds

Vom Indium kennt man keine aliphatischen perfluorierten Verbindungen, sondern nur Pentafluorphenylindane, von denen einige in Form von Addukten (s. unten sowie S. 129) charakterisiert werden.

Preparation

3.4.1 Darstellung

Pentafluorphenyl-dichlorindan-1,4-Dioxan $C_6F_5InCl_2 \cdot O\langle{}^{CH_2-CH_2}_{CH_2-CH_2}\rangle O$

Bis(pentafluorphenyl)-bromindan $(C_6F_5)_2InBr$

Bis(pentafluorphenyl)-jodindan $(C_6F_5)_2InJ$

Tris(pentafluorphenyl)indan $(C_6F_5)_3In$

$InCl_3$ reagiert im Überschuß mit $(C_6F_5)_2Mg$ in einem Äther-Dioxan-Gemisch zu $C_6F_5InCl_2$, das nach Abdampfen des Äthers und Ersetzen durch Dioxan als $C_6F_5InCl_2 \cdot$ Dioxan in 60% Ausbeute isoliert wird [1]. Setzt man $InBr_3$ mit C_6F_5MgBr in Toluol-Äther um, so entsteht $(C_6F_5)_2InBr$ in 43%iger Ausbeute. Verwendet man $InCl_3$ anstelle von $InBr_3$, so sinkt die Ausbeute auf 37% [2]. Die analoge Jodverbindung bildet sich bei der Einwirkung von C_6F_5J auf In im Molverhältnis 3:4 bei 160°C (6 h) im Vakuum in 15%iger Ausbeute [1]. Bei der Umsetzung von C_6F_5J mit überschüssigem In (Molverhältnis 16:6) im Vakuum bilden sich bei 160°C (6 h) 31% $(C_6F_5)_3In$ [1, 3], das auch unrein, daher als Ätherat isoliert, aus $(C_6F_5)_2Hg$ und In bei 170°C (6 d) entsteht [1, 3]. Ebenso ist es als Triphenylphosphan-Addukt beim Erhitzen von $(C_6F_5)_2TlBr$ und In auf 160°C (1 d) im Bombenrohr zugänglich [4]. Das Ätherat entsteht aus C_6F_5MgBr und $InCl_3$ in Äther/Toluol [2] bzw. durch Ätherextraktion des Produktes der Reaktion von In mit C_6F_5J (s. oben) [1]. Die Ausbeuten an Addukten liegen zwischen 28 und 38%.

Physical Properties

3.4.2 Physikalische Eigenschaften

$C_6F_5InCl_2 \cdot 1,4$-Dioxan: Schmelzpunkt (umkristallisiert aus Äther/Petroläther): 256 bis 259°C (Zersetzung). IR-Spektrum*) (in cm^{-1}): 1635 (m), 1538 (vw), 1509 (vs), 1462 (vs), 1454 (sh), 1442 (sh), 1401 (vw), 1373 (m), 1360 (sh), 1352 (sh), 1337 (vw), 1295 (m), 1266 (sh), 1260 (s), 1147 (vw, br), 1122 (w), 1104 (sh), 1098 (s), 1085 (vs), 1070 (vs), 1062 (sh), 1040 (w), 1016 (vw, br), 960 (vs), 899 (s), 852 (vs), 818 (vw), 784 (vw), 733 (vw, br), 717 (vw), 673 (vw), 667 (vw), 619 (s), 608 (sh), 584 (vw), 489 (vw), 479 (vw), 351 (m, br), ν(In-Cl) = 330 (m, br), 291 (m), 279 (vw) [1].

$(C_6F_5)_2InBr$: Schmilzt bei 144 bis 147°C, sublimiert im Vakuum [2].

$(C_6F_5)_2InJ$: Schmelzpunkt 136 bis 140°C, Sublimationspunkt 150 bis 160°C/0.001 Torr, Kondensation bei −78°C; farblos bei −78°C, beim Erwärmen auf Raumtemperatur orangebraun. IR-Spektrum*) (in cm^{-1}): 1857 (vw), 1715 (vw), 1638 (s), 1611 (vw), 1575 (sh), 1554 (sh), 1533 (sh), 1510 (vs), 1477 (sh), 1470 (vs), 1448 (sh), 1375 (sh), 1367 (vs), 1320 (vw), 1275 (m), 1209 (vw), 1178 (vw), 1139 (w), 1134 (sh), 1080 (vs), 1067 (sh), 1055 (sh), 1010 (m), 967 (sh), 961 (vs), 805 (sh), 792 (m), 787 (sh), 738 (vw), 719 (m), 608 (m), 583 (vw), 490 (w), 359 (m), 352 (sh), 309 (vw), 276 (vw) [1].

$(C_6F_5)_3In$: Schmelzpunkt 176 bis 178°C; Sublimationspunkt 140 bis 150°C/0.001 Torr; kondensiert bei −78°C. IR-Spektrum*) (in cm^{-1}): 1858 (vw), 1717 (vw), 1644 (s), 1610 (vw), 1582 (sh), 1558 (sh), 1533 (sh), 1511 (vs), 1470 (vs, br), 1446 (sh), 1377 (s), 1371 (s), 1325 (vw), 1277 (sh), 1264 (s), 1213 (vw), 1179 (vw), 1136 (w), 1127 (w), 1110 (sh), 1080 (vs), 1072 (vs), 1050 (sh), 1010 (m), 956 (vs), 834 (vw), 792 (sh), 788 (m), 739 (w), 718 (m), 608 (m), 584 (vw), 491 (m), 447 (vw), 359 (m), 354 (m), 309 (vw), 276 (w, br). ^{19}F-NMR-Spektrum (Lösungsmittel Benzol, äußerer Standard CCl_3F): $\delta(F_o) = 118.4$, $\delta(F_p) = 150.6$, $\delta(F_m) = 159.5$ ppm [1].

*) Aufgenommen als Nujol- bzw. Hexachlorbutadienverreibung.

Chemical Reactions

3.4.3 Chemisches Verhalten

$(C_6F_5)_3In$ ist extrem hydrolyseempfindlich und liefert mit Spuren von Feuchtigkeit sofort C_6F_5H. Eine Farbänderung zeigt $(C_6F_5)_2InJ$, das bei −78°C farblos ist, beim Erwärmen auf Raumtemperatur orangebraun, beim Aufbewahren bei 20°C fast gelb wird; die Zersetzungstemperatur beträgt 280°C [1]. Der Komplex $(C_6F_5)_3In \cdot 1,4$-Dioxan entsteht in Tetrahydrofuran (41% Ausbeute) aus C_6F_5MgCl und $InCl_3$ bei 0°C (24 h). Das zur Trockne eingedampfte Filtrat wird in Äther/Dioxan (5:1) aufgenommen und zum Addukt aufgearbeitet [1, 3], der Komplex ist auch aus $(C_6F_5)_2Mg$ und $InCl_3$ in Dioxan/Äther bei 40 bis 45°C (2 h) in 57%iger Ausbeute synthetisiert worden [1]. Die Dioxan-

Literatur s. S. 131

komplexe des $(C_6F_5)_3In$ und $C_6F_5InCl_2$ sind infolge ihrer polymeren Struktur nur wenig in organischen Lösungsmitteln wie Benzol, $CHCl_3$ löslich [1]. An feuchter Luft bildet $(C_6F_5)_3In \cdot$ Dioxan ein bei 270°C stabiles Monohydrat [1]. $(C_6F_5)_2InBr$ ist in Toluol und Benzol löslich; in letzterem gelöst ist es dimer [2]. Das sich in Benzol monomer lösende $(C_6F_5)_3In$ zeigt Lewis-Säure-Eigenschaften und bildet z. B. mit Äther den stabilen Komplex $(C_6F_5)_3In \cdot O(C_2H_5)_2$. Zur Synthese weiterer Addukte eignet sich ganz besonders $(C_6F_5)_3In \cdot$ 1,4-Dioxan. Setzt man stöchiometrische Mengen des Adduktes mit anderen Lewis-Basen wie Pyridin, $(C_6H_5)_3P$, $(C_6H_5)_3PO$, $(C_6H_5)_3As$, $(C_6H_5)_3AsO$ und $(CH_3)_2NCH_2CH_2N(CH_3)_2$ um, so fallen beim Abdestillieren des Äthers im Vakuum die 1:1-Komplexe aus. Mit $(CH_3)_2SO$ bildet sich $(C_6F_5)_3In \cdot [OS(CH_3)_2]_2$ und mit einer äquimolaren Menge 2,2'-Bipyridyl das $[(C_6F_5)_3In]_2 \cdot$ 2,2'-Bipyridyl. Setzt man anstelle des Dioxan-komplexes $(C_6F_3)_3In \cdot O(C_2H_5)_2$ mit $[(C_6H_5)_2PCH_2]_2$ um, so erhält man $[(C_6F_5)_3In]_2 \cdot [(C_6H_5)_2PCH_2]_2$. Mit einem Überschuß von Tetrahydrofuran läßt sich $(C_6F_5)_3In \cdot O(C_2H_5)_2$ in $(C_6F_5)_3In \cdot (\text{Tetrahydrofuran})_2$ überführen. Keine stabilen Komplexe mit Äther bildet $(C_6F_5)_2InJ$. Die in Benzol monomeren 1:1-Komplexe von $(C_6F_5)_3In$ haben wahrscheinlich eine tetraedrische Struktur, wobei der Ligand die vierte Position des Tetraeders einnimmt. Lediglich für $(C_6F_5)_3In \cdot As(C_6H_5)_3$ wird in Benzol ein geringeres Molgewicht gefunden und durch nachfolgendes Dissoziationsgleichgewicht erklärt [5]:

$$(C_6F_5)_3In \cdot As(C_6H_5)_3 \rightleftharpoons (C_6F_5)_3In + As(C_6H_5)_3$$

In den 2:1-Komplexen wird fünffach koordiniertes Indium vermutet. In der trigonalen Bipyramide nehmen die Liganden $(CH_3)_2SO$ und Tetrahydrofuran axiale und die drei C_6F_5-Gruppen äquatoriale Positionen ein. Für die polymeren Addukte $(C_6F_5)_3InL_2$, L = Tetrahydrofuran oder $(CH_3)_2SO$ wird Konstitution A, für das dimere $(C_6F_5)_3In \cdot (CH_3)_2NCH_2CH_2N(CH_3)_2$ Konstitution B und für die Zweikernkomplexe $[(C_6F_5)_3In]_2L$, L = 2,2'-Bipyridyl, $(C_6H_5)_2PCH_2CH_2P(C_6H_5)_2$ die Konstitution C angenommen.

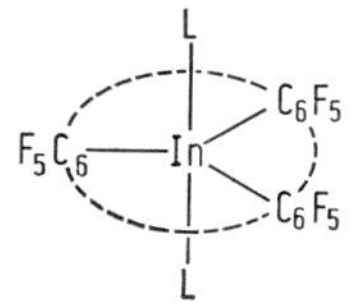

A 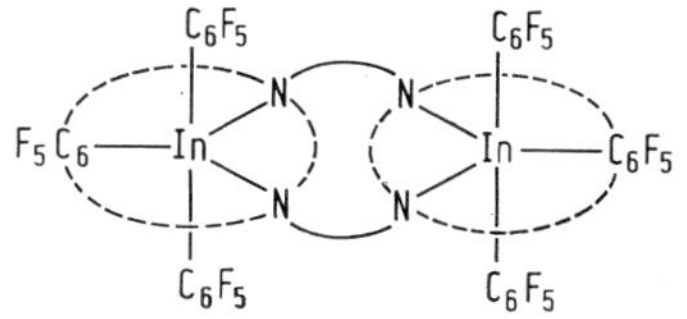 B 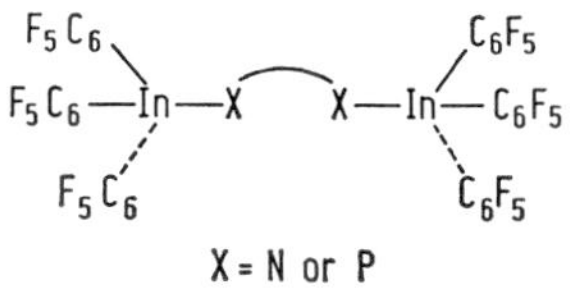 C

X = N or P

Für letztere gibt es in Chloroform Anzeichen für nachfolgende Dissoziation [5]:

$$[(C_6F_5)_3In]_2x \rightleftharpoons (C_6F_5)_3Inx + (C_6F_5)_3In$$

IR-spektroskopischen Untersuchungen zufolge zeigen die Dioxan-Ringe der beiden Addukte mit Konstitution A Sesselform [1].

Physikalische Daten der Pentafluorphenylindium-Derivate werden nachfolgend aufgeführt.

$(C_6F_5)_3In \cdot O(C_2H_5)_2$: Schmelzpunkt 137 bis 140°C (sintert 10 bis 15°C unterhalb des Schmelzpunktes) [2]; 145 bis 149°C, Sublimation bei 115°C und 5×10^{-3} Torr [1]. IR-Spektrum (in cm^{-1}): 1640 (s), 1610 (vw), 1574 (sh), 1555 (sh), 1533 (sh), 1508 (vs), 1466 (vs), 1457 (sh), 1442 (sh), 1394 (m), 1378 (m), 1359 (s), 1325 (w), 1275 (m), 1196 (vw), 1153 (w), 1130 (vw), 1115 (vw), 1075 (vs), 1054 (vs), 1030 (m), 1014 (vw), 995 (vw), 958 (vs), 897 (m), 833 (w), 786 (sh), 776 (s), 739 (vw), 719 (w), 607 (m), 583 (vw), 524 (sh), 501 (vw), 488 (w), 454 (vw), 355 (m), 310 (vw), 276 (vw) [1].

$(C_6F_5)_3In \cdot$ 1,4-Dioxan: Schmelzpunkt 293 bis 298°C (Zersetzung, umkristallisiert aus Äther-Petroläther). IR-Spektrum*) (in cm^{-1}): 1639 (m), 1610 (vw), 1550 (sh), 1530 (sh), 1508 (vs), 1472 (sh), 1464 (vs), 1457 (vs), 1440 (sh), 1378 (m), 1356 (s), 1298 (w), 1267 (m), 1260 (sh), 1213 (vw), 1121 (sh), 1104 (sh), 1086 (sh), 1071 (vs), 1058 (sh), 1044 (sh), 1011 (w, br), 956 (vs), 897 (w), 859 (s), 824 (sh), 785 (m), 738 (vw), 720 (w), 609 (m), 583 (vw), 489 (w), 365 (m), 302 (w), 289 (w), 279 (w) [1].

$(C_6F_5)_3In \cdot P(C_6H_5)_3$: Schmelzpunkt 222 bis 224°C [4], 220 bis 222°C [5]. IR-Spektrum (in cm^{-1}): 1637 (m), 1505 (vs), 1464 (vs), ν(C-C) = 1440 (s), 1372 (s), 1365 (s), 1357 (s), 1266 (m), 1131 (w), 1099 (m), 1073 (s), 1053 (s), 1005 (w, br), 957 (vs), 783 (m), 749 (vs), 713 (m), 695 (s), 601 (m), 525 (s), 495 (s), 444 (m) [4], 397 (vw), 353 (m), 327 (vw) [5].

 Literatur s. S. 131

$(C_6F_5)_3In \cdot OP(C_6H_5)_3$: Schmelzpunkt 160 bis 163°C (umkristallisiert aus Benzol/Petroläther). IR-Spektrum (in cm^{-1}): 1635 (m), 1594 (vw), 1509 (sh), 1505 (s), 1489 (vw), 1466 (vs), 1460 (vs), 1443 (s), 1421 (vw), 1377 (w), 1360 (m), 1340 (vw), 1313 (vw), 1270 (m), 1159 (s), 1127 (s), 1097 (m), 1076 (s), 1069 (sh), 1055 (s), 1029 (vw), 1015 (sh), 1010 (sh), 1000 (w), 962 (vs), 931 (vw), 784 (w), 753 (sh), 747 (w), 731 (s), 695 (s), 676 (sh), 603 (w), 582 (vw), 540 (s), 522 (sh), 487 (w), 470 (vw), 437 (vw), 414 (vw), 356 (m), 352 (sh), 311 (vw), 293 (vw) [5].

$(C_6F_5)_3In \cdot OAs(C_6H_5)_3$: Schmelzpunkt 164 bis 167°C (erweicht bei 150°C). IR-Spektrum (in cm^{-1}): 1637 (m), 1611 (vw), 1580 (vw, br), 1556 (vw), 1534 (vw), 1509 (sh), 1503 (vs), 1485 (m), 1462 (vs), 1457 (sh), 1440 (vs), 1437 (sh), 1422 (sh), 1376 (sh), 1372 (s), 1364 (sh), 1354 (s), 1341 (sh), 1314 (w), 1279 (vw), 1261 (m), 1186 (w), 1163 (vw), 1130 (vw), 1113 (vw), 1089 (sh), 1071 (vs), 1055 (vs), 1025 (sh), 1019 (sh), 1013 (w), 1000 (w), 957 (vs), 930 (vw), 874 (vs), 853 (sh), 782 (w), 746 (sh), 742 (vs), 715 (vw), 695 (sh), 690 (s), 682 (sh), 600 (w), 581 (vw), 487 (w), 473 (m), 461 (m), 408 (m), 397 (sh), 362 (m), 351 (m), 290 (w), 277 (vw), 264 (vw) [5].

$(C_6F_5)_3In$-Pyridin: Schmelzpunkt 127 bis 130°C (erweicht bei 115°C). IR-Spektrum (in cm^{-1}): 1637 (s), 1614 (s), 1577 (vw), 1551 (vw), 1533 sh), 1507 (vs), 1494 (sh), 1464 (vs), 1458 (vs), 1438 (sh), 1376 (s), 1359 (s), 1266 (m, br), 1260 (sh), 1243 (vw), 1223 (m), 1163 (w), 1132 (w, br), 1112 (vw, br), 1077 (sh), 1071 (vs), 1054 (vs), 1047 (sh), 1019 (m), 1012 (sh), 956 (vs), 782 (w), 754 (m), 718 (vw), 693 (s), 680 (sh), 643 (m), 604 (w), 583 (vw), 487 (w), 419 (w), 356 (m), 347 (sh), 309 (vw), 277 (vw) [5].

$(C_6F_5)_3In \cdot (CH_3)_2NCH_2CH_2N(CH_3)_2$: Schmelzpunkt 70 bis 115°C. IR-Spektrum (in cm^{-1}): 1638 (m), 1607 (vw, c), 1580 (vw), 1552 (vw), 1533 (sh), 1506 (vs), 1481 (sh), 1461 (vs, br), 1437 (sh), 1420 (sh), 1379 (s), 1362 (sh), 1356 (s), 1290 (vw), 1267 (m), 1240 (sh), 1210 (vw, br), 1180 (vw), 1170 (sh), 1124 (w), 1108 (vw), 1068 (vs), 1053 (vs), 1019 (w), 1009 (w), 1001 (sh), 954 (vs), 893 (vw), 837 (vw), 799 (m), 773 (w), 737 (vw), 719 (w), 708 (sh), 604 (w), 583 (vw), 496 (sh), 485 (m, br), 446 (vw), 356 (m), 346 (sh), 276 (vw) [5].

$(C_6F_5)_3In \cdot As(C_6H_5)_3$: Schmelzpunkt 217 bis 220°C, erweicht bei 200°C (umkristallisiert aus Benzol/Petroläther). IR-Spektrum (in cm^{-1}): 1637 (m), 1611 (vw), 1579 (vw), 1556 (vw), 1540 (vw), 1532 (vw), 1510 (sh), 1504 (vs), 1486 (w), 1465 (vs), 1441 (sh), 1372 (sh), 1358 (s), 1336 (sh), 1309 (w), 1269 (sh), 1264 (m), 1185 (w), 1159 (vw), 1131 (w), 1113 (vw), 1080 (sh), 1076 (vs), 1065 (sh), 1053 (vs), 1023 (sh), 1012 (w), 1007 (sh), 999 (w), 957 (vs), 920 (vw), 784 (m), 739 (vs), 715 (w), 693 (s), 672 (vw), 601 (m), 582 (vw), 487 (w), 474 (s), 468 (sh), 355 (m), 349 (sh), 332 (m), 327 (sh), 299 (vw) [5].

$(C_6F_5)_3In \cdot [OS(CH_3)_2]_2$: Schmelzpunkt 160 bis 162°C, erweicht bei 125°C (umkristallisiert aus Petroläther/Äther). IR-Spektrum (in cm^{-1}): 1635 (m), 1608 (vw), 1555 (vw), 1534 (vw), 1506 (vs), 1457 (vs), 1440 (sh), 1418 (sh), 1376 (m), 1351 (m, br), 1322 (w), 1304 (vw), 1275 (vw), 1260 (m), 1206 (vw), 1160 (vw, br), 1123 (vw), 1112 (vw), 1079 (sh), 1070 (vs), 1053 (s), 1033 (vw), 1015 (sh), 1005 (vs), 957 (vs), 778 (w), 735 (vw), 718 (w), 712 (sh), 670 (vw), 606 (w), 583 (vw), 487 (w), 413 (m), 358 (m), 340 (w), 313 (w), 277 (vw) [5].

$(C_6F_5)_3In \cdot (\text{Tetrahydrofuran})_2$: Schmelzpunkt 157 bis 160°C. IR-Spektrum (in cm^{-1}): 1639 (s), 1609 (vw), 1567 (w), 1539 (sh), 1507 (vs), 1465 (vs, br), 1441 (sh), 1377 (sh), 1358 (s), 1272 (sh), 1265 (m), 1176 (vw, br), 1128 (vw), 1110 (vw), 1078 (sh), 1073 (s), 1066 (sh), 1053 (s), 1012 (m) (und THF), 956 (vs), 919 (vw), 852 (m, br), 783 (w), 734 (vw), 716 (w), 672 (vw), 602 (w), 583 (vw), 487 (w), 354 (m), 347 (sh) und 310 (vw) [5].

$[(C_6F_5)_3In]_2$-2,2'-Bipyridyl: Schmelzpunkt 188 bis 189°C (umkristallisiert aus Äther). IR-Spektrum (in cm^{-1}): 1634 (m), 1613 und 1604 (m), 1586 (m), 1573 (w), 1556 (vw), 1535 (w), 1510 (sh), 1504 (s), 1481 (sh), 1456 (vs, br), 1440 (sh), 1421 (sh), 1378 (m), 1351 (m), 1342 (sh), 1319 (w), 1280 (vw), 1259 (m), 1250 (sh), 1221 (vw), 1181 (w), 1162 (w), 1121 (sh), 1110 (vw), 1069 (vs), 1054 (vs), 1021 (s), 1017 (sh), 1004 (sh), 970 (sh), 956 (vs), 892 (w), 771 (sh), 761 (vs), 737 (m), 719 (w), 653 (m), 633 (w), 605 (w), 582 (vw), 483 (w), 418 (m), 368 (sh), 360 und 354 (m), 346 (m), 310 (vw), 276 (w) [5]. UV-Spektrum (in Äther, sh = Schulter): λ_{max} = 245 nm ($\varepsilon = 1.8 \times 10^4$), 252 nm (sh, $\varepsilon = 1.6 \times 10^4$), 258 nm (sh, $\varepsilon = 1.4 \times 10^4$), 291 nm (sh, $\varepsilon = 2.2 \times 10^4$), 299 nm ($\varepsilon = 2.6 \times 10^4$), 310 nm ($\varepsilon = 2.3 \times 10^4$) [5].

$[(C_6F_5)_3In]_2 \cdot (C_6H_5)_2PCH_2CH_2P(C_6H_5)_2$: Schmelzpunkt 189 bis 191°C. IR-Spektrum (in cm^{-1}): 1638 (m), 1608 (vw), 1586 (vw), 1575 (vw), 1559 (w), 1541 (vw), 1509 (vs), 1486 (vw),

1469 (sh), 1465 (vs), 1460 (sh), 1441 (sh), 1420 (vw), 1374 (sh), 1365 (sh), 1359 (s), 1337 (sh), 1310 (vw), 1268 (m), 1204 (vw), 1189 (sh), 1180 (w), 1168 (vw), 1158 (vw), 1126 (vw), 1109 und 1099 (w), 1077 (vs), 1070 (sh), 1055 (s), 1028 (vw), 1012 (w), 1000 (w), 970 (sh), 956 (vs), 918 (vw), 891 (vw), 839 (vw), 782 (w), 751 (sh), 747 (m), 729 (s), 718 (sh), 706 (vw), 692 (m), 682(m), 674(sh), 667(sh), 604(w), 583(vw), 537(vw), 513(m), 486(w), 475(m), 458(sh), 454 (w), 358 (m), 354 (sh), 335 (sh), 311 (vw) und 299 (vw) [5].

Literatur:

[1] G. B. Deacon, J. C. Parrott (Australian J. Chem. **24** [1971] 1771/9). — [2] J. L. W. Pohlmann, F. E. Brinckmann (Z. Naturforsch. **20b** [1965] 5/11). — [3] G. B. Deacon, J. C. Parrott (Inorg. Nucl. Chem. Letters **7** [1971] 329/31). — [4] G. B. Deacon, J. C. Parrott (J. Organometal. Chem. **22** [1970] 287/95). — [5] G. B. Deacon, J. C. Parrott (Australian J. Chem. **25** [1972] 1169/77).

3.5 Perfluororgano-Thallium-Verbindungen

Perfluoro-organo-thallium Compounds

Die Zahl der synthetisierten perfluorierten organischen Thalliumverbindungen ist sehr klein. Lediglich Pentafluorphenylverbindungen konnten bisher erhalten werden. Der einzige bisher beschriebene Versuch, CF_3-Derivate herzustellen, blieb erfolglos [1].

3.5.1 Darstellung

Preparation

Bis(pentafluorphenyl)thalliumhydroxid $(C_6F_5)_2TlOH$

Bis(pentafluorphenyl)thalliumnitrat $(C_6F_5)_2TlNO_3$

Bis(pentafluorphenyl)thalliumtrifluormethylacetat $(C_6F_5)_2TlOC(O)CF_3$

Bis(pentafluorphenyl)thalliumpentafluorbenzoat $(C_6F_5)_2TlOC(O)C_6F_5$

Bis[bis(pentafluorphenyl)thallium]sulfat $[(C_6F_5)_2Tl]_2SO_4$

Bis(pentafluorphenyl)thalliumfluorid $(C_6F_5)_2TlF$

Bis(pentafluorphenyl)thalliumchlorid $(C_6F_5)_2TlCl$

Bis(pentafluorphenyl)thalliumbromid $(C_6F_5)_2TlBr$

Bis(pentafluorphenyl)thalliumjodid $(C_6F_5)_2TlJ$

Tris(pentafluorphenyl)thallium $(C_6F_5)_3Tl$

Bis(pentafluorphenyl)thalliumcyanid $(C_6F_5)_2TlCN$

Schlüsselverbindung zur Synthese von C_6F_5-Tl-Derivaten ist $(C_6F_5)_2TlBr$, das in etwa 45% Ausbeute bei der Umsetzung von C_6F_5MgBr mit $TlCl_3$ (Molverhältnis 8:3) in Äther (1.5 h) entsteht [3, 4]. Außerdem fällt es als Nebenprodukt bei der Synthese von $(C_6F_5)_3Tl$ an. Dieses bildet sich aus C_6F_5MgBr (gelöst in Äther) und $TlCl_3$ in siedendem Toluol oder Hexan. Die Ausbeute an trisubstituiertem Produkt beträgt 56% und an $(C_6F_5)_2TlBr$ bis zu 32%. Kristallisiert man $(C_6F_5)_3Tl$ aus Äther um, so fällt ein 1:1-Ätherat aus [2]. Durch Reaktion von $(C_6F_5)_2TlBr$ mit den entsprechenden Silbersalzen in wäßrigem Methanol können das Fluorid und Chlorid synthetisiert werden, analog bilden sich das Nitrat bzw. Trifluoracetat, wenn die Reaktionen in wäßrigem Aceton, Hexan bzw. in Äther durchgeführt werden:

$$(C_6F_5)_2TlBr + AgX \rightarrow (C_6F_5)_2TlX + AgBr;\ X = F, Cl, NO_3 \text{ und } CF_3COO$$

Das Sulfat bildet sich in ähnlicher Reaktion aus $(C_6F_5)_2TlBr$ und Tl_2SO_4. Die Ausbeuten liegen hierbei zwischen 69 bis 88%. In schlechterer Ausbeute bilden sich das Fluorid und Chlorid auch durch Reaktion von $[Tl(C_6F_5)_2]_2SO_4$ mit NaF bzw. KCl in wäßriger Lösung [3, 4]. Fügt man zu einer wäßrigen Lösung von $[(C_6F_5)_2Tl]_2SO_4$ (unter Lichtausschluß) Lösungen von NaJ bzw. NaCN hinzu, so fallen die entsprechenden Jodide und Cyanide aus [6]. Die Umsetzung von $(C_6F_5)_2TlBr$ mit $NaOC(O)C_6F_5$ in wäßrigem Äthanol bzw. $(C_6F_5)_2TlOC(O)CH_3$ mit $C_6F_5C(O)OH$ in Methanol führt zu $(C_6F_5)_2TlOC(O)C_6F_5$ in 70 bzw. 64% Ausbeute [7]. Aus $(C_6F_5)_2TlBr$ und KOH bildet sich $(C_6F_5)_2TlOH$ [20]. $(C_6F_5)_2TlCl$ entsteht auch innerhalb von 5 Tagen aus $CH_3C[OTl(C_6F_5)_2]{=}CHC(O)CH_3$ und $CHCl_3$ in 12% Ausbeute [12].

Physical Properties

3.5.2 Physikalische Eigenschaften

Physikalische Daten von Perfluororgano-Thallium-Verbindungen sind in Tabelle 10 (S. 133) zusammengefaßt. Zusätzlich ist vom $(C_6F_5)_2TlOH$ eine Röntgenstrukturanalyse durchgeführt worden. Zur Konstitutionsermittlung der Titelverbindungen dienten Molgewichtsbestimmungen und IR-spektroskopische Untersuchungen.

X-Ray Structure and Constitution

Röntgenstruktur und Konstitutionen

Eine Röntgenstrukturanalyse von $(C_6F_5)_2TlOH$ [8] bei 98 ± 5 K ergibt, daß die Verbindung triklin kristallisiert mit a = 4.91 ± 0.03, b = 10.66 ± 0.01 und c = 12.701 ± 0.005 Å, α = 95.2° ± 0.1°, β = 95.3° ± 0.2° und γ = 91.1° ± 0.1°. Die Raumgruppe ist $P\bar{1}$-(C_i^1), und es befinden sich zwei Moleküle in der Einheitszelle. Die Projektion eines Moleküls in die (100)-Ebene des Kristallgitters sowie die nächste Umgebung eines Tl-Atoms ist in **Fig. 1** nach [8] angegeben. Danach liegt eine fünffache Koordination des Metallatoms vor, gebildet durch zwei C-Atome mit r(Tl-C) = 2.12 ± 0.13 Å,

Fig. 1

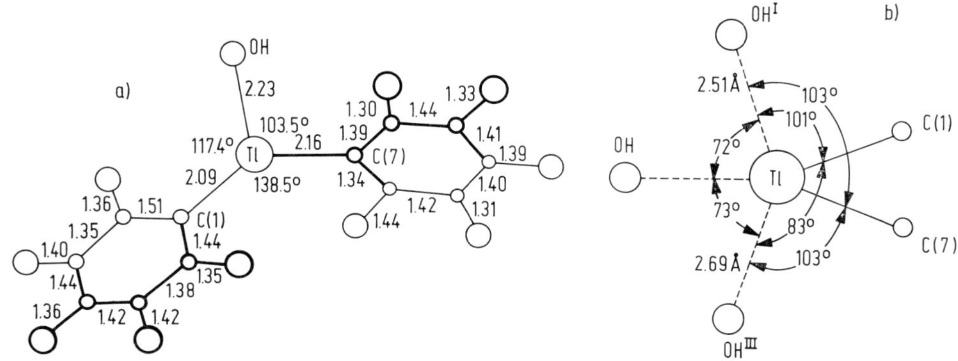

a) Projektion eines Moleküls $(C_6F_5)_2TlOH$ nach (100).

b) Nähere Umgebung des Tl-Atoms mit Bindungslängen und -winkeln.

∢(C-Tl-C) = 138.5 ± 0.5°, ein O-Atom in der äquatorialen Ebene mit r(Tl-O) = 2.23 ± 0.02 Å, und zwei O-Atomen mit r(Tl-O) = 2.51 bzw. 2.69 ± 0.02 Å, die die verzerrte trigonale Bipyramide vervollständigen. Jedes O-Atom ist umgeben von Tl-Atomen in 3 Ecken eines verzerrten Tetraeders (Winkel 101°, 106°, 141°), die 4. Ecke ist vermutlich von H besetzt. Die Tl-O-Polymerisation führt zu einer Kettenstruktur in Richtung der Nadelachse des Kristalls. Die aromatischen Ringe sind eben, ihre Normalen sind senkrecht zueinander und stehen zur Normalen der äquatorialen O-C-C-Ebene unter Winkeln von 48° bzw. 53°. Mittlere Bindungslängen sind r(C-C) = 1.41 ± 0.05 Å und r(C-F) = 1.37 ± 0.04 Å, Atomlagen und Strukturfaktoren s. Original. Auffallend ist, daß ∢(C-Tl-C) weder 180°, wie in vielen organischen Thalliumkomplexen, noch der Tetraederwinkel ist [8].

Molgewichtsbestimmungen und IR-spektroskopische Untersuchungen lassen für $(C_6F_5)_2TlX$ mit X = Cl, Br, J, CN

A B C

die dimere Konstitution A vermuten [4, 6], aus Analogiegründen wird für $(C_6F_5)_2TlF$ und $(C_6F_5)_2TlNO_3$ ebenfalls Konstitution A angegeben [4]. Auch $(C_6F_5)_2TlOC(O)R_f$ (R_f = CF_3, C_6F_5) ist dimer und weist vermutlich Konstitution B auf [7]. Dem Sulfat kommt wahrscheinlich Konstitution C zu [4].

Literatur s. S. 138

Tabelle 10:

Physikalische Eigenschaften von Perfluororgano-Thallium-Verbindungen. Schmelzpunkt (Schmp.) in °C, molare elektrische Leitfähigkeit Λ in $\Omega^{-1} \cdot cm^2 \cdot mol^{-1}$ von Tl-Verbindungen der Konzentration c in mmol/l in verschiedenen Lösungsmitteln A, Banden des IR-Spektrums, chemische Verschiebung δ und Spin-Spin-Kopplungskonstante J im ^{19}F-NMR-Spektrum.

Verbindung	Schmp. in °C (umkristallisiert aus)	Elektrische Leitfähigkeit A	c	Λ	IR-Spektrum in cm^{-1}, ^{19}F-NMR-Spektrum (δ in ppm)
$(C_6F_5)_2TlOH$ [8]	185 bis 187 (Benzol/Cyclohexan)	—			—
$(C_6F_5)_2TlNO_3$ [f)]	287 bis 289 [g)] (Benzol/Alkohol) [4]	Aceton Methanol Pyridin	1.74 10.2 1.98 5.93 2.18	2.7 2.5 70.5 59.9 2.7 [4]	IR[e)]: 1792 (vw), 1779 (vw), ν_4(B) = 1403 (s, br), ν_1(A_1) = 1357 (vs, br), ν_2(A_1) = 1052 (w), ν_6(B_2) = 832 (m[d)]) und 817 (m), ν_5 (B_1) = 739 (m), ν_3 (A_1) = 729 (m) [4, 5] IR[b)]: 1642 (s), 1520 (vs), 1477 (vs), ν_3 (A_1) = 1376 (vs), ν_4 (A_1) = 1285 (sh), 1280 (sh), ν_5 (A_1) = 1101 (vs); 1094 (sh), 1087 (sh), ν_{25} (B_2) = 972 (vs), ν_6 (A_1) = 800 (m), 783 (vw, br), ν_{15} (B_1) = 614 (m); 372 (vs), 229 (s, br) [13]
$(C_6F_5)_2TlOC(O)CF_3$	255 bis 288 [g)] (Äther/Petroläther) [4]	Aceton Methanol	1.75 4.74 1.69 3.62	3.0 2.3 56.8 47.4 [4]	IR: ν_{as}(CO_2) = 1608 (vs); ν(C-F) = 1217 (vs), 1195 (vs), 1185 (vs), 1143 (m); ν(C-C) = 873 (m), 809 (m), 734 (s); δ(CF_3 in Phase) = 599 (w); δ(CF_3 gegenphasig) = 518 (w, br), ρ(CF_3) = 432 (m, br), 283 (vs) [4, 7] IR[b)]: 1639 (s), 1515 (vs), 1488 (vs), ν_3 (A_1) = 1385 (s), ν_4 (A_1) = 1285 (m), ν_5 (A_1) = 1093 (vs); 1082 (sh), ν_{25} (B_2) = 974 (vs), ν_6 (A_1) = 798 (m), ν_{15} (B_1) = 612 (w); 364 (s), 221 (s, br) [13]
$(C_6F_5)_2TlOC(O)C_6F_5$	255.5 bis 256 [g)] (–) [7]	Aceton	1.87	1.7 [7]	IR: ν(C-C) = 1656, ν_{as} (CO_2) = 1548, ν(C-C) = 1531, ν_s (CO_2) = 1425, 1410, ν(C-F) = 1117, 1003, 946, δ(CO_2) = 825, γ(CO_2) = 776 [7] IR[b)]: 1640 (m), 1520 (vs), 1492 (vs), ν_3 (A_1) = 1382 (s), ν_4 (A_1) = 1285 (w), ν_5 (A_1) = 1091 (vs); 1082 (s), ν_{25} (B_2) = 973 (vs), ν_6 (A_1) = 807 (s), ν_{15} (B_1) = 610 (w) [13]; 1656 (s), 1640 (m), 1548 (vs, br), 1531 (m), 1520 (vs), 1501 (sh), 1492 (vs), 1484 (sh), 1460 (w), 1425 (s), 1417 (w), 1410 (s), 1382 (s), 1302 (w), 1285 (w), 1140 (w), 1117 (s), 1091 (vs), 1082 (s), 1074 (sh), 1048 (vw), 1011 (sh), 1003 (s), 973 (vs), 946 (m), 825 (m), 807 (s), 776 (vs), 718 (w), 706 (w), 610 (w), 583 (w), 507 (w) [7]

Literatur s. S. 138

Tabelle 10 [Fortsetzung].

Physikalische Eigenschaften von Perfluororgano-Thallium-Verbindungen. Schmelzpunkt (Schmp.) in °C, molare elektrische Leitfähigkeit Λ in $\Omega^{-1}\cdot cm^2\cdot mol^{-1}$ von Tl-Verbindungen der Konzentration c in mmol/l in verschiedenen Lösungsmitteln A, Banden des IR-Spektrums, chemische Verschiebung δ und Spin-Spin-Kopplungskonstante J im ^{19}F-NMR-Spektrum.

Verbindung	Schmp. in °C (umkristallisiert aus)	Elektrische Leitfähigkeit A	c	Λ	IR-Spektrum in cm^{-1}, ^{19}F-NMR-Spektrum (δ in ppm)
$[(C_6F_5)_2Tl]_2SO_4$	285 bis 290[g)] (Gemisch aus $[(CH_3)_2CH]_2O$, $CH_3OCH_2CH_2OCH_3$ und Methanol [4]	Aceton Wasser	1.02 0.716 1.38	17.9 177 167 [4]	IR[i)]: 1206 (s, br), 1157 (vs, br), ≈ 1111 (sh), 985 (s), 643 (s, br), 636 (sh), ≈ 625 (sh), 598 (m, br) [4] IR[j)]: 1202 (sh), 1156 (s), ≈1110 (sh), 989 (s), 635 (m), 620 (sh), 590 (m), ≈435 (vw) [4] IR[b)]: 1642 (s), 1515 (vs), 1486 (vs, br), ν_3 (A_1) = 1385 (s), ν_4 (A_1) = 1282 (m, br), ν_5 (A_1) = 1087 (vs), ν_{25} (B_2) = 966 (vs), ν_6 (A_1) = 804 (s), 787 (m), ν_{15} (B_1) = 609 (s, br) [13]
$(C_6F_5)_2TlF$	320 (Methanol/Benzol) [4] 325[g)] (wäßriges Methanol) [7]	Methanol	1.92 6.92	39.1 24.2 [4]	IR[b)]: 1919 (vw), 1866 (vw), 1795 (vw), 1776 (vw), 1724 (vw), 1698 (vw), 1669 (vw), 1639 (m), 1580 (vw), 1550 (vw), 1515 (vs), 1484 (vs), 1460 (sh), 1416 (vw), 1391 (sh), $\nu_3(A_1)$ = 1381 (s); 1330 (vw), 1285 (w), 1269 (sh), 1221 (vw), 1168 (vw), ν_{24} (B_2) = 1139 (w), 1135 (w); 1114 (vw), ν_5 (A_1) = 1092 (vs), 1076 (s), 1057 (w), 1017 (m, br), $\nu_{25}(B_2)$ = 967 (vs); 894 (vw, br), $\nu_6(A_1)$ [ν(Tl-C)] = 799 (m), 785 (m), 744 (vw), 719 (m), ν_{15} (B_1) = 609 (m), ν_7 (A_1) = 584 (vw, br), 363 (m), ν_{28} (B_2) = 311 (s), ν_{10} (A_1) = 279 (m), 236 (sh), 231 (m, br), ν_{11} (A_1) = 196 (vs), 190 (sh), 137 (w), 107 (s), 97 (sh) [13], ν(Tl-F) = 320 (s, br), 165 (m, br) [14], s. auch [4, 5]
$(C_6F_5)_2TlCl$	239 bis 241 (Benzol) [4]	Aceton Methanol	2.16 17.9 2.04 5.84	1.0[c)] 0.9[c)] 6.4 3.8 [4]	IR[b)]: 1942 (vw), 1919 (vw), 1859 (vw), 1767 (vw), 1718 (vw), 1667 (vw), 1634 (s), 1610 (vw), 1580 (w), 1553 (w), 1513 (vs), 1484 (vs), 1458 (sh), 1416 (w), 1393 (sh), ν_3 (A_1) = 1383 (s), 1374 (sh); 1326 (w), 1284 (m), 1276 (m), 1222 (vw), 1217 (vw), 1170 (vw), ν_{24} (B_2) = 1143 (sh), 1139 (m), 1110 (vw), 1091 (sh), ν_5 (A_1) = 1086 (vs), 1073 (s), 1049 (w), 1018 (m), 1006 (m), 976 (sh), ν_{25} (B_2) = 970 (vs), 905 (vw), ν_6 (A_1) = 804 (s), 784 (m), 741 (w, br), 718 (m), 707 (vw), ν_{15} (B_1) = 608 (m), ν_7 (A_1) = 583 (vw, br), 360 (m), ν_{28} (B_2) = 311 (w), ν_{10} (A_1) = 280 (w), 225 (m), ν_{11} (A_1) = 191 (s), 106 (s), 97 (s), 86 (s) [13], ν(Tl-Cl) = 215 (m), 130 (m, br) [14], s. auch [4, 5]

Literatur s. S. 138

Tabelle 10 [Fortsetzung].

Verbindung	Schmp. in °C (umkristallisiert aus)	Elektrische Leitfähigkeit A	c	Λ	IR-Spektrum in cm^{-1}, ^{19}F-NMR-Spektrum (δ in ppm)
$(C_6F_5)_2TlBr$	217 bis 220.5[g] (Benzol) [4] 225 bis 227[g] [2] 223 bis 226[g] (Benzol) [17]	Aceton Methanol Pyridin	1.71 18.6 1.89 8.54 2.46	1.2[c)] 1.2[c)] 3.1 1.6 ≈0.1[c)] [4]	IR[b)]: 1942 (vw), 1924 (vw), 1861 (vw), 1770 (vw), 1721 (vw), 1667 (vw), 1634 (s), 1613 (vw), 1582 (w), 1555 (w), 1511 (vs), 1486 (vs), 1458 (w), 1414 (w), 1389 (sh), ν_3 (A_1) = 1383 (s), 1328 (w), 1282 (m), 1276 (m), 1222 (vw), 1217 (vw), 1170 (vw), ν_{24} (B_2) = 1140 (sh), 1126 (m), 1110 (vw), 1089 (sh), ν_5 (A_1) = 1083 (vs), 1071 (vs), 1049 (w), 1017 (m), 1004 (m), 975 (sh), ν_{25} (B_2) = 968 (vs), 904 (vw), ν_6 (A_1) = 800 (s), 782 (m), 743 (w), 718 (m), 707 (vw), ν_{15} (B_1) = 608 (m), ν_7 (A_1) = 583 (w, br), ν_8 (A_1) = 490 (w, br), 359 (s), ν_{28} (B_2) = 311 (w), ν_{10}(A_1) = 281 (w), 222 (m), ν_{11} (A_1) = 191 (s), 109 (m), 99 (m), 74 (s, vbr) [13], ν(Tl-Br) = 151 (s), 74 (s, br) [14] ^{19}F-NMR: $\delta(F_o)$ = 119.3, $\delta(F_p)$ = 158.2, $\delta(F_m)$ = 167.0 ppm, J(^{205}Tl-^{19}F) = 799 (F_o), 343 (F_m), 99 (F_p) H_2, innerer Standard $CFCl_3$ [11]
$(C_6F_5)_2TlJ$	Zersetzung (Wasser) [6]	—			IR: 1638 (s), 1582 (w), 1556 (w), 1514 (vs), 1481 (vs), 1455 (sh), 1412 (w), 1389 (sh), 1381 (s), 1369 (sh), 1326 (w), 1283 (m), 1274 (sh), 1141 (sh), 1137 (m), 1087 (sh), 1082 (vs), 1068 (vs), 1048 (m), 1015 (sh), 1011 (m), 1003 (m), 973 (sh), 966 (vs), 795 (s), 779 (m), 742 (w), 717 (m), 607 (m), 584 (w), 486 (w, br) [6]
$(C_6F_5)_3Tl$	139 bis 141[a)] [2]	—			—
$(C_6F_5)_2TlCN$	190[h)] (Wasser) [6]				IR: 2189 (s), 1640 (s), 1555 (w), 1512 (vs), 1472 (vs, br), 1455 (sh), 1412 (w), 1383 (s), 1374 (s), 1328 (w), 1287 (m), 1272 (sh), 1140 (w), 1083 (vs), 1078 (vs), 1059 (sh), 1030 (sh), 1016 (sh), 1011 (m), 974 (sh), 965 (vs), 803 (sh), 795 (s), 790 (sh), 743 (w), 719 (m), 614 (m), 589 (w), 490 (w, br) [6]

a) Sintert 10 bis 15°C unterhalb des Schmelzpunktes. — b) Zuordnungen in Anlehnung an die des C_6F_5J. — c) Leitfähigkeit nimmt beim Stehen zu. — d) Bande in Acetonlösung beobachtet, alle übrigen in Nujol-, Hexachlorbutadien- und Fluorcarbonölverreibungen. — e) Die angegebenen Zuordnungen beziehen sich auf Normalschwingungen des ONO_2-Restes, der eine niedrigere Symmetrie als NO_3^- aufweist. — f) IR-spektroskopische Untersuchungen zeigen, daß die Verbindung in mindestens zwei Modifikationen vorkommt, die sich durch Lage und Intensität der NO_3-Schwingungen unterscheiden. Die hier angegebenen Banden beziehen sich auf das aus $(C_6F_5)_2TlBr$ und $AgNO_3$ in wäßrigem Aceton hergestellte Produkt. Kristallisiert man dieses aus heißem, wäßrigem organischem Lösungsmittel um, so erfolgt eine Modifikationsumwandlung. — g) Zersetzung. — h) Erweicht, ohne richtig zu schmelzen. — i) Banden des Sulfatrestes, aufgenommen als Nujolverreibung. — j) Banden des Sulfatrestes als KBr-Preßling.

Literatur s. S. 138

Chemical Reactions of Perfluorohaloorganothallium Compounds

3.5.3 Chemisches Verhalten

$(C_6F_5)_3Tl$ ist luftempfindlich und hygroskopisch [2]. Die übrigen Verbindungen sind gegen feuchte Luft beständig, ferner bei Raumtemperatur stabil. $(C_6F_5)_2TlBr$ zersetzt sich bei langem Erhitzen bei 150°C [4], hochgereinigte Proben (Schmelzpunkte und Bemerkungen zur Zersetzung s. Tabelle 10, S. 133) sind bei langem Erhitzen (14 d) auch bei 190°C annehmbar stabil, bei 280°C (0.5 d) erfolgt vollständige Zersetzung in C_6F_5Br, $C_{12}F_{10}$, TlBr, möglicherweise TlF sowie höhermolekulare perfluorierte Aromaten [17]. Das beim Umkristallisieren von $(C_6F_5)_3Tl$ aus Äther anfallende $(C_6F_5)_3Tl \cdot (C_2H_5)_2O$ ist bei 20°C stabil, zerfällt aber teilweise in benzolischer Lösung und vollständig beim Erhitzen auf 80°C [2].

In der Chemie der Pentafluor-Thallium-Verbindungen nimmt $(C_6F_5)_2TlBr$ eine Schlüsselposition ein, da es zur Synthese neuer, die $(C_6F_5)_2Tl$-Gruppe enthaltender Verbindungen dient, wie z. B. $(C_6F_5)_2TlOC(O)R$ ($R = CH_3, C_6H_5$), s. Tabelle 11, S. 139. Setzt man das Bromid in Methanol mit $AgOC(O)CH_3$ bzw. in wäßrigem Äthanol mit $NH_4OC(O)C_6H_5$ um, so erhält man $(C_6F_5)_2TlOC(O)CH_3$ (Zersetzung oberhalb 226°C) [3, 4] bzw. $(C_6F_5)_2TlOC(O)C_6H_5$ (Schmelzpunkt 292 bis 293°C) [7]. Das Acetat ist auch in wäßrigem Äthanol mit $NH_4OC(O)CH_3$ oder $NaOC(O)CH_3$ hergestellt worden [7]. $(C_6F_5)_2TlBr$ dient auch als Überträger von C_6F_5-Gruppen auf eine Reihe von Haupt- und Nebengruppenelementen [16, 17] nach:

$$n\,(C_6F_5)_2TlBr + 2\,M = n\,TlBr + 2\,M\,(C_6F_5)_n$$

Zu den Produkten der bei 190°C durchgeführten Reaktion mit M = Ge, Sn (n = 4), In, P, As, Sb (n = 3), M = S, Se, Te (n = 2) s. die entsprechenden Abschnitte in „Perfluorhalogenorgano-Verbindungen der Hauptgruppenelemente", Erg.-Werk. Weitere Reaktionen (Reaktionstemperatur t, Reaktionsdauer τ) mit n = 2, M = Zn (t = 185°C, τ = 0.5 d), Cd (t = 160°C, τ = 5 d), Hg (t = 130°C, τ = 7 d) führen zu (in Klammern Schmelzpunkt, weitere Angaben s. Original) $(C_6F_5)_2Zn$ (94 bis 96°C), $(C_6F_5)_2Cd$ (154 bis 155°C), $(C_6F_5)_2Hg$ (140 bis 141°C), ferner mit n = 1, M = J (t = 20°C, τ = 5 d) zu C_6F_5J. Mit Cl_2 bzw. Br_2 im Überschuß (t = 20°C, τ = 5 bzw. 1 d) erfolgt eine Reaktion zu C_6F_5X und $TlBrX_2$ (X = Cl, Br) [17].

Mit $SnCl_2$ bzw. Hg_2Cl_2 reagiert $(C_6F_5)_2TlBr$ in Benzol zu (in Klammern Schmelzpunkt) $(C_6F_5)_2SnCl_2$ bzw. $Hg(C_6F_5)_2$ (119°C) und mit $Pt[P(C_6H_5)_3]_4$, $Rh[P(C_6H_5)_3]_3Cl$, $Rh[P(C_6H_5)_3]_2(CO)Cl$, $Au[P(C_6H_5)_3]Cl$ und trans-$Pd[P(C_6H_5)_3]_2Cl_2$ zu cis-$Pt(C_6F_5)_2[P(C_6H_5)_3]_2$ (245°C), $(C_6F_5)_2RhCl[P(C_6H_5)_2]_2$ (265°C), $(C_6F_5)_2RhCl(CO)[P(C_6H_5)_3]_2$, cis-$(C_6F_5)_2AuClP(C_6H_5)_3$ (150°C) und $(C_6F_5)_2PdCl_2[P(C_6H_5)_3]_2$ (250°C, Zersetzung) [18]. Austauschreaktionen wurden auch zwischen $(C_6F_5)_2TlBr$ und $Na[B(C_6H_5)_4]$, $(C_6H_5)_3Sb$ und $(C_6H_5)_2Hg$ beobachtet. Es bildet sich hierbei $(C_6H_5)_2TlBr$, andere Produkte konnten nicht in reiner Form isoliert werden [4]. $(C_6F_5)_2TlX$ (X = F, Cl, Br, J, NO_3, $^1/_2\,SO_4$, CN, $OC(O)C_6F_5$) wird in siedendem wäßrigem Äthanol, das Chlorid und Bromid auch in siedendem wäßrigem Methanol oder H_2O, durch J^- zu C_6F_5H, etwas C_6F_5J und TlJ zersetzt. In Anwesenheit von HCl führt die Zersetzung von $(C_6F_5)_2TlBr$ durch J^- zu TlJ_4^- und C_6F_5H. Analoge Reaktionen werden für $(C_6F_5)_2TlBr$ auch mit Br^- bzw. CN^- beobachtet [6].

In polaren, organischen Lösungsmitteln sind die Substanzen $(C_6F_5)_2TlX$ mit X = Cl, Br, NO_3, $CF_3C(O)O$ und $^1/_2\,SO_4$ löslich. $(C_6F_5)_2TlBr$ und $(C_6F_5)_2TlCl$ lösen sich auch in siedendem Benzol. $[(C_6F_5)_2Tl]_2SO_4$ ist die einzige Verbindung dieser Klasse, die sich auch gut in Wasser löst [4]. Molekulargewichtsmessungen ergeben, daß in Benzol $(C_6F_5)_3Tl$ monomer und $(C_6F_5)_2TlX$ (X = Cl, Br) dimer sind [2, 4]. Löst man die Halogenide in Aceton, so werden die Halogenbrücken gelöst und das Lösungsmittel tritt in die Koordinationsphase des Tl-Atoms. Beide Halogenide liegen in Aceton monomer vor und sind Nichtelektrolyte. Ionisiert sind das Nitrat und das Trifluoracetat in Methanol, das Sulfat in wäßriger Lösung [4]. Auch $(C_6F_5)_2TlOC(O)R_f$ ($R_f = CF_3, C_6F_5$) ist in Aceton monomer und zeigt geringe Leitfähigkeit [7].

Bis(pentafluorophenyl)thallium Complexes

Bis(pentafluorphenyl)thallium-Komplexe

Pentafluorphenylthallium-Komplexe der Koordinationszahl 4

Setzt man $(C_6F_5)_2TlX$ (X = Cl, Br) in einem polaren organischen Lösungsmittel mit einem Liganden $L = (C_6H_5)_3YO$ (Y = P, As) in stöchiometrischen Mengen bzw. mit $L = (C_6H_5)_3Y$ im Überschuß (zur besseren Kristallisation der entstehenden Verbindungen) um, so entstehen 1:1-Komplexe, in denen das zentrale Tl-Atom vermutlich vierfach koordiniert ist. Analog werden $(C_6F_5)_2TlOC(O)CF_3 \cdot (C_6H_5)_3YO$ synthetisiert. In wäßrigem Methanol registriert $(C_6F_5)_2TlBr \cdot$

Bis(pentafluorophenyl)-thallium Complexes

$(C_6H_5)_3AsO$ mit $AgNO_3$ zum entsprechenden Nitrat. Die Komplexe mit L = $(C_6H_5)_3YO$ (Y = P, As) haben wahrscheinlich tetraedrische Struktur. Sie sind in Benzol monomer und dissoziieren in Aceton, wobei eine Abspaltung des Liganden angenommen wird. Die Dissoziation des $(C_6H_5)_3PO$-Derivates ist stärker als die des $(C_6H_5)_3AsO$-Derivates. Auf Grund von Röntgen-Pulveraufnahmen sind $(C_6F_5)_2TlX \cdot L$ (X = Cl, Br, L = $(C_6H_5)_3PO$, $(C_6H_5)_3AsO$) isostrukturell, ebenso analoge Verbindungen mit L = $(C_6H_5)_3P$ bzw. $(C_6H_5)_3As$, die in Benzol den Liganden abstoßen, aber im kristallinen Zustand tetraedrische Komplexe der Konstitution A' bilden [5].

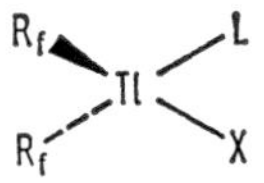

A' 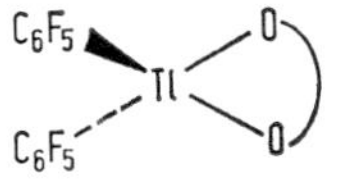 B'

Weitere vierfach koordinierte Komplexe mit der Formel $(C_6F_5)_2TlZ$, wobei Z für einen zweizähnigen, einfach negativ geladenen Liganden wie $OC(CH_3){=}CHC({=}O)CH_3$, $OC(CF_3){=}CHC({=}O)CH_3$, $OC(CF_3){=}CHC({=}O)CF_3$, $OC(C_6H_5){=}CHC({=}O)CH_3$ und $OC(C_6H_5){=}CHC({=}O)C_6H_5$ steht, werden durch Umsetzung äquimolarer Mengen $(C_6F_5)_2TlBr$ mit Na-Salzen der entsprechenden Diketone bei −10°C in Methanol hergestellt und durch Zugabe von kaltem Wasser ausgefällt. Anstelle der Na-Salze können auch Tl(I)-Diketone bei 20°C in Methanol zur Synthese dieser Stoffe herangezogen werden. Diese Diketonatokomplexe haben in $CHCl_3$ eine sehr niedrige Leitfähigkeit. Sie beträgt bei einer Konzentration von ≈1 bis 6×10^{-3} mol/l nur 0.005 bis 0.04 $\Omega^{-1} \cdot cm^2 \cdot mol^{-1}$ und in Aceton 0.3 bis 8.5 $\Omega^{-1} \cdot cm^2 \cdot mol^{-1}$ bei 1 bis 5×10^{-3} mol/l. In Benzol und $CHCl_3$ sind diese Komplexe monomer und haben vermutlich Konstitution B' [12]. Sulfinatkomplexe des Typs $(C_6F_5)_2Tl \cdot O_2SR$ (R = C_6H_5, p-$CH_3C_6H_4$) erhält man durch Umsetzung des Silbersulfinats mit $(C_6F_5)_2TlX$, X = Halogen. Beide Stoffe sind in Aceton Nichtleiter und zeigen in Methanol eine geringere Leitfähigkeit als analoge Organothalliumsulfinat-Komplexe. Die Lage der ν(SO)-Banden deutet auf eine Koordination über die Sauerstoffatome [15, 19].

Einen anderen Typ von vierfach koordinierten Tl-Komplexen stellen die Anionen $[(C_6F_5)_2TlX_2]^-$ (X = Cl, Br) dar. Sie entstehen bei der Zugabe der Hydrate von $[(C_6H_5)_4P]Cl$ bzw. $[(C_6H_5)_4P]Br$ zu $(C_6F_5)_2TlCl$ bzw. $(C_6F_5)_2TlBr$ in Methanol bzw. siedendem Äther. Analog wird $[(C_2H_5)_4N]^+[(C_6F_5)_2TlCl_2]^-$ erhalten. Die Komplexe sind sowohl in Aceton als auch in Methanol gute Elektrizitätsleiter [4]. Ebenfalls vierfach koordiniert ist Tl in dem anionischen Komplex $[C_6F_5TlJ_3]^-$. Diesen erhält man durch kurzzeitiges Erhitzen von $(C_6F_5)_2TlBr$, NaJ und HCl in wäßrigem Äthanol. Auf Zugabe von $[(C_4H_9)_4N]J$ in der Kälte fällt primär durch $[(C_4H_9)_4N][TlJ_4]$ verunreinigtes $[(C_4H_9)_4N][Tl(C_6F_5)J_3]$ aus. Die nach zwei Tagen anfallende Fraktion ist rein, Ausbeute ≈ 8%. Zusätzlich werden noch 41% verunreinigtes Produkt isoliert. Versuche, nach diesem Verfahren einen entsprechenden Bromkomplex zu synthetisieren, führten nur zu einem unreinen Produkt. Schüttelt man $(C_6F_5)_2TlBr$ mit NaJ 5 Minuten in Äthanol und fügt danach eine äthanolische Lösung von $[(C_6H_5)_3CH_3As]J$ hinzu, so fällt ein viskoses, gelbes Öl aus, das mit Aceton extrahiert, auf Zugabe von etwas C_2H_5OH gelbes $[(C_6H_5)_3AsCH_3][Tl(C_6F_5)J_3]$ liefert [6].

Pentafluorphenylthallium-Komplexe der Koordinationszahl 5

In Verbindungen des Typs $(C_6F_5)_2TlX \cdot L$ (X = Cl, Br, NO_3, $CF_3C(O)O$ und L = 2,2'-Bipyridyl, (im folgenden bpy), 1,10-Phenanthrolin (phen), ist das Thallium vermutlich fünffach koordiniert. Sie entstehen beim Zusammenfügen stöchiometrischer Mengen des freien Liganden und $(C_6F_5)_2TlX$. Als Lösungsmittel dienen zur Synthese von bpy-Komplexen Methanol oder wasserhaltiges Methanol und für phen-Komplexe ein Äther-Äthanol-Gemisch oder Äthanol. Setzt man einen 1.5fachen Überschuß von o-Phenylen-bis(dimethylarsan) mit $(C_6F_5)_2TlBr$ in Äther um, so kann aus der Lösung auf Zugabe von Petroläther der 1:1-Komplex ausgefällt werden. Es ist jedoch sehr schwierig, ein reines Produkt zu erhalten [4]. Die Umsetzung von $(C_6F_5)_2TlOC(O)C_6F_5$ mit stöchiometrischen Mengen 1,10-Phenanthrolinhydrat in Methanol oder besser Äther bzw. 2,2'-Bipyridyl in Methanol führt zu den entsprechenden 1:1-Komplexen [7, 9]. Die Bipyridylkomplexe von $(C_6F_5)_2TlX$ (X = Cl, Br, NO_3, $CF_3C(O)O$) sind in Aceton sehr schwache Elektrolyte und — nachgewiesen durch Molgewichtsbestimmungen — schwach dissoziiert. Die Phenanthrolinverbindungen sind dagegen Nichtelektrolyte und monomer. Etwa 1%-Lösungen von $(C_6F_5)_2TlBr \cdot bpy$ bzw. $(C_6F_5)_2Tl\,bpy$ $-OC(O)CF_3$ sowie $(C_6F_5)_2$-TlX-phen (X = Cl, Br) in Benzol sind monomer und in höheren Konzentrationen schwach assoziiert. Monomer in $CHCl_3$ sind $(C_6F_5)_2TlOC(O)CF_3 \cdot bpy$ und $(C_6F_5)_2TlNO_3 \cdot phen$. Alle Komplexe ionisieren mehr oder weniger in CH_3OH [4]. Monomer in

Literatur s. S. 138

Benzol sind auch $(C_6F_5)_2TlOC(O)R_f \cdot bpy$ ($R_f = CF_3, C_6F_5$). In Aceton dagegen dissoziieren sie in Ligand und $(C_6F_5)_2TlOC(O)R_f$, die analogen Phenanthrolinkomplexe sind dagegen in Aceton weitgehend undissoziiert [7].

Fünffach koordiniertes Thallium enthalten auch die Verbindungen $(C_6F_5)_2TlNO_3 \cdot 2L$ (L = $(C_6H_5)_3PO$ und $(C_6H_5)_3AsO$) und $(C_6F_5)_2TlBr(C_5H_5N)_2$. Setzt man Wasser zu einer siedenden methanolischen Lösung von 1 mmol $(C_6F_5)_2TlNO_3$ und 2 mmol $(C_6H_5)_3PO$ bzw. $(C_6H_5)_3As$ hinzu, so fallen die ersten beiden Stoffe in Ausbeuten von 43 bis 44% aus [5]. Löst man $(C_6F_5)_2TlBr$ in Pyridin und fügt Äther hinzu, so erhält man nach Filtration und Eindampfen zur Trockene auf Zugabe von Petroläther den instabilen Bipyridinkomplex, der in Aceton ein Nichtleiter ist [4]. Setzt man $(C_6F_5)_2TlBr$ mit Natriumchinolat in äquimolaren Mengen in Methanol um, so entsteht der Thallium(III)-Komplex mit innerkomplex gebundenen 8-Hydroxychinolin, der Molgewichtsbestimmungen zufolge in $CHCl_3$ in einem Monomer-Dimer-Gleichgewicht vorliegt und vermutlich die Konstitution A mit pentakoordiniertem Thallium hat [12]. $(C_6F_5)_2L_2TlNO_3$ (L = $(C_6H_5)_3PO$, $(C_6H_5)_3AsO$) dissoziiert in Benzol unter Abspaltung der Liganden [4]. Für $(C_6F_5)_2TlX \cdot 2L$ mit X = Br, L = CH_3COCH_3, C_5H_5N sowie X = NO_3, L = $(C_6H_5)_3PO$, $(C_6H_5)_3AsO$ [13] und $(C_6F_5)_2TlX \cdot L$ (X = Cl, Br, NO_3, $CF_3C(O)O$, $C_6F_5C(O)O$; L = 2,2-Bipyridyl oder 1,10-Phenanthrolin) [4, 7] ist Konstitution B vorgeschlagen worden.

$(C_6F_5)_2Tl$ O O $Tl(C_6F_5)_2$

A

R_f L L Tl X R_f

B

Literatur:

[1] T. N. Bell, B. J. Pullman, B. O. West (Proc. Chem. Soc. **1962** 224). — [2] J. L. W. Pohlmann, F. E. Brinckman (Z. Naturforsch. **20b** [1965] 5/11). — [3] G. B. Deacon, R. S. Nyholm (Chem. Ind. [London] **1963** 1803). — [4] G. B. Deacon, J. H. S. Green, R. S. Nyholm (J. Chem. Soc. **1965** 3411/25). — [5] G. B. Deacon, R. S. Nyholm (J. Chem. Soc. **1965** 6107/16).

[6] G. B. Deacon, J. C. Parrott (J. Organometal. Chem. **15** [1968] 11/23). — [7] G. B. Deacon (Australian J. Chem. **20** [1967] 459/70). — [8] H. Luth, M. R. Truter (J. Chem. Soc. A **1970** 1287/93). — [9] G. B. Deacon (Inorg. Nucl. Chem. Letters **2** [1966] 299/301). — [10] G. B. Deacon, V. N. Garg (Inorg. Nucl. Chem. Letters **5** [1969] 359/62).

[11] D. E. Fenton, D. G. Gillies, A. G. Massey, E. W. Randall (Nature **201** [1964] 818). — [12] G. B. Deacon, V. N. Garg (Australian J. Chem. **24** [1971] 2519/32). — [13] G. B. Deacon, J. H. S. Green (Spectrochim. Acta A **24** [1968] 1125/33). — [14] G. B. Deacon, J. H. S. Green, W. Kynaston (J. Chem. Soc. A **1967** 158/61). — [15] G. B. Deacon, V. N. Garg (Inorg. Nucl. Chem. Letters **6** [1970] 717/21).

[16] G. B. Deacon, J. C. Parrott (J. Organometal. Chem. **17** [1969] P17/P18). — [17] G. B. Deacon, J. C. Parrott (J. Organometal. Chem. **22** [1970] 287/95). — [18] R. S. Nyholm, P. Royo (J. Chem. Soc. D **1969** 421). — [19] G. B. Deacon, V. N. Garg (Australian J. Chem. **26** [1973] 2355/69). — [20] T. Meyer, P. Royo, A. J. Layton, R. S. Nyholm (persönliche Mitteilung) laut [8].

Tabelle 11:

Physikalische Eigenschaften von Pentafluorphenylthalliumderivaten. Schmelzpunkt (Schmp.) in °C, molare elektrische Leitfähigkeit Λ bei der Konzentration c, Banden des IR-Spektrums, chemische Verschiebung δ im ^{1}H-NMR-Spektrum.

Verbindung	Schmp. in °C (umkristallisiert aus)	Λ (in Aceton) in $\Omega^{-1}\cdot cm^2\cdot mol^{-1}$	c in mmol/l	IR-Spektrum in cm^{-1} ^{1}H-NMR-Spektrum (δ in ppm, innerer Standard $Si(CH_3)_4$)
$(C_6F_5)_2TlO\underset{\underset{O}{\Vert}}{C}CH_3$	233 bis 238[1)] (Äthanol) [4]	0.5 4.1[2)]	2.61 1.96 [4]	IR: $\nu_{as}(-CO_2-)$ = 1546 (sh), $\delta_{as}(CH_3)$ = 1449 (s, sh), $\nu_s(-CO_2-)$ = 1408 (s), $\delta_s(CH_3)$ = 1353 (sh), $\rho(CH_3)$ = 1009 (s), $\delta(OCO)$ = 677 (s), $\delta(-CO_2-)$ = 610 (m, br) (aus der Ebene), $\rho(-CO_2-)$ = 457 (w, br) [4, 7], 1640 (s)[23)], 1518 (vs), 1485 (vs); $\nu_3(A_1)$ = 1380 (s), $\nu_4(A_1)$ = 1277 (m), $\nu_5(A_1)$ = 1085 (vs), 1074 (sh), $\nu_{23}(B_2)$ = 968 (vs, br), $\nu_6(A_1)$ = 802 (s), 783 (w), $\nu_{15}(B_1)$ = 610 (m, br); 326 (vs), 222 (m, br) [13]
$(C_6F_5)_2TlO\underset{\underset{O}{\Vert}}{C}C_6H_5$	292 bis 293[3)] (Benzol/Methanol) [7]	0.4	2.45 [7]	ν(C-C) = 1606, ν(C-C) = 1591, $\nu_{as}(CO_2)$ = 1519 bis 1490[4)], $\nu_5(CO_2)$ = 1425, β(CH) = 1027, γ(C-H) = 930; 870, α(C-C) = 733, $\delta(OCO)$ = 695, 686 [7]. — 1641 (s)[23)], 1519 (vs), 1490 (vs, br), ν_3 (A_1) = 1381 (s), ν_4 (A_1) = 1280 (m), ν_5 (A_1) = 1087 (vs); 1078 (sh), ν_{25} (B_2) = 974 (vs, br), ν_6 (A_1) = 804 (s), 786, 790 (sh), ν_{15} (B_1) = 610 (w) [13]
$(C_6F_5)_2TlCl\cdot(C_6H_5)_3PO$	216 bis 218[5)] (Methanol/H_2O) [5]	1.4 1.5	1.37 4.04 [5]	IR: ν(P=O) = 1172 (vs) [5], ν(Tl-Cl) = 243 (vs, br) [5], 1634 (m)[23)], 1511 (vs), 1477 (vs), $\nu_3(A_1)$ = 1377 (s); $\nu_4(A_1)$ = 1272 (s), $\nu_5(A_1)$ = 1080 (vs); 1068 (s), $\nu_{25}(B_2)$ = 964 (vs), $\nu_6(A_1)$ = 794 (m), 783 (w); $\nu_{15}(B_1)$ = 606 (w); 357 (s), 222 (m) [13], 357 (s)[6)], δ(P=O) = 302 (m), 293 (s); 276 (w)[6)]; 263 (w), ν(Tl-Cl) = 243 (vs); 222 (m)[6)], 181 (vs)[6)], δ(Tl-Cl) = 145 (m, br), 111 (sh)[6)], 104 (vs)[6)] [14]
$(C_6F_5)_2TlCl\cdot(C_6H_5)_3AsO$	176 bis 177 (Methanol/H_2O) [5]	4.6 4.6	1.99 3.02 [5]	IR: ν(As=O) = 908 (vs) [5], ν(Tl-Cl) = 242 (s, br) [5], 1637 (m)[23)], 1513 (vs), 1479 (vs), ν_3 (A_1) = 1379 (s), ν_4 (A_1) = 1272 (m), ν_5 (A_1) = 1081 (vs); 1070 (s), ν_{25} (B_2) = 966 (vs), ν_6 (A_1) = 790 (m), 779 (w), ν_{15} (B_1) = 607 (w); 355 (vs, br), ≈ 225 (sh, br) [13]

Literatur s. S. 138

Tabelle 11 [Fortsetzung].

Physikalische Eigenschaften von Pentafluorphenylthalliumderivaten. Schmelzpunkt (Schmp.) in °C, molare elektrische Leitfähigkeit Λ bei der Konzentration c, Banden des IR-Spektrums, chemische Verschiebung δ im ^{1}H-NMR-Spektrum.

Verbindung	Schmp. in °C (umkristallisiert aus)	Λ (in Aceton) in $\Omega^{-1}\cdot cm^2\cdot mol^{-1}$	c in mmol/l	IR-Spektrum in cm^{-1} ^{1}H-NMR-Spektrum (δ in ppm, innerer Standard $Si(CH_3)_4$)
$(C_6F_5)_2TlBr\cdot(C_6H_5)_3PO$	199.5 bis 210.5 (Methanol/H_2O) [5]	1.9 2.1	1.22 3.75 [5]	IR: ν(P=O) = 1172(vs) [5], 1637(m)[23)], 1511(vs), 1477(vs), $\nu_3(A_1)$ = 1376(s), $\nu_4(A_1)$ = 1272(m), $\nu_5(A_1)$ = 1081(vs); 1070(sh), $\nu_{25}(B_2)$ = 965(vs), $\nu_6(A_1)$ = 792(m, br), 783(w), $\nu_{15}(B_1)$ = 606(w); 355(s), 220(m) [13], 365(s)[6)], 313(sh)[6)], δ(P=O) = 301(sh), 293(s); 277(w)[6)], 262(w), 254(w), 246(w), 220(m)[6)], 179(vs)[6)], ν(Tl-Br) = 169(vs), 110(s)[6)], 104(s)[6)], δ(Tl-Br) ≈ 94(m, br), 84(s), ≈ 64(w) [14]
$(C_6F_5)_2TlBr\cdot(C_6H_5)_3AsO$	146 bis 147 (Methanol/H_2O) [5]	6.0 5.9	1.94 3.43 [5]	IR: ν(As=O) = 907(vs) [5], 1634(m)[23)], 1511(vs), 1478(vs), $\nu_3(A_1)$ = 1376(s), $\nu_4(A_1)$ = 1271(m), $\nu_5(A_1)$ = 1079(vs); 1067(s), $\nu_{25}(B_2)$ = 964(vs), $\nu_6(A_1)$ = 790(m), 780(w), $\nu_{15}(B_1)$ = 606(w); 355(vs, br), ≈ 211(w, br) [13]
$(C_6F_5)_2TlOC(=O)CF_3\cdot(C_6H_5)_3PO$	172 bis 174 (Methanol/H_2O) [5]	3.3 2.7	0.81 1.25 [5]	IR: ν(P=O) = 1153(vs)[7)] [5], 1511(vs)[23)], 1481(vs), $\nu_3(A_1)$ = 1379(s), $\nu_4(A_1)$ = 1274(w), $\nu_5(A_1)$ = 1083(s); 1072(sh), $\nu_{25}(B_2)$ = 969(vs), $\nu_6(A_1)$ = 800(s), 785(w), $\nu_{15}(B_1)$ = 607(w); 362(s), 224(m) [13]
$(C_6F_5)_2TlOC(=O)CF_3\cdot(C_6H_5)_3AsO$	173.5 bis 174.5 (Aceton/Isopropyläther) [5]	7.8 7.7	1.15 2.08 [5]	IR: ν(As=O) = 863(vs) [5], 1511(vs)[23)], 1477(vs), $\nu_3(A_1)$ = 1377(s), $\nu_4(A_1)$ = 1274(sh), $\nu_5(A_1)$ = 1081(s); 1067(s), $\nu_{25}(B_2)$ = 969(vs), $\nu_6(A_1)$ = 800(s), 785(w), $\nu_{15}(B_1)$ = 607(m); 370(sh), 360(vs, br), ≈ 224(w, br) [13]
$(C_6F_5)_2TlNO_3\cdot(C_6H_5)_3AsO$	116 bis 118 (Aceton/Isopropyläther) [5]	11.6 11.5	1.70 3.59 [5]	IR: ν(As=O) = 855(vs) [5], 1639(m)[23)], 1513(vs), 1481(vs, br), $\nu_3(A_1)$ = 1393(m), 1381(s), 1370(m), $\nu_4(A_1)$ = 1280(sh), 1275(m), $\nu_5(A_1)$ = 1087(vs), 1082(vs); 1068(s), $\nu_{25}(B_2)$ = 969(vs), $\nu_6(A_1)$ = 801(w), 786(w), $\nu_{15}(B_1)$ = 606(w); 373(s), 358(vs), 223(w, br) [13], $\nu_2(A_1)$[12)] = 1020(vs), $\nu_6(B_2)$ = 813(w), $\nu_1(A_1)$ = 1259(vs), $\nu_4(B_1)$ = 1481(vs, br) [5]

Tabelle 11 [Fortsetzung].

Verbindung	Schmp. in °C (umkristallisiert aus)	Λ (in Aceton) in $\Omega^{-1}\cdot cm^2\cdot mol^{-1}$	c in mmol/l	IR-Spektrum in cm^{-1} ^1H-NMR-Spektrum (δ in ppm, innerer Standard $Si(CH_3)_4$)
$(C_6F_5)_2TlCl\cdot(C_6H_5)_3P$	155 bis 170[8] (Hexan/ Isopropyläther) [5]	2.0	1.29 [5]	IR: ν(Tl-Cl) = 255(vs) [5], 1629(m)[23], 1513(vs), 1477(vs), $\nu_3(A_1)$ = 1376 (s), $\nu_4(A_1)$ = 1274 (m), $\nu_5(A_1)$ = 1081 (vs); 1073(sh), $\nu_{25}(B_2)$ = 964(vs), $\nu_6(A_1)$ = 784(m), 777(w), $\nu_{15}(B_1)$ = 606 (m), 602 (m); 359 (s), ≈225 (m, br) [13]
$(C_6F_5)_2TlCl\cdot(C_6H_5)_3As$	149.5[3] (Hexan/ Äthyläther) [5]	2.2	1.25 [5]	IR: ν(Tl-Cl) = 256(vs) [5], 1639(m)[23], 1513(vs), 1477(vs), $\nu_3(A_1)$ = 1378 (s), $\nu_4(A_1)$ = 1277 (m), $\nu_5(A_1)$ = 1083 (vs); 1074(s), $\nu_{25}(B_2)$ = 967(vs), $\nu_6(A_1)$ = 789(m), 780(w), $\nu_{15}(B_1)$ = 606(m), 602(m); 358(s), 223(w, br) [13]
$(C_6F_5)_2TlBr\cdot(C_6H_5)_3P$	140 bis 200[9] (Hexan/ Äthyläther) [5]	2.3 2.2	1.36 2.72 [5]	IR[23]: 1637 (m), 1513 (vs), 1475 (vs), $\nu_3(A_1)$ = 1374 (s), $\nu_4(A_1)$ = 1271 (m), $\nu_5(A_1)$ = 1079 (vs); 1073 (sh), $\nu_{25}(B_2)$ = 962(vs), $\nu_6(A_1)$ = 781 (m), 774(w), $\nu_{15}(B_1)$ = 606(m), 601 (m); 357(s), 222(m, br) [13]
$(C_6F_5)_2TlBr\cdot(C_6H_5)_3As$	≈ 130[3] (Hexan/ Isopropyläther) [5]	4.2	1.32 [5]	IR[23]: 1639 (m), 1513 (vs), 1477 (vs), $\nu_3(A_1)$ = 1374 (s), $\nu_4(A_1)$ = 1277 (m), $\nu_3(A_1)$ = 1082 (vs); 1073 (sh), $\nu_{25}(B_2)$ = 965(m), $\nu_6(A_1)$ = 787(m), 778(w), $\nu_{15}(B_1)$ = 606(m), 602 (m); 357(s), 221 (w, br) [13]
$[(C_6H_5)_4P][Tl(C_6F_5)_2Cl_2]$	100 bis 101 (Äther/ Methanol) [4]	109 93.6 79.4[2] 74.3[2]	1.16 4.99 1.22 2.74 [4]	IR: ν(Tl-Cl) = 264(vs, br), 232(vs, br) [4], 1634(m)[23], 1508(vs), 1471 (vs), $\nu_3(A_1)$ = 1379(s), 1370(s), $\nu_4(A_1)$ = 1264(w), $\nu_5(A_1)$ = 1075(vs); 1066(s), $\nu_{25}(B_2)$ = 962(vs, br), $\nu_6(A_1)$ = 780(m), 774(m), $\nu_{15}(B_1)$ = 601 (w, br); 353(s), ≈217(sh) [13]
$[(C_6H_5)_4P][Tl(C_6F_5)_2Br_2]$	101.5 bis 102 (Äthyläther/ Petroläther) [4]	106 97.3 80.7[2] 70.9[2]	0.983 3.66 1.16 3.79 [4]	IR[23]: 1634(m), 1506(vs), 1468(vs), $\nu_3(A_1)$ = 1376(s), 1370(s), $\nu_4(A_1)$ = 1263(w), $\nu_5(A_1)$ = 1073(vs); 1064(s), $\nu_{25}(B_2)$ = 960(vs, br), $\nu_6(A_1)$ = 777(m), 772(m), $\nu_{15}(B_1)$ = 599(w, br); 353(s), 221 (m, br) [13]
$[(C_6H_5)_4N][Tl(C_6F_5)_2Cl_2]$	81 bis 82 (Aceton/ Isopropyläther) [4]	116 111 90.2[2] 85.4[2]	1.51 2.85 1.37 3.23 [4]	IR: ν(Tl-Cl) = 259(vs, br), 248(vs, br) [4], 1639(s)[23], 1517 (vs), 1473 (vs), $\nu_3(A_1)$ = 1376 (s), $\nu_4(A_1)$ = 1277 (m), 1282(sh), $\nu_5(A_1)$ = 1082(vs); 1068(s), $\nu_{25}(B_2)$ = 962(vs, br), $\nu_6(A_1)$ = 783 (s, br), ≈ 779 (sh), $\nu_{15}(B_1)$ = 602 (w, br); 356 (s), ≈ 222 (vw, sh) [13]

Literatur s. S. 138

Tabelle 11 [Fortsetzung].

Physikalische Eigenschaften von Pentafluorphenylthalliumderivaten. Schmelzpunkt (Schmp.) in °C, molare elektrische Leitfähigkeit Λ bei der Konzentration c, Banden des IR-Spektrums, chemische Verschiebung δ im ^{1}H-NMR-Spektrum.

Verbindung	Schmp. in °C (umkristallisiert aus)	Λ (in Aceton) in $\Omega^{-1}\cdot cm^2\cdot mol^{-1}$	c in mmol/l	IR-Spektrum in cm^{-1} ^{1}H-NMR-Spektrum (δ in ppm, innerer Standard $Si(CH_3)_4$)
$(C_6F_5)_2TlBr\cdot(C_5H_5N)_2$	92 bis 93 (Benzin) [4]	3.3[10)]	1.30 [4]	IR[23)]: 1631 (m), 1508 (vs), 1473 (vs), $\nu_3(A_1)=1372$ (s), $\nu_4(A_1)=1271$ (m), $\nu_5(A_1)=1075$ (vs); 1067 (vs), $\nu_{25}(B_2)=963$ (vs), $\nu_6(A_1)=782$ (m), 773 (sh), $\nu_{15}(B_1)=602$ (m, br); 364 (s), 226 (m, br) [13]
$(C_6F_5)_2TlCl\cdot bpy$[11)]	167.5 (Methanol/H_2O) [4]	13.7 10.2 22.0[2)]	1.32 5.38 1.47 [4]	IR[23)]: 1639 (m), 1511 (vs), 1473 (vs), $\nu_3(A_1)=1370$ (vs), $\nu_4(A_1)=1274$ (w), $\nu_5(A_1)=1076$ (vs); 1066 (s), $\nu_{25}(B_2)=962$ (vs, br), $\nu_6(A_1)=787$ (m), $\nu_{15}(B_1)=603$ (m); 357 (s), 223 (m, br) [13], ν(Tl-Cl) = 238 (vs, br) [4]
$(C_6F_5)_2TlBr\cdot bpy$[11)]	171.5 bis 172.5 (Methanol/H_2O) [4]	21.0 17.2 11.9[2)]	1.36 5.44 1.27 [4]	IR[23)]: 1634 (m), 1508 (vs), 1473 (vs), $\nu_3(A_1)=1370$ (s), $\nu_4(A_1)=1267$ (m), $\nu_5(A_1)=1076$ (vs); 1064 (sh), $\nu_{25}(B_2)=962$ (vs, br), $\nu_6(A_1)=783$ (m), $\nu_{15}(B_1)=603$ (m); 354 (vs), $\approx$220 (m, br) [13]
$(C_6F_5)_2TlO\underset{\underset{O}{\Vert}}{C}CF_3\cdot bpy$	168 bis 196 (Äthanol/H_2O) [4]	8.4 6.0 61.6[2)]	1.36 5.47 1.65 [4]	IR[23)]: 1639 (s), 1511 (vs), 1477 (vs), $\nu_3(A_1)=1376$ (vs), $\nu_4(A_1)=1274$ (m), $\nu_5(A_1)=1082$ (vs); 1066 (s), $\nu_{25}(B_2)=963$ (vs, br), $\nu_6(A_1)=795$ (s), $\nu_{15}(B_1)=606$ (m, br); 358 (s), 221 (m) [13], s. auch [7]
$(C_6F_5)_2TlO\underset{\underset{O}{\Vert}}{C}C_6F_5\cdot bpy$	106[13)] (Äther/ Petroläther) [7]	7.9	1.68 [7]	IR: ν(C-C) = 1653, $\nu_{as}(CO_2)$ = 1614, 1611, ν(C-C) = 1521, $\nu_5(CO_2)$[4)] = 1371, ν(C-F) = 1104, 994, 926, δ(OCO) = 825, ρ(CO_2- aus der Ebene) = 758 [7], 1639 (m)[23)], 1510 (vs), 1480 (vs), $\nu_3(A_1)=1371$ (vs, br), $\nu_4(A_1)=1277$ (m), $\nu_5(A_1)=1080$ (vs); 1067 (sh), $\nu_{25}(B_2)=965$ (vs), $\nu_6(A_1)=793$ (m), $\nu_{15}(B_1)=608$ (m) [13], s. auch [7]
$(C_6F_5)_2TlNO_3\cdot bpy$	204 bis 205.5 (Methanol/H_2O) [4]	12.2 11.5 77.3[2)]	1.53 2.03 1.51 [4]	IR: $\nu_2(A_1)$[12)] = 1041 (m), $\nu_1(A_1)=1299$ (vs, br), $\nu_4(B_1)=1418$ (s, br) [4], 1637 (s)[23)], 1511 (vs), 1479 (vs, br), $\nu_3(A_1)=1374$ (vs), $\nu_5(A_1)=1085$ (vs), 1070 (sh), $\nu_{25}(B_2)=966$ (vs, br), $\nu_6(A_1)=794$ (s, br), $\nu_{15}(B_1)=607$ (m) [13]

Literatur s. S. 138

Tabelle 11 [Fortsetzung].

Verbindung	Schmp. in °C (umkristallisiert aus)	Λ (in Aceton) in $\Omega^{-1} \cdot cm^2 \cdot mol^{-1}$	c in mmol/l	IR-Spektrum in cm^{-1} ^1H-NMR-Spektrum (δ in ppm, innerer Standard $Si(CH_3)_4$)
$(C_6F_5)_2TlCl \cdot phen$ [14]	199 bis 204 [3] (Methanol/H_2O) [4]	2.7 1.8 40.0 [2]	1.63 5.21 1.39 [4]	IR: ν(Tl-Cl) = 224 (vs, br) [4], 1639 (m) [23], 1508 (vs), 1473 (vs), $\nu_3(A_1)$ = 1374 (s), $\nu_4(A_1)$ = 1274 (m, br), $\nu_5(A_1)$ = 1076 (vs); 1065 (s), $\nu_{25}(B_2)$ = 964 (s), $\nu_6(A_1)$ = 791 (m, br), $\nu_{15}(B_1)$ = 606 (m, br); 360 (s) [13]
$(C_6F_5)_2TlBr \cdot phen$ [14]	141 bis 141.5 (Methanol/H_2O) [4]	4.5 3.2 29.0 [2]	1.26 7.60 1.37 [4]	IR [23]: 1642 (m), 1508 (vs), 1473 (vs), $\nu_3(A_1)$ = 1370 (vs), $\nu_4(A_1)$ = 1276 (m), $\nu_5(A_1)$ = 1078 (vs); ≈1068 (sh), $\nu_{25}(B_2)$ = 963 (vs), $\nu_6(A_1)$ = 788 (m), $\nu_{15}(B_1)$ = 607 (m, br); 362 (vs), 226 (m, br) [13]
$(C_6F_5)_2TlOC(=O)CF_3 \cdot phen$ [14]	186.5 bis 187.5 (Methanol/H_2O) [7]	—	—	IR: $\nu_{as}(CO_2)$ = 1670, $\nu_s(CO_2)$ = 1418, ν(C-F) = 1194, 1141, ν(C-C) = 857, δ(OCO) = 729 [15], $\rho(CF_3)$ = 518 [7]. — 1642 (s) [23], 1513 (vs), 1481 (vs), $\nu_3(A_1)$ = 1379 (s), $\nu_4(A_1)$ = 1276 (m), $\nu_5(A_1)$ = 1088 (vs); 1068 (s), $\nu_{25}(B_2)$ = 957 (vs), $\nu_6(A_1)$ = 800 (s, br), $\nu_{15}(B_1)$ = 608 (m) [13], s. auch [7]
$(C_6F_5)_2TlOC(=O)C_6F_5 \cdot phen$ [14]	86 bis 94 140 bis 160 [3] (Äther/Petroläther) [7]	1.4	1.70 [7]	IR: ν(C-C) = 1653, $\nu_{as}(CO_2)$ = 1616, ν(C-C) = 1524 (?), $\nu_s(CO_2)$ = 1377 [4], ν(C-F) = 1105, 931, δ(OCO) = 831, $\rho(CO_2$ aus der Ebene) = 762 [7], 1640 (w) [23], 1513 (vs), 1483 (vs, br), $\nu_3(A_1)$ = 1377 (vs, br), $\nu_4(A_1)$ = 1279 (w), $\nu_5(A_1)$ = 1079 (vs), 1066 (s), $\nu_{25}(B_2)$ = 966 (vs, br), $\nu_6(A_1)$ = 794 (m), $\nu_{15}(B_1)$ = 608 (m) [13], s. auch [7]
$(C_6F_5)_2TlNO_3 \cdot phen$ [14]	219 bis 220 (Äthanol/H_2O) [4]	5.3 2.5 76.1 [2]	1.47 7.28 1.53 [4]	IR: $\nu_2(A_1)$ [12] = 1027 (m), $\nu_1(A_1)$ = 1294 (vs, br), $\nu_4(B_1)$ = 1441 (s, br) [4, 5], 1637 (s), 1511 (vs) [23], 1481 (vs), $\nu_3(A_1)$ = 1376 (s), $\nu_4(A_1)$ = 1279 (sh), $\nu_5(A_1)$ = 1088 (vs), 1066 (vs), $\nu_{25}(B_2)$ = 962 (vs, br), $\nu_6(A_1)$ = 796 (s), $\nu_{15}(B_1)$ = 606 (m, br) [13]
$(C_6F_5)_2TlNO_3 \cdot 2(C_6H_5)_3PO$	181 bis 183 [5] (Aceton/ Isopropyläther) [5]	3.6 3.9	1.30 2.72 [5]	IR: $\nu_2(A_1)$ [12] = 1027 (s), $\nu_6(B_2)$ = 818 (w), $\nu_1(A_1)$ = 1279 (vs), $\nu_4(B_1)$ [4] = 1486 (vs) oder 1471 (vs), ν(P=O) = 1166 (vs) [5], 1637 (w) [23], 1513 (vs), 1486 (vs), $\nu_3(A_1)$ = 1381 (s), $\nu_5(A_1)$ = 1081 (s), 1074 (s), $\nu_{25}(B_2)$ = 969 (vs), $\nu_6(A_1)$ = 801 (m), $\nu_{15}(B_1)$ = 609 (vw); 357 (s), 219 (m, br) [13]

Literatur s. S. 138

Tabelle 11 [Fortsetzung].

Physikalische Eigenschaften von Pentafluorphenylthalliumderivaten. Schmelzpunkt (Schmp.) in °C, molare elektrische Leitfähigkeit Λ bei der Konzentration c, Banden des IR-Spektrums, chemische Verschiebung δ im ^{1}H-NMR-Spektrum.

Verbindung	Schmp. in °C (umkristallisiert aus)	Λ (in Aceton) in $\Omega^{-1}\cdot cm^2\cdot mol^{-1}$	c in mmol/l	IR-Spektrum in cm^{-1} ^{1}H-NMR-Spektrum (δ in ppm, innerer Standard $Si(CH_3)_4$)
$(C_6F_5)_2TlNO_3\cdot 2(C_6H_5)_2AsO$	152.5 bis 153.5 (Aceton/Isopropyläther) [5]	21.5 23.0	1.00 2.49 [5]	IR: ν_2 (A_1)[12] = 1034 (w), $\nu_6(B_2)$ = 825 (w), ν_1 (A_1) = 1307 (s), ν_4 (B_1) = 1403 (vs), ν (As=O) = 880 (vs), 866 (vs) [5], 1639 (m)[23], 1511 (vs), 1481 (vs), ν_3 (A_1) = 1381 (s), $\nu_4(A_1)$ = 1279(m), $\nu_5(A_1)$ = 1087(s); 1070(s), $\nu_{25}(B_2)$ = 968 (vs), $\nu_6(A_1)$ = 801 (m), $\nu_{15}(B_1)$ = 606 (w); 370 (vs), 347 (vs), 228 (m, br) [13]
$(C_6F_5)_2TlBr\cdot$ diars[16]	≈136 (Äther/Petroläther) [4]	16 ≈ 5[2]	≈1 ≈1 [4]	—
$(C_6F_5)_2TlZ$, Z = OC(R^1)=CHC(O)R^2 [12]				
$R^1 = R^2 = CH_3$	135 bis 137[3] (Benzol) 137 bis 140 (Äther/Petroläther)	—	—	IR: ν(C=O) = 1099 (m), 1586 (s)[17], 1583 (s)[18]; 1635 (s), 1609 (m), 1586 (s), 1521 (w), 1510 (s), 1477 (s), 1450 (w), 1390 (w), 1374 (s), 1360 (w), 1276 (m), 1244 (vs), 1209 (m), 1131 (m), 1081 (vs), 1067 (sh), 1048 (sh), 1009 (s), 964 (vs), 912 (s), 794 (s), 771 (w), 715 (w), 660 (w), 644 (w), 609 (m), 581 (w), 558 (w), 550 (s), 486 (w), 414 (m), 405 (m); ^{1}H-NMR (in $CDCl_3$): $\delta(CH_3)$ = −1.96, δ(CH) = −5.24 [12]
$R^1 = CF_3$ $R^2 = CH_3$	(120 bis 145[3] Äther/Petroläther)	—	—	IR: ν(C=O) = 1616 (s)[17], 1627 (vs)[18]; 1636 (w), 1616 (s), 1589 (m), 1536 (w), 1515 (s), 1506 (sh), 1479 (s, br), 1452 (w), 1410 (w, br), 1376 (s), 1287 (vs), 1282 (sh), 1230 (m), 1192 (s), 1142 (s), 1087 (s), 1073 (sh), 1007 (w, br), 967 (s), 861 (m), 797 (m), 730 (m), 568 (m); ^{1}H-NMR (in $CDCl_3$): $\delta(CH_3)$ = −2.15, δ(CH) = −5.67, $\delta(CH_3)$[19] = −2.18, δ(CH)[19] = −5.70
$R^1 = R^2 = CF_3$	167 bis 171[3], [20] (Äther, Petroläther)	—	—	IR: ν(C=O) = 1649 (s)[17], 1651 (m, br)[18]; 1649 (s), 1608 (m), 1558 (w), 1514 (s), 1485 (vs, br), 1452 (w), 1382 (s), 1259 (s), 1207 (s), 1160 (w), 1149 (s), 1086 (s), 1007 (w), 972 (s), 803 (s), 734 (w), 666 (s), 612 (w), 585 (s); ^{1}H-NMR (in $CDCl_3$): δ(CH) = −6.13

Tabelle 11 [Fortsetzung].

Verbindung	Schmp. in °C (umkristallisiert aus)	Λ (in Aceton) in $\Omega^{-1}\cdot cm^2\cdot mol^{-1}$	c in mmol/l	IR-Spektrum in cm^{-1} ^1H-NMR-Spektrum (δ in ppm, innerer Standard $Si(CH_3)_4$)
$(C_6F_5)_2TlZ$, Z = $OC(R^1)$-$CHC(O)R^2$ [12]				
$R^1 = C_6H_5$ $R^2 = CH_3$	122 bis 130[3] (Benzol) 121 bis 123[3] (Äther/Petroläther)	—	—	IR: ν(C=O) = 1548 (s, br)[17], 1554 (m)[18]; 1631 (m), 1586 (s), 1548 (s, br), 1505 (s), 1477 (s), 1449 (m), 1386 (sh), 1365 (s), 1300 (m), 1267 (s), 1248 (sh), 1210 (w), 1178 (m), 1138 (w), 1104 (w, br), 1079 (vs), 1065 (sh), 1002 (sh), 995 (m), 963 (vs), 939 (m), 848 (m), 794 (m, br), 715 (s), 607 (w), 575 (m), 510 (w; br), ^1H-NMR (in $CDCl_3$): $\delta(CH_3)$ = −2.14, δ(CH) = −5.93, δ(CH-Ring) = −7.32 bis −7.56, −7.67 bis −7.92
$R^1 = R^2 = C_6H_5$	147 bis 150[3] (Benzol)	—	—	IR: ν(C=O) = 1540 (s)[17], 1536 (s, br)[18]; 1636 (m), 1589 (s), 1540 (s), 1514 und 1510 (s), 1479 (s), 1450 (m), 1391 (w), 1366 (vs), 1301 (m), 1274 (m), 1226 (m), 1181 (w, br), 1156 (w, br), 1082 (vs), 1071 (sh), 1027 (sh), 1018 (m), 998 (m), 966 (vs), 931 (m), 797 und 782 (w), 751 (m), 711 (m), 682 (w), 622 (m), 604 (w), 513 (w, br); ^1H-NMR (in $CDCl_3$): δ(CH) = −6.62, δ(CH-Ring) = −7.30 bis −7.61, −7.80 bis −8.07
$(C_6F_5)_2TlOx$[21] [12]	233 bis 235[3] (Äther/Methanol)	—	—	IR: 1635 (m), 1605 (w, br), 1572 (m), 1509 (vs), 1496 (m), 1468 (vs, br), 1421 (w), 1390 (s), 1372 (s), 1319 (s), 1272 (s), 1237 (m), 1100 (s), 1078 (vs), 1000 (w, br), 964 (vs), 820 (m), 801 (w), 787 (m), 750 (sh), 746 (m), 728 (m), 605 (m), 576 (w), 505 (m), Reflexionsspektrum (in nm) im festen Zustand: 363 (m, br), in Benzol: 375 (m, br), in $CHCl_3$: 373 (s, br), 333 (sh), 318 (sh)
$[(C_4H_9)_4N][C_6F_5TlJ_3]$ [6]	61 bis 63 (Äthanol/H_2O)	—	—	IR: 2967 (vs), 2936 (m), 2899 (sh), 2878 (s), 1632 (m), 1504 (vs), 1468 (vs), 1441 (m), 1399 (w), 1381 (m), 1362 (s), 1308 (w), 1266 (m), 1168 (m), 1128 (w), 1108 (w), 1068 (vs), 1059 (sh), 1045 (m), 1036 (sh), 1004 (m), 995 (m), 962 (vs), 925 (m), 896 (m), 881 (m), 791 (w, br), 770 (m), 737 (s), 715 (w), 598 (m), 482 (w, br)

Tabelle 11 [Fortsetzung].

Physikalische Eigenschaften von Pentafluorphenylthalliumderivaten. Schmelzpunkt (Schmp.) in °C, molare elektrische Leitfähigkeit Λ bei der Konzentration c, Banden des IR-Spektrums, chemische Verschiebung δ im ^{1}H-NMR-Spektrum.

Verbindung	Schmp. in °C (umkristallisiert aus)	Λ (in Aceton) in $\Omega^{-1} \cdot cm^2 \cdot mol^{-1}$	c in mmol/l	IR-Spektrum in cm^{-1} ^{1}H-NMR-Spektrum (δ in ppm, innerer Standard $Si(CH_3)_4$)
$[(C_6H_5)_3AsCH_3][C_6F_5TlJ_3]$ [6]	109 bis 110[3)]	—	—	IR: 3058(w), 3003(w), 2924(w), 1635(m), 1582(w), 1507(vs), 1485 (m), 1464 (vs), 1440 (vs), 1413 (m), 1403 (m), 1365 (s), 1348 (m), 1342 (m), 1312 (w), 1264 (m), 1186 (w), 1163 (w), 1124 (w), 1087 (s), 1072 (vs), 1065 (sh), 1061 (sh), 1046 (m), 1026 (w), 1000 (s), 980 (sh), 958 (vs), 923 (w), 891 (s), 883 (s), 844 (m), 768 (m), 739 (vs), 687 (vs), 625 (m), 599 (m), 471 (s), 457 (s)
$(C_6F_5)_2Tl(O_2SC_6H_3)$[24)]	194 bis 197[3)] 189 bis 191[22)] [19]	7.0 43.0[2)]	1.5 2.95 [19]	IR: ν(SO_2) = 884 (s, br)[17)] [15]; 1637 (m), 1509 (s), 1484 (vs), 1458 (w), ν(C=C) = 1447 (w), ν(C-F) = 1380 (m); 1276 (m), ν(C-F) = 1082 (vs), 1067 (sh), 1000 (w), ν(C-F) = 972 (vs), ν(SO_2) = 884 (s, br); 795 (m), 782 (sh), γ(CH) = 752 (s); 697 (sh), 692 (s), 605 (m), δ(SO_2) = 573 (m); 517 (s), 477 (m) [19]
$(C_6F_5)_2Tl(O_2SC_6H_4\text{-p-}CH_3)$	210 bis 213[3)] [19]	4.1 30.5[2)]	1.38 4.79 [19]	IR: ν(SO_2) = 881 (vs, br)[17)] [15]; 1631 (m), 1509 (s), 1482 (vs), 1376 (m), 1274 (w), 1140 (w), 1081 (s), 1068 (sh), 1000 (m), 970 (vs), 881 (s, br), 812 (s), 796 (m), 778 (sh), 628 (w), 607 (w), 571 (m), 513 (m), 479 (m) [19].

1) Oberhalb 226°C tritt geringfügige Zersetzung ein. — 2) In Methanol. — 3) Zersetzung. — 4) Nicht von Absorptionen der $(C_6F_5)_2$Tl-Gruppe zu unterscheiden. — 5) Sintert vorher. — 6) Schwingungen der $(C_6F_5)_2$Tl-Gruppe. — 7) Zuordnung unsicher, da auch ν(C-F) in diesem Bereich erscheint. — 8) Zersetzung, bei 155 bis 160°C Sintern. — 9) Sintert unter leichter Zersetzung zwischen 140 bis 160°C, starke Zersetzung bei 190 bis 200°C.

10) Leitfähigkeit nimmt beim Stehenlassen zu. — 11) bpy = 2,2′-Bipyridyl. — 12) Absorptionsbanden der NO_3-Gruppe. — 13) Zersetzungstemperatur 130°C. — 14) phen = 1,10-Phenanthrolin. — 15) Fällt mit Banden des Liganden zusammen. — 16) diars bedeutet o-Phenylenbis(dimethylarsin). — 17) Aufgenommen in festem Zustand. — 18) Aufgenommen in $CHCl_3$-Lösung. — 19) Bei −60°C scharfe Singuletts. — 20) Sintert 10 bis 20°C unterhalb des Schmelzpunktes. — 21) Ox bedeutet innerkomplexgebundenes 8-Hydroxychinolin. — 22) Erweichungspunkt.

23) Intensivste Absorptionsbanden, Zuordnung der Wellenzahlen der $(C_6F_5)_2$Tl-Gruppe analog C_6F_5J [13]. — 24) Röntgenpulverdiagramm (Reflexionsebenen in Å): 12.6 (m), 10.6 (vs, br), 6.24 (w, br), 6.01 (w, br), 5.75 (w, br), 5.25 (m), 4.72 (m), 4.15 (m), 3.87 (w), 3.69 (m), 3.52 (s), 3.39 (w), 3.07 (w), 2.98 (w), 2.04 (w, br), 1.97 (w, br), 1.93 (w, br) [19].

Literatur s. S. 138

4 Perfluorhalogenorgano-Verbindungen der 4. Hauptgruppe

Perfluorohaloorgano Compounds of Main Group 4 Elements

4.1 Perfluorhalogenorgano-Silicium-Verbindungen

Perfluorohalo-organo-silicon Compounds

4.1.1 Vorbemerkung

Preliminary Remarks

Nach der Entdeckung der Silicone und deren praktischer Bedeutung hatte man große Hoffnung in die thermische und chemische Stabilität von Perfluoralkylsiliconen gesetzt. Aus diesem Grunde wurden in der Patentliteratur — in Anlehnung an Synthesen für Alkylhalogensilanen — Verfahren zur Darstellung von Perfluoralkylhalogensilanen beschrieben, die — wie Alkylhalogensilane — als Ausgangsverbindungen zur Synthese perfluorierter Silicone dienen sollten. So werden analog zur Rochow-Synthese CF_3Br bzw. C_2F_5Br mit einer Si-Cu-Legierung bei 400 bzw. 400 bis 500°C umgesetzt, wobei Silane wie CF_3SiF_3 (Siedepunkt −42°C), $C_2F_5SiF_3$ bzw. $C_3F_8SiF_3$ entstehen sollten. Unter fast identischen Bedingungen wird auch die Herstellung von CF_3SiF_2Br (Siedepunkt 12 bis 13°C) erwähnt [1]. Die Gewinnung von $(R_f)_3SiCl$, $(R_f)_2SiCl_2$ und R_fSiCl_3 ($R_f = CF_3$, C_2F_5, C_3F_7) soll beim Überleiten von R_fCl über ein Gemisch aus Si- und Cu-Pulver bei Reaktionstemperaturen zwischen 400 und 500°C erfolgen. Unter ähnlichen Bedingungen entstehen CF_3SiBr_3, $(CF_3)_2SiBr_2$ und $(CF_3)_3SiBr$ aus CF_3Br sowie CF_3SiJ_3, $(CF_3)_2SiJ_2$ und $(CF_3)_3SiJ$ aus CF_3J und Silicium [2]. In geringer Ausbeute soll sich CF_3SiF_3 bei der Umsetzung von CF_3J mit einer Silicium-Kupfer-Legierung bei 450 bis 500°C bilden; vorausgesetzt, daß die Kontaktzeit zwischen Silicium und CF_3J nur kurz ist und der Gasstrom rasch abgeschreckt wird. Als Hauptprodukt fällt hierbei SiF_4 an [3, 4]. Diese Ergebnisse konnten nicht reproduziert werden, und es wird grundsätzlich verneint, daß Umsetzungen von R_fX mit Si unter Rochow-Bedingungen zu $(R_f)_nSiX_{4-n}$ führen [5]. Außer den bisher genannten Verfahren wird noch erwähnt, daß CF_3J mit Magnesium bei tiefen Temperaturen eine Grignard-verbindung bildet, die ebenso wie CF_3Li mit $SiCl_4$ zu $(CF_3)_2SiCl_2$ bzw. CF_3SiCl_3 reagieren soll. Aus $(CF_3)_2SiCl_2$ soll $(CF_3)_2SiH_2$ mit $LiAlH_4$ hergestellt worden sein [6]. Bei der Reaktion von F_2, SiF_4 und CaC_2 bei 300°C soll sich $C_4F_9SiF_3$ (Siedepunkt 47°C) bilden [1].

4.1.2 Darstellung

Preparation

Bis(pentafluorphenyl)silan $(C_6F_5)_2SiH_2$

Tris(pentafluorphenyl)silan $(C_6F_5)_3SiH$

Von den Perfluororganosilanen sind bisher mit Sicherheit $(C_6F_5)_2SiH_2$ sowie $(C_6F_5)_3SiH$ aus $(C_6F_5)_3SiCl$ und $LiAlH_4$ hergestellt worden [7].

Die Umsetzung von C_6F_5MgBr mit $HSiCl_3$ in Äther bei −12°C (1 h) und anschließendem Erhitzen unter Rückfluß (12 h) führt in 95% Ausbeute zu $(C_6F_5)_3SiH$ [8], das auch durch Zutropfen von C_6F_5MgCl, gelöst in Tetrahydrofuran, zu in Petroläther gelöstem $HSiCl_3$ unter Rühren innerhalb von 4 h in 77% Ausbeute erhalten werden kann [9]. In Äther gelöstes C_6F_5Li reagiert bei −78°C beim Zutropfen einer ätherischen Lösung von $HSiCl_3$ zu 70.2% $(C_6F_5)_3SiH$ [10], s. auch [7]. Bestrahlt man $(C_6F_5)_3SiHgSi(C_6F_5)_3$ in Toluol bzw. Cumol 58 h (PRK-2 Lampe, Abstand 15 cm), so bildet sich $(C_6F_5)_3SiH$ in 75.2% Ausbeute. Außerdem fällt es bei der Spaltung von $(C_6F_5)_3SiCdSi(C_6F_5)_3$ mit CF_3COOH in Toluol bei 100°C (6.5 h) in 89.8% Ausbeute an [52].

Bis(pentafluorphenyl)silandiol $(C_6F_5)_2Si(OH)_2$

Tris(pentafluorphenyl)silanol $(C_6F_5)_3SiOH$

Poly[bis(perfluorvinyl)siloxan] $[(CF_2{=}CF)_2SiO]_n$

Poly(perfluorvinylsiloxan) $(CF_2{=}CFSiO_{1.5})_n$

Poly(2-chlordifluorvinylsiloxan) $(CFCl{=}CFSiO_{1.5})_n$

Poly(hexafluor-3-chlorbutenyl-2)-2-siloxan $(CF_3C(Cl){=}C(CF_3)SiO_{1.5})_n$

4,8-Dichlor-2,2,3,3,6,6,7,7,-octafluor-4,8-bis(trifluormethyl)-2,3,6,7-tetrasila-1,5-dioxa-cyclooctan

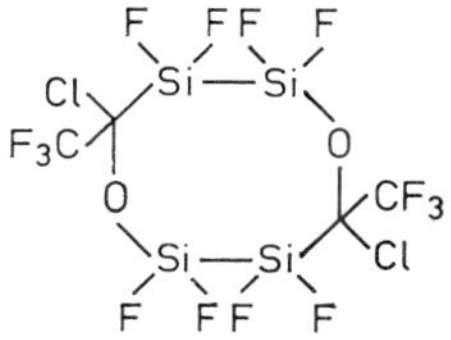

Poly[bis(pentafluorphenyl)siloxan] $[(C_6F_5)_2SiO]_x$

Poly(pentafluorphenylsiloxan) $(C_6F_5SiO_{1.5})_x$

Literatur s. S. 163

Preparation of Perfluoro-haloorgano-silicon Compounds

Die Hydrolyse der entsprechenden Organochlorsilane mit H_2O führt zu den entsprechenden Siloxanen gemäß:

$$(R_f)_{4-n}SiCl_n + n/2\,H_2O \rightarrow (R_f)_{4-n}Si\,O_{n/2} + n\,HCl$$

R_f ist für n = 2 CF_2=CF, für n = 3 CF_2=CF, CFCl=CF, CF_3CCl=CCF_3 [11]. Die Verbindung der Zusammensetzung $C_4F_{14}Cl_2O_2Si_2$ entsteht bei der Kondensation von SiF_2 mit CF_3COCl (im Verhältnis 1:1) bei −196°C. Die Reinigung erfolgt durch mehrfache Sublimation [57].

Überschichtet man $(C_6F_5)_2SiX_2$ (X = F, Br) mit Wasser (4 h), so entstehen quantitativ farblose Kristalle von $(C_6F_5)_2Si(OH)_2$. Tropft man jedoch das Dibromsilan in H_2O, so fallen ebenfalls farblose Kristalle an, die spektroskopisch mit obigem Produkt identisch sind, aber niedriger schmelzen. Beim Erhitzen spaltet das Diol bei 120°C langsam und bei 170°C spontan H_2O ab und liefert quantitativ $[(C_6F_5)_2SiO]_x$. Führt man die Hydrolyse in homogener Phase durch, z. B. mit wasserhaltigem Äther oder Aceton, so bildet sich cyclisches $[(C_6F_5)_2SiO]_m$. Analog entsteht aus $C_6F_5SiBr_3$ mit 95% Ausbeute hochvernetztes, kautschukartiges $(C_6F_5SiO_{1.5})_x$ [12], das auch aus $C_6F_5SiFCl_2$ und H_2O zugänglich ist [13, 14]. $(C_6F_5)_3SiCl$ hydrolysiert zu $(C_6F_5)_3SiOH$ [7]. Genauer charakterisiert sind hier lediglich die Pentafluorphenylsiloxane und das entsprechende Diol. Von den übrigen Substanzen fehlen physikalische Daten.

Hexakis(pentafluorphenyl)disiloxan $(C_6F_5)_3SiOSi(C_6F_5)_3$

$(C_6F_5)_3SiH$ reagiert mit 2 normalem KOH und liefert neben C_6F_5H als Hauptprodukt obige Verbindung [8]. Die Oxidation von $(C_6F_5)_3SiHgSi(C_6F_5)_3$ mit O_2 in Toluol bei 70 bis 75°C (19 h) liefert das Disiloxan in 50.7% Ausbeute [52].

Trifluormethyl-trifluorsilan CF_3SiF_3

Pentafluoräthyl-trifluorsilan $C_2F_5SiF_3$

2,2-Dichlortrifluoräthyl-trifluorsilan $CFCl_2CF_2SiF_3$

Perfluorvinyl-trifluorsilan CF_2=$CFSiF_3$

Pentafluorphenyl-trifluorsilan $C_6F_5SiF_3$

Bis(pentafluorphenyl)-difluorsilan $(C_6F_5)_2SiF_2$

Tris(pentafluorphenyl)-fluorsilan $(C_6F_5)_3SiF$

Bis(trifluorsilyl)-tetrafluorbenzol $C_6F_4(SiF_3)_2$

Poly(tetrafluoräthyl-difluorsilan) $(C_2F_4SiF_2)_n$

Tetrafluoräthyl-poly(difluorsilan) $C_2F_4(SiF_2)_m$

Die Fluorierung entsprechender Perfluororganotrihalogensilane mit SbF_3, AsF_3 oder AgF führt bei 25°C rasch zu Trifluorsilanen gemäß:

$R_fSiF_2J + MF_n \rightarrow R_fSiF_3 + MJ_n$; $R_f = CF_3$, M = Sb [15, 16], As, Ag [15], $R_f = C_2F_5$, M = SbF_3 [16]

Mit SbF_3 setzt die Fluorierung von CF_3SiF_2J mindestens schon bei −55°C ein [15], in beiden Fällen ist die Ausbeute >80% [16]. $CFCl_2CF_2SiF_3$ entsteht in 92% Ausbeute durch photochemische Chlorierung von $CH_2FCF_2SiF_3$ [59].

Die Vinyl- und die Phenylverbindungen entstehen nach:

$R_f'SiX_3 + SbF_3 \rightarrow R_f'SiF_3 + SbX_3$; $R_f' = CF_2$=CF, X = Cl [17]

$R_f' = C_6F_5$, X = Br, 140 bis 160°C (48 h), 87% Ausbeute [12]

Kondensiert man C_6F_6 und SiF_2 bei −196°C zusammen und läßt das Gemisch langsam auf −150°C aufwärmen, so erhält man ein gelbbraunes Polymer, das nach Destillation bei 120°C eine farblose Flüssigkeit liefert, die in drei Hauptfraktionen aufgetrennt werden konnte. Aus der niedrigst siedenden Fraktion kann gaschromatographisch $C_6F_5SiF_3$ isoliert werden. Die mittlere Fraktion enthält ein Gemisch aus o-, m-, p-$C_6F_4(SiF_3)_2$. Dieses konnte gaschromatographisch nicht aufgetrennt werden. Die Hydrolyse mit HF liefert o-, p-, m-$C_6F_4H_2$ im Verhältnis 1:6:9. In der höchstsiedenden Fraktion sind massenspektroskopisch $C_6F_{12}Si_3$ und $C_6F_{14}Si_4$ nachgewiesen worden. Beide Substanzen liefern bei der Hydrolyse mit 10% HF Wasserstoff, dessen Auftreten auf die Anwesenheit von Si-Si-Bindungen schließen läßt. Vermutlich handelt es sich bei beiden Stoffen um Poly-SiF_2-substituierte Perfluorbenzole [18].

Literatur s. S. 163

Fluoriert man $(C_6F_5)_2SiBr_2$ mit SbF_3 bei 130 bis 160°C (48 h) bzw. $(C_6F_5)_3SiBr$ mit Na_2SiF_6 im Bombenrohr bei 200°C (48 h), so entsteht $(C_6F_5)_2SiF_2$ bzw. $(C_6F_5)_3SiF$ in 87 bzw. 63% Ausbeute [12]. Beim Einwirken von C_2F_4 auf SiF_2 (hergestellt bei 1200°C aus SiF_4 und Si) bei 1100°C und ≈ 5 Torr kondensiert an einem Kühlfinger eine gelbe Verbindung, die beim Aufwärmen auf −78°C farblos wird und die Formel $(\text{-}SiF_2SiF_2CF_2CF_2\text{-})_n$ aufweist [19]. Ähnlich durchgeführte Umsetzungen von SiF_2 und $CF_2{=}CF_2$ führten zu einem bei 20°C nicht flüchtigen Polymer, das beim Erwärmen manchmal explodiert. Im Massenspektrum treten Bruchstücke der Formel $C_2F_4(SiF_2)_m$ mit m = 1, 2 und 3 auf [20].

Preparation of Perfluorohaloorganosilicon Compounds

Trifluormethyl-difluorjodsilan CF_3SiF_2J

Perfluoräthyl-difluorjodsilan $C_2F_5SiF_2J$

Trifluormethyl-1,1,2,2-tetrafluor-1-joddisilan $CF_3SiF_2SiF_2J$

Pentafluorphenyl-fluordichlorsilan $C_6F_5SiFCl_2$

Bis(fluordichlorsilyl)-tetrafluorbenzol $C_6F_4(SiFCl_2)_2$

Kondensiert man ein Gemisch aus SiF_2 und SiF_4 mit einem geringen Überschuß CF_3J bei −196°C zusammen, so bildet sich beim Erwärmen ein Gemisch, aus dem durch Tieftemperaturfraktionierung im Vakuum CF_3SiF_2J isoliert werden kann [15, 16, 21]. Zusätzlich entsteht neben Perfluorjoddisilanen auch $CF_3SiF_2SiF_2J$, das nicht rein erhalten und nicht genau charakterisiert werden konnte [21]. Die analog durchgeführte Umsetzung mit C_2F_5J und Reinigung führt zu $C_2F_5SiF_2J$, das genau wie CF_3SiF_2J in 40 bis 60% Ausbeute, bezogen auf vermutlich entstandenes SiF_2, erhalten wird [16]. Bestrahlt man ein äquimolares Gemisch aus C_6F_6 und $HSiCl_3$ unter Schütteln in einer Quarzbombe (10 Tage) mit UV-Licht, so bilden sich H_2 in Spuren (<1%), HCl (94%, bezogen auf $HSiCl_3$) und das durch Destillation isolierbare $C_6F_5SiFCl_2$ (61% Ausbeute, bezogen auf C_6F_6) [13, 14, 22]. Daneben fallen auch o-, m-, p-$C_6F_4(SiFCl_2)_2$ an, die durch Hydrolyse mit 20%igem NaOH nachgewiesen wurden. Hierbei entstehen o-, m-, p-$C_6F_4H_2$ und etwas C_6F_5H, hervorgerufen durch vorhandenes $C_6F_5SiF_2Cl$ [22].

Trifluorvinyl-pentafluorsilikate $M_2[CF_2{=}CFSiF_5]$ ($M = Na, K, NH_4$)

In aprotischen Lösungsmitteln wie CH_3CN, Dioxan, Tetrahydrofuran addiert $CF_2{=}CFSiF_3$ bei −20 bis −25°C MF und bildet die Verbindungen $M_2[CF_2{=}CFSiF_5]$, die mit M_2SiF_6 und MF ($M = Na^+$, K^+, NH_4^+) verunreinigt sind [23].

Perfluorvinyl-trichlorsilan $CF_2{=}CFSiCl_3$

2-Chlordifluorvinyl-trichlorsilan $CFCl{=}CFSiCl_3$

2-Chlortetrafluoräthyl-trichlorsilan $CF_2ClCF_2SiCl_3$

2,2-Dichlortrifluoräthyl-trichlorsilan $CFCl_2CF_2SiCl_3$

1,1,2,2-Tetrachlor-3,3,3-trifluorpropyl-trichlorsilan $CF_3CCl_2CCl_2SiCl_3$

2,3,3,3-Tetrachlor-1,1,1-trifluorpropyl-trichlorsilan-2 $CF_3CCl(SiCl_3)CCl_3$

Trifluordichlorpropenyl-trichlorsilan $CF_3C(SiCl_3){=}CCl_2$

1,1,1,4,4,4-Hexafluor-3-chlor-2-trichlorsilylbuten-2 $CF_3CCl{=}C(SiCl_3)CF_3$

Bis(perfluorvinyl)-dichlorsilan $(CF_2{=}CF)_2SiCl_2$

Pentafluorphenyl-trichlorsilan $C_6F_5SiCl_3$

Bis(pentafluorphenyl)-dichlorsilan $(C_6F_5)_2SiCl_2$

Tris(pentafluorphenyl)-chlorsilan $(C_6F_5)_3SiCl$

Bis(trichlorsilyl)-tetrafluorbenzol $C_6F_4(SiCl_3)_2$

Während sich ein Trifluorhalogenmethan offensichtlich nicht für eine Rochow-Synthese eignet, reagiert $CF_2ClCFCl_2$ beim Überleiten über ein 1:1- bzw. 1:3-Cu-Si-Gemisch bei 200 bis 350°C bzw. 200 bis 400°C zu $CF_2{=}CFSiCl_3$. Die höchste Ausbeute wird bei 250 bzw. 300°C erzielt. Es werden jeweils 4 mol $CF_2ClCFCl_2$ mit einer Geschwindigkeit von 0.18 bis 0.20 mol/h über das ständig gerührte Cu-Si-Gemisch geleitet. Analog setzt sich auch $CF_2{=}CFCl$ mit einem 1:1-Cu-Si-Gemisch

Literatur s. S. 163

Preparation of Perfluorohaloorganosilicon Compounds

bei 300 bis 450°C in mäßiger Ausbeute zu CF_2=$CFSiCl_3$ um. Leitet man $HSiCl_3$ und CF_2=CFCl durch ein auf 470 bis 490°C erhitztes 1 m langes Glasrohr (Durchmesser 20 mm), so bildet sich neben $SiCl_4$ als Hauptprodukt CF_2=$CFSiCl_3$ [24], das auch beim Erhitzen beider Reaktionspartner in einem Quarzrohr auf 462 bis 508°C (3.75 h) entsteht. Die Kontaktzeit im angegebenen Temperaturbereich beträgt 35 s. Erwärmt man äquimolare Mengen von $HSiCl_3$ und CF_2=CFCl in einem Autoklaven auf 197 bis 211°C (43 h), so entsteht CF_2=$CFSiCl_3$, vermutlich durch HCl-Abspaltung des gleichzeitig sich neben $CFClHCF_2SiCl_3$ bildenden $CF_2HCFClSiCl_3$. Analog entsteht beim Durchleiten von $HSiCl_3$ und CFCl=CFCl durch ein V_2A-Stahlrohr (Verweilzeit: 41.5 s) bei 450°C (1.5 h) CFCl=$CFSiCl_3$ [11]. Die Chlorierung von $CF_2HCF_2SiCl_3$ unter UV-Bestrahlung in einer Quarzbombe (15 h) führt in 75% Ausbeute zu $CF_2ClCF_2SiCl_3$. Chloriert man bei 150°C (15 h) ohne Bestrahlung, so entsteht es in 83% Ausbeute. Höhere Temperaturen (225°C, 18 h) führen zu komplexen Gemischen [25]. $CHFClCF_2SiCl_3$ reagiert mit Cl_2 in einer 280 ml Quarzbombe unter Schütteln und UV-Bestrahlung (87 h) zu $CFCl_2CF_2SiCl_3$ in 95% Ausbeute. Auch $CFH_2CF_2SiCl_3$, hergestellt durch Bestrahlung von $HSiCl_3$ und CF_2=CFCl (Gas), setzt sich mit Cl_2 unter denselben Bedingungen innerhalb von 168 h in 89% Ausbeute zu $CFCl_2CF_2SiCl_3$ um [26].

In 19% Ausbeute ist $CF_3CCl_2CCl_2SiCl_3$ durch vollständige Chlorierung von $CF_3CH_2CH_2SiCl_3$ unter gleichzeitiger UV-Bestrahlung bei 90 bis 100°C (22 h) zugänglich [27]. Das hierzu isomere $CF_3CCl(SiCl_3)CCl_3$ entsteht bei der Photochlorierung von $CF_3C(SiCl_3)$=CCl_2 in einer N_2-Atmosphäre (3 Tage) in 95% Ausbeute [28].

Die Addition von $HSiCl_3$ an CF_3CCl=CCl_2 unter UV-Einfluß liefert $CF_3C(SiCl_3)$=CCl_2 in 9.3% Ausbeute. Initiiert man diese Umsetzung mit t-Butylperoxid, so steigt die Ausbeute auf 33.5%. Auch beim Durchleiten des Propens mit $HSiCl_3$ durch ein auf 580 bis 620°C erhitztes Rohr bilden sich 3.9% des Silans [28]. Analog wird aus CF_3CCl=$CClCF_3$ und $HSiCl_3$ im Verhältnis 1:1 bei 490 bis 527°C im Quarzrohr CF_3CCl=$C(SiCl_3)CF_3$ hergestellt. Leitet man C_2F_4 und $HSiCl_3$ (Molverhältnis 2:1) unter obigen Bedingungen durch ein Quarzrohr, so entsteht $(CF_2{=}CF)_2SiCl_2$. Für die beiden zuletzt genannten Substanzen werden keine physikalischen Daten aufgeführt [11].

Die Synthese der Pentafluorphenylchlorsilane erfolgt am besten über die entsprechenden Äthoxysilane $(C_6F_5)_nSi(OC_2H_5)_{4-n}$ (n = 1, 2). Diese werden durch Umsetzung von Mg, C_6F_5Br und $Si(OC_2H_5)_4$ in Äther hergestellt und durch fraktionierte Destillation des Gemisches isoliert. Durch Spaltung mit $CH_3C(O)Cl$ werden $(C_6F_5)_nSiCl_{4-n}$ (n = 1, 2) gewonnen [29]. Setzt man C_6F_5MgCl mit $SiCl_4$ um, so entsteht ein Gemisch aus $(C_6F_5)_nSiCl_{4-n}$ (n = 1, 2, 4), aus dem sich $(C_6F_5)_3SiCl$ nicht rein isolieren ließ [9]. Weitere Versuche, Pentafluorphenylchlorsilane aus C_6F_5MgBr und $SiCl_4$ herzustellen, führten nicht zum Erfolg [30]. Lediglich ein vierfacher Überschuß an $SiCl_4$ in Äther bei 20°C (12 h) liefert $(C_6F_5)_nSiCl_{4-n}$ (n = 1, 2), wenn der Äther tropfenweise zu der Mischung aus $SiCl_4$, Mg und C_6F_5Br zugefügt wird [29]. $C_6F_5SiCl_3$ bildet sich auch bei der Radiolyse von C_6F_5Cl und $HSiCl_3$. Die höchsten Ausbeuten werden mit einem Molverhältnis 1:1 erzielt, bei anderen Mengenverhältnissen treten bis zu 25% Nebenreaktionen auf. Die Umsetzung wird bei 50 bis 150°C durchgeführt. Die absorbierte Strahlendosis beträgt 1 bis 3 Mrad bei einer Dosisleistung von 100 bis 500 rad/s. Temperaturerhöhungen erniedrigen die Ausbeute, eine Reduzierung der Dosisleistung erhöht sie auf das 3- bis 4fache [31, 32]. Die Chlorierung von $(C_6F_5)_2SiH_2$ führt zu $(C_6F_5)_2SiCl_2$ [7]. $(C_6F_5)_3SiH$ wird in Tetrachloräthan gelöst und unter Erhitzen auf 140°C (6 h) Cl_2 eingeleitet [9] bzw. in CCl_4 gelöst, 2 Stunden trockenes Cl_2 eingeleitet und anschließend 30 Minuten im Rückfluß erhitzt, wobei $(C_6F_5)_3SiCl$ entsteht. Die Ausbeuten betragen 92 [8] bzw. 94% [9]. Analog liefert die Umsetzung von $(C_6F_5)_3SiR$ (R = OC_2H_5 bzw. $N(CH_3)_2$) mit BCl_3 bzw. $CH_3C(O)Cl$ das entsprechende Chlorsilan [7]. Spaltet man $(C_6F_5)_3SiHgSi(C_6F_5)_3$ mit $HgCl_2$ in Tetrahydrofuran bei 100°C (18 h), so bildet sich $(C_6F_5)_3SiCl$ in 59.1% Ausbeute [52]. Bestrahlt man o-$C_6F_4Cl_2$ in Gegenwart von $HSiCl_3$ bei 250°C (40 atm) mit γ-Strahlen einer ^{60}Co-Quelle (5 h, Dosisleistung 300 rad/s), so beträgt die Ausbeute an o-$C_6F_4(SiCl_3)_2$ 60 Moleküle je 100 eV Energieaufnahme [33].

Pentafluorphenyl-tribromsilan $C_6F_5SiBr_3$

Bis(pentafluorphenyl)-dibromsilan $(C_6F_5)_2SiBr_2$

Tris(pentafluorphenylbromsilan) $(C_6F_5)_3SiBr$

Leitet man über eine Kontaktmasse aus 85% Si und 15% Cu bei 600 bis 650°C C_6F_5Br, so erhält man ein Gemisch aus 60% $(C_6F_5)_2SiBr_2$, 30% $C_6F_5SiBr_3$, unumgesetztem C_6F_5Br, $C_6F_5C_6F_5$ und geringen Mengen $(C_6F_5)_3SiBr$ [12, 34]. Letzteres kann in 94% Ausbeute aus $(C_6F_5)_3SiH$ und Br_2

in CCl_4 bei 20°C und anschließendem Erhitzen im Rückfluß (15 Minuten) in N_2-Atmosphäre hergestellt werden [8]. Die Bromolyse von $(C_6F_5)_3SiMSi(C_6F_5)_3$ (M = Hg bzw. Cd) in Benzol bei 20°C liefert $(C_6F_5)_3SiBr$ in 66 bzw. 85.6% Ausbeute [52].

Preparation of Perfluorohaloorganosilicon Compounds

Hexakis(pentafluorphenyl)disilan $(C_6F_5)_3SiSi(C_6F_5)_3$

Die Wurtz-Synthese mittels $(C_6F_5)_3SiCl$ und eines 5fachen Überschuß Lithium in Diglyme bei 20°C (24 h) führt zu obigem Disilan in 17% Ausbeute. Lösungsmittel, Reaktionstemperatur und Alkalimetall beeinflussen den Reaktionsablauf [9].

Tetrakis(trifluorvinyl)silan $(CF_2{=}CF)_4Si$

Tetrakis(trifluorpropinyl)silan $(CF_3C{\equiv}C)_4Si$

Tetrakis(pentafluorphenyl)silan $(C_6F_5)_4Si$

Bis(octafluorbiphenyl)silan

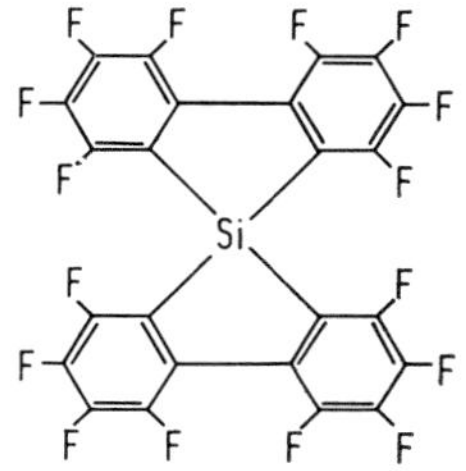

Die Umsetzung von $CF_2{=}CFMgJ$ mit $SiCl_4$ bei −15°C und anschließendem Aufbewahren über Nacht bei −40°C in Äther liefert $(CF_2{=}CF)_4Si$ in 42% Ausbeute [35]. $(CF_3C{\equiv}C)_4Si$ ist aus $CF_3C{\equiv}CLi$ und $SiCl_4$ in Tetrahydrofuran bei −78°C in 60% Ausbeute zugänglich [36]. In ätherischer Lösung reagiert C_6F_5MgBr mit $SiCl_4$ bei 20°C (12 h) in N_2-Atmosphäre [29] bzw. bei 0°C (1 h), anschließendem Erhitzen am Rückfluß (3 h) und über Nacht Stehenlassen [30, 37] zu $Si(C_6F_5)_4$ in 32% Ausbeute [30]. Eine Ausbeutesteigerung auf 69% erzielt man in Tetrahydrofuran. Noch höhere Ausbeuten (75%) erzielt man bei der Reaktion von C_6F_5Li und $SiCl_4$ bei −65°C in Äther [38]. $(C_6F_5)_4Si$ entsteht auch aus C_6F_5MgCl bzw. C_6F_5Li und Si_2Cl_6 [9] oder aus C_6F_5Li und Si_2Cl_6 in Äther bei zunächst −79°C (1 h), dann innerhalb von 8 Stunden auf 20°C gebracht sowie anschließend im Rückfluß erhitzt (2 h) in 69% Ausbeute [39]. Ferner fällt es bei der Umsetzung von $(CH_3)_3SiSiCl_3$ (gute Ausbeute) oder $(SiBr_2)_4$ (58% Ausbeute) mit C_6F_5Li bei −79°C in Äther an [39]. In Tetrahydrofuran bzw. Äther reagiert SiF_4 bzw. $SiBr_4$ mit C_6F_5MgBr bzw. C_6F_5Li in 47% [40] bzw. 85% Ausbeute [12]. Setzt man dagegen C_6F_5MgBr mit $SiBr_4$ in Äther um, so entsteht nur $(C_6F_5)_2Si(OC_2H_5)Br$ [12]. $(C_6F_5)_3SiCl$ und C_6F_5Li liefern ebenfalls $(C_6F_5)_4Si$ [7]. Bis(octafluorbiphenyl)silan bildet sich aus $SiCl_4$ und 2,2'-Dilithium-octafluorbiphenyl [41].

Bis[tris(pentafluorphenyl)silyl]quecksilber $(C_6F_5)_3SiHgSi(C_6F_5)_3$

Bis[tris(pentafluorphenyl)silyl]cadmium $(C_6F_5)_3SiCdSi(C_6F_5)_3$

Erhitzt man ein Gemisch aus $([(CH_3)_3Si]_2N)_2Hg$ und $(C_6F_5)_3SiH$ auf 165 bis 170°C (38 bis 40 h), so entsteht die Hg-Verbindung in 60.6% Ausbeute. Analog bildet sich aus $([(CH_3)_3Si]_2N)_2Cd$ und $(C_6F_5)_3SiH$ bei 150°C (13 h) die Cd-Verbindung in 58% Ausbeute [52].

4.1.3 Physikalische Eigenschaften

Physical Properties

Physikalische Daten der Perfluorhalogenorganosilane sind in Tabelle 12 (S. 154) aufgeführt. Weitere Untersuchungen werden in nachfolgenden Kapiteln behandelt.

Kernresonanzspektren

Nuclear Resonance Spectra

Die chemischen Verschiebungen $\delta(^{19}F)$ von an Si gebundenen C_6F_5-Gruppen liegen in folgenden charakteristischen Bereichen: $\delta(F_o) = 125$ bis 129 ppm, $\delta(F_m) = 159$ bis 163 ppm, $\delta(F_p) = 144$ bis 154 ppm. Die Signale der ortho- und meta-Fluoratome des C_6F_5-Ringes sind oft durch Fernkopplungen so verbreitert, daß nur die Kopplungskonstanten, die das paraständige Fluoratom des Ringes betreffen (J_{24} und J_{34}), ermittelt werden konnten [43]. Im Falle der (Pentafluorphenyl)-

bromsilane ist festgestellt worden, daß die Linienbreite des ortho-Fluorresonanzspektrums in der Reihenfolge $C_6F_5SiBr_3$, $(C_6F_5)_2SiBr_2$ und $(C_6F_5)_3SiBr$ zunimmt. Dies wird auf Kopplungen zwischen F-Atomen in verschiedenen Ringen zurückgeführt. Für $(C_6F_5)_2SiBr_2$ wird gute Übereinstimmung zwischen berechneten und gemessenen Spektren im Bereich von $\delta(F_o)$ festgestellt, wenn eine Kopplung zwischen den ortho-Fluoratomen benachbarter Ringe von 2 Hz angenommen wird [44].

Aus der Beziehung $\delta(F_m) - 0.4319\,\delta(F_p) = 11.8238\,\sigma_{R^\circ} + 96.3319$, die ausschließlich vom Resonanzparameter σ_{R° (s. Erg.-Werk, Bd. 9 „Perfluorhalogenorgano-Verbindungen der Hauptgruppenelemente" Tl. 1, S. 95) abhängig ist, läßt sich die π-Donatoreigenschaft der C_6F_5-Gruppe wie folgt einordnen: $F > Cl > Br > C_6F_5 \gg C_6H_5 > CH_3 > C_2H_5$. Zwischen $\delta(F_p)$ und der Kopplung mit dem ortho-Fluoratom des gleichen Ringes besteht die Beziehung $J_{24} = (57.883 \pm 0.072) - (0.357 \pm 0.000)\,\delta(F_p)$. Wegen $J_{24} > O$ wird auf eine π-Akzeptorwirkung der Silylgruppierungen bezüglich des C_6F_5-Ringsystems geschlossen [43], dort wird eine Reihenfolge der π-Akzeptorstärke verschiedener Si-haltiger Gruppen angegeben.

Das Protonenresonanzspektrum von $(C_6F_5)_3SiH$ zeigt ein Multiplett bei -5.77 ppm gegen $Si(CH_3)_4$ als innerer Standard. Hieraus folgt für die C_6F_5-Gruppe eine geringere Elektronegativität als für Chlor [8].

Microwave Spectrum and Structural Data of CF_3SiF_3

Mikrowellenspektrum und Strukturdaten von CF_3SiF_3

Aus den Übergängen $J = 10 \rightarrow 11$ und $J = 11 \rightarrow 12$ ergibt sich für den symmetrischen Kreisel CF_3SiF_3 (Punktgruppe C_{3v}) als Rotationskonstante $B_o = 1328.464 \pm 0.001$ MHz, ferner $D_J = 0.09 \pm 0.05$ kHz. Die Analyse von Torsionsschwingungsübergängen führt zu einer Potentialschwelle der inneren Rotation von $489 \pm 50\ cm^{-1}$ entsprechend einer Torsionsschwingung von $37.0 \pm 2.0\ cm^{-1}$. Die tiefste entartete Schaukelschwingung liegt bei $158 \pm 12\ cm^{-1}$, Diskussion weiterer Fundamentalschwingungen [53].

Mass Spectra

Massenspektren

$(C_6F_5)_3SiH$: Zur Deutung des Massenspektrums (s. Tabelle 12, S. 154) wird folgendes Abbauschema diskutiert, das das Auftreten der intensiveren Bruchstücke erklärt [8]:

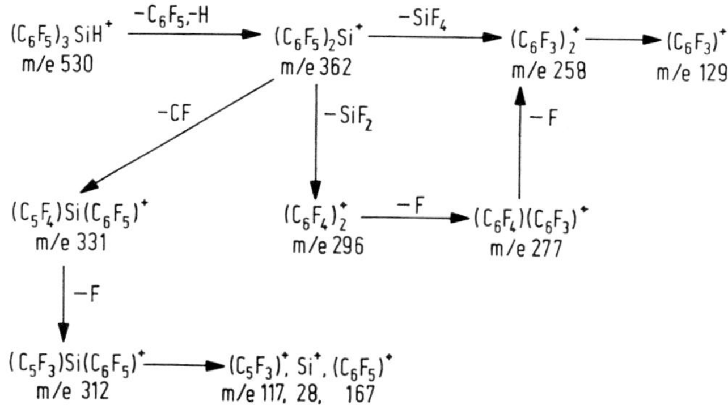

Der wichtigste Prozeß ist die Abspaltung von Fluor durch Silicium. Das Auftreten von $(C_6F_3)SiHCF_3^+$ (m/e = 227, Intensität 82.5%) kann durch dieses Schema nicht erklärt werden. Dieses Ion ist Ausgangspunkt eines weiteren Abbauschemas [8]:

$$\begin{array}{ccccc}
(C_6F_3)SiH{-}CF_3^+ & \xrightarrow{-F} & (C_6F_3)SiH{-}CF_2^+ & \xrightarrow{-F} & (C_6F_3)SiH{-}CF^+ \\
m/e\ 227\ (82.5\%) & & m/e\ 208\ (47\%) & & m/e\ 189\ (28\%) \\
\downarrow -C_6F_3 & & \downarrow -C_6F_3 & & \downarrow -C_6F_3 \\
SiH{-}CF_3^+ & \xrightarrow{-F} & SiH{-}CF_2^+ & \xrightarrow{-F} & SiH{-}CF^+ \\
m/e\ 98\ (11.5\%) & & m/e\ 79\ (24\%) & & m/e\ 60\ (7.5\%)
\end{array}$$

Perfluorohaloorganosilicon Compounds

$(C_6F_5)_4Si$: Massenspektroskopische Untersuchungen [48] zeigen einige Unterschiede zu den Massenspektren von $(C_6F_5)_4M$ (M = Ge, Sn, Pb). Es werden mehr Peaks von Fluorkohlenwasserstoff-Fragmenten gefunden, so $(C_6F_4)_4^+$ (0.1), $(C_6F_4)_3^+$ (2.6), $C_{18}F_{11}^+$ (2.8), $C_{17}F_{11}^+$ (0.6), $C_{18}F_{10}^+$ (7.5), $C_{17}F_9^+$ (7.9), $(C_6F_4)_2^+$ (4.6), $C_{12}F_7^+$ (11.7, intensivstes Fragment), $C_{12}F_6^+$ (4.1), $C_{11}F_5^+$ (6.5), $C_6F_4^+$ (1.7), $C_6F_3^+$ (6.6), $C_5F_3^+$ (1.6), $C_5F_2^+$ (0.9), $C_2F_3^+$ (1.3), CF_3^+ (0.4). Das Massenspektrum des $Si(C_6F_5)_4$ ähnelt darin den Massenspektren der Perfluorphenylene $C_{12}F_8$, $C_{18}F_{12}$ und $C_{24}F_{16}$. Es ist anzunehmen, daß die Ionen $C_{12}F_8^+$, $C_{18}F_{12}^+$ und $C_{24}F_{16}^+$ durch Abspaltung von SiF_2, SiF_3 und SiF_4 aus $(C_6F_5)_2Si^+$, $(C_6F_5)_3Si^+$ und $(C_6F_5)_4Si^+$ gebildet werden. Eine weitere Besonderheit ist das Auftreten von C-F-Fragmenten, an die noch Si gebunden ist, nach Spaltung zumindest eines aromatischen Ringes. Nachfolgende Si-haltige Ionen werden beobachtet: $(C_6F_5)_4Si^+$ (11.1), $[(C_6F_5)_4Si\text{-}F]^+$ (0.1), $(C_6F_5)_3Si^+$ (0.4), $(C_6F_5)_2SiC_5F_3^+$ (1.5), $(C_6F_5)_2Si^+$ (1.1), $(C_6F_5)_4Si^+$ (0.2), $C_{11}F_9Si^+$ (2.0), $C_6F_5SiF^+$ (1.3), $C_5F_5Si^+$ (3.3), SiF_3^+ (1.3), SiF^+ (0.3). Metastabile Ionen ergeben die beiden Zerfallsreaktionen: $(C_6F_5)_4Si^+ \rightarrow (C_6F_5)_2Si^+ + (C_6F_5)_2$, $(C_6F_5)_2Si^+ \rightarrow (C_6F_4)_2^+ + SiF_2$. Somit läßt sich das folgende Abbauschema des $(C_6F_5)_4Si$ postulieren [48]:

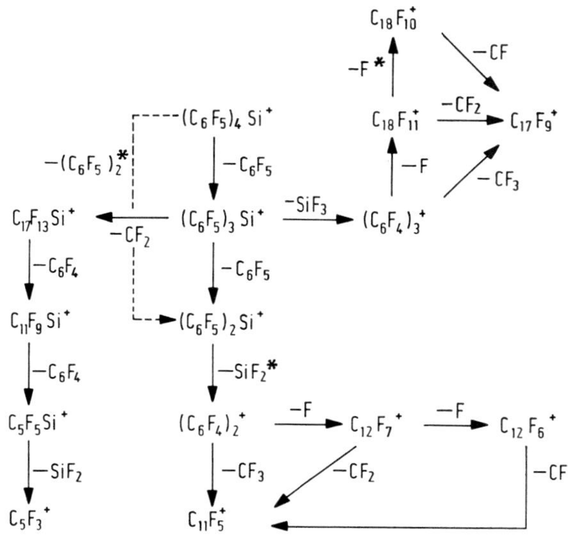

4.1.4 Chemisches Verhalten

Chemical Reactions

4.1.4.1 Thermische Beständigkeit

Thermal Stability

Große Erwartungen hatte man in die thermische und chemische Stabilität von Perfluorhalogenorganosilanen gesetzt. Diese Hoffnungen wurden nicht erfüllt. Aliphatische perhalogenierte Reste lassen sich relativ leicht durch Einwirkung von Basen oder thermisch abspalten. Nur γ-ständiges Fluor scheint die Stabilität zu verbessern. Ein guter Überblick über die Zerfallsmechanismen polyhalogenierter Alkylsiliciumverbindungen wird in [4] gegeben. Ganz allgemein zeigt sich eine perhalogenierte organische Gruppe als stark elektronegativer Rest, der demzufolge leicht durch Alkalien als halogeniertes Alkan oder Alken abgespalten wird. Thermische Belastung führt unter Fluorwanderung zur Abspaltung dieses organischen Restes als Carben, das sich durch Polymerisation oder Ausbildung einer Doppelbindung stabilisiert. Erheblich thermisch stabiler sind Pentafluorphenylsilane. Im einzelnen sind nachfolgende Zersetzungstemperaturen beobachtet worden:

Bei Raumtemperatur ist CF_3SiF_3 und $C_2F_5SiF_3$ im Gaszustand oder in inerten Lösungsmitteln stabil. CF_3SiF_3 zerfällt aber oberhalb 100°C sehr schnell und ist schon bei 78°C (16 h) vollständig zersetzt. Die Halbwertszeit beträgt ≈ 7 min bei 100°C und 50 Torr. Die Zerfallsprodukte bestehen aus SiF_4, C_2F_4 und Perfluorcyclopropan [16], s. auch [15]. Thermisch beständiger ist $C_2F_5SiF_3$, das erst oberhalb 160°C nennenswert pyrolysiert. Bei 180°C und 10 bis 200 Torr beträgt die Halbwertszeit 28 min; 98% der

Textfortsetzung auf S. 161

Tabelle 12:

Physikalische Eigenschaften der Perfluorhalogenorgano-Silicium-Verbindungen. Siedepunkt (Sdp.) in °C/Druck in Torr, Schmelzpunkt (Schmp.) in °C, Brechungsindex n_D, Dichte D in g/cm³, Molrefraktion R_D in cm³/mol, chemische Verschiebung δ und Spin-Spin-Kopplungskonstante J im ^{19}F- und ^{1}H-NMR-Spektrum (d = Dublett, tr = Triplett, qu = Quartett, m = Multiplett), Banden des IR-Spektrums, Wellenlängen λ_{max} mit molarem Extinktionskoeffizienten ε im UV-Spektrum, Massenspektrum.

Verbindung	Sdp./Torr (Schmp.) in °C	^{19}F-NMR δ in ppm, Standard $CFCl_3$	IR-Spektrum (in cm^{-1}) UV-Spektrum (λ_{max} in nm, ε) Massenspektrum, n_D, D, R_D
$(C_6F_5)_2SiH_2$ [7]	92/2	—	IR[t]: Bande ν(Si-H) im festen Zustand am schärfsten [7]
$(C_6F_5)_3SiH$[x]	110/0.01 [7] 85/0.001[a] [9] 80 bis 100/0.001[a] [8] 141 bis 144/0.2 [9] 100/0.01[a] [42] (133) [7] (134 bis 136) [8] (130 bis 133) [9] (135 bis 136.5) [10] (131) [42]	$\delta(F_o)$[r] = 126.96, $\delta(F_m)$ = 159.62, $\delta(F_p)$ = 146.34, J_{24} = 4.9 Hz, J_{34} = −19.5 Hz [43], $\delta(F_o)$ = 127, $\delta(F_p)$ = 146, $\delta(F_m)$ = 159.9 [8], ^4J(F-H) = 4 Hz [44] ^{1}H-NMR[w]	IR[t]: ν(Si-H) = 2296 (fest), 2230 (Schmelze), 2226 (in CCl_4) [7], 2295 [9], 2225 (in Cyclohexan oder Benzol) [8]; 2298[b), u)] (m), 1645 (s), 1520 (vs), 1470 (vs), 1385 (vs), 1295 (s), 1143 (m), 1135 (m), 1098 (vs), 1068 (m), 1025 (m), 975 (vs), 865 (s), 830 (vs), 762 (m), 750 (vs), 723 (vs), 660 (w), 625 (vs), 585 (m), 515 (vs), 483 (w), 442 (w), 419 (vs), 391 (s) [8] UV: λ_{max} = 209 (ε = 28500), 214 (ε = 27500), 268 (ε = 6600) [8]; Massenspektrum[c]
$(C_6F_5)_2Si(OH)_2$ [12]	(170) und (120 bis 122) s. hierzu Darstellung S. 148	—	IR: 3690[e], 3450, 1642, 1530, 1515, 1480, 1465, 1380, 1292, 1163, 1140, 1125, 1110, 990, 962, 950, 920, 830, 750, 722, 710, 620, 580, 525, 495, 452, 440, 428
$[(C_6F_5)_2SiO]_x$ [12]	355[d]	—	IR: 1643[e], 1517, 1470 (br), 1385, 1378, 1290, 1165, 1150, 1130 (br), 1090, 1050, 990, 965, 750, 722, 625, 582, 522, 450
$(C_6F_5SiO_{1.5})_x$ [12]	355[d]	—	—
$(C_6F_5)_3SiOSi(C_6F_5)_3$	280/10^{-3}[a] (310)[d] [8] (310 bis 311)[d] [52]	—	IR: 1646[b] (s), 1520 (s), 1464 (vs), 1381 (s), 1203 (s), 1145 (s), 1130 (vs), 1091 (vs, br), 1022 (w), 970 (vs), 755 (m), 750 (sh), 728 (m), 629 (m), 588 (m), 525 (s), 450 (s), 438 (s), 406 (m) [8]

Literatur s. S. 163

Tabelle 12 [Fortsetzung].

Verbindung	Sdp./Torr (Schmp.) in °C	^{19}F-NMR δ in ppm, Standard $CFCl_3$	IR-Spektrum (in cm^{-1}) UV-Spektrum (λ_{max} in nm, ε) Massenspektrum, n_D, D, R_D
CF_3SiF_3	−156 bis −149/5 × 10^{-5} [15]	$\delta(CF_3)$[g)] = 66.3 (qu), $\delta(SiF_3)$ = 150.7 (qu), J(F-F) = 10.9 Hz, J(Si-F) = 273.2 Hz, J(Si-C-F) = 72.2 Hz [15], $\delta(CF_3)$[h)] = 69.4, $\delta(SiF_3)$ = 153.8, J(F-F) = 11.0 Hz, J(Si-F) = 273.2 Hz [16]	IR: 1251 (w), 1133 (vs), 1023 (s), 866 (m), 730 (w), 520 (vw), 495 (m), 354 (m), 261 (w) [15], Abbildung in [16]; Massenspektrum[f)]
$CF_3CF_2SiF_3$ [16]	—	$\delta(CF_3)$[h)] = 86.5, $\delta(CF_2)$ = 134.4, $\delta(SiF_3)$ = 150.2, J(CF_3-CF_2) = 3.59 Hz, J(CF_3-SiF) = 2.81 Hz, J(CF_2-SiF) = 4.92 Hz, J(F-Si) = 275.3 Hz	IR-Spektrum in [16] abgebildet; Massenspektrum[i)]
$C_6F_5SiF_3$	105 [18] 102 [12]	$\delta(F_o)$ = 125.3 (m), $\delta(F_p)$ = 143.8 (tr von tr), $\delta(F_m)$ = 159.8 (m), $\delta(SiF_3)$ = 134.8 (tr), J(F_o-SiF_3) = 10.3 Hz, J(F_m-F_p) = 17.7 Hz, J(F_o-F_p) = 6.6 Hz, J(Si-F) = 250 Hz [18], $\delta(F_o)$[r)] = 125.64, $\delta(F_m)$ = 160.08, $\delta(F_p)$ = 144.14, J(F_o-F_p) = 6.5 Hz, J(F_m-F_p) = −18.1 Hz [43], J(F_o-SiF_3) = 11.6 Hz [44], $\delta(F_o)$[s)] = 124.6, $\delta(F_m)$ = 158.8, $\delta(F_p)$ = 143.8, $\delta(SiF_3)$ = 133.7, J(F_o-SiF_3) = 8 Hz, J(F_m-SiF_3) = J(F_p-SiF_3) ≈ 0 Hz, J(F_o-F_p) = 6.5 Hz, J(F_m-F_p) = 18 Hz [45]	IR: 1655 (m), 1490 (vs), 1407 (w), 1317 (m), 1270 (w), 1112 (vs), 1001 (vs), 987 (s), 913 (s), 816 (s), 737 (m), 520 (m), 481 (w), 448 (m) [18]; (Film): 1647, 1545, 1518, 1487, 1475, 1395, 1388, 1302, 1132, 1100, 1020, 970, 902, 803, 723, 711, 628, 582, 512, 467, 438, 400 [12]
$(C_6F_5)_2SiF_2$	207/760, 90/10 [12]	$\delta(F_o)$[r)] = 127.19, $\delta(F_m)$ = 159.33, $\delta(F_p)$ = 144.39, J(F_o-F_m) = 6.0 Hz, J(F_m-F_p) = −18.5 Hz [43], J(F_o-SiF_2) = 12.0 Hz [44]	IR (Film): 1643, 1515, 1487, 1470, 1460, 1385, 1298, 1140, 1100, 1020, 970, 905, 870, 814, 750, 725, 627, 585, 530, 448, 402 [12]
$(C_6F_5)_3SiF$	118 bis 120/0.1 (96 bis 98) [12]	$\delta(F_o)$[r)] = 127.66, $\delta(F_m)$ = 159.22, $\delta(F_p)$ = 144.74 [43], J(F_o-SiF) = 11.0 Hz [44]	IR[e)]: 1640, 1515, 1470 (br), 1380, 1295, 1150, 1090, 1020, 968, 905, 860, 812, 750, 720, 620, 580, 525, 442 [12]

Literatur s. S. 163

Tabelle 12 [Fortsetzung].

Physikalische Eigenschaften der Perfluorhalogenorgano-Silicium-Verbindungen. Siedepunkt (Sdp.) in °C/Druck in Torr, Schmelzpunkt (Schmp.) in °C, Brechungsindex n_D, Dichte D in g/cm³, Molrefraktion R_D in cm³/mol, chemische Verschiebung δ und Spin-Spin-Kopplungskonstante J im ^{19}F- und ^1H-NMR-Spektrum (d = Dublett, tr = Triplett, qu = Quartett, m = Multiplett), Banden des IR-Spektrums, Wellenlängen λ_{max} mit molarem Extinktionskoeffizienten ε im UV-Spektrum, Massenspektrum.

Verbindung	Sdp./Torr (Schmp.) in °C	^{19}F-NMR δ in ppm, Standard $CFCl_3$	IR-Spektrum (in cm^{-1}) UV-Spektrum (λ_{max} in nm, ε) Massenspektrum, n_D, D, R_D
CF_3SiF_2J	—	$\delta(CF_3) = 68.2$ (tr), $\delta(SiF_2) = 118.1$ (qu), J(CF-SiF) = 6.8 Hz, J(Si-F) = 340 Hz [21], $\delta(CF_3)$ k) = 69.9, $\delta(SiF_2) = 120.1$, J(CF-SiF) = 6.9 Hz, J(Si-F) = 342.4 Hz [16]	IR j): 1322 (w), 1230 (s), 1175 (m), 1129 (s), 1025 (m), 989 (s), 897 (m), 865 (w), 745 (w) [21]
$CF_3CF_2SiF_2J$ [16]	—	$\delta(CF_3)$ k) = 82.7, $\delta(CF_2) = 130.6$, $\delta(SiF_2J) = 117.0$, J(CF_3-CF_2) = 3.38 Hz, J(CF_3-SiF) = 3.38 Hz, J(CF_2-SiF) = 4.06 Hz, J(F-Si) = 346.2 Hz	IR: 1321 (s), 1288 (vs), 1153 (s), 1109 (s), 987 (s), 891 (s), 845 (w), 748 (w), 613 (w), 587 (w), 551 (m), 500 (s), 484 (s)
$CF_3SiF_2SiF_2J$ [21]	—	$\delta(CF_3) = 65.4$, $\delta(SiF_2) = 142.9$, $\delta(SiF_2J) = 105.8$, J(CF_3-SiF_2) = 6.1 Hz, J(CF_3-SiF_2J) = 1.8 Hz, J(SiF_2-SiF_2J) = 9.5 Hz	—
$C_6F_5SiFCl_2$	83/57 [13, 22] 54/13 [14]	—	IR: 1642, 1516, 1472, 1389, 1300, 1096, 974, 926, 852, 756, 728 [13, 22]
$CF_2{=}CFSiCl_3$	77 bis 78 [24] 74 bis 76/746.3 [11]	—	—
$CFCl{=}CFSiCl_3$ [11]	116 bis 117/746.5	—	—
$CF_2ClCF_2SiCl_3$ [25]	102	—	—
$CFCl_2CF_2SiCl_3$ [26]	138	—	—
$CF_3CCl_2CCl_2SiCl_3$ [27]	89.5/10 (27.5 bis 29.0) l)	$\delta(CF_3) = 69.381 \pm 0.001$ m)	$n_D^{25} = 1.4759$; $D_4^{25} = 1.810$ (als unterkühlte Flüssigkeit)
$CF_3CCl(SiCl_3)CCl_3$ [28]	118 bis 120/8.5	—	—
$CF_3C(SiCl_3){=}CCl_2$ [28]	77.5 bis 78.5/3.5	—	—
$C_6F_5SiCl_3$	64 bis 65/5 [31, 32] 80 bis 84/14 [29]	—	IR-Spektrum in [31, 32] abgebildet. $n_D^{20} = 1.4618$; $D_4^{20} = 1.7125$ [31, 32]

Literatur s. S. 163

Tabelle 12 [Fortsetzung].

Verbindung	Sdp./Torr (Schmp.) in °C	^{19}F-NMR δ in ppm, Standard $CFCl_3$	IR-Spektrum (in cm^{-1}) UV-Spektrum (λ_{max} in nm, ε) Massenspektrum, n_D, D, R_D
$(C_6F_5)_2SiCl_2$	180 bis 185/16 82 bis 84/0.3 [29] 78 bis 80/0.01 [7]	—	—
$(C_6F_5)_3SiCl$	118 bis 120/0.02 [9] 100/0.01 [7] 85 bis 95/10^{-3} [8] (83 bis 86) [7] (78.5 bis 79.5) [8] (91 bis 93) [9]	$\delta(F_o)$[r)] = 127.06, $\delta(F_m)$ = 157.50, $\delta(F_p)$ = 145.33, $J(F_o\text{-}F_p)$ = 5.8 Hz, $J(F_m\text{-}F_p)$ = −19.8 Hz [43]	IR: 1645 (m)[b)], 1519 (s), 1470 (s), 1385 (s), 1299 (m), 1145 (w), 1090 (vs), 974 (vs), 762 (m), 738 (m), 632 (m), 588 (m), 570 (m), 520 (s), 445 (m), 430 (s), 330 (m) [8]
$C_6F_5SiBr_3$	70/0.6 [12] 205 bis 208 [34] 210 [43]	$\delta(F_o)$[r),n)] = 125.70, $\delta(F_m)$ = 160.40, $\delta(F_p)$ = 145.57, J_{23} = −23.08 Hz, J_{24} = +6.56 Hz, J_{25} = 9.75 Hz, J_{26} = −6.56 Hz, J_{34} = −20.5 Hz, J_{35} = 0.0 Hz [43]	IR (Film): 1635, 1515, 1495, 1475, 1460, 1380, 1290, 1250, 1120, 1088, 1062, 985, 960, 935, 840, 712, 660, 618, 575, 505, 480, 415 [12]
$(C_6F_5)_2SiBr_2$[o)]	110/0.6 [12, 34]	$\delta(F_o)$[r),n)] = 126.30, $\delta(F_m)$ = 159.70, $\delta(F_p)$ = 145.58, $J(F_o\text{-}F_p)$ = 6.3 Hz, $J(F_m\text{-}F_p)$ = −19.8 Hz [43]	IR (Film): 1640, 1520, 1475, 1463, 1380, 1295, 1255, 1140, 1090, 1018, 970, 910, 750, 722, 623, 585, 515, 492, 450, 438, 410 [12]
$(C_6F_5)_3SiBr$	130 bis 135/10^{-3} [8] 150 bis 155/0.6 [12] (83 bis 85) [8] (80 bis 83) [12] (83) [34] (103 bis 107) [52]	$\delta(F_o)$[r),n)] = 128.92, $\delta(F_m)$ = 160.30, $\delta(F_p)$ = 146.52 [43]	IR[b)]: 1645 (m), 1580 (w), 1518 (vs), 1460 (vs), 1328 (s), 1292 (m), 1141 (m), 1091 (vs), 1025 (m), 970 (vs), 767 (m), 728 (m), 633 (m), 626 (m), 588 (m), 567 (m), 520 (s), 509 (m), 470 (m), 427 (s) [8]

Tabelle 12 [Fortsetzung].

Physikalische Eigenschaften der Perfluorhalogenorgano-Silicium-Verbindungen. Siedepunkt (Sdp.) in °C/Druck in Torr, Schmelzpunkt (Schmp.) in °C, Brechungsindex n_D, Dichte D in g/cm³, Molrefraktion R_D in cm³/mol, chemische Verschiebung δ und Spin-Spin-Kopplungskonstante J im ^{19}F- und ^{1}H-NMR-Spektrum (d = Dublett, tr = Triplett, qu = Quartett, m = Multiplett), Banden des IR-Spektrums, Wellenlängen λ_{max} mit molarem Extinktionskoeffizienten ε im UV-Spektrum, Massenspektrum.

Verbindung	Sdp./Torr (Schmp.) in °C	^{19}F-NMR δ in ppm, Standard $CFCl_3$	IR-Spektrum (in cm^{-1}) UV-Spektrum (λ_{max} in nm, ε) Massenspektrum, n_D, D, R_D
$(C_6F_5)_3SiSi(C_6F_5)_3$ [9]	200/0.001[a)] (303 bis 305)	—	IR: 1647 (s), 1602 (vw), 1585 (vw), 1524 (vs), 1478 (vs), 1468 (vs), 1384 (s), 1330 (vw), 1297 (s), 1261 (vw), 1242 (vw), 1170 (sh), 1132 (vs), 1097 (vs), 1039 (vw), 1028 (vw), 974 (vs), 912 (vw), 857 (vw), 829 (vw), 758.5 (m), 729 (w), 634 (s), 590.5 (m), 528 (vs), 452.5 (vs), 440.5 (vs), 419 (m), 340.2 (s), 313.5 (w), 291 (w) UV: λ_{max} = 270
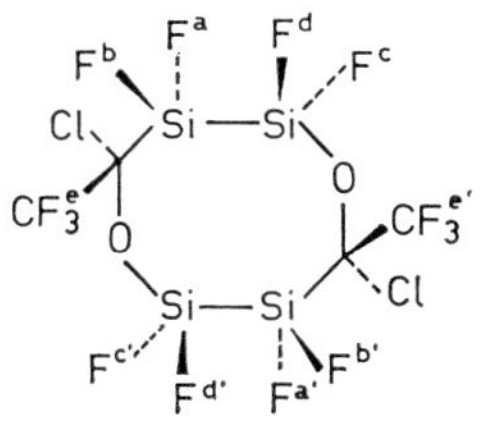 [57]	(4.8)[d),y)]	$\delta(F_a$ oder $F_b)$ = 143 (m), $\delta(F_b$ oder $F_a)$ = 135 (d von d), $\delta(F_c$ oder $F_d)$ = 120 (d von d), $\delta(F_d$ oder $F_c)$ = 102 (d von d), $\delta(F_e)$ = 77.8 (m)	IR: Banden im Bereich von 1287 bis 1143, 1180 bis 1080, 1010, 982 bis 815, 850 bis 450, 598, abgebildetes Spektrum s. [57]
$(CF_2{=}CF)_4Si$[v)] [35]	119 bis 120	—	n_D^{20} = 1.3621; D_4^{20} = 1.6182; R_D (ber.) = 48.1, (exp.) 47.93
$(CF_3C{\equiv}C)_4Si$ [36]	25/0.2[a)] (92 bis 94)	—	Massenspektrum in [36], IR- und Raman-Spektrum (ohne Zuordnung) in [54]
$(C_6F_5)_4Si$[p)]	208/1[a)] [30] 230/0.3[a)] [12] (248 bis 250) [12, 29, 30, 39] (245 bis 246) [38] (246 bis 247) [40]	$\delta(F_o)$[q)] = 127.2, $\delta(F_m)$ = 160.1, $\delta(F_p)$ = 146.9 [46], $\delta(F_o)$[r)] = 127.50, $\delta(F_m)$ = 159.66, $\delta(F_p)$ = 146.21 [43]	IR: 1641 (m)[e)], 1516 (s), 1466 (s), 1379 (s), 1292 (s), 1140 (sh), 1098 (s), 1023 (w), 970 (s) [38] UV: λ_{max} = 270 nm [47]. In Cyclohexan: λ_{max} = 271 nm, ε = 4720, λ_{max} = 220 (sh) [40]

Literatur s. S. 163

Tabelle 12 [Fortsetzung].

Verbindung	Sdp./Torr (Schmp.) in °C	^{19}F-NMR δ in ppm, Standard $CFCl_3$	IR-Spektrum (in cm^{-1}) UV-Spektrum (λ_{max} in nm, ε) Massenspektrum, n_D, D, R_D
[41]	216 bis 218	—	—
$C_6F_4(SiF_3)_2$ [18]	—	$\delta(SiF_3) = 135$ (m)	Massenspektrum (m/e, Bruchstück): 318, $C_6F_{10}Si_2^+$; 186, $C_6F_6^+$
$C_6F_4(SiF_2Cl)_2$ [13]	—	—	IR: 1650 bis 1450, 1730 (w)
$C_6F_4(SiCl_3)_2$ [33]	130/8	—	$n_D^{20} = 1.5130$; $D_4^{20} = 1.6804$
$(C_6F_5)_3SiHgSi(C_6F_5)_3$ [52]	(231 bis 233)	—	—
$(C_6F_5)_3SiCdSi(C_6F_5)$ [52]	(228 bis 230)	—	—

Literatur s. S. 163

Tabelle 12 [Fortsetzung].

a) Sublimation. — b) Nujol- und Hexachlorbutadienverreibung. — c) Massenspektrum (m/e, Bruchstück in Klammern, Intensität in %): 530, M^+ (82.5); 444, $(C_6F_4)_3^+$ (1); 406, $(C_6F_4)_2C_6F_3^+$ (13.5); 362, $(C_6F_5)_2Si$ (44.5); 331, $(C_5F_4)C_6F_5Si^+$ (29.5); 312, $(C_5F_3)C_6F_5Si^+$ (38.2); 296, $(C_6F_4)_2^+$ (23.0); 277, $C_6F_4(C_6F_3)^+$ (44.8); 258, $(C_6F_3)_2^+$ (100;) 227, $C_6F_3Si(CF_3)H^+$ (81.5); 208, $C_6F_3Si(CF_2)H^+$ (47.2); 189, $C_6F_3Si(CF)H^+$ (28); 167, C_6F^+ (16); 149, $C_6F_4H^+$ (17.5); 129, $C_6F_3^+$ (42.2); 117, $C_5F_3^+$ (16); 98, CF_3SiH^+ (11.5); 93, $C_3F_3^+$ (14); 85, SiF_3^+ (16); 79, $Si(CF_2)H^+$ (23.8); 66, SiF_2^+ (9.4); 60, $Si(CF)H^+$ (7.5); 31, CF^+ (11); 28, Si^+ (12.5); 20, HF^+ (23); 19, F^+ (6), zum Abbauschema s. S. 152 [8].

d) Zersetzungspunkt. — e) KBr-Pastille. — f) Massenspektrum (70 eV, Bruchstücke in abnehmender Intensität aufgeführt): $CSiF_5^+$, SiF_3^+, CF^+, CF_2^+, CF_3^+, SiF^+, SiF_2^+, $CSiF_4^+$ [15]; (17 eV) CF_2^+ mit stärkster Intensität [16]. — g) 50%ige Lösung in $CFCl_3$ als innerer Standard. — h) 40%ige Lösung in cyclo-C_4F_8; äußerer Standard $CFCl_3$. — i) Massenspektrum (m/e, Bruchstück in Klammern, Intensität in %): 204, M^+ (<0.2); 185, $C_2SiF_7^+$ (12.0); 135, $CSiF_5^+$ (100); 119, $C_2F_5^+$ (2.0); 116, $CSiF_4^+$ (1.9); 100, $C_2F_4^+$ (12.4); 85, SiF_3^+ (59.8); 81, $C_2F_3^+$ (74.5); 69, CF_3^+ (20.9); 66, SiF_2^+ (3.0); 62, $C_2F_2^+$ (1.9); 50, CF_2^+ (4.4); 47, SiF^+ (3.3); 31, CF^+ (27.0) [16].

j) Gasphasenspektrum. — k) Spektrum an reiner flüssiger Substanz aufgenommen, die Ungenauigkeit von J beträgt ± 0.04 Hz. — l) Im verschlossenen Röhrchen. — m) 60%ige Lösung in $CFCl_3$ als innerer Standard. — n) ^{19}F-NMR-Spektrum in [44] abgebildet. — o) J ≈ 2 Hz zwischen F_o verschiedener Ringe [44]. — p) Retentionszeit 2.3 min, ermittelt an einer 1.83 m langen Säule (Durchmesser: 6.35 mm) bei 275°C und einer Durchflußgeschwindigkeit des He von 100 ml/min [38]. — q) Innerer Standard $CFCl_3$. Aus der Differenz von $\delta(F_p)$ und $\delta(F_o)$ wird für $(C_6F_5)_4M$ (M = Si, Ge, Sn, Pb) folgende Reihenfolge der π-Akzeptoreigenschaft bzw. Elektronegativität ermittelt: Si > Ge > Sn > Pb [46]. Aus der Breite der Resonanzlinien schließt man auf Fernkopplung zwischen den Fluoratomen der Ringe [44]. Andererseits soll auch sterische Minderung eine Rolle spielen [56]. — r) Werte gemessen gegen Sekundärstandards und auf $CFCl_3$ umgerechnet. — s) δ gemessen gegen C_6F_6 als innerer Standard und auf $CFCl_3$ umgerechnet. — t) Die Si-H-Valenzschwingungsbande ist in Intensität und Frequenz sehr vom Aggregatzustand abhängig. Die Lage der Bande ν(Si-H) läßt auf eine Elektronegativität der C_6F_5-Gruppe schließen, die zwischen Brom und Jod (Cl > Br > C_6F_5 > J) [7] bzw. niedriger als die des Cl liegt [8]. — u) Zusätzlich zu der Bande bei 830 cm^{-1} (SiH-Knickschwingung), die im festen und gelösten Zustand auftritt, wird im festen Zustand eine weitere scharfe Bande bei 860 cm^{-1} beobachtet [8]. — v) Gemessenes Dipolmoment μ = 1.73 D [55]. — w) ^{1}H-NMR (innerer Standard $Si(CH_3)_4$): δ = −5.77 ppm (Multiplett). — x) Bindungsmomente der Si-H-Bindung wurden aus der integralen Intensität der Si-H-Valenzschwingung berechnet [58].

y) Massenspektrum (m/e, Bruchstück, Intensität): 528, $C_4Cl_2F_8O_3Si_4^+$, 0.3; 493, $C_4ClF_8O_2Si_4^+$, 6; 430, ?, 2; 264, $C_2ClF_7OSi_2^+$, 3; 249, $F_7O_2Si_3^+$, 3; 233, $F_7OSi_3^+$, 6; 229, $C_2F_5OSi_2^+$, 5; 217, $C_2ClF_6OSi^+$, 7; 201, $CF_7Si_2^+$, 4; 195, $CClF_4OSi_2^+$, 18; 183, $F_5O_2Si_2^+$, 6; 179, $CF_5OSi_2^+$, 7; 167, $ClF_4Si_2^+$, 49; 163, $C_2F_5OSi^+$, 4; 151, $F_5Si_2^+$, 42; 144, ?, 3; 129, $CClF_2OSi^+$, 11; 128, $C_2F_4Si^+$, 3; 125, $C_2F_3OSi^+$, 9; 116, ?, 4; 113, CF_2OSi^+, 20; 109, ?, 7; 101, SiF_2Cl^+, 24; 97, $C_2F_3O^+$, 2; 87, C_2FOSi^+, 16; 85, SiF_3^+, 58; 78, $C_2F_2O^+$, 18; 69, CF_3^+, 12; 66, SiF_2^+, 1; 63, $SiCl^+$, $COCl^+$, 19; 50, CF_2^+, 3; 47, SiF^+, 100; 35, Cl^+ 3; 31, CF^+, 9; 28, CO^+, Si^+, 2.

Literatur s. S. 163

Textfortsetzung von S. 153

Thermal Stability of Perfluorohaloorganosilicon Compounds

Zersetzungsprodukte waren flüchtig. Sie bestanden aus SiF_4 und cis- sowie trans-Perfluorbuten-2. Auch hier wird die Bildung eines Carbens gemäß $C_2F_5SiF_3 \xrightarrow{-SiF_4} CF_3CF \rightarrow CF_3CF{=}CFCF_3$ vermutet. Dieses dimerisiert sich bei fehlenden weiteren Reaktionspartnern zu cis- und trans-Perfluorbuten. HBr wird an das Carben unter Bildung von 1-Brom-1,2,2,2-tetrafluoräthan addiert [16]. Bei 220°C (15 h) zerfällt $CF_2ClCF_2SiCl_3$ quantitativ in $CF_2{=}CFCl$ (90%) und wahrscheinlich $SiFCl_3$, SiF_2Cl_2 und $SiFCl_3$. Die Übertragung des Fluors auf das Silicium soll über einen Zwischenzustand erfolgen, an dem zwei Moleküle beteiligt sind [25], s. hierzu auch [59]. Komplizierter ist der Verlauf der Pyrolyse des $CFCl_2CF_2SiCl_3$. Beim Erhitzen auf 185°C [50] bzw. 250°C [4] bilden sich $CFCl{=}CFCl$ als Hauptprodukt in 80% und $CCl_2{=}CF_2$ in 7% Ausbeute. Zwei Mechanismen werden hierfür diskutiert. Nach dem ersten bildet sich primär aus der Wanderung des am benachbarten Kohlenstoffatom gebundenen Fluors zum Silicium ein Carben $CFCl_2$-CF, welches sich unter Ausbildung einer Doppelbindung und Wanderung eines Halogenatoms zum benachbarten C stabilisiert. Je nachdem ein F- oder Cl-Atom wandert, erhält man entweder $CF_2{=}CCl_2$ oder $CFCl{=}CFCl$ [4, 50]. Nach dem zweiten Modell soll sich das Nebenprodukt $CCl_2{=}CF_2$ direkt aus einer Wanderung eines am β-ständigen Kohlenstoffatom gebundenen Fluors ergeben [50]. Analog zerfällt $CFCl_2CF_2SiF_3$ bei 140°C (3 h) in SiF_4 (100%), $CFCl{=}CFCl$ (90%) und $CF_2{=}CCl_2$ (8%) [4, 59].

Im Gegensatz zu den Perfluorchloralkylsilanen sind $C_6F_5SiF_3$ bis mindestens 300°C [18], $(C_6F_5)_3SiH$ bis 300°C (ab 400°C Zerfall in SiF_4 und einem braunen glasigen Rückstand) [8], $[(C_6F_5)_2SiO]_x$ sowie $[(C_6F_5)SiO_{1.5}]_x$ bis 355°C [12] und $(C_6F_5)_3SiOSi(C_6F_5)_3$ bis 310°C [8] stabil. Man nimmt an, daß der den Zerfall einleitende Schritt die Wanderung eines o-F-Atoms der C_6F_5-Gruppe an das Si ist, wobei gleichzeitig Tetrafluorbenzyn abgespalten wird [12]. Thermisch noch stabiler ist $(C_6F_5)_4Si$, das erst bei 500°C (1 h) Zersetzungserscheinungen zeigt. Nach dreistündigem Erwärmen auf 500°C tritt Verkokung sowie Ätzung der Glaswandungen des Bombenrohres ein [30]. Die Zersetzungstemperatur — definiert als die Temperatur bei der die Zersetzungsgeschwindigkeit 1 mol je Stunde erreicht — liegt für $(C_6F_5)_4Si$ bei 382°C und für $(C_6H_5)_4Si$ bei 468°C [38].

4.1.4.2 Hydrolyse

Hydrolysis

Die Hydrolysebeständigkeit der Perfluorhalogenorganosilane ist unterschiedlich. Gasförmiges CF_3SiF_3 und ein Unterschuß H_2O reagieren rasch unter Bildung von SiF_4, CF_3H und eines nichtflüchtigen Polymers. Die Entstehung von Siloxanen konnte nicht beobachtet werden. Bei Zusatz größerer Mengen Wasser wird dagegen die Bildung des Polymers auf Kosten von SiF_4 und CF_3H bevorzugt. Reaktionen mit konzentriertem wäßrigem NaOH ergab CF_3H als einziges flüchtiges Produkt in 91% Ausbeute. Im Gegensatz zum CF_3SiF_3 wird bei der Hydrolyse von $C_2F_5SiF_3$ mit Wasserdampf die Si-C-Bindung nicht gespalten. Bei Zugabe größerer Mengen Wasserdampf wird anfangs die Bildung eines relativ stabilen Hydrates beobachtet, das langsam unter Bildung eines Polymers zerfällt. SiF_4 wird nicht beobachtet. Umsetzungen mit konzentriertem wäßrigem NaOH führen zu C_2F_5H als einzigem flüchtigen Produkt in 95% Ausbeute [16]. Mit 10%iger NaOH-Lösung spaltet $CF_2ClCF_2SiCl_3$ bei Raumtemperatur (5 min) CF_2ClCHF_2 [25] bzw. $CFCl_2CF_2SiCl_3$ in 30 Minuten $CFCl_2CF_2H$ (87% Ausbeute) und $CF_2{=}CFCl$ (13% Ausbeute) ab [26]. $CFCl_2CF_2SiF_3$ hydrolysiert mit 10%iger wäßriger Natronlauge zu $CFCl{=}CF_2$ [59].

$(CF_2{=}CF)_4Si$ ist gegen Säuren stabil, wird aber von Alkalilösungen hydrolysiert. Es entsteht hierbei $CF_2{=}CFH$ (als $CF_2BrCHFBr$ isoliert) in 90% Ausbeute [35]. Auch Trifluorvinylfluorsilane neigen dazu, mit Wasser oder Alkali- bzw. NH_4F-Lösungen $CF_2{=}CFH$ abzuspalten [23]. Im Gegensatz hierzu soll die Hydrolyse von $CF_2{=}CFSiCl_3$ bzw. $CFCl{=}CFSiCl_3$ in Äther zu $(CF_2{=}CFSiO_{1.5})_x$ bzw. $(CFCl{=}CFSiO_{1.5})_x$ führen [11]. Die aus $CF_2{=}CFSiF_3$ und MF (M = NH_4, K, Na) in CH_3CN oder Dioxan sich bildenden Salze $M_2(CF_2{=}CFSiF_5)$ reagieren mit einer wäßrigen $AgNO_3$-Lösung zu $CF_2{=}CFH$, mit einer wäßrigen $CuSO_4$-Lösung dagegen zu Perfluorbutadien [17]. Siedendes 50%iges KOH hydrolysiert $CF_3C(SiCl_3){=}CCl_2$ (45 min) zu $CF_3CH{=}CCl_2$. Verdünnte Säuren greifen $CF_3CCl(SiCl_3)CCl_3$ nur langsam an [28].

$C_6F_4(SiF_3)_2$ reagiert mit 10%iger Flußsäure zu o-, m- und p-Tetrafluorbenzolen sowie Spuren von 1,3,5-$C_6F_3H_3$. Verdünntes HF spaltet $C_6F_5SiF_3$ nahezu quantitativ zu C_6F_5H [18]. Auch aus $C_6F_4(SiFCl_2)_2$ und 20% Natronlauge entstehen bei 100°C (3 h) o-, m- und p-$C_6F_4H_2$ [13, 22]. Pentafluorphenylhalogensilane lassen sich mit H_2O in entsprechende Siloxane umwandeln [8, 12, 13, 14, 18], die mit NaOH C_6F_5H freisetzen. So liefert $C_6F_5SiFCl_2$ mit H_2O primär $(C_6F_5SiO_{1.5})_x$, das mit 20%igem NaOH (100°C, 3 h) [13] bzw. 40%igem NaOH (Dampfbad, 15 min) C_6F_5H liefert [14]. Analog reagiert $(C_6F_5)_3SiCl$ mit H_2O zu $(C_6F_5)_3SiOH$, das mit OH^- C_6F_5H abspaltet [7]. Das am $(C_6F_5)_3SiH$ gebundene H-Atom kann mit H_2O langsam als H_2 abgespalten werden. Die Hydrolyse kann durch Zusatz von Säuren oder Basen beschleunigt werden [8, 9]. Mit Silberionen-haltigem wäßrigem Äthanol wird unter Bildung eines gelbschwarzen Niederschlags lebhaft H_2 entwickelt [8]. Das an feuchter Luft stabile $(C_6F_5)_3SiSi(C_6F_5)_3$ liefert mit methanolischem NaOH, H_2 und in einem Gemisch aus Monoglyme/H_2O/NaOH je mol Disilan 0.93 mol H_2 [9]. Gegen siedende wäßrige Lösungen von 6 normalem HCl (5 h) oder 10%igem NaOH (5 h) ist $(C_6F_5)_4Si$ stabil. Dagegen ist es in einer Tetrahydrofuranlösung hydrolyseempfindlich. Beim Erhitzen einer solchen Lösung von $(C_6F_5)_4Si$ mit 6 normalem HCl (5 h) oder 10%igem NaOH (5 h) wird C_6F_5H in Freiheit gesetzt. Durch feuchtes Aceton wird es schon bei Raumtemperatur (26 Tage) quantitativ hydrolysiert [38]. Nach 48stündigem Erhitzen mit CF_3COOH auf 71°C konnten 100%, nach 8 h bei 162°C mit CF_3SO_3H 80% und nach 10 h bei 300°C mit H_2SO_4 konnten ebenfalls 80% des $(C_6F_5)_4Si$ zurückgewonnen werden. Als Hydrolyseprodukt ist C_6F_5H nachgewiesen worden [12].

Bromolysis. Alcoholysis. Pyrolysis in Presence of HBr or $(CH_3)_3SiH$. H-D Exchange and Ammonolysis in Presence of $AgNO_3$

4.1.4.3 Bromolyse, Alkoholyse, Pyrolyse in Gegenwart von HBr bzw. $(CH_3)_3SiH$, H-D-Austausch und Ammonolyse in Gegenwart von $AgNO_3$

Erhitzt man $Si(C_6F_5)_4$ mit Br_2 am Rückfluß mit und ohne UV-Bestrahlung, so tritt keine Reaktion ein [12]. Auch eine Aufschlämmung von $Si(C_6F_5)_4$ in CH_2BrCH_2Br setzt sich mit Br_2 in Gegenwart katalytischer Mengen $AlBr_3$ am Rückfluß nicht um [38]. Ebenfalls erfolgt keine Umsetzung mit Li in Tetrahydrofuran bei 20°C (20 h) oder in der Wärme (8 h) [38] und mit SO_3 bei 40°C (4 h) [12]. In Gegenwart von Pyridin reagieren $(C_6F_5)_2SiCl_2$ bzw. $C_6F_5SiCl_3$ mit Äthanol in Äther in guter Ausbeute zu $(C_6F_5)_2Si(OC_2H_5)_2$ (Siedepunkt 293 bis 303°C) bzw. $C_6F_5Si(OC_2H_5)_3$ (Siedepunkt 235 bis 238°C) [29].

In Gegenwart von HBr bildet sich bei der Pyrolyse von CF_3SiF_3 bei 102°C CHF_2Br innerhalb von 45 Minuten in hoher Ausbeute. In Gegenwart von $CH_2{=}CHF$ bildet sich nur wenig 1,1,2-Trifluorcyclopropan [16].

Die Pyrolyse von $C_2F_5SiF_3$ in Gegenwart von Trimethylsilan bei 200°C (130 min) führt zum Einschiebungsprodukt $CF_3CFHSi(CH_3)_3$, IR-Spektrum (in cm^{-1}): 2965(m), 2910(w), 1347(s), 1281(s), 1262(s), 1175(vs), 1118(s), 1044(m), 893(m), 850(vs), 758(w), 703(w), 662(w), 622(w); ^1H-NMR (äußerer Standard $Si(CH_3)_4$): $\delta(CH) = -5.56$ ppm, $\delta(CH_3) = +0.34$ ppm, $J(H_o\text{-}F_{gem}) = 46.0$ Hz, $J(H_o\text{-}F_{vic}) = 10.7$ Hz, ^{19}F-NMR (äußerer Standard $CFCl_3$): $\delta(CF_3) = 75.1$ ppm, $\delta(CF) = 240.5$ ppm, $J(CF_3\text{-}CF) = 16.7$ Hz, $J(CFH\text{-}Si\text{-}C\text{-}H) = \leqq 0.4$ Hz, $J(CF_3\text{-}C\text{-}Si\text{-}C\text{-}H) =$ 0.7 Hz [16].

Isotopenaustausch: Setzt man $(C_6F_5)_3SiH$ mit einem Gemisch aus CH_3OH/CH_3OD/Benzol in Gegenwart von 2 mol CH_3ONa um, so erhält man einen PIE-Wert (Produkt Isotope Effect) von 3.98, der kleiner ist als der für die weniger reaktiven Moleküle $(p\text{-}ClC_6H_4)_3SiH$ und $(m\text{-}CF_3C_6H_4)_3SiH$. Auch das weniger basische Gemisch $CH_3OH/CH_3OD/C_6H_6$/Pyridin liefert einen ähnlichen Wert. Dieser niedrige Betrag läßt auf einen von anderen Triarylsilanen verschiedenen Austauschmechanismus schließen [42].

Mit Alkalimetallen wie Li reagiert $(C_6F_5)_3SiSi(C_6F_5)_3$ langsam schon in der Kälte und ist unter gleichen Bedingungen gegen Brom beständig. Mit $AgNO_3/NH_3$ liefert es nur eine schwache Braunfärbung, hervorgerufen durch ausgeschiedenes Ag. Im Gegensatz zu $(C_6H_5)_3SiSi(C_6H_5)_3$ entwickelt die Verbindung in methanolischem NaOH Wasserstoff [9].

Reactions with Grignard Reagents and Metal Carbonyls

4.1.4.4 Umsetzungen mit Grignardreagenzien und Metallcarbonylen

$(C_6F_5)_{4-n}SiBr_n$ (n = 2, 3) setzen sich mit RMgJ in Äther beim Erhitzen (48 h) zu $(C_6F_5)_{4-n}SiR_n$ um:

$(C_6F_5)_2Si(CH_3)_2$: Ausbeute 80%, Siedepunkt 84°C/0.4 Torr, Schmelzpunkt 31 bis 32°C [12], ^1H-NMR (innerer Standard $Si(CH_3)_4$): $\delta = 0.82$ ppm, ^{19}F-NMR (umgerechnet auf $CFCl_3$): $\delta(F_o) =$ 128.9, $\delta(F_m) = 162.1$, $\delta(F_p) = 151.4$ ppm (Lösungsmittel CCl_4) [39].

$C_6F_5Si(CH_3)_3$: Siedepunkt 80°C/15 Torr [12], 60°C/14 Torr, IR-Spektrum: 1639 (s), 1513 (vs), 1466 (vs), 1256 (vs), 1086 (vs), 969 (vs), 874 (vs), 812 (vs) cm^{-1} [51], ^1H-NMR (innerer Standard $Si(CH_3)_4$): $\delta = 0.41$ ppm, ^{19}F-NMR (umgerechnet auf $CFCl_3$): $\delta(F_o) = 126.5$, $\delta(F_m) = 162.1$, $\delta(F_p) = 152.9$ ppm (Lösungsmittel CCl_4) [39].

$(C_6F_5)_2Si(C_2H_5)_2$: Ausbeute 80%, Siedepunkt 90°C/0.4 Torr, Schmelzpunkt ≈ −10°C, IR-Spektrum (Film): 2968, 2945, 2920, 2885, 1640, 1540, 1475, 1460, 1450, 1412, 1375, 1285, 1235, 1132, 1080, 1000, 960, 760, 720, 710, 670, 635, 582, 510, 450, 430 cm^{-1} [12].

$C_6F_5Si(C_2H_5)_3$: Ausbeute 85%, Siedepunkt 225°C/760 Torr, IR-Spektrum (Film): 2952, 2935, 2905, 2873, 1632, 1508, 1475, 1460, 1445, 1410, 1372, 1362, 1275, 1230, 1075, 995, 960, 752, 720, 710, 690 cm^{-1} [12].

Die Umsetzung von $(C_6F_5)_3SiBr$ mit C_2H_5MgBr in Äther liefert beim Erhitzen im Rückfluß (48 h) nicht das zu erwartende Silan, sondern $(C_6F_5)_2Si(C_2H_5)_2$ [12]. Mit $CF_3CCl(SiCl_3)CCl_3$ reagiert C_2H_5MgBr bei 0°C in Äther und anschließendem Erhitzen am Rückfluß (12 h), sowie zusätzlichem Erwärmen, nach Abdampfen des Äthers, auf einem Dampfbad (5 h) in 56% Ausbeute zu $CF_3C[Si(C_2H_5)_3]{=}CCl_2$: Siedepunkt 112.5 bis 113.5°C/23 Torr, $n_D^{20} = 1.4534$ bis 1.4535, $D_4^{20} =$ 1.1899 g/cm [28]. Phenylacetylen addiert $(C_6F_5)_3SiH$ (Molverhältnis 2.5:1) in Benzol bei 100°C (12 h) unter katalytischer Wirkung von $H_2[PtCl_6]$ und bildet in 95% Ausbeute ein Gemisch aus $(C_6F_5)_3SiCH{=}CHC_6H_5$ und $C_6H_5C({=}CH_2)Si(C_6F_5)_3$ im Molverhältnis 7:9, das gaschromatographisch nicht getrennt werden konnte. Siedepunkt des Gemisches: 170 bis 175°C/0.1 Torr [10].

Mit Metallcarbonylen reagiert $(C_6F_5)_3SiH$ unter drastischeren Bedingungen als $(C_6H_5)_3SiH$ zu den in Tabelle 13 (S. 164) aufgeführten Produkten [8].

4.1.4.5 Reaktionen von $(C_6F_5)_3SiMSi(C_6F_5)_3$ (M = Hg, Cd)

Reactions of $(C_6F_5)_3Si$-MSi-$(C_6F_5)_3$

Die Oxidation von $(C_6F_5)_3SiHgSi(C_6F_5)_3$ mit Benzoylperoxid in Toluol bei 70°C (93 h) führt zu 94.2% Hg und 43% $(C_6F_5)_3SiOC(O)C_6H_5$ (Schmelzpunkt: 135 bis 137°C). Mit O_2 entsteht quantitativ Hg sowie $(C_6F_5)_3SiOSi(C_6F_5)_3$. Zu Umsetzungen der Disilylquecksilber-Verbindung mit $HgCl_2$ (s. S. 150), Br_2 (s. S. 151) sowie die Photolyse in Toluol bzw. Cumol (s. S. 147). Reaktionen der entsprechenden Cd-Verbindung mit Br_2 bzw. CF_3COOH sind auf S. 151 bzw. 147 beschrieben [52].

Literatur:

[1] Minnesota Mining & Manufactoring Co., J. H. Simons, R. D. Dunlap (U.S.P. 2651651 [1953]; C.A. **1954** 10056). — [2] M. W. Kellogg Company, H. J. Pasino, L. C. Rubin (U.S.P. 2686194 [1954]; C.A. **1955** 1363). — [3] R. N. Haszeldine (Nature **168** [1951] 1028). — [4] R. N. Haszeldine (in: E. A. V. Ebsworth, A. G. Maddock, A. G. Sharpe, New Pathways in Inorganic Chemistry, Cambridge 1968). — [5] E. F. Izard, S. L. Kwolek (J. Am. Chem. Soc. **73** [1951] 1156/8).

[6] R. N. Haszeldine (Angew. Chem. **66** [1954] 693). — [7] M. F. Lappert, J. Lynch (Chem. Commun. **1968** 750/1). — [8] R. R. Schrieke, B. O. West (Australian J. Chem. **22** [1969] 49/58). — [9] E. Hengge, E. Starz, W. Strubert (Monatsh. Chem. **99** [1968] 1787/91). — [10] T. Brennan, H. Gilman (J. Organometal. Chem. **16** [1969] 63/70).

[11] Dow Corning Corporation, L. A. Haluska (U.S.P. 2800494 [1957]; C.A. **1957** 17988). — [12] M. Weidenbruch, N. Wessal (Chem. Ber. **105** [1972] 173/87). — [13] J. M. Birchall, W. M. Daniewski, R. N. Haszeldine, L. S. Holden (J. Chem. Soc. **1965** 6702/7). — [14] R. N. Haszeldine, J. M. Birchall (B.P. 988769 [1965]; C.A. **63** [1965] 1816). — [15] K. G. Sharp, T. D. Coyle (J. Fluorine Chem. **1** [1971/72] 249/51).

[16] K. G. Sharp, T. D. Coyle (Inorg. Chem. **11** [1972] 1259/64). — [17] R. Müller, M. Dressler, C. Dathe (J. Prakt. Chem. **312** [1970] 150/60). — [18] P. L. Timms, D. D. Stump, R. A. Kent, J. L. Margrave (J. Am. Chem. Soc. **88** [1966] 940/2). — [19] E. I. du Pont de Nemours & Co., D. C. Pease (U.S.P. 2840588 [1958]; C.A. **1958** 19245). — [20] J. C. Thompson, J. L. Margrave, P. L. Timms (Chem. Commun. **1966** 566).

[21] J. L. Margrave, K. G. Sharp, P. W. Wilson (J. Inorg. Nucl. Chem. **32** [1970] 1817/25). — [22] R. N. Haszeldine, J. M. Birchall (B.P. 1101972 [1968]; C.A. **68** [1968] 69119). — [23] R. Müller, C. Dathe, M. Dressler (B.P. 1145 [1969] 269; D. P. [DDR] 59284 [1967]). — [24] R. Müller, M. Dressler (J. Prakt. Chem. [4] **22** [1963] 29/38). — [25] R. N. Haszeldine, R. J. Marklow (J. Chem. Soc. **1956** 962/72).

[26] R. N. Haszeldine, J. C. Young (J. Chem. Soc. **1960** 4503/8; Proc. Chem. Soc. **1959** 394). — [27] O. W. Steward, O. R. Pierce (J. Organometal. Chem. **4** [1965] 138/44). — [28] E. T. McBee, C. W. Roberts, G. W. R. Puerckhana (J. Am. Chem. Soc. **79** [1957] 2330). — [29] A. Whittingham, A. W. P. Jarvie (J. Organometal. Chem. **13** [1968] 125/9). — [30] L. A. Wall, R. E. Donadio, W. J. Pummer (J. Am. Chem. Soc. **82** [1960] 4846/8).

Literatur s. S. 180

Tabelle 13:
Umsetzungen von Tris(pentafluorphenyl)silan mit Metallcarbonylen [8].

Ausgangs-verbindung	Produkt	Reaktions-bedingungen	Schmelz- und Sublimationspunkt IR-Spektrum in cm^{-1}
$Co_2(CO)_8$	$(C_6F_5)_3SiCo(CO)_4$	in Benzol, 20 bis 40°C (3 h) oder Bombenrohr 140°C (12 h)	Sublimationspunkt: 80°C/10^{-4} Torr; IR(Nujol): 2110(s), 2060 (m), 2019(vs), 1987(sh), 1641(m), 1520(s), 1460(vs), 1382(s), 1283 (m), 1258 (w), 1085 (s), 1020 (w), 968 (s), 745 (w), 583 (w), 550 (m), 520 (m), 418 (m)
$Mn_2(CO)_{10}$	$(C_6F_5)_3SiMn(CO)_5$	Bombenrohr 170°C (8 h)	Schmelzpunkt: 180 bis 182°C; IR(KBr)[a]: 2120(vs), 2060(s), 2045 (vs), 2025 (vs), 2012 (vs), 1990 (sh), 1641 (m), 1520 (s), 1460 (vs), 1370 (m), 1284 (m), 1138 (w), 1093 (s), 1020 (w), 972 (s), 963 (s), 751 (w), 726 (w), 662 (s), 641 (s), 510 (w), 496 (w), 420 (w)
$[Mn(CO)_4P(C_6H_5)_3]_2$	$(C_6F_5)_3SiMn(CO)_4P(C_6H_5)_3$	Bombenrohr 150°C (4 h) in Benzol	Schmelzpunkt: 250°C (Zersetzung); IR(KBr): 3080(w), 3060(w), 2920 (w), 2093 (m), 2014 (m), 1973 (vs), 1644 (s), 1518 (vs), 1485(m), 1456(vs), 1438(s), 1374(s), 1310(w), 1281(s), 1188 (w), 1080 (vs), 1027 (w), 1000 (w), 970 (vs), 751 (m), 743 (s), 737 (m), 692 (s), 665 (vs), 657 (m), 640 (vs), 625 (m), 615 (m), 586 (w), 570 (w), 522 (s), 509 (s), 495 (m), 480 (m), 447(w), 420(s), 340(m), 330(m); IR(in C_6H_{12}): 1970(s), 2093(m), 2010(w)
$Re_2(CO)_{10}$	$(C_6F_5)_3SiRe(CO)_5$	Bombenrohr 170°C (8 h)	Schmelzpunkt: 156°C; IR(KBr)[a]: 2137(s), 2067(s), 2040(sh), 2023 (vs), 2010 (vs), 1981 (sh), 1643 (m), 1518 (s), 1460 (vs), 1379 (w), 1370 (m), 1283 (m), 1135 (w), 1080 (s), 969 (s), 962 (s), 752 (w), 725 (w), 630 (m), 607 (m), 586 (m), 511 (w), 498 (w), 434 (m), 410 (w), 379 (m), 337 (w), 325 (w)
$[(C_5H_5)Fe(CO)_2]_2$	$(C_6F_5)_3SiFe(CO)_2(C_5H_5)$	Bombenrohr 170°C (12 h)	Schmelzpunkt: 195°C; ^1H-NMR (Standard $Si(CH_3)_4$): $\delta = -4.75$ ppm; IR(KBr): 2032(vs), 1998(sh), 1988(vs), 1955(sh), 1641(s), 1520(vs), 1453(vs), 1420(w), 1380(s), 1368(s), 1278 (s), 1245 (w), 1130 (m), 1075 (vs), 1050 (w), 1019 (m), 1000 (w), 961 (vs), 880 (w), 869 (w), 850 (s), 835 (w), 749 (m), 721 (m), 630 (s), 621 (s), 500 (w), 585 (s), 505 (m), 496 (m), 455(w), 450(m), 438(s), 423(m), 410(w), 332(m), 315(w); IR (in C_6H_{12}): $\nu(CO)$ = 2029(s) und 1982(vs)

[a] IR-Spektrum im Bereich der $\nu(CO)$-Bande für die in C_6H_{12} gelöste Substanz im Original abgebildet.

[31] A. V. Zimin, B. I. Vainshtein, Yu. I. Sil'chenko (Dokl. Akad. Nauk SSSR **184** [1969] 1139/40; Dokl. Phys. Chem. Proc. Acad. Sci. USSR **184** [1969] 122/3; C.A. **70** [1969] Nr. 115220). — [32] A. V. Zimin, B. I. Vainshtein, Yu. I. Sil'chenko (Khim. Vysokikh Energ. **4** [1970] 419/24; High Energy Chem. [USSR] **4** [1970] 375/8; C.A. **73** [1970] Nr. 135901). — [33] L. Ya. Karpov, A. V. Zimin, L. P. Siderova, A. D. Verina, A. V. Gubanova, V. I. Savushkina (D.P. 1232579 [1964/67]; C.A. **66** [1967] Nr. 76146). — [34] M. Weidenbruch, N. Wessal (Angew. Chem. **82** [1970] 483; Angew. Chem. Intern. Ed. Engl. **9** [1970] 467). — [35] R. N. Sterlin, I. L. Knunyants, L. N. Pinkina, D. Yatsenko (Izv. Akad. Nauk SSSR Otd. Khim. Nauk **1959** 1492; Bull. Acad. Sci. USSR Div. Chem. Sci. **1959** 1442/3; C.A. **1960** 1270).

[36] B. C. Pant, R. E. Sacher (Inorg. Nucl. Chem. Letters **5** [1969] 549/51). — [37] W. J. Pummer (U.S.P. 3109855 [1963]; C.A. **60** [1964] 3009). — [38] C. Tamborski, E. J. Soloski, S. M. Dec (J. Organometal. Chem. **4** [1965] 446/54). — [39] M. Weidenbruch, G. Abrotat, K. John (Chem. Ber. **104** [1971] 2124/33). — [40] F. W. G. Fearon, H. Gilman (J. Organometal. Chem. **10** [1967] 409/19).

[41] S. C. Cohen, A. G. Massey (Advan. Fluorine Chem. **6** [1970] 83/285, 167/76). — [42] C. Eaborn, I. D. Jenkins (J. Organometal. Chem. **69** [1974] 185/92). — [43] G. Hägele, M. Weidenbruch (Chem. Ber. **106** [1973] 460/70). — [44] G. Hägele, M. Weidenbruch (Org. Magn. Resonance **6** [1974] 66/72). — [45] R. B. Johannesen, F. E. Brinkman, T. D. Coyle (J. Phys. Chem. **72** [1968] 660/7).

[46] K. W. Jolley, L. H. Sutcliffe (Spectrochim. Acta A **24** [1968] 1191/203). — [47] H. Gilman, P. J. Morris (J. Organometal. Chem. **6** [1966] 102/4). — [48] J. M. Miller (Can. J. Chem. **47** [1969] 1613/20). — [49] R. E. Banks, R. N. Haszeldine (Advan. Inorg. Chem. Radiochem. **3** [1961] 337/433). — [50] W. Bevan, R. N. Haszeldine, J. C. Young (Chem. Ind. [London] **1961** 789).

[51] M. Fild, O. Glemser, G. Cristoph (Angew. Chem. **76** [1964] 953; Angew. Chem. Intern. Ed. Engl. **3** [1964] 801). — [52] G. S. Kahinina, B. J. Petrov, O. A. Kruglaya, N. S. Vyazanhin (Zh. Obshch. Khim. **42** [1972] 148/51; J. Gen. Chem. USSR **42** [1972] 144/6). — [53] D. R. Lide, D. R. Johnson, K.-G. Sharp, T. D. Coyle (J. Chem. Phys. **57** [1972] 3699/703). — [54] F. R. Brown (Diss. Univ. of Pittsburgh 1971; Diss. Abstr. Intern. B **32** [1972] 5708; C.A. **77** [1972] Nr. 54389) laut D. H. Lemmon, J. A. Jackson (Spectrochim. Acta A **29** [1973] 1899/1913). — [55] R. N. Sterlin, S. S. Dubov, Li Vei-Gan, L. P. Vakhomchik, I. L. Knunyants (Zh. Vses. Khim. Obshchestva im. Mendeleeva **6** [1961] 110/1; C.A. **55** [1961] 15336).

[56] D. E. Fenton, L. H. Sutcliffe (Chem. Commun. **1967** 1097/8). — [57] F. D. Cutrett, J. L. Margrave (J. Inorg. Nucl. Chem. **35** [1973] 1087/90). — [58] A. N. Egorochkin, N. S. Vyazankin, M. G. Voronkov (Dokl. Akad. Nauk SSSR **211** [1973] 859/61; Proc. Acad. Sci. USSR Chem. Sect. **211** [1973] 616/8; C.A. **79** [1973] Nr. 114966). — [59] W. I. Bevan, R. N. Haszeldine (J. Chem. Soc. Dalton Trans. **1974** 2509/13).

4.2 Perfluorhalogenorgano-Germanium-Verbindungen

Perfluorohaloorganogermanium Compounds

Von den bisher synthetisierten aliphatischen und aromatischen perfluorierten Germaniumverbindungen sind die aromatischen eingehender studiert worden. Chemie und physikalische Eigenschaften dieser Substanzen werden in [1, 2] angegeben.

4.2.1 Darstellung

Preparation

Pentafluorphenylgerman $C_6F_5GeH_3$

Bis(pentafluorphenyl)german $(C_6F_5)_2GeH_2$

Tris(pentafluorphenyl)german $(C_6F_5)_3GeH$

Bis(pentafluorphenyl)-bromgerman $(C_6F_5)_2GeBrH$

1,1,2,2-Tetrakis(pentafluorphenyl)digerman $(C_6F_5)_2HGeGeH(C_6F_5)_2$

Grundsätzlich werden alle Pentafluorphenylgermane durch Reduktion entsprechender Halogengermane mit $LiAlH_4$ oder $(C_2H_5)_3GeH$ hergestellt. So entsteht in einer heftigen Reaktion (Kühlung auf −25 bis −20°C) bei Zugabe von Äther zu einem Gemisch aus $C_6F_5GeBr_3$ und $LiAlH_4$ in n-Hexan $C_6F_5GeH_3$ in 58.3% Ausbeute. Beim Einwirken von $LiAlH_4$ auf eine auf 0°C gekühlte Lösung von

Preparation of Perfluoro-haloorgano-germanium Compounds

$(C_6F_5)_2GeBr_2$ in Toluol erhält man in analoger Weise $(C_6F_5)_2GeH_2$ in 86.2% Ausbeute. Erhitzt man $(C_6F_5)_2GeBr_2$ mit $(C_2H_5)_3GeH$ auf 120°C (6 h), so bildet sich ein Gemisch aus $(C_6F_5)_2GeH_2$ und $(C_6F_5)_2GeBrH$, das durch Vakuumdestillation aufgetrennt werden kann (Ausbeuten von 8.0 bzw. 57.5%) [8]. $(C_6F_5)_3GeH$ ist durch Erhitzen des entsprechenden Bromids mit $(C_2H_5)_3GeH$ unter Rückfluß (1 h) bzw. durch Reduktion einer Lösung von $(C_6F_5)_3GeBr$ in Toluol/Äther (1.5:2) mit einer Suspension von $LiAlH_4$ in Toluol bei 20°C (30 min) zugänglich. Ausbeuten 89.5 bzw. 78.5% [3]. Durch Reduktion von $(C_6F_5)_2BrGeGeBr(C_6F_5)_2$ mit $(C_2H_5)_3GeH$ bei 150°C (8 h) gewinnt man $(C_6F_5)_2HGeGeH(C_6F_5)_2$ in 35.1% Ausbeute [8].

Tris(pentafluorphenyl)germanol $(C_6F_5)_3GeOH$

Hexakis(pentafluorphenyl)digermoxan $[(C_6F_5)_3Ge]_2O$

Poly[bis(pentafluorphenyl)germaniumoxid] $[(C_6F_5)_2GeO]_n$

Poly(pentafluorphenylgermaniumsesquioxid) $(C_6F_5GeO_{1.5})_m$

Trifluormethyl-tris(trifluoracetoxy)german $CF_3Ge(OCOCF_3)_3$

Tris(pentafluorphenyl)-trifluoracetoxy-german $(C_6F_5)_3GeOCOCF_3$

Disilber-trifluormethyl-pentakis(trifluoracetato)-germanat $Ag_2[CF_3Ge(OCOCF_3)_5]$

Bei der Hydrolyse von geschmolzenem $(C_6F_5)_3GeCl$ mit H_2O entsteht $(C_6F_5)_3GeOH$, das mit Pentan aus der wäßrigen Phase extrahiert wird [5]. Das Produkt der Umsetzung von $(C_6F_5)_2TlBr$ mit Ge hydrolysiert ebenfalls zum Germanol [15]. Beim Erhitzen auf 130°C (12 h/760 Torr) bildet sich unter Austritt von H_2O nahezu quantitativ $[(C_6F_5)_3Ge]_2O$, das auch direkt durch Behandlung von $(C_6F_5)_3GeCl$ mit einer alkoholischen $AgNO_3$-Lösung bzw. feuchtem Pyridin bzw. feuchtem NH_3 bzw. feuchtem $(C_2H_5)_3N$ erhalten werden kann [5].

Die Hydrolyse von $(C_6F_5)_2GeBr_2$ mit destilliertem Wasser ergibt $[(C_6F_5)_2GeO]_3$ [5, 26], das massenspektroskopischer Untersuchungen zufolge als cyclisches Trimeres vorliegt [26], und nicht als Tetrameres, wie Molgewichtsmessungen [5] an einer offensichtlich unreinen Probe [26] ergaben. Durch Hydrolyse des Produktes der Umsetzung von $GeCl_4$ mit C_6F_5MgBr entsteht $[(C_6F_5)_2GeO]_n$ [4]. Die Reaktion von $C_6F_5GeBr_3$ mit H_2O führt quantitativ zu $(C_6F_5GeO_{1.5})_m$ [26]. Eine Substanz der Zusammensetzung $(C_6F_5)_{0.34}GeO_{1.8}H$ soll nach Hydrolyse des in Hexan/Äther bzw. Hexan erhaltenen Reaktionsgemisches aus $GeCl_4$ und C_6F_5Li im Molverhältnis 1:1 entstehen [5]. Im evakuierten Bombenrohr reagieren CF_3GeCl_3 und $AgOC(O)CF_3$ bei 20°C (4 h) zu $CF_3Ge(OCOCF_3)_3$ aus dem $Ag_2[CF_3Ge(CF_3COO)_5]$ mit überschüssigem Silbertrifluoracetat in Benzol hergestellt wird [7]. $(C_6F_5)_3GeOCOCF_3$ bildet sich in 55.5% Ausbeute bei der Behandlung von $(C_6F_5)_3GeBr$ mit $AgOCOCF_3$ in Äther [25].

Trifluormethyl-trihalogengermane CF_3GeX_3 (X = F, Cl, Br, J)

Bis(trifluormethyl)-dihalogengermane $(CF_3)_2GeX_2$ (X = F, Cl, Br, J)

Tris(trifluormethyl)-bromgerman $(CF_3)_3GeBr$

Pentafluorphenyl-trihalogengermane $C_6F_5GeX_3$ (X = F, Br)

Bis(pentafluorphenyl)-dihalogengermane $(C_6F_5)_2GeX_2$ (X = F, Br)

Tris(pentafluorphenyl)-halogengermane $(C_6F_5)_3GeX$ (X = F, Cl, Br)

1,2-Bis(pentafluorphenyl)-1,2-dibromdigerman $(C_6F_5)_2BrGeGeBr(C_6F_5)_2$

Dikalium-[trifluormethyl-pentafluorgermanat] $K_2[CF_3GeF_5]$

CF_3GeJ_3 entsteht neben Spuren von $(CF_3)_2GeJ_2$ beim Erhitzen von GeJ_2 mit CF_3J im Autoklaven auf 130 bis 135°C (10 Tage) [9]. Durch Erwärmen von CF_3GeJ_3 mit trockenem AgF im Bombenrohr von −196°C auf Raumtemperatur und anschließender Aufbewahrung für 48 Stunden bei 20°C wird CF_3GeF_3 dargestellt. Mit AgCl wird CF_3GeCl_3 [9], mit AgBr CF_3GeBr_3 [27] erhalten. Durch Optimierung der Reaktionsbedingungen (0.25 mol GeJ_2, 0.61 mol CF_3J, 10 Tage bei 150°C, Abziehen von überschüssigem CF_3J, Fraktionierung über eine Drehbandkolonne) wird das Verhältnis

Literatur s. S. 180

Preparation of Perfluoro-haloorgano-germanium Compounds

$(CF_3)_2GeJ_2/CF_3GeJ_3$ auf 1:3.5 gesteigert. Die Verbindungen $(CF_3)_2GeX_2$, X = F, Cl, Br, werden durch Umsetzung von $(CF_3)_2GeJ_2$ mit überschüssigem AgX durch Halogenaustausch in glatter Reaktion dargestellt [29]. Setzt man CF_3-Radikale im Unterschuß mit $GeBr_4$ um, so bildet sich $(CF_3)_3GeBr$, das ^{19}F-NMR- und massenspektroskopisch charakterisiert wurde [34].

Bei der Umsetzung von $(C_6F_5)_2TlBr$ mit Ge bei 190°C (7 Tage) soll neben $(C_6F_5)_4Ge$ auch $(C_6F_5)_3GeF$ entstehen. Die Verbindung gab im Massenspektrum je ein Signal bei m/e = 594 und 427, die als $(C_6F_5)_3GeF^+$ und $(C_6F_5)_2GeF^+$ interpretiert wurden [15]. Die anderen Pentafluorphenylfluorgermane $C_6F_5GeF_3$ bzw. $(C_6F_5)_2GeF_2$ stellt man durch Fluorierung der entsprechenden Bromgermane mit SbF_3 (bei 150 bis 160°C, 48 h, 76% Ausbeute) bzw. aktiviertem ZnF_2 (24stündiges Erhitzen, 45% Ausbeute) her [26].

Von den Chloriden des Pentafluorphenylgermaniums ist bislang nur $(C_6F_5)_3GeCl$ aus $GeCl_4$ und C_6F_5Li im Verhältnis 1:3.5 in Pentan beim Aufwärmen von −78 auf +20°C (12 h) [4, 5] bzw. durch Spaltung von $[(C_6F_5)_3Ge]_2Hg$ mit $HgCl_2$ in Tetrahydrofuran bei 100°C (46 h) in 84.4% Ausbeute oder mit HCl in Benzol bei 100°C (20 h) in 10.7% Ausbeute hergestellt worden [3]. Wenn man $GeBr_4$ mit $CH_3HgC_6F_5$ umsetzt, bildet sich $C_6F_5GeBr_3$ [2, 10]. Außerdem entsteht $C_6F_5GeBr_3$ neben $(C_6F_5)_2GeBr_2$ und $(C_6F_5)_3GeBr$ bei der Rochow-Synthese aus C_6F_5Br und einer Mischung aus 60% Ge und 40% Cu bei 650°C in präparativer Menge [26]. $(C_6F_5)_2GeBr_2$ kann man auch durch Einwirkung von $GeCl_4$ auf C_6F_5MgBr, gelöst in Äther, bei Raumtemperatur (12 h rühren) gewinnen. Setzt man C_6F_5Li mit $GeBr_4$ (Molverhältnis 3.5:1) in Pentan um, so entsteht beim Aufwärmen des Reaktionsgemisches von −78 auf +20°C innerhalb von 12 h $(C_6F_5)_3GeBr$ [5].

Präparativ ohne Bedeutung sind die Bromierung von $(C_6F_5)_3GeH$ im evakuierten Bombenrohr bei 100°C (6 h, 71% Ausbeute) und die Spaltung von $[(C_6F_5)_3Ge]_2Hg$, gelöst in Benzol, mit Br_2 innerhalb von 2 bis 3 min in 97% Ausbeute [3].

Bei der Reaktion von $(C_6F_5)_2GeBrH$ mit $Hg(C_2H_5)_2$ in Toluol bei 100°C (20 bis 30 min) entsteht $[(C_6F_5)_2GeBr]_2$ in 49.5% Ausbeute [8]. Aus einer wäßrigen Lösung von CF_3GeF_3 oder CF_3GeJ_3 fällt bei der Zugabe einer KF-Lösung sofort $K_2[CF_3GeF_5]$ aus [9].

Tris(pentafluorphenyl)germanthiol $(C_6F_5)_3GeSH$

1,3-Bis(pentafluorphenyl)-1,3-digerma-2,4-dithietan $(C_6F_5)_2Ge\langle S_2 \rangle Ge(C_6F_5)_2$

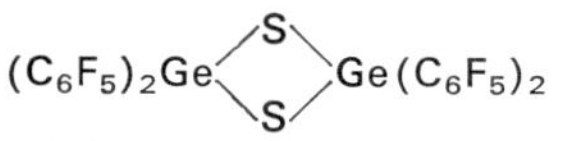

1,3,5,7-Tetrakis(pentafluorphenyl)1,3,5,7-tetragerma-2,4,6,8,9,10-hexathia-adamantan

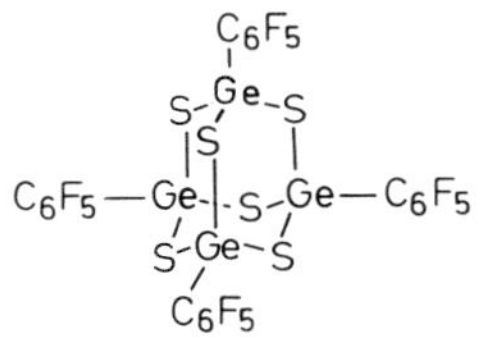

```
           C6F5
            |
          S-Ge-S
           |S   |
C6F5—Ge-|-S-Ge—C6F5
        S-Ge-S
          /
        C6F5
```

Bis[tris(pentafluorphenyl)germyl]sulfan $[(C_6F_5)_3Ge]_2S$

Tris(pentafluorphenyl)germanselenol $(C_6F_5)_3GeSeH$

Bis[tris(pentafluorphenyl)germyl]selan $[(C_6F_5)_3Ge]_2Se$

Tris(pentafluorphenyl)germyl-tris(pentafluorphenyl)stannyl-sulfan $(C_6F_5)_3GeSSn(C_6F_5)_3$

Tris(pentafluorphenyl)germyl-tris(pentafluorphenyl)stannyl-selan $(C_6F_5)_3GeSeSn(C_6F_5)_3$

Tris(pentafluorphenyl)germyl-tris(pentafluorphenyl)germylquecksilber-sulfan $(C_6F_5)_3GeSHgGe(C_6F_5)_3$

$(C_6F_5)_3GeSH$ entsteht durch Erhitzen von $(C_6F_5)_3GeH$ mit Schwefel (135°C/2 h, danach 150°C/1.5 h, Auskristallisieren aus Hexan, Ausbeute 58%). Ferner werden diese Verbindung sowie auf analoge Weise $(C_6F_5)_3GeSeH$ durch Reaktion von $(C_6F_5)_3GeBr$ mit $(C_2H_5)_3GeXH$ (X = S, Se) bei 150°C (18 h) in Ausbeuten von 76.8% (X = S) und 73.2% (X = Se) dargestellt. Der Viererring wird durch folgende Reaktion (170°C/30 min und 190°C/30 min, Ausbeute 78.6%) erhalten [33]:

Literatur s. S. 180

Preparation of Perfluorohaloorganogermanium Compounds

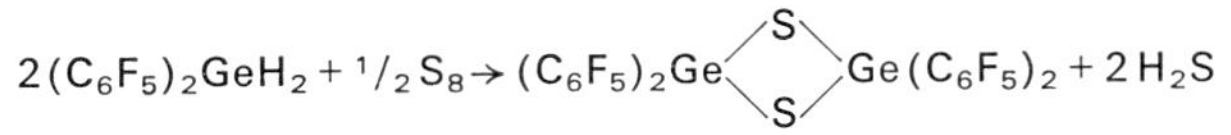

$$2(C_6F_5)_2GeH_2 + {}^1/_2\,S_8 \rightarrow (C_6F_5)_2Ge\langle S_2\rangle Ge(C_6F_5)_2 + 2\,H_2S$$

Auch die Umsetzung von $(C_6F_5)_2GeBr_2$ mit $(C_2H_5)_3GeSH$ bei 150°C (17 h) ergibt diesen Ring. Die Adamantanverbindung wird durch folgende Reaktion (150°C/30 min und 170°C/30 min, Ausbeute 79.5%) dargestellt [33]:

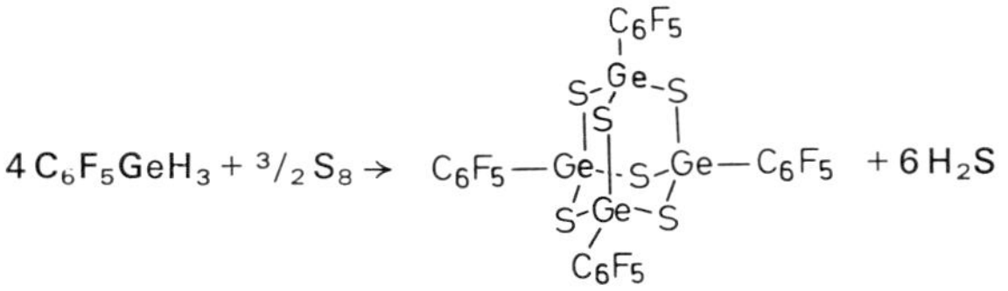

$$4\,C_6F_5GeH_3 + {}^3/_2\,S_8 \rightarrow (C_6F_5Ge)_4S_6 + 6\,H_2S$$

$[(C_6F_5)_3Ge]_2X$ (X = S, Se) bilden sich aus $(C_6F_5)_3GeBr$ und $[(C_2H_5)_3Ge]_2X$ (150°C/32 h, Ausbeuten 76.8% für X = S, 43.8% für X = Se) sowie aus $(C_6F_5)_3GeGe(C_6F_5)_3$ und Schwefel (60°C, 3 h, 56.1%) bzw. Selen (100°C, 5 h, 41%). Die Umsetzung von $(C_6F_5)_3GeXGe(C_2H_5)_3$ (X = S, Se) mit $(C_6F_5)_3SnBr$ bei 100°C (2 h) in Toluol führt in 60% Ausbeute zu $(C_6F_5)_3GeXSn(C_6F_5)_3$. Erhitzt man $[(C_6F_5)_3Ge]_2Hg$ mit Schwefel in Tetrahydrofuran auf 50°C (1 h), so bildet sich $(C_6F_5)_3GeSHgGe(C_6F_5)_3$ in 63.5% Ausbeute [33].

Tetrakis(trifluormethyl)german $(CF_3)_4Ge$

Tetrakis(perfluorvinyl)german $(CF_2{=}CF)_4Ge$

Tetrakis(trifluorpropinyl)german $(CF_3C{\equiv}C)_4Ge$

Tetrakis(pentafluorphenyl)german $(C_6F_5)_4Ge$

Tetrakis(2-bromtetrafluorphenyl)german $(C_6F_4Br)_4Ge$

Bis(octafluorbiphenyl)german

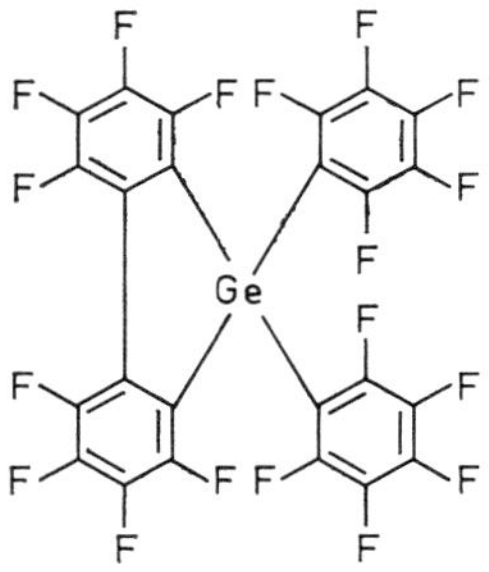

Bis(2,2'-thiobis-3,4,5,6-tetrafluor-phenyl)german

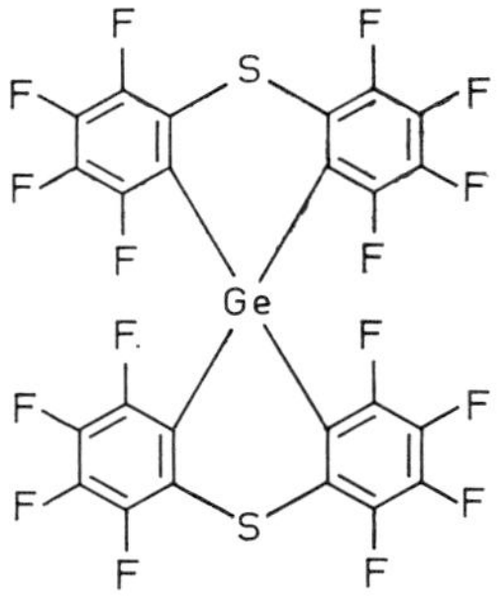

Bei der Einwirkung von CF_3-Radikalen (hergestellt durch Glimmentladung in CF_3CF_3 unterhalb 50°C) auf gasförmiges $GeBr_4$ bildet sich $Ge(CF_3)_4$ in 64% Ausbeute, bezogen auf $GeBr_4$. Die Verbindung kondensiert in eine auf −130°C gekühlte Falle und wird anschließend gaschromatographisch gereinigt [34].

Literatur s. S. 180

Preparation of Perfluorohaloorganogermanium Compounds

Tetrakis(perfluorvinyl)german wird bei der Umsetzung eines Perfluorvinylgrignard-Reagenzes mit $GeCl_4$ erhalten [11, 32]. Analog gewinnt man $(CF_3C{\equiv}C)_4Ge$ aus $GeCl_4$ und $CF_3C{\equiv}CMgJ$ [12, 13] in 10% Ausbeute. Zur Synthese von $(C_6F_5)_4Ge$ eignen sich mehrere Verfahren:

a) Die Umsetzung von $GeCl_4$ mit C_6F_5Li im Molverhältnis 1:4.5 [4, 5] in Äther/Hexan [5] bzw. Äther [4, 14] bei −78°C (3 h) bzw. −65°C (3 h), Ausbeute 88% [14].

b) Anstelle von C_6F_5Li kann auch C_6F_5MgBr in Äther mit $GeCl_4$ (Molverhältnis 1:7.25 bei 20°C, 20 h) [5] oder in Tetrahydrofuran bei −10°C (2 h) umgesetzt werden, Ausbeute 72.5% [14].

c) In 33% Ausbeute entsteht $(C_6F_5)_4Ge$ auch beim Erhitzen von $(C_6F_5)_2TlBr$ mit Ge auf 190°C (7 Tage) [15].

d) Die direkte Umsetzung eines Überschusses Ge mit C_6F_5J bei 325°C (mehrere Stunden) führt zu $(C_6F_5)_4Ge$ in guter Ausbeute [17].

e) Ebenso erhält man es bei der Umsetzung von C_6F_5Li mit $(C_6F_5)_3GeCl$ in Äther/Hexan [5]. $(2\text{-}BrC_6F_4)_4Ge$ gewinnt man in 27% Ausbeute aus 1-Lithium-2-brom-tetrafluorbenzol und $GeCl_4$ [1].

Erhitzt man $1,2\text{-}J_2C_6F_4$ mit Ge auf 390°C (mehrere Stunden), so bildet sich Bis(octafluorbiphenyl)-german in guter Ausbeute [17]. Die Verbindung entsteht auch durch Umsetzung von 2,2'-Dilithium-octafluorbiphenyl mit $GeCl_4$ in 48% Ausbeute [18] oder über das Li-substituierte Zwischenprodukt, erhalten aus $1,2\text{-}Br_2C_6F_4$ und LiC_4H_9 [20] oder aus $H_2C_6F_4$ und $GeCl_4$ [19].

Darstellung, physikalische Eigenschaften und chemisches Verhalten des Bis(α, α'-thiobis-3,4,5,6-tetrafluorphenyl)german sind im Erg.-Werk, Bd. 12 „Perfluorhalogenorgano-Verbindungen der Hauptgruppenelemente" Tl. 2, S. 23, 30, angegeben.

Hexakis(pentafluorphenyl)digerman $(C_6F_5)_3GeGe(C_6F_5)_3$

Bis[tris(pentafluorphenyl)germanium]zink $(C_6F_5)_3GeZnGe(C_6F_5)_3$

Bis[tris(pentafluorphenylgermanium]cadmium $(C_6F_5)_3GeCdGe(C_6F_5)_3$

Bis[tris(pentafluorphenylgermanium]quecksilber $(C_6F_5)_3GeHgGe(C_6F_5)_3$

$[(C_5F_5)_3Ge]_2$ erhält man in 52% Ausbeute bei der UV-Bestrahlung von $[(C_6F_5)_3Ge]_2Hg$, suspendiert in Toluol, bei 50 bis 60°C (60 h) [3]. $[(C_6F_5)_3Ge]_2Zn$, $[(C_6F_5)_3Ge]_2Cd$ und $[(C_6F_5)_3Ge]_2Hg$ bilden sich bei der Umsetzung von $(C_6F_5)_3GeH$ mit $(C_2H_5)_2Zn$ in Hexan bei 70°C (1 h) in 69.3% Ausbeute [8] bzw. $(C_2H_5)_2Cd$ in Toluol beim Erwärmen von 20 auf 100°C innerhalb von 3 h und Aufrechterhaltung dieser Temperatur für 30 min in 69% Ausbeute bzw. $(C_2H_5)_2Hg$ in Toluol bei 100°C (2.5 h) in 51% Ausbeute [3]. Die Hg-Verbindung ist auch durch Reaktion von $(C_6F_5)_3GeH$ mit $[(C_2H_5)_3Ge]_2Hg$ in Toluol zunächst bei 100°C (20 min) und nach Entfernen der flüchtigen Bestandteile durch weiteres Erwärmen des farblosen Öls auf 140°C (1 h) in einer Ausbeute von 40.2% erhalten worden. Die Umsetzung von $(C_6F_5)_3GeH$ mit $\{[(CH_3)_3Si]_2N\}_2Hg$ in Benzol bei 50°C (15 min) führt in 89.5% Ausbeute zu $(C_6F_5)_3GeHgGe(C_6F_5)_3$, das auch aus $(C_6F_5)_3GeBr$ und $(C_2H_5)_3GeHgGe(C_2H_5)_3$ in Benzol bei 100°C (20 min) bzw. aus $(C_6F_5)_3GeCdGe(C_6F_5)_3$ und Hg in Toluol bei 100°C (30 h) in 75 bzw. 34% Ausbeute erhalten werden konnte [3].

4.2.2 Physikalische Eigenschaften

Physical Properties

Physikalische Daten der Perfluororgano-Germanium-Verbindungen sind in Tabelle 16 (S. 174) zusammengestellt. Weitere Untersuchungen werden in den nachfolgenden Kapiteln behandelt.

Röntgenstrukturanalyse von $(C_6F_5)_4Ge$

X-Ray Structural Analysis of $(C_6F_5)_4Ge$

Auf Grund von Röntgenstrukturanalysen wird geschlossen, daß $(C_6F_5)_4Ge$ in der tetragonalen Raumgruppe $I4_1/a$ kristallisiert mit den Gitterkonstanten (in Klammern Standardabweichung): a = 17.277 (13) Å und c = 8.122 (7) Å. Es befinden sich 4 Moleküle in der Einheitszelle mit V = 2424 Å^3. Die Abstände und Winkel (vgl. hierzu die für spektroskopische Untersuchungen angenommenen Werte auf S. 171) innerhalb eines Moleküls, s. **Fig. 2**, S. 170, nach [23, 35], sind nachfolgend aufgeführt:

Abstände in Å				Winkel in °			
C(1)-C(2)	1.382(6)	C(2)-F(2)	1.344(5)	C(1)-C(2)-C(3)	122.2(5)	F(2)-C(2)-C(1)	120.4(4)
C(2)-C(3)	1.380(6)	C(3)-F(3)	1.352(6)	C(2)-C(3)-C(4)	120.3(5)	F(2)-C(2)-C(3)	117.4(4)
C(3)-C(4)	1.367(7)	C(4)-F(4)	1.343(5)	C(3)-C(4)-C(5)	119.7(4)	F(3)-C(3)-C(2)	119.9(5)
C(4)-C(5)	1.374(7)	C(5)-F(5)	1.345(6)	C(4)-C(5)-C(6)	119.0(5)	F(3)-C(3)-C(4)	119.8(5)
C(5)-C(6)	1.380(6)	C(6)-F(6)	1.360(6)	C(5)-C(6)-C(1)	123.1(5)	F(4)-C(4)-C(3)	121.0(5)
C(6)-C(1)	1.392(6)	Ge-C(1)	1.957(4)	C(6)-C(1)-C(2)	115.6(4)	F(4)-C(4)-C(5)	119.3(5)
				Ge-C(1)-C(2)	125.5(2)	F(5)-C(5)-C(4)	120.4(5)
				Ge-C(1)-C(6)	118.9(2)	F(5)-C(5)-C(6)	120.6(5)
				C(1)-Ge-C(1) ($\bar{x}\bar{y}z$)	105.0(2)	F(6)-C(6)-C(5)	117.9(4)
				C(1)-Ge-C(1) ($\bar{y}x\bar{z}$)	111.7(1)	F(6)-C(6)-C(1)	119.0(4)

Fig. 2

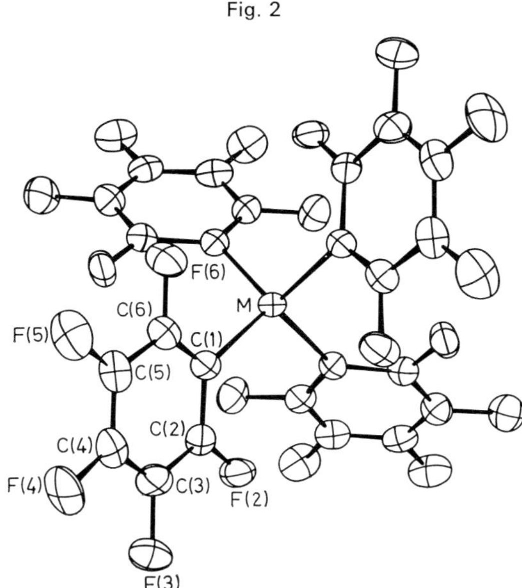

Struktur der Moleküle $(C_6F_5)_4M$, M = Ge, Sn. Projektion in Richtung der Molekülachse $\bar{4}$.

Eine Bindungsverkürzung infolge d_π-p_π-Bindungen wird nicht beobachtet. Die Pentafluorphenylringe sind planar, obwohl die C-C-C-Bindungswinkel zwischen 115.6° ± 0.4° bis 123.1° ± 0.5° variieren. Sie weichen beachtlich von einer idealen D_{6h}-Symmetrie ab. Die durchschnittlichen C-C-Abstände betragen 1.379 ± 0.008 Å, während man für C-F-Abstände einen Wert von 1.349 ± 0.007 Å findet. Die Pentafluorphenylringe sind gegenüber der C-Ge-C-Bindungsebene um 51.9° verdreht [23].

^{19}F-NMR Spectra of C_6F_5Ge Compounds

^{19}F-NMR-Spektren von C_6F_5Ge-Verbindungen

Eine auffällige Erscheinung in den ^{19}F-NMR-Spektren der C_6F_5Ge-Verbindungen ist die Vergrößerung der ^{19}F-Linienbreiten mit steigender Zahl der C_6F_5-Gruppen am Metallatom [6, 22]. Dieser Effekt ist auf Kopplungen der Fluoratome verschiedener Ringe zurückzuführen, und nicht, wie Experimente zeigen, auf behinderte innere Rotation der C_6F_5-Gruppen oder Abnahme der Spin-Spin-Relaxationszeiten der o-, m- und p-^{19}F-Kerne mit zunehmender Anzahl an C_6F_5-Gruppen [24]. Ähnliche Ergebnisse werden auch für Si- und Sn-C_6F_5-Derivate beobachtet. Der Unterschied zwischen $\delta(F_o)$ und $\delta(F_p)$ sowie $\delta(F_o)$ und $\delta(F_m)$ reiht das Ge in der π-Akzeptorwirkung zwischen Si und Pb gemäß Si > Ge ≈ Sn > Pb ein [6].

Literatur s. S. 180

IR- und Raman-Spektren von $(CF_3)_nGeX_{4-n}$ (n = 1, 2; X = F, Cl, Br, J)

IR and Raman Spectra of $(CF_3)_n$-GeX_{4-n}

Umfangreiche IR-spektroskopische Messungen an $(CF_3)_nGeX_{4-n}$-Verbindungen (n = 1,2) in der Gas- und Flüssigphase einschließlich ramanspektroskopischer Untersuchungen in der Flüssigphase, für n = 1 [27] und 2 [28], dienen der Normalkoordinatenanalyse beider Verbindungsreihen, wobei nachfolgende (tabellarisch zusammengefaßt) Kernabstände r (in Å) und Winkel α (Angaben auf Grund von Röntgenstrukturuntersuchungen s. S. 169) angenommen wurden. Außerdem sind die Trägheitsmomente I_A, I_B, I_C (in 10^{-40} g · cm²) und Rotationskonstanten A, B, C (in cm^{-1}) aufgeführt:

	CF_3GeX_3 [27]					$(CF_3)_2GeX_2$ [28]		
	X = F	Cl	Br	J		X = F	Cl	Br	J
r(C-F)		133.5					133.5		
α(F-C-F)		108.50°					108.5°		
α(F-C-Ge)		110.42°					110.4°		
r(C-Ge)		194.5					194.5		
r(Ge-X)	167.0	211.0	229.8	255.0		167.0	211.0	229.8	255.0
α(X-Ge-X)		109.47°					109.47°		
α(C-Ge-X)		109.47°							
I_B	707.0	1087.1	1865.2	2899.5	I_A	688.3 (x)	1126.0 (x)	1858.3 (y)	2180.1 (y)
I_A	382.6	847.0	2015.8	3801.6	I_B	1148.6 (z)	1380.8 (z)	1965.2 (z)	2858.0 (z)
B	0.0396	0.0257	0.0150	0.0097	I_C	1306.1 (y)	1511.7 (y)	2057.0 (x)	3271.6 (x)
A	0.0732	0.0330	0.0139	0.0074	A	0.0407	0.0249	0.0151	0.0128
					B	0.0244	0.0203	0.0142	0.0098
					C	0.0214	0.0185	0.0136	0.0086

Bei gestaffelter oder ekliptischer Konformation und ungeachtet einer Isotopie von X (Cl, Br) wird für CF_3GeX_3 die Symmetrie C_{3v} erwartet. Hierauf weisen die $5A_1$- und die 6E-Schwingungen im IR- und Raman-Spektrum hin, die A_2-Schwingung (Torsion) ist IR- und ramaninaktiv [27]. Bei einer speziellen Orientierung der CF_3-Gruppen erwartet man für $(CF_3)_2GeX_2$ die Symmetrie C_{2v}. Hierauf weisen $9A_1$-, $6B_1$- und $7B_2$-Schwingungen im IR- und Raman-Spektrum sowie $5A_2$-Schwingungen im Raman-Spektrum hin [28]. Eine Beschreibung der Grundschwingungen von CF_3GeX_3 und $(CF_3)_2GeX_2$ ist nachfolgend aufgeführt:

	CF_3GeX_3 [27]				$(CF_3)_2GeX_2$ [28]			
Beschreibung	A_1 (p)	A_2	E	Beschreibung	A_1	A_2	B_1	B_2
$\nu(CF_3)$	ν_1	—	ν_7	$\nu_{as}(CF_3)$	ν_1	ν_{10}	ν_{15}	ν_{21}
$\delta(CF_3)$	ν_2	—	ν_8	$\nu_s(CF_3)$	ν_2	—	—	ν_{22}
$\rho(CF_3)$	—	—	ν_9	$\delta_{as}(CF_3)$	ν_3	ν_{11}	ν_{16}	ν_{23}
$\nu(GeC)$	ν_3	—	—	$\delta_s(CF_3)$	ν_4	—	—	ν_{24}
$\nu(GeX_3)$	ν_4	—	ν_{10}	$\rho(CF_3)$	ν_5	ν_{12}	ν_{17}	ν_{25}
$\delta(GeX_3)$	ν_5	—	ν_{11}	$\nu(GeC_2)$	ν_6	—	—	ν_{26}
$\rho(GeX_3)$	—	—	ν_{12}	$\nu(GeX_2)$	ν_7	—	ν_{18}	—
τ	—	ν_6	—	$\delta(GeC_2)$	ν_8	—	—	—
				$\delta(GeX_2)$	ν_9	—	—	—
				$\delta(CGeX)$	—	ν_{13}	ν_{19}	ν_{27}
				τ	—	ν_{14}	ν_{20}	—

Tabelle 14 und 15 geben die zugeordneten IR- und Raman-Spektren von CF_3GeX_3 und $(CF_3)_2GeX_2$ wieder. Aus dem Raman-Spektrum des festen $(CF_3)_2GeF_2$ wird geschlossen, daß Assoziate von F-verbrückten Molekülen vorliegen [28]. Die Potentialenergieverteilung der Schwingungen, Symmetrie- und innere Bindungskraftkonstanten sind in [27, 28] angegeben.

Literatur s. S. 180

Vibrational Spectra of $(CF_3)_n$-GeX_{4-n}

Tabelle 14:

IR- und Raman-Spektren (Ra) von gasförmigen und flüssigen (fl) von Trifluormethyltrihalogengermanen. Banden in cm^{-1}, Angaben von Intensitäten, Bandenform, Polarisation (p = polarisiert) und Zuordnungen mit Angabe der Rasse der Schwingungen [27].

	CF_3GeF_3			CF_3GeCl_3		
IR (Gas)	Ra (fl)	Zuordnung	IR (Gas)	IR (fl)	Ra (fl)	Zuordnung
—	118 (br, w)	ν_{12} (E)	—	—	95 (m)	ν_{12} (E)
—	210 (m, p)	?	—	—	—	—
226 (s)	—	ν_{11} (E)	—	—	147 (s)	ν_{11} (E)
231 (s)	233 (s, p)	ν_5 (A_1)	—	—	156 (m)	ν_5 (A_1)
277 (s)	280 (m)	ν_9 (E)	257.5 (m)	—	258 (w)	ν_9 (E)
340 (vs)	334 (s, p)	ν_3 (A_1)	300 (s)	299	299 (s, p)	ν_3 (A_1)
—	—	—	424 (vs)	422	423 (s, p)	ν_4 (A_1)
—	—	—	463 (vs)	457	457 (w)	ν_{10} (E)
532 (w)	530 (w)	ν_8 (E)	—	—	530 (vw)	ν_8 (E)
725.9 (vs, PQR)[a)]	720 (vs, p)	ν_2 (A_1)	738.1 (s, PQR)[b)]	736.5	737 (m, p)	ν_2 (A_1)
754.5 (s)	—	ν_4 (A_1)	—	—	—	—
775 (vs)	768 (w)	ν_{10} (E)	—	—	—	—
1130 (sh)	—	1166-τ	1080 (w)	—	—	?
—	—	—	1128 (m)	—	—	1157-τ
1166 (vvs)	1160 (sh)	ν_7 (E)	1157.2 (vvs)	1142	—	ν_7 (E)
1180 (vs)	1180 (vw)	ν_1 (A_1)	1165 (sh)	—	1162 (vw)	ν_1 (A_1)

	CF_3GeBr_3			CF_3GeJ_3			
IR (Gas)	IR (fl)	Ra (fl)	Zuordnung	IR (Gas)	IR (fl)	Ra (fl)	Zuordnung
—	—	73 (m)	ν_{12} (E)	—	—	60.5 (s)	ν_{12} (E)
—	—	99 (s)	ν_{11} (E)	—	—	78 (s)	ν_{11} (E)
—	—	112 (m)	ν_5 (A_1)	—	—	87 (s, p)	ν_5 (A_1)
—	—	234 (vs, p)	ν_4 (A_1)	—	—	173.7 (vs, p)	ν_4 (A_1)
—	—	244 (m)	ν_9 (E)	—	226 (m)	226 (m)	ν_9 (E)
—	—	—	—	—	292 (s)	291 (w)	ν_{10} (E)
333.5 (s)	330	329 (m, p)	ν_3 (A_1)	—	310 (s)	309 (w)	ν_3 (A_1)
349 (vs)	344	344 (w)	ν_{10} (E)	—	—	—	—
—	—	527 (vw)	ν_8 (E)	—	525.5 (w)	526 (w)	ν_8 (E)
736.0 (s, PQR)[c)]	734.0	734 (m, p)	ν_2 (A_1)	—	728.5[d)] (s)	739 (m, p)	ν_2 (A_1)
1122.0 (s)	—	—	1154-τ	—	—	—	—
—	—	—	—	—	1079 (m)	—	(1127-τ)
1153.7 (vvs)	1137	—	ν_7 (E)	1144.3	1127 (vvs)	—	ν_7 (E)
—	(1147)	1147 (w)	ν_1 (A_1)	—	—	1129 (w)	ν_1 (A_1)

a) $\Delta\nu$(P-R) = 10.74 (berechnet), 10.5 cm^{-1} (gefunden). — b) $\Delta\nu$(P-R) = 9.02 (berechnet), 9.0 cm^{-1} (gefunden). — c) $\Delta\nu$(P-R) = 7.19 (berechnet), 7.5 cm^{-1} (gefunden). — d) $\Delta\nu$(P-R) = 5.81 cm^{-1} (berechnet).

Tabelle 15:

IR- und Raman-Spektren (Ra) von gasförmigen, flüssigen (fl) und festen Bis(trifluormethyl)-dihalogengermanen [28] (s. vorstehende Tabelle).

	$(CF_3)_2GeF_2$				$(CF_3)_2GeCl_2$	
IR (Gas)	Ra (fl)	Ra (fest)	Zuordnung	IR (Gas)	Ra (fl)	Zuordnung
—	—	45 (m)	—	—	—	—
—	73 (m)	98 (m)	ν_8 (A_1)	—	73 (m)	ν_8 (A_1)
—	125 (vvw, br)	—	ν_{19} (B_1), ν_{13} (A_2)	—	93 (s)	ν_{13}, ν_{19} (A_2, B_1)
—	160 (vw, br)	—	ν_{27} (B_2)	—	126 (m)	ν_{27} (B_2)
—	—	—	—	—	143 (s)	ν_9 (A_1)

Vibrational Spectra of $(CF_3)_n$-GeX_{4-n}

Tabelle 15 [Fortsetzung].

(CF$_3$)$_2$GeBr$_2$				(CF$_3$)$_2$GeCl$_2$		
IR (Gas)	Ra (fl)	Ra (fest)	Zuordnung	IR (Gas)	Ra (fl)	Zuordnung
217 (m)	—	—	ν_{25} (B$_1$)	—	219 (w)	ν_{25} (B$_2$)
228 (sh)	220 (m, p)	—	ν_9 (A$_1$)	—	—	—
—	—	237 (s)	—	—	233 (w)	ν_{12} (A$_2$)
—	243 (s, p)	241 (s)	ν_5 (A$_1$)	246 (vw)	247 (s, p)	ν_5 (A$_1$)
285 (w)	283 (vw)	268 (w) 289 (vw)	ν_{17} (B$_1$)	273 (m)	272 (w)	ν_{17} (B$_1$)
312 (s)	312 (m, p)	310 (w)	ν_6 (A$_1$)	290 (s)	290 (s, p)	ν_6 (A$_1$)
362 (vs)	—	—	ν_{26} (B$_2$)	345 (s)	342 (vw)	ν_{26} (B$_2$)
—	—	—	—	442 (vs)	441 (s, p)	ν_7 (A$_1$)
—	—	—	—	466 (vs)	465 (w)	ν_{18} (B$_1$)
528 (vvw)	526 (w)	537 (w)	ν_3, ν_{11}, ν_{16}, ν_{23} (A$_{1,2}$/B$_{1,2}$)	—	527 (vw)	ν_3, ν_{11}, ν_{16}, ν_{23} (A$_{1,2}$/B$_{1,2}$)
724 (vs)	721 (s, p)	—	ν_4, ν_{24} (A$_1$, B$_2$)	733 736.9 } (m) 741	733 (s, p)	ν_4, ν_{24} (A$_1$, B$_2$)
—	742 (w, br, p)	—	ν_7 (A$_1$)	—	—	—
755 (vs)	—	—	ν_{18} (B$_1$)	—	—	—
1115 (sh)	—	—	1168-τ	1115 (sh)	—	1162-τ
1168 (vs)	—	—	} ν_1, ν_{10}, ν_{15}, ν_{21}	1162 (vvs)	1155 (vw)	} ν_1, ν_{10}, ν_{15}, ν_{22}
1174 (sh)	1170 (vw, br)	—		1176 (sh)	—	
—	1190 (w)	1185 (m)	ν_2, ν_{22}	1182 (vs)	1180 (vw, p)	ν_2

(CF$_3$)$_2$GeBr$_2$			(CF$_3$)$_2$GeJ$_2$			
IR (Gas)	Ra (fl)	Zuordnung	IR (Gas)	IR (fl)	Ra (fl)	Zuordnung
—	69 (m)	ν_8 (A$_1$)	—	—	63 (s)	ν_9, ν_{13} (A$_{1,2}$)
—	84 (w bis m)	ν_{19} (B$_1$), ν_{13} (A$_2$)	—	—	81 (s)	ν_8, ν_{19}, ν_{27} (A$_1$, B$_{1,2}$)
—	97 (s)	ν_9 (A$_1$), ν_{27} (B$_2$)	—	—	190 (vs, p)	ν_7 (A$_1$)
216 (w)	214 (w)	ν_{25} (B$_2$)	—	—	215 (w)	ν_{25} (B$_2$)
—	—	—	225 (w)	225 (w)	225 (m)	ν_{17} (B$_1$)
—	232 (vs, p)	ν_7 (A$_1$)	—	—	—	—
—	244 (w)	ν_{12}, ν_{17} (A$_2$, B$_1$)	—	—	—	—
—	256 (m, p)	ν_5 (A$_1$)	—	—	252 (m)	ν_5 (A$_1$)
290 (w)	292 (w)	?	—	—	—	—
343 } (s)	—	ν_{26} (B$_2$)	322 } (s)	317 } (s)	—	—
348	—	ν_6 (A$_1$)	327	324	325 (m, br)	ν_6, ν_{18}, ν_{26} (A$_1$, B$_{1,2}$)
359 (s)	—	ν_{18} (B$_1$)	—	—	—	—
533 (w)	528 (w)	ν_3, ν_{11}, ν_{16}, ν_{23} (A$_{1,2}$, B$_{1,2}$)	528 (w)	526 (w)	526 (w)	ν_3, ν_{11}, ν_{16}, ν_{23} (A$_{1,2}$, B$_{1,2}$)
733 736.1 } (s) 739	732 (p)	ν_4, ν_{24} (A$_1$, B$_2$)	730 733.5 } (s) 736	731.3 (s)	729 (m)	ν_4, ν_{24} (A$_1$, B$_2$)
1138 (sh)	—	ν_{21} (B$_2$)?	1120 (m)	—	—	1150-τ
1158 (vvs)	1147 (w)	ν_1, ν_{10}, ν_{15}, ν_{22} (A$_{1,2}$, B$_{1,2}$)	1150 (vvs)	1135 (vs)	1140 (w)	ν_2, ν_{10}, ν_{15}, ν_{21}, ν_{22} (A$_{1,2}$, B$_{1,2}$)
1175 (vs)	1170 (w, p)	ν_2 (A$_1$)	1169 (vs)	1160 (sh)	1160 (w, p)	ν_1 (A$_1$)

Massenspektren von $(C_6F_5)_4Ge$ und $(CF_3)_4Ge$

Mass Spectra of $(C_6F_5)_4Ge$ and $(CF_3)_4Ge$

Das Massenspektrum des $(C_6F_5)_4Ge$ ist demjenigen des $(C_6H_5)_4Ge$ ähnlich. So ist m/e = $(C_6F_5)_3Ge^+$ der intensivste Peak, analog zu den Verhältnissen beim $(C_6H_5)_4Ge$, wo $(C_6H_5)_3Ge^+$ ebenfalls die höchste Intensität erreicht. Metall-Fluorkohlenstoff-Fragmente stellen den größten

Literatur s. S. 180

Teil des Ionenstroms, obwohl auch Perfluorkohlenstoffverbindungen durch Wanderung von Fluoratomen zum Ge gebildet werden. Das Abbauschema des $(C_6F_5)_4Ge$ wird wie folgt angegeben [16]:

$$(C_6F_5)_4Ge^+ \xrightarrow{-C_6F_5} (C_6F_5)_3Ge^+$$

$$(C_6F_5)_3Ge^+ \xrightarrow{-GeF_3} (C_6F_4)_3^+ \qquad (C_6F_5)_3Ge^+ \xrightarrow{-C_6F_5GeF_2} (C_6F_4)_2^+ \qquad (C_6F_5)_3Ge^+ \xrightarrow{-C_6F_4} (C_6F_5)_2GeF^+$$

$$C_{12}F_9^+ \xleftarrow{-GeF_2} (C_6F_5)_2GeF^+ \xrightarrow{-GeF_3} (C_6F_4)_2^+ \qquad (C_6F_5)_2GeF^+ \xrightarrow{-C_6F_4} C_6F_5GeF_2^-$$

$$C_6F_5^+ \xleftarrow{-GeF_2} C_6F_5GeF_2^- \xrightarrow{-C_6F_6} GeF^+$$

Deutung der Zerfallsbruchstücke führte auch zur Identifikation der Verbindungen $(C_6F_5)_3GeF$ und $(C_6F_5)_3GeOH$ [15].

Die im Massenspektrum des $Ge(CF_3)_4$ auftretenden metastabilen Ionen werden nachfolgenden Zerfallsprozessen zugeschrieben [34]:

$Ge(CF_3)_3CF_2^+ \rightarrow GeF(CF_3)_2CF_2^+ + CF_2$ ($m^* = 238$)
$Ge(CF_3)_3CF_2^+ \rightarrow GeF_2(CF_3)CF_2^+ + C_2F_4$ ($m^* = 161$)
$Ge(CF_3)_3CF_2^+ \rightarrow C_2F_5^+ + Ge(CF_3)_2$ ($m^* = 40$)
$GeF_2(CF_3)CF_2^+ \rightarrow C_2F_5^+ + GeF_2$ ($m^* = 61$)
$GeF(CF_3)_2CF_2^+ \rightarrow GeF_3CF_2^+ + C_2F_4$ ($m^* = 116$)
$GeF_3CF_2^+ \rightarrow CF_3^+ + GeF_2$ ($m^* = 26.5$)

Tabelle 16:

Physikalische Eigenschaften von Perfluororgano-Germanium-Verbindungen. Siedepunkt (Sdp.) in °C/Druck in Torr, Schmelzpunkt (Schmp.) in °C, Dampfdruck p in Torr, Dichte D in g/cm³, Brechungsindex n, chemische Verschiebung δ und Spin-Spin-Kopplungskonstante J im ¹H- und ¹⁹F-NMR-Spektrum, IR-Banden, Massenspektrum.

Verbindung	Sdp./Torr (Schmp.) in °C	IR-Spektrum (in cm^{-1}) ^1H-, ^{19}F-NMR-Spektrum (δ in ppm), D, n_D
$C_6F_5GeH_3$ [8]	130 bis 133/740	$n_D^{20} = 1.4420$; $D_4^{20} = 1.702$; IR[a]: ν(Ge-H) = 2120, 880, 840
$(C_6F_5)_2GeH_2$ [8]	103/5 50 bis 60/1	$n_D^{20} = 1.4720$; $D_4^{20} = 1.837$; IR[a]: ν(Ge-H) = 2142; 870, 780
$(C_6F_5)_3GeH$	100/1[b)] (130 bis 132) [3] (129 bis 131) [8]	IR[a]: ν(Ge-H) = 2224 [8], 2223 [3], 780 [8]
$(C_6F_5)_2Ge(Br)H$ [8]	95 bis 97/1	$n_D^{20} = 1.4998$; $D_4^{20} = 2.041$; IR[a]: ν(Ge-H) = 2150; 780
$(C_6F_5)_2HGeGeH(C_6F_5)_2$ [8]	(151 bis 153)	IR[a]: ν(Ge-H) = 2170; 780
$(C_6F_5)_3GeOH$[e)]	115 bis 117 [5]	IR[c]: 3378 (br), 1650 (m), 1565 (s), 1515 (s), 1486 (s), 1471 (sh), 1387 (m), 1290 (m), 1139 (w), 1105 (w), 1087 (s), 1015 (w), 971 (s), 823 (m), 750 (w), 732 (sh), 719 (m), 704 (m), 625 (m) [5], ν(OH) ≈ 3400 (br) [15]; ^1H-NMR (innerer Standard $(CH_3)_4Si$): -4.0 ± 0.02 [6]; -4.0 ± 0.05 (in CCl_4) [5]; ^{19}F-NMR[d]: $\delta(F_o) = 129.2$, $\delta(F_m) = 158.9$, $\delta(F_p) = 146.8$; $J_{23} = \mp 24.2$ Hz; $J_{34} = \mp 19.5$ Hz, $J_{26} = \mp 5.6$ Hz, $J_{35} = \mp 0.9$ Hz, $J_{24} = \pm 4.2$ Hz, $J_{25} = \pm 9.6$ Hz [6]

Literatur s. S. 180

Tabelle 16 [Fortsetzung].

Verbindung	Sdp./Torr (Schmp.) in °C	IR-Spektrum (in cm^{-1}) ^{1}H-, ^{19}F-NMR-Spektrum (δ in ppm), D, n_D
$(C_6F_5)_3GeOGe(C_6F_5)_3$ [5]	(270 bis 271)	IR[c)]: 1614 (m), 1562 (s), 1515 (s), 1471 (s), 1379 (m), 1248 (m), 1143 (w), 1111 (m), 1093 (s), 1041 (w), 1020 (m), 995 (s), 985 (s), 896 (br), 828 (m), 757 (w), 751 (w), 726 (m), 623 (m)
$[(C_6F_3)_2GeO]_3$[m)]	220[b)] [5] 230/0.4[b)] [26] (238 bis 248) [4, 5] (255) [26]	IR[c)]: 1639 (m), 1557 (s), 1515 (s), 1470 (br), 1418 (m), 1383 (m), 1342 (w), 1288 (m), 1242 (w), 1140 (w), 1111 (sh), 1089 (s), 1030 (w), 1015 (w), 971 (s), 902 (s), 833 (m), 819 (m), 752 (m), 622 (w) [5]; IR (KBr): 1635, 1510, 1470 (br), 1390, 1379, 1285, 1185, 1083, 1010, 967, 890, 825, 815, 748, 720, 612, 575, 522, 490, 485, 440 [26]
$CF_3Ge[OC(O)CF_3]_3$ [7]	120/758	—
$(C_6F_5)_3GeOC(O)CF_3$ [25]	(109 bis 111)	—
CF_3GeF_3	−1.7[f)] (3) [9]	$D^{25} = 2.0_5$ [29]; IR (Gas): 1179 (s), 1165 (vs), 1131 (w), 1127 (w), 775 (s), 730 (m), 724 (m), 718 (m) [9]; ^{19}F-NMR[d)]: $\delta(CF_3) = 53.3$, $\delta(GeF_3) = 162$, $\delta(F^{13}\text{-}C) - \delta(F^{12}\text{-}C) = 0.18$, $^{1}J(^{13}C\text{-}F) = 323$ Hz [29]
CF_3GeCl_3 [9]	20/90[o)] [9]	$D^{25} = 1.9_1$ [29]; IR (Gas): 1881 (vw), 1425 (vw), 1260 (vw), 1216 (w), 1156 (vs), 1124 (w), 739 (m) [9]; ^{19}F-NMR[d)]: $\delta(CF_3) = 60.7$, $\delta(^{13}CF) - \delta(^{12}CF) = 0.15$, $^{1}J(^{13}C\text{-}F) = 335$ Hz [29]
CF_3GeBr_3 [29]	(−19)[p)]	$D^{25} = 2.9_0$; ^{19}F-NMR[d)]: $\delta(CF_3) = 61.7$, $\delta(^{13}CF) - \delta(^{12}CF) = 0.13$, $^{1}J(^{13}C\text{-}F) = 338$ Hz
CF_3GeJ_3	40 bis 42/10^{-3} [g)] (8.4) [9] 37/0.1 (8.8) [29]	$n_D^{20} = 1.6571$ [9]; $D = 3.1_2$ [29]; IR (Film): 2240 (vw), 1253 (vw), 1126 (vs), 1028 (w), 729 (m); IR (Gas): 1165, 1143 [9]; ^{19}F-NMR[d)]: $\delta(CF_3) = 65.6$, $\delta(^{13}CF) - \delta(^{12}CF) = 0.16$, $^{1}J(^{13}C\text{-}F) = 337$ Hz [29]
$(CF_3)_2GeF_2$ [29]	32[b)] (49.2)	^{19}F-NMR[d)]: $\delta(CF_3) = 55$, $\delta(GeF_2) = 175$
$(CF_3)_2GeCl_2$ [29]	(<−80)[q)]	$D^{25} = 1.9_0$; ^{19}F-NMR[d)]: $\delta(CF_3) = 58.2$, $\delta(^{13}CF) - \delta(^{12}FC) = 0.18$, $^{1}J(^{13}C\text{-}F) = 332$ Hz
$(CF_3)_2GeBr_2$ [29]	(<−80)[r)]	$D^{25} = 2.4_8$; ^{19}F-NMR[d)]: $\delta(CF_3) = 57.8$, $\delta(^{13}CF) - \delta(^{12}CF) = 0.10$, $^{1}J(^{13}C\text{-}F) = 335$ Hz

Literatur s. S. 180

Tabelle 16 [Fortsetzung].
Physikalische Eigenschaften von Perfluororgano-Germanium-Verbindungen. Siedepunkt (Sdp.) in °C/Druck in Torr, Schmelzpunkt (Schmp.) in °C, Dampfdruck p in Torr, Dichte D in g/cm³, Brechungsindex n, chemische Verschiebung δ und Spin-Spin-Kopplungskonstante J im ¹H- und ¹⁹F-NMR-Spektrum, IR-Banden, Massenspektrum.

Verbindung	Sdp./Torr (Schmp.) in °C	IR-Spektrum (in cm^{-1}) ^{1}H-, ^{19}F-NMR-Spektrum (δ in ppm), D, n_D
$(CF_3)_2GeJ_2$	54/60 (−49) [29]	$D^{25} = 2.5_8$; ^{19}F-NMR[d]: $\delta(CF_3) = 56.9$, $\delta(^{13}CF) - \delta(^{12}CF) = 0.12$, $^1J(^{13}C\text{-}F) = 337$ Hz [29]
	25/20 [9]	IR (Gas): 1259 (vw), 1227 (vw), 1167 (s), 1148 (vs), 1119 (w), 1035 (w), 1030 (w), 822 (vw), 730 (w) [9]
$(CF_3)_3GeBr$[x] [34]	—	^{19}F-NMR[v]: $\delta(CF_3) = -23.1$
$C_6F_5GeF_3$ [26]	110	IR (Film): 1637, 1550, 1490, 1485, 1475, 1392, 1375, 1340, 1295, 1100, 1087, 1010, 970, 830, 745, 715, 685, 620, 605, 495
$(C_6F_5)_2GeF_2$ [26]	85/0.4	IR (Film): 1637, 1510, 1485, 1478, 1385, 1291, 1140, 1085, 1030, 1010, 970, 830, 735, 717, 702, 620, 580, 498
$(C_6F_5)_3GeF$[h] [15]	75/0.005[b] (57 bis 116)	IR ähnlich $C_{12}F_{10}$, zusätzliche Banden: 831 (w), 771 (m), 648 (m)
$(C_6F_5)_3GeCl$[n]	(106 bis 110) [3] (103 bis 104) [4, 5]	IR[c]: 1639 (m), 1560 (s), 1512 (s), 1482 (s), 1385 (m), 1290 (m), 1237 (w), 1146 (w), 1111 (w), 1089 (s), 1018 (w), 971 (s), 826 (m), 752 (m), 725 (m), 621 (m) [5]; ^{19}F-NMR[g]: $\delta(F_o) = 127.8$, $\delta(F_m) = 160.5$, $\delta(F_p) = 145.8$ [6]
$C_6F_5GeBr_3$	51 bis 52/0.01 [2] 85/0.6 [26]	IR (Film): 1632, 1505, 1472, 1380, 1285, 1250, 1138, 1118, 1090, 1062, 985, 970, 950, 845, 810, 715, 660, 610, 575, 485 [26]
$(C_6F_5)_2GeBr_2$	180 bis 185/12 [5] 120/0.6 [26]	IR (Film): 1724 (w), 1631 (m), 1584 (s), 1538 (sh), 1508 (s), 1468 (s), 1412 (w), 1381 (m), 1337 (w), 1287 (m), 1235 (w), 1143 (m), 1098 (m), 1082 (s), 1029 (m), 1001 (m), 985 (s), 819 (m), 748 (m), 719 (m), 617 (w), [5]; 1638, 1510, 1475, 1382, 1288, 1140, 1096, 1082, 1005, 990, 970, 815, 715, 610, 485 [26]
$(C_6F_5)_3GeBr$	150 bis 160/0.4 [26] 108 [3] (105 bis 107) [5] (80 bis 83) [26]	IR[c]: 1648 (m), 1566 (s), 1515 (s), 1471 (s), 1389 (m), 1294 (m), 1242 (w), 1149 (w), 1111 (w), 1087 (s), 1041 (w), 1038 (w), 1019 (w), 985 (s), 826 (m), 750 (m), 730 (m), 625 (m) [5];

Literatur s. S. 180

Tabelle 16 [Fortsetzung].

Verbindung	Sdp./Torr (Schmp.) in °C	IR-Spektrum (in cm^{-1}) ^1H-, ^{19}F-NMR-Spektrum (δ in ppm), D, n_D
		^{19}F-NMR[d)]: $\delta(F_o) = 127.8$, $\delta(F_m)$[i)] $= 158.5$, $\delta(F_p) = 145.7$, $J_{23} = \mp 22.9$ Hz, $J_{34} = \mp 19.3$ Hz, $J_{26} = \mp 6.5$ Hz, $J_{35} = \mp 0.8$ Hz, $J_{24} = \pm 4.4$ Hz, $J_{25} = \pm 9.7$ Hz [6]
$K_2[CF_3GeF_5]$ [9]	—	IR (KBr): 1206 (vs), 1045 (vs), 774 (m), 743 (m)
$(C_6F_5)_3GeSH$[u)] [33]	(105 bis 107)	IR: ν(S-H) = 2600
$(C_6F_5)_2Ge(\mu\text{-}S)_2Ge(C_6F_5)_2$ [u)] [33]	(196 bis 198)	—
$(C_6F_5)_4Ge_4S_6$[u)] [33]	(263 bis 265)	—
$[(C_6F_5)_3Ge]_2S$[u)] [33]	(165 bis 169)	—
$(C_6F_5)_3GeSSn(C_6F_5)_3$[u)] [33]	(145 bis 147)	—
$(C_6F_5)_3GeSeSn(C_6F_5)_3$ [33]	(135 bis 137)	—
$(C_6F_5)_3GeSHgGe(C_6F_5)_3$[u)] [33]	(169 bis 173)	—
$(C_6F_5)_3GeSeH$ [33]	(102 bis 105)	IR: ν(SeH) = 2430
$[(C_6F_5)_3Ge]_2Se$ [33]	(158 bis 161)	—
$(CF_3)_4Ge$[w)] [34]	—	IR (Gas): 2253 (vw), 1338 (w), 1255 (m), 1170 (vs), 1102 (vw), 735 (m), 608 (w), 525 (w); ^{19}F-NMR[v)] (gelöst in CCl_4): $\delta(CF_3) = -30.6$
$(F^1F^2C{=}CF^3)_4Ge$ [s)]	123 bis 124 [32]	$n_D^{18} = 1.3662$; $D_4^{18} = 1.7719$ [32]; ^{19}F-NMR[d)]: $\delta(F^1) = 80.1$, $\delta(F^2) = 112.7$, $\delta(F^3) = 196.5$, $J_{12} = 71$ Hz, $J_{13} = 32$ Hz, $J_{23} = 118$ Hz [11], s. auch [31]
$(CF_3C{\equiv}C)_4Ge$	(101.5 bis 102.5) [12, 13]	IR[c)]: $\nu(C{\equiv}C) = 2225$ [12, 13]; ν_s(C-F) = 1241, $\delta(CF_3) = 1219$, ν_{as}(C-F) = 1115 [13]; IR- und Raman-Spektrum (ohne Zuordnung) in [30], s. ferner [32]; ^{19}F-NMR[d)]: $\delta(CF_3) = 53.4$ [12], $\delta(CF_3)$[j)] $= 53.35$ [13]
$(C_6F_5)_4Ge$[l)]	224 bis 230[b)] [4, 5] 170/10^{-3} [b)] [5] (246 bis 248)[k)] [5] (246.5 bis 247.5) [14]	D = 2.0[t)] (röntgenographisch: 2.03) [23]; IR[c),f)]: 1642 (m), 1557 (s), 1515 (s), 1475 (s), 1381 (m), 1285 (m), 1237 (w), 1140 (w), 1107 (m), 1092 (sh), 1087 (s), 1033 (w), 1018 (w), 971 (s), 819 (m), 752 (m), 725 (m), 627 (m) [5]; IR (KBr): ν(C-C) = 1671 (m), 1539 (s), 1479 (s); ν(C-F) = 1411 (s), 1313 (s), 1140 (m), 1106 (sh), 1087 (s), 1015 (w), 970 (s); 818 (m) [14]; ^{19}F-NMR[g)]: $\delta(F_o) = 127.8$, $\delta(F_m)$[j)] $= 159.7$, $\delta(F_p) = 148.1$ [6]

Literatur s. S. 180

Tabelle 16 [Fortsetzung].

Physikalische Eigenschaften von Perfluororgano-Germanium-Verbindungen. Siedepunkt (Sdp.) in °C/Druck in Torr, Schmelzpunkt (Schmp.) in °C, Dampfdruck p in Torr, Dichte D in g/cm³, Brechungsindex n, chemische Verschiebung δ und Spin-Spin-Kopplungskonstante J im ¹H- und ¹⁹F-NMR-Spektrum, IR-Banden, Massenspektrum.

Verbindung	Sdp./Torr (Schmp.) in °C	IR-Spektrum (in cm^{-1}) ¹H-, ¹⁹F-NMR-Spektrum (δ in ppm), D, n_D
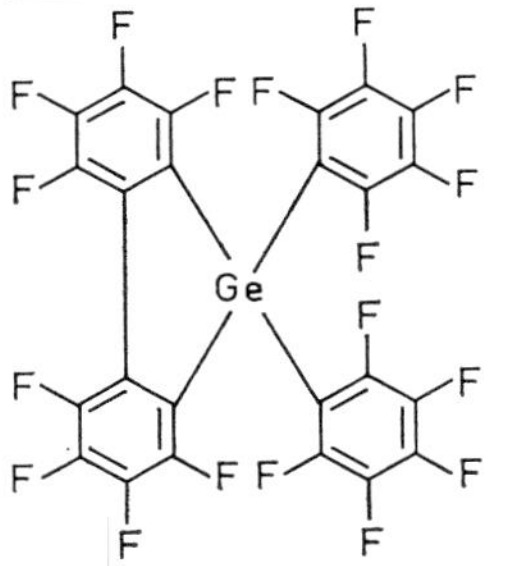	(230.5 bis 232) [17, 19] (230 bis 232) [18]	IR[c]: 1618 (w), 1603 (w), 1490 (s), 1471 (s), 1460 (sh), 1408 (w), 1385 (w), 1372 (w), 1350 (w), 1312 (m), 1299 (m), 1253 (m), 1238 (m), 1153 (w), 1096 (s), 1075 (sh), 1067 (s), 1044 (m), 925 (m), 837 (m), 780 (w), 727 (w), 711 (s), 645 (w) [18]
$(C_6F_5)_3GeGe(C_6F_5)_3$ [3]	210 bis 240/1[b] (340 bis 344) (312 bis 318)?	IR (Nujol): 1650, 1525, 1480, 1390, 1290, 1090, 1025, 820, 625
$(C_6F_5)_2BrGeGeBr(C_6F_5)_2$ [8]	(232 bis 235)	—
$(C_6F_5)_3GeZnGe(C_6F_5)_3$ [8]	(178 bis 180)	IR (Nujol): 1650, 1530, 1480, 1390, 1290, 1090, 980, 820, 625
$(C_6F_5)_3GeCdGe(C_6F_5)_3$ [3]	(218 bis 220)	IR (Nujol): 1650, 1525, 1480, 1390, 1290, 1090, 1025, 820, 625
$(C_6F_5)_3GeHgGe(C_6F_5)_3$ [3]	(228 bis 231)	

[a] Zusätzliche Banden der C_6F_5-Gruppe: 1650, 1530, 1480, 1390, 1290, 1090, 980, 820, 625 cm^{-1}. — [b] Sublimationspunkt. — [c] Nujol- bzw. Hexachlorbutadienverreibung. — [d] Standard $CFCl_3$ oder auf $CFCl_3$ umgerechnet. — [e] Massenspektrum (m/e, Bruchstück): 630, $C_{24}F_{18}^+$; 592, M^+; 575, $(C_6F_5)_3Ge^+$; 482, $C_{18}F_{14}^+$; 425, $(C_6F_5)_2GeOH^+$: 424, $(C_6F_5)_2GeO^+$ [15]. — [f] Extrapoliert aus lg p (Torr) = 11.94 − 2451/T. — [g] Dampfdruck bei Raumtemperatur 0.2 bis 0.5 Torr. — [h] Massenspektrum: $C_{24}F_{18}^+$, $(C_6F_5)_3GeF^+$, $(C_6F_5)_2GeF^+$, $C_{18}F_{14}^+$. — [i] $\delta(F_m)$-Bereich in [6] abgebildet. — [j] Gelöst in $CDCl_3$, innerer Standard $CFCl_3$. — [k] Gemessen im geschlossenen Röhrchen. — [l] Massenspektrum [Bruchstück, Intensität in (%)]: M^+ (20.3), $(M-F)^+$ (0.1), $(C_6F_5)_3Ge^+$ (25.5), $(C_6F_5)_2GeC_5F_3^+$ (1.0), $(C_6F_5)_2GeF^+$ (3.4), M^{++} (1.2), $C_6F_5GeF_2$ (3.6), GeF (7.7), $(C_6F_4)_3^+$ (5.9), $C_{18}F_{11}^+$ (0.3), $C_{17}F_{11}^+$ (0.9), $C_{18}F_{10}^+$ (0.1), $C_{17}F_9$ (0.9), $(C_6F_5)_2^+$ (0.3), $(C_6F_4)_2^+$ (12.7), C_2F_7 (1.6), $C_{11}F_5^+$ (0.2), $C_6F_5^+$ (3.8), $C_6F_4^+$ (1.0), $C_6F_3^+$ (1.0), $C_5F_3^+$ (1.4), CF_3^+ (0.9) [16]. Retentionszeit: 30 min (s. $(C_6F_5)_4Si$ in Tabelle 12, S. 158, 160) [14], mäßig löslich in organischen Lösungsmitteln. — [m] Unlöslich in organischen Lösungsmitteln außer Aceton [5]. — [n] Löslich in Äther, Benzol, Pentan, Chloroform und Aceton [5]. — [o] Dampfdruck 120 Torr bei 25°C [29]. — [p] Dampfdruck 8 Torr bei 25°C. — [q] Dampfdruck 200 Torr bei 25°C. — [r] Dampfdruck 65 Torr bei 25°C. — [s] Dipolmoment 1.38 D (gemessen) [32]. — [t] Gemessen durch Flotation in einer wäßrigen KJ-Lösung. — [u] IR: ν(Ge-S) = 440 bis 415 cm^{-1}. — [v] Äußerer Standard CF_3COOH. — [w] Massenspektrum [m/e, Bruchstück, Intensität in (%)]: 333, $^{76}Ge(CF_3)_3CF_2^+$ (24.6); 283, $^{76}GeF(CF_3)_2CF_2^+$ (87.3); 233, $^{76}GeF_2(CF_3)CF_2^+$ (31.1); 183, $^{76}GeF_3CF_2^+$ (54.0); 145, $^{76}GeCF_3^+$ (18.4); 126, $^{76}GeCF_2^+$ (2.2); 119, $C_2F_5^+$ (45.0); 95, $^{76}GeF^+$ (100); 76, $^{76}Ge^+$ (6.2); 69, CF_3^+ (39.8). Gaschromatogramm: Retentionszeit 28 min (an einer ¹/₄ inch × 30 feet 15% Fluorsilicon QF-1-0065 Kolonne bei −8°C und einer He-Strömungsgeschwindigkeit von 30 cm³/min) [34]. — [x] Das Massenspektrum weist M^+, $(M-F)^+$ und $(M-CF_3)^+$ auf [34].

Chemical Reactions

2.4.3 Chemisches Verhalten

Die Perfluororgano-Germanium-Verbindungen gleichen in ihren chemischen Eigenschaften grundsätzlich den entsprechenden Siliciumverbindungen. Nur scheinen sie etwas stabiler zu sein.

Literatur s. S. 180

2.4.3.1 Thermisches Verhalten

Thermal Behavior

Einige dieser Verbindungen weisen eine recht gute thermische Stabilität auf. Bis(octafluorbiphenyl)german wird nach Erhitzen auf 400°C (2.5 d) in einem evakuierten Rohr nahezu quantitativ zurückgewonnen. Zusätzliches Erwärmen auf 500°C (4 h) führt zu geringfügiger Verkohlung [18]. $(C_6F_5)_4Ge$ zeigt eine Zersetzungstemperatur (bei einer Zersetzungsgeschwindigkeit von 1 Mol-%/h) von 416°C, die nicht wesentlich niedriger liegt als die der Tetraphenylverbindung [14].

An Luft ist $(C_6F_5)_4Ge$ stabil bis zum Sublimationspunkt von 224 bis 230°C, $(C_6F_5)_3GeCl$ ist ebenfalls an Luft beständig [4]. Die Pentafluorphenylbromgermane weisen Zersetzungstemperaturen zwischen 350 bis 500°C auf [26]. Auch vom $(CF_3C{\equiv}C)_4Ge$ wird berichtet, daß es gegen schnelles Erhitzen und Stoß stabil sei [12, 13]. Dagegen zerfällt $CF_3Ge(OCOCF_3)_3$ bei 240°C (24 h) in $[CF_3C(O)]_2O$, $CF_3C(O)Cl$, CO_2, SiF_4 und einem Feststoff, der vermutlich hauptsächlich aus GeO_2 besteht [7]. Bei 180°C pyrolisiert CF_3GeJ_3 langsam in GeJ_4, GeF_4, Fluorolefine und cyclische Fluorkohlenstoffe. Dabei wird CF_2 als Zwischenprodukt angenommen [9]. An Luft stabil sind auch $[(C_6F_5)_2GeS]_2$ und $(C_6F_5)_4Ge_4S_6$ [33].

2.4.3.2 Hydrolyse

Hydrolysis

Die Halogengermane reagieren mit kaltem Wasser zu den entsprechenden Germanolen bzw. Germoxanen. CF_3GeF_3 und CF_3GeCl_3 lösen sich in kaltem Wasser sofort, CF_3GeJ_3 erst nach Schütteln. Die Lösungen sind bei 25°C stabil, und es bilden sich vermutlich gemäß $CF_3GeF_3 + H_2O \rightarrow CF_3GeF_3(OH)_2^{2-} + 2\,H^+$ ionische Spezies. Lediglich CF_3GeJ_3 wird von kaltem Wasser innerhalb von ein bis zwei Tagen geringfügig zersetzt, wobei sich 2% CHF_3 bilden. Von heißem Wasser bzw. Basen wird die Ge-C-Bindung in CF_3GeF_3 zu 97 bzw. 94%, in CF_3GeCl_3 zu 71 bzw. 100% und in CF_3GeJ_3 zu 89 bzw. 97% unter Bildung von CHF_3 gespalten. Auch beim Zusatz von Ag_2O entwickelt sich aus wäßrigen Lösungen von CF_3GeJ_3 92% CHF_3. Das komplexe Ion $[CF_3GeF_5]^{2-}$ ist ebenfalls im Gegensatz zu $K[CF_3BF_3]$ gegen Alkali instabil [9]. 5 normale Natronlauge spaltet in $(C_6F_5)_3GeCl$ 90% der Ge-C-Bindungen unter Bildung von C_6F_5H. Zusätzlich entsteht ein nichtstöchiometrisches polymeres Pentafluorphenylgermoxan. Eine 0.1 normale NaOH-Lösung liefert unter denselben Bedingungen nur 40% des möglichen C_6F_5H neben geringen Mengen $(C_6F_5)_3GeOGe(C_6F_5)_3$ [5]. Von allen $(C_6F_5)_4M$-Verbindungen (M = Si, Ge, Sn, Pb) ist $(C_6F_5)_4Ge$ gegenüber Hydrolysereaktionen am stabilsten und wird erst nach 5stündigem Kochen mit 10%igem NaOH, gelöst in Tetrahydrofuran, unter Bildung von C_6F_5H hydrolysiert. In wasserhaltigem Aceton ist es bei 20°C (26 d) stabil [14]. $(C_{12}F_8)_2Ge$ [18] und $(CF_3C{\equiv}C)_4Ge$ [13] sind nicht so beständig, werden aber zumindest bei Raumtemperatur von H_2O nicht angegriffen.

2.4.3.3 Spezielle Reaktionen

Specific Reactions

Die Germane $(C_6F_5)_3GeH$ und $(C_6F_5)_2GeH_2$ reagieren in Benzol bei zunächst 20°C (1 h) und dann bei 100°C (4 h) mit $(C_2H_5)_3SnN(C_2H_5)_2$ zu $(C_6F_5)_3GeSn(C_2H_5)_3$ (Schmelzpunkt 71 bis 74°C, Ausbeute 44.6%) bzw. $(C_6F_5)_2Ge[Sn(C_2H_5)_3]_2$ (Siedepunkt 160 bis 163°C/1 Torr, $n_D^{20} = 1.5582$, Ausbeute 53.7%) [8]. Mit C_2H_5MgBr in Benzol setzt sich $(C_6F_5)_2GeBrH$ beim Erhitzen im Rückfluß (10 h) um zu $(C_2H_5)(C_6F_5)_2GeH$ (Siedepunkt 120 bis 124°C/5 Torr, $n_D^{20} = 1.4741$, $D_{20}^4 = 1.663$ g/cm³, ν(Ge-H) = 2120 cm⁻¹, Ausbeute 24.4%) [8].

Analog erhält man aus $(C_6F_5)_3GeCl$ und n-C_4H_9Li in Äther/Hexan bei 20°C (12 h) $(C_6F_5)_3GeC_4H_9$ (Schmelzpunkt 75 bis 76°C) IR-Spektrum (Nujol- bzw. Hexachlorbutadienverreibung): 1639 (m), 1560 (s), 1515 (s), 1470 (s), 1374 (m), 1285 (m), 1139 (w), 1085 (s), 1051 (w), 1020 (w), 971 (s), 888 (w), 858 (w), 819 und 813 (br), 754 (w), 724 (w), 704 (w), 625 (br) [5]. Die Umsetzung mit Na in siedendem Xylol führt zu einem direkten Angriff der C-F-Bindungen, ohne daß definierte Verbindungen isoliert werden konnten. Mit Mg in siedendem Äther reagiert $(C_6F_5)_3GeCl$ nicht, mit Li entsteht in Tetrahydrofuran nur eine gelbe Lösung, aus der ebenfalls keine definierte Verbindung isoliert werden konnte [5]. Ohne nähere Angaben wird in [4] mitgeteilt, daß $(C_6F_5)_3GeCl$ in Äther mit Pyridin ein kristallines Addukt bildet. Die Umsetzung von $(C_6H_5)_3SnLi$ mit $(C_6F_5)_3GeCl$ in Tetrahydrofuran liefert hauptsächlich $(C_6H_5)_3SnSn(C_6H_5)_3$ und $(C_6H_5)_3SnCl$. Das Auftreten dieser Produkte wird auf einen Metall-Chlor-Austausch zurückgeführt, ohne daß es gelang, gezielt $(C_6F_5)_3GeLi$ zu synthetisieren [5].

Literatur s. S. 180

$C_6F_5GeBr_3$ bzw. $(C_6F_5)_2GeBr_2$ liefern mit CH_3MgJ bzw. C_2H_5MgBr in Äther umgesetzt [26] $C_6F_5Ge(CH_3)_3$ (24stündiges Erhitzen, 84% Ausbeute, Siedepunkt 85°C/15 Torr, IR-Spektrum (Film): 2970, 2905, 1631, 1502, 1458, 1442, 1405, 1368, 1362, 1268, 1235, 1080, 1065, 955, 825, 792, 770, 760, 610, 572 cm^{-1}) bzw. $(C_6F_5)_2Ge(CH_3)_2$ (48stündiges Erhitzen, 90% Ausbeute, Siedepunkt 82°C/0.4 Torr, Schmelzpunkt 38 bis 40°C, IR-Spektrum (KBr): 2985, 2920, 1631, 1502, 1460, 1445, 1407, 1370, 1363, 1270, 1252, 1243, 1125, 1080, 1070, 1010, 958, 850, 818, 797, 772, 710, 620, 592, 487 cm^{-1}) bzw. $(C_2H_5)_2Ge(C_6F_5)_2$ (48stündiges Erhitzen, 86% Ausbeute, Siedepunkt 86°C/0.2 Torr, IR-Spektrum (Film): 2955, 2930, 2905, 2870, 1632, 1505, 1462, 1455, 1370, 1365, 1271, 1222, 1125, 1070, 1005, 957, 800, 740, 710, 680, 608, 580, 550, 480 cm^{-1}) [26].

Die Bromide $(C_6F_5)_{4-n}GeBr_n$ (n = 1, 2) reagieren in Benzol mit $(C_2H_5)_3SnOCH_3$ bei 100°C (15 h) zu $(C_6F_5)_{4-n}Ge(OCH_3)_n$ (n = 1, 74.6% Ausbeute, Schmelzpunkt 80 bis 82°C; n = 2, 66.8% Ausbeute, Siedepunkt 122 bis 125°C/5 Torr, $n_D^{20} = 1.4775$) [8]. — In Benzol liefert $(C_6F_5)_3GeBr$ mit $[(C_2H_5)_3Ge]_2Hg$ bei 20°C (3 d im Dunkeln) das $(C_6F_5)_3GeHgGe(C_2H_5)_3$ in 76% Ausbeute (farbloses Öl, $n_D^{20} = 1.5522$). Mit $(C_6F_5)_3GeBr$ reagiert $(C_2H_5)_3GeSGe(C_2H_5)_3$ bei 150°C (35 h) zu $(C_6F_5)_3GeSGe(C_2H_5)_3$ (Siedepunkt 133 bis 134°C/1 Torr, $n_D^{20} = 1.5204$) in 74.2% Ausbeute. Analog erhält man $(C_6F_5)_3GeSeGe(C_2H_5)_3$ (Siedepunkt 164 bis 166°C/1 Torr, $n_D^{20} = 1.5338$) in 65.6% Ausbeute. Die Umsetzung von $(C_6F_5)_3GeSH$ mit $Hg(C_2H_5)_2$ in Toluol bei 20°C (0.5 h) und 50°C (0.5 h) führt in 61.2% Ausbeute zu $(C_6F_5)_3GeSHgC_2H_5$ (Schmelzpunkt 105 bis 108°C) [33].

Die Verbindungen $(R_f)_4Ge$ sind chemisch stabil, beispielsweise $(C_6F_5)_4Ge$ reagiert nicht mit Br_2 in Dibromäthylen beim Erhitzen im Rückfluß (6 h) in Gegenwart katalytischer Mengen $AlBr_3$ bzw. mit Li in Tetrahydrofuran bei 20°C (20 h) oder beim Erhitzen im Rückfluß während 8 Stunden [14]. Auch $(C_{12}F_8)_2Ge$ zeigt bei 230°C (3 d) in einem evakuierten Bombenrohr und anschließendem Erwärmen auf 340°C (1 d) nur geringfügige Reaktion mit Jod zu 2,2'-Dijodoctafluorbiphenyl und 2-Hydro-2'-jodoctafluorbiphenyl [18]. Die Verbindungen $(C_6F_5)_3GeMGe(C_6F_3)_3$, M = Zn, Cd, Hg, lassen sich durch Brom zu $(C_6F_5)_3GeBr$ spalten [3, 8], wobei die Hg-Verbindung in Benzol bei 20°C innerhalb weniger Minuten 97% $(C_6F_5)_3GeBr$ liefert [3]. Das Zn-Derivat wird in Benzol bei 100°C (1 h) zu 94% in $(C_6F_5)_3GeBr$ gespalten [8]. Auch aus $(C_6F_5)_3GeHgGe(C_6F_5)_3$ und $(C_2H_5)_3GeHgGe(C_2H_5)_3$ in Benzol entsteht $(C_6F_5)_3GeHgGe(C_2H_5)_3$ (s. oben) bei 20°C (15 Minuten) in 89.5% Ausbeute. Setzt man $Hg(C_2H_5)_2$ mit $(C_6F_5)_3GeH$ um, so bildet sich $(C_6F_5)_3GeHgC_2H_5$ in 38.4% Ausbeute, Siedepunkt 135 bis 145°C/1 Torr, Schmelzpunkt 118 bis 121°C [3]. Bei 50°C setzen sich $[(C_6F_5)_3Ge]_2Hg$ und $C_6H_5C(O)OOC(O)C_6H_5$ zu $(C_6F_5)_3GeOCOC_6H_5$ in 41.3% Ausbeute (Schmelzpunkt 169 bis 171°C) um. Mit $Hg(OCOCH_3)_2$ liefert es in Tetrahydrofuran $(C_6F_5)_3GeHgOCOCH_3$ (Schmelzpunkt 123 bis 128°C) in 52.2% Ausbeute [25].

Literatur:

[1] S. C. Cohen, A. G. Massey (Advan. Fluorine Chem. **6** [1970] 83/285, 176/9). — [2] R. D. Chambers, T. Chivers (Organometal. Chem. Rev. **1** [1966] 279/304). — [3] M. N. Bochkarev, L. P. Maiorova, N. S. Vyazankin (J. Organometal. Chem. **55** [1973] 89/96). — [4] D. E. Fenton, A. G. Massey (Chem. Ind. [London] **1964** 2100). — [5] D. E. Fenton, A. G. Massey, D. S. Urch (J. Organometal. Chem. **6** [1966] 352/8).

[6] K. W. Jolley, L. H. Sutcliffe (Spectrochim. Acta A **24** [1968] 1191/203). — [7] N. K. Hota, C. J. Willis (Can. J. Chem. **46** [1968] 3921/4). — [8] M. N. Bochkarev, L. P. Maiorova, S. P. Korneva, L. N. Bochkarev, N. S. Vyazankin (J. Organometal. Chem. **73** [1974] 229/36). — [9] H. C. Clark, C. J. Willis (J. Am. Chem. Soc. **84** [1962] 898/900). — [10] R. D. Chambers, J. Cunningham (Tetrahedron Letters **1965** 2389/91).

[11] T. D. Coyle, S. L. Stafford, F. G. A. Stone (Spectrochim. Acta A **17** [1961] 968/76). — [12] W. R. Cullen, M. C. Waldman (Inorg. Nucl. Chem. Letters **6** [1970] 205/7). — [13] W. R. Cullen, M. C. Waldman (J. Fluorine Chem. **1** [1971/72] 41/50). — [14] C. Tamborski, E. Soloski, S. M. Dec (J. Organometal. Chem. **4** [1965] 446/54). — [15] G. B. Deacon, J. C. Parrot (J. Organometal. Chem. **22** [1970] 287/95, **17** [1969] P17/P18).

[16] J. M. Miller (Can. J. Chem. **47** [1969] 1613/20). — [17] S. C. Cohen, M. L. N. Reddy, A. G. Massey (Chem. Commun. **1967** 451/3). — [18] S. C. Cohen, A. G. Massey (J. Organometal. Chem. **10** [1967] 471/81). — [19] S. C. Cohen, A. G. Massey (Tetrahedron Letters **1966** 4393/4). — [20] S. C. Cohen, A. G. Massey (Chem. Commun. **1966** 457/8).

[21] S. C. Cohen, A. G. Massey (J. Organometal. Chem. **12** [1968] 341/7). — [22] D. E. Fenton, A. G. Massey, K. W. Jolly, L. H. Sutcliffe (Chem. Commun. **1967** 1097/8). — [23] A. Karipides,

C. Forman, R. H. P. Thomas, A. T. Reed (Inorg. Chem. **13** [1974] 811/5). — [24] L. H. Sutcliffe, G. J. T. Tiddy (Spectrochim. Acta A **26** [1970] 282/3). — [25] M. N. Bochkarev, S. P. Korneva, L. P. Maiorova, V. A. Kuznetsov, N. S. Vyazankin (Zh. Obshch. Khim. **44** [1974] 308/13; J. Gen. Chem. USSR **44** [1974] 293/7).

[26] M. Weidenbruch, N. Wessal (Chem. Ber. **105** [1972] 173/87). — [27] H. Bürger, R. Eujen (private Mitteilung). — [28] H. Bürger, R. Eujen (private Mitteilung). — [29] R. Eujen, H. Bürger (J. Organometal. Chem. **88** [1975] 165/9). — [30] F. Brown (Diss. Univ. of Pittsburgh 1971; Diss. Abstr. Intern. B **32** [1972] 5708) laut D. H. Lemmon, J. A. Jackson (Spectrochim. Acta A **29** [1973] 1899/913).

[31] S. S. Dubov, B. I. Tetel'baum, R. N. Sterlin (Zh. Vses. Khim. Obshchestva im. D. I. Mendeleeva **7** [1962] 691/2; C.A. **58** [1963] 8538). — [32] R. N. Sterlin, S. S. Dubov, Li Vei-Gan, L. P. Vakhomchik, I. L. Knunyants (Zh. Vses. Khim. Obshchestva im. D. I. Mendeleeva **6** [1961] 110/1; C.A. **1961** 15336). — [33] M. N. Bochkarev, L. P. Maiorova, N. S. Vyazankin, G. A. Razuvaev (J. Organometal. Chem. **82** [1974] 65/71). — [34] R. J. Lagow, L. L. Gerchman, R. A. Jacob, J. A. Morrison (J. Am. Chem. Soc. **97** [1975] 518/22). — [35] A. Karipides, R. H. P. Thomas (Cryst. Structure Commun. **2** [1973] 275/8).

4.3 Perfluororgano-Zinn-Verbindungen

Perfluoro-organotin Compounds

Ausführlicher untersucht sind lediglich Perfluorarylderivate des Zinns. Entsprechende aliphatische Stannane sind dagegen kaum synthetisiert worden. Polyfluorierte aliphatische Zinnverbindungen spielen zwar eine Rolle als Zwischenprodukte in der präparativen Chemie, sie werden aber hier nicht als Titelverbindungen abgehandelt, da sie C-H-Bindungen aufweisen. Zusammenfassend ist die fluororganische Chemie des Zinns in S. C. Cohen, A. G. Massey (Advan. Fluorine Chem. **6** [1970] 83/285, 176/9), R. D. Chambers, T. Chivers (Organometal. Chem. Rev. **1** [1966] 279/304) abgehandelt worden.

4.3.1 Darstellung

Preparation

Pentafluorphenyl-oxo-hydroxostannan $C_6F_5Sn(O)OH$

Bis(pentafluorphenyl)-oxostannan $(C_6F_5)_2SnO$

Tris(pentafluorphenyl)-hydroxostannan $(C_6F_5)_3SnOH$

Bis(trispentafluorphenyl)distannoxan $[(C_6F_5)_3Sn]_2O$

Tris(pentafluorphenyl)zinn-trifluoracetat $(C_6F_5)_3SnOCOCF_3$

Pentafluorphenyl-oxostannan $(C_6F_5)_{1.4}SnO_{1.3}$

Die Hydrolyse des $C_6F_5SnCl_3$ führt zu dem in organischen Lösungsmitteln löslichen $C_6F_5Sn(O)OH$. Erhitzt man $(C_6F_5)_3SnOH$ auf 100°C (70 h) bei 10^{-3} Torr, so entstehen neben H_2O, C_6F_5H und $(C_6F_5)_4Sn$ als Hauptprodukt $(C_6F_5)_2SnO$, ein bis 300°C nicht schmelzendes, in Aceton unlösliches, nicht flüchtiges, polymeres, amorphes Produkt. Das in Diisopropyläther gelöste $(C_6F_5)_3SnCl$ hydrolysiert mit 0.05 normalem NaOH zu $(C_6F_5)_3SnOH$, das beim Erhitzen auf 100°C (1 h, 20 Torr) zu kristallinem $(C_6F_5)_3SnOSn(C_6F_5)_3$ kondensiert [2]. Die Hydrolyse des in Äther gelösten $(C_6F_5)_3SnCl$ mit 2 normalem NH_4OH führt zu $(C_6F_5)_3SnOSn(C_6F_5)_3$ [5], das nicht eindeutig von $(C_6F_5)_3SnOH$ unterschieden wird [2]. $(C_6F_5)_3SnOC(O)CF_3$ wird aus $(C_6F_5)_3SnBr$ und $AgOC(O)CF_3$ in Äther synthetisiert [4]. Das $(C_6F_5)_{1.4}SnO_{1.3}$ ist durch Erwärmen einer wäßrig-alkoholischen Lösung von $(C_6F_5)_4Sn$ und KF für 5 min im Rückfluß erhalten worden [5].

Bis(trifluormethyl)-dijodstannan $(CF_3)_2SnJ_2$

Tris(trifluormethyl)-jodstannan $(CF_3)_3SnJ$

Perfluorvinyl-trichlorstannan $CF_2{=}CFSnCl_3$

Pentafluorphenyl-trichlorstannan $C_6F_5SnCl_3$

Bis(pentafluorphenyl)-dichlorstannan $(C_6F_5)_2SnCl_2$

Bis(pentafluorphenyl)-dibromstannan $(C_6F_5)_2SnBr_2$

Preparation of Perfluoro-organotin Compounds

Tris(pentafluorphenyl)-fluorstannan $(C_6F_5)_3SnF$

Tris(pentafluorphenyl)-chlorstannan $(C_6F_5)_3SnCl$

Tris(pentafluorphenyl)-bromstannan $(C_6F_5)_3SnBr$

Tris(pentafluorphenyl)-chlorstannan-diammoniakat $(C_6F_5)_3SnCl \cdot 2NH_3$

Läßt man nur den Schweif des bei der Einwirkung einer Radiofrequenzentladung auf C_2F_6 gebildeten Plasmas auf SnJ_4 einwirken, so erhält man die Verbindungen $(CF_3)_2SnJ_2$ und $(CF_3)_3SnJ$ [6, 31]. Verwendet man anstelle des Jodids andere Zinntetrahalogenide, so sollen sich auch Halogenstannane mit der Formel $(CF_3)_4SnX_{4-n}$ (X = F, Cl, Br) bilden [6]. Vermutlich tritt $CF_2{=}CFSnCl_3$ bei der Synthese von $(CF_2{=}CF)_4Sn$ auf [7]. Durch Komproportionierung von $(C_6F_5)_3SnCl$ bei 120°C (4 Wochen) bzw. $(C_6F_5)_4Sn$ bei 140°C (11 Wochen) mit einem Überschuß an $SnCl_4$ gelangt man zu $C_6F_5SnCl_3$ [2], das in 92% Ausbeute auch aus $SnCl_4$ und $C_6F_5HgCH_3$ im Bombenrohr bei 20°C (20 h) synthetisiert werden kann [5]. Die Spaltung von $(C_6F_5)_2Sn(CH_3)_2$ mit $SnCl_4$ bzw. $SnBr_4$ im Bombenrohr bei 150°C (3 d) führt zu $(C_6F_5)_2SnCl_2$ in 35% Ausbeute bzw. $(C_6F_5)_2SnBr_2$, das 20% $(CH_3)_2SnBr_2$ enthält. Beide Produkte ließen sich nicht von Verunreinigungen vollständig abtrennen und fallen nach diesem Verfahren nicht rein an [2]. Eine bessere Synthese für $(C_6F_5)_2SnCl_2$ ist die Umsetzung von C_6F_5MgBr mit $SnCl_4$ im Molverhältnis 2.5:1 in siedendem Pentan innerhalb von 10 Stunden. Zusätzlich entstehen $(C_6F_5)_4Sn$ und $(C_6F_5)_3SnCl$, die durch fraktionierte Sublimation abgetrennt werden können [1, 2]. In Benzol reagiert $SnCl_2$ mit $(C_6F_5)_2TlBr$ zu $(C_6F_5)_2SnCl_2$ [8], das auch durch Spaltung von Di-o-tolyl-bispentafluorphenylzinn mit HCl im Bombenrohr (12 h) erhalten werden kann [2]. Die Fluorierung von $(C_6F_5)_4Sn$ mit SF_4 bei 130°C (22 h) in einem Autoklaven aus Edelstahl führt zu $(C_6F_5)_3SnF$ [9]. Erhitzt man $(C_6F_5)_4Sn$ mit $SnCl_4$ auf 160°C (7 d), so entsteht $(C_6F_5)_3SnCl$ [2], das auch durch Spaltung von p-Tolyl-tris(pentafluorphenyl)zinn mit HCl im Bombenrohr bei 100°C (17 h) in 75% Ausbeute erhalten werden kann [5, 11]. Ähnlich läßt sich $[(C_6F_5)_3Sn]_2Hg$ mit $HgCl_2$ in Tetrahydrofuran zu $(C_6F_5)_3SnCl$ in 46% Ausbeute umsetzen [4]. Neutralisiert man $(C_6F_5)_3SnOH$ in ätherischer Lösung mit 3 normalem HBr unter Schütteln, so bildet sich $(C_6F_5)_3SnBr$ [2]. Auch $SnBr_4$ soll mit $C_6F_5HgCH_3$, ohne daß nähere Angaben gemacht werden, zu $(C_6F_5)_3SnBr$ reagieren. In niedrig siedendem Petroläther gelöstes $(C_6F_5)_3SnCl$ absorbiert trocknes NH_3 und bildet ein Diammoniakat [5].

Tetrakis(trifluormethyl)stannan $(CF_3)_4Sn$

Tetrakis(trifluorvinyl)stannan $(CF_2{=}CF)_4Sn$

Tetrakis(pentafluorphenyl)stannan $(C_6F_5)_4Sn$

Bis(octafluorbiphenyl)stannan

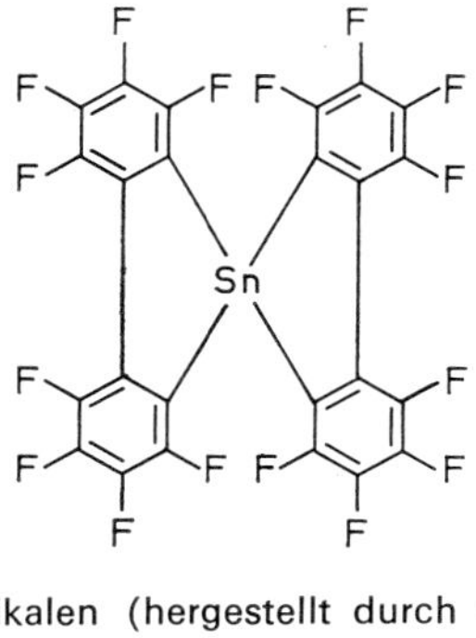

Durch Einwirkung von CF_3-Radikalen (hergestellt durch Glimmentladung in C_2F_6 unterhalb 50°C [6, 31]) auf SnJ_4 entsteht $Sn(CF_3)_4$ in 90% Ausbeute bezogen auf SnJ_4. Das bei −196°C aufgefangene Produkt wird mit Benzol extrahiert und gaschromatographisch getrennt [31]. Setzt man $SnCl_4$, gelöst in Tetrahydrofuran, mit $CFBr{=}CF_2$ und Mg zunächst bei 0°C um und erwärmt dann auf 45 bis 50°C (15 h), so entsteht $(CF_2{=}CF)_4Sn$ in 31% Ausbeute [7].

Zur Synthese des $(C_6F_5)_4Sn$ eignen sich mehrere Methoden. Es entsteht durch:

a) Umsetzung von C_6F_5MgBr mit $SnCl_4$ [1, 2] oder $SnBr_4$ in Äther nach dreitägigem Erhitzen im Rückfluß in 51% Ausbeute [5] bzw. mit $SnCl_4$ in Tetrahydrofuran bei −10°C (2 h) in 13.5%

Literatur s. S. 190

Ausbeute sowie durch Umsetzung von C_6F_5Li mit $SnCl_4$ in Äther bei −65°C (3 h) in 91.4% Ausbeute [14, 30]

Preparation of Perfluoro-organotin Compounds

b) direkte Synthese aus C_6F_5J und Sn im Bombenrohr bei 240°C während mehrerer Stunden [15]

c) Reaktion von $(C_6F_5)_2Hg$ mit Sn bei 260°C (9 d) im Bombenrohr in 60% Ausbeute [16]

d) Erwärmung eines Gemisches aus $(C_6F_5)_2TlBr$ und Sn auf 190°C (7 d) in 54% Ausbeute [17, 18]

e) Umsetzung von $SnCl_4$ (gelöst in absolutem n-Hexan) mit in Äther gelöstem C_6F_5MgBr. Die Reaktion setzt sofort ein, nach drei Stunden wird der Äther abdestilliert und durch Butyläther ersetzt. Es wird anschließend sofort 3 Stunden auf 145°C erhitzt. Die Ausbeute beträgt 85.5% [13]. Ferner bildet sich $(C_6F_5)_4Sn$ in geringen Mengen bei der Pyrolyse des $(C_6F_5)_3SnOH$ [2].

Bis(octafluorbiphenyl)zinn ist durch Umsetzung von 2,2'-Dilithiumoctafluorbiphenyl, dargestellt aus LiC_4H_9 (gelöst in Hexan) und 2,2'-Dibromoctafluorbiphenyl in Äther bei −78°C (2 h), mit $SnCl_4$ in 17% [19] oder in guter Ausbeute während der direkten Reaktion von 2,2'-Dijodoctafluorbiphenyl mit Sn bei 230°C (12 h) zugänglich [15].

Hexakis(pentafluorphenyl)distannan $(C_6F_5)_3SnSn(C_6F_5)_3$

Bis[tris(pentafluorphenyl)stannyl]sulfan $[(C_6F_5)_3Sn]_2S$

Bis[tris(pentafluorphenyl)stannyl]selan $[(C_6F_5)_3Sn]_2Se$

Bis[tris(pentafluorphenyl)stannyl]tellan $[(C_6F_5)_3Sn]_2Te$

Bis[tris(pentafluorphenyl)stannyl]quecksilber $[(C_6F_5)_3Sn]_2Hg$

[Tris(pentafluorphenyl)stannyl-tris(pentafluorphenyl)germanyl]quecksilber $(C_6F_5)_3SnHgGe(C_6F_5)_3$

Die Kondensation von $(C_6F_5)_3SnBr$ mit $[(C_2H_5)_3Ge]_2Hg$ in Toluol im Verhältnis 2:1 führt bei 20°C (3 h) zu $(C_2H_5)_3GeBr$ und $(C_6F_5)_3SnHgSn(C_6F_5)_3$, das in Hg und $(C_6F_5)_3SnSn(C_6F_5)_3$ (Ausbeute 80%) zerfällt. Erhitzt man $(C_6F_5)_3SnBr$ mit $(C_2H_5)_3GeH$ auf 100°C (3 h) ohne Lösungsmittel, so entsteht $(C_6F_5)_3SnSn(C_6F_5)_3$ in Ausbeuten bis zu etwa 67%. Vermutlich bildet sich hierbei primär $(C_6F_5)_3SnH$, das unter den Reaktionsbedingungen in das Distannan und H_2 zerfällt [22]. Mit $(C_6F_5)_3SnSn(C_2H_5)_3$ bzw. $(C_2H_5)_3SnSn(C_2H_5)_3$ reagiert $(C_6F_5)_3SnBr$ bei 100°C (4 bzw. 28 h) zu $(C_2H_5)_3SnBr$ und dem Distannan in 95.6 bzw. 66.7% Ausbeute [4]. $(C_6F_5)_3Sn$-Derivate der 6. Hauptgruppe erhält man bei 100°C in Toluol gemäß:

$$(C_2H_5)_3EXE(C_2H_5)_3 + 2(C_6F_5)_3SnBr \rightarrow (C_6F_5)_3SnXSn(C_6F_5)_3 + 2(C_2H_5)_3EBr$$

für X = S: E = Ge (1 h, 37% Ausbeute), E = Sn (2 h, 51.8% Ausbeute); für X = Se: E = Si (2 h, 61.4% Ausbeute), E = Ge (2 h, 51.3% Ausbeute); für X = Te: E = Si (1 h, 51.4% Ausbeute), E = Ge (1 h, 70°C, 56.6% Ausbeute). Diese vermutlich reversiblen Gleichgewichtsreaktionen sind nach rechts verschoben und werden von der Art des Chalkogenids kaum beeinflußt [22]. Bestrahlt man ein Gemisch aus $(C_2H_5)_3GeHgGe(C_2H_5)_3$ mit $(C_6F_5)_3SnBr$ in Toluol mit monochromatischem UV-Licht (λ = 365 nm) bei etwa 30°C (50 min), so bildet sich nur unter diesen Bedingungen $(C_6F_5)_3SnHgSn(C_6F_5)_3$ in 58.3% Ausbeute. Analog erhält man nach 30 Minuten Bestrahlungsdauer aus $(C_2H_5)_3GeHgGe(C_6F_5)_3$ und $(C_6F_5)_3SnBr$ das $(C_6F_5)_3SnHgGe(C_6F_5)_3$ in 31% Ausbeute [4, 23].

4.3.2 Physikalische Eigenschaften

Physical Properties

Physikalische Daten der Perfluororganostannane sind in Tabelle 17 (S. 185) aufgeführt. Darüberhinausgehende Untersuchungen werden in nachfolgenden Kapiteln angegeben.

Röntgenstrukturanalyse von $(C_6F_5)_4Sn$

X-Ray Structural Analysis of $(C_6F_5)_4Sn$

$(C_6F_5)_4Sn$ weist ein charakteristisches Röntgenbeugungsdiagramm auf [2]. Die Röntgenstrukturanalyse hat gezeigt, daß es in der tetragonalen Raumgruppe $I4_1/a$ kristallisiert mit den Gitterkonstanten (in Klammern Standardabweichung) a = 17.738 (11) und c = 8.094 (5) Å, V = 2547 Å^3. In der Einheitszelle befinden sich vier Moleküle. Es werden folgende interatomare Abstände und Winkel — zu Struktur s. Fig. 2, S. 170 — erhalten:

Literatur s. S. 190

Abstände in Å

C(1)-C(2)	1.398(11)	C(2)-F(2)	1.328(9)
C(2)-C(3)	1.389(12)	C(3)-F(3)	1.362(10)
C(3)-C(4)	1.379(12)	C(4)-F(4)	1.340(10)
C(4)-C(5)	1.376(12)	C(5)-F(5)	1.347(10)
C(5)-C(6)	1.388(12)	C(6)-F(6)	1.355(10)
C(6)-C(1)	1.379(11)	Sn-C(1)	2.126(8)

Winkel

C(1)-C(2)-C(3)	120.8(9)	F(2)-C(2)-C(1)	120.7(8)
C(2)-C(3)-C(4)	121.5(9)	F(2)-C(2)-C(3)	118.5(9)
C(3)-C(4)-C(5)	118.7(9)	F(3)-C(3)-C(2)	119.2(10)
C(4)-C(5)-C(6)	119.3(10)	F(3)-C(3)-C(4)	119.3(10)
C(5)-C(6)-C(1)	123.6(9)	F(4)-C(4)-C(3)	121.2(10)
C(6)-C(1)-C(2)	116.1(8)	F(4)-C(4)-C(5)	120.1(11)
Sn-C(1)-C(2)	124.1(4)	F(5)-C(5)-C(4)	119.6(10)
Sn-C(1)-C(6)	119.6(4)	F(5)-C(5)-C(6)	121.1(10)
C(1)-Sn-C(1) ($x\bar{y}z$)	105.5(4)	F(6)-C(6)-C(5)	117.4(9)
C(1)-Sn-C(1) ($\bar{y}x\bar{z}$)	111.5(2)	F(6)-C(6)-C(1)	119.0(8)

Wie in der entsprechenden Germaniumverbindung sind die C_6F_5-Ringe eben und der Sechserring weicht erheblich von einer D_{6h}-Symmetrie ab. So variiert der C-C-C-Winkel von 116.1° ± 0.8° bis 123.6° ± 0.9°. Der kleinste Winkel gilt für den Kohlenstoff, der direkt an das Metallatom gebunden ist. Die mittleren C-C-Abstände betragen 1.385 ± 0.008 Å, die C-F-Abstände 1.346 ± 0.013 Å. Die Sn-C-Abstände werden mit 2.126 ± 0.008 Å und der C-Sn-C-Winkel mit 105.5° ± 0.4° angegeben. Der Winkel zwischen einem Pentafluorphenylring und der Ebene des C-Sn-C-Bindungswinkels beträgt 53.2° [24].

^{19}F-NMR Spectra

^{19}F-NMR-Spektren

Die Differenz zwischen $\delta(F_p)$ und $\delta(F_m)$ reiht das Zinn in bezug auf Elektronegativität bzw. π-Akzeptorstärke zwischen Si und Pb ein (s. S. 170) [20].

Messungen der chemischen Verschiebung δ für das paraständige F-Atom für Tetraorganozinnverbindungen ergaben, daß δ sich mit der Zahl der C_6F_5-Gruppen an Sn nicht merklich ändert. Dies läßt auf eine geringe d_π-p_π-Wechselwirkung von Sn mit den C_6F_5-Gruppen schließen. Eine merkbare d_π-p_π-Bindung dagegen bei den Pentafluorphenylchlorstannanen ergibt sich aus der relativ großen Verschiebung von δ nach niedrigem Feld [5].

Die ^{19}F-Kernresonanzlinien des $(C_6F_5)_4Sn$ und $(C_6F_5)_3SnX$ sind wie die der analogen Derivate der 4. Hauptgruppe verbreitert. Dies wird mit sterischer Hinderung der freien Rotation der Phenylgruppen gedeutet. Keine sterische Hinderung tritt vermutlich nur bei Monopentafluorphenylzinnderivaten auf [25]. Vermutlich liegt jedoch wie bei den übrigen $(C_6F_5)_4M$-Verbindungen (M = Si, Ge, Pb) auch interannulare Kopplung der F-Atome als Ursache der Linienverbreiterung vor, s. hierzu [33].

Mass Spectrum of $(C_6F_5)_4Sn$

Massenspektrum von $(C_6F_5)_4Sn$

Im Vergleich zu $(C_6F_5)_4Ge$ ist der Molekülpeak weniger intensiv. SnF^+ ist das intensivste Bruchstück im Spektrum. Dies wird mit der graduellen Abschwächung der C-Metallbindung beim Übergang vom Si über Ge zum Sn gedeutet. Durch Beobachtung der metastabilen Ionen nach:

$(C_6F_5)_4Sn^+ \rightarrow (C_6F_5)_3Sn^+ + C_6F_5$ $\quad$ $(C_6F_5)_2SnF^+ \rightarrow C_6F_5SnF_2^+ + C_6F_4$

$(C_6F_5)_3Sn^+ \rightarrow (C_6F_5)_2SnF^+ + C_6F_4$ $\quad$ $(C_6F_5)_2SnF^+ \rightarrow C_{12}F_9^+ + SnF_2$

wird nachfolgendes Abbauschema gestützt:

Literatur s. S. 190

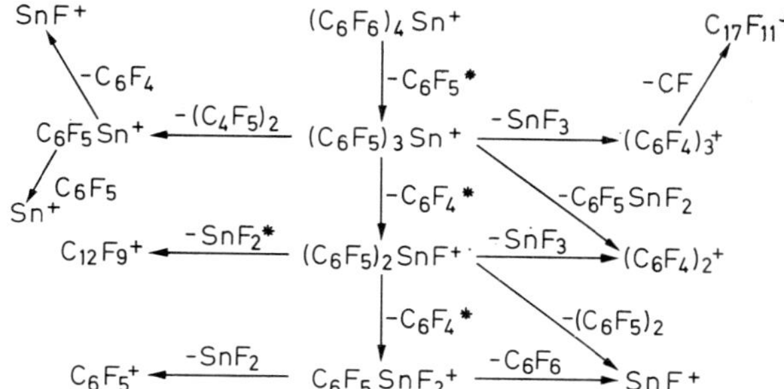

Aus den Daten der Tabelle 17 (S. 186) geht hervor, daß 80% des Ionenstroms von Sn-haltigen Fragmenten gestellt wird. $(C_6F_5)_4Sn$ ähnelt in dieser Beziehung dem $(C_6H_5)_4Sn$. Wie für $(C_6F_5)_4M'$ (M' = Si, Ge) wird auch beim $(C_6F_5)_4Sn$ ein Fragmentierungsmechanismus über eine σ-π-Umlagerung vorgeschlagen gemäß:

$$(C_6F_5)_3Sn^+ \rightarrow (C_6F_5)_2SnF^+ + C_6F_4 \quad (C_6F_5)_2SnF^+ \rightarrow C_6F_5SnF_2^+ + C_6F_4$$

Diese Reaktionen erklären das Auftreten perfluorierter Phenylene unter den beobachteten Bruchstücken [26].

Mössbauer-Spektren

Mössbauer Spectra

Aus der Isomerieverschiebung des $(C_6F_5)_4Sn$ (s. Tabelle 17, S. 187/8, zur Sn-Mössbauer-Spektroskopie s. „Zinn" C 1, S. 3/4) wird die Elektronegativität der C_6F_5-Gruppe zu 2.68 ± 0.05 geschätzt [3].

Die s-Elektronendichte am Zinnkern ist in $(C_6F_5)_4Sn$ geringer als in $(C_6H_5)_4Sn$ oder $(CH_3)_4Sn$, wenn man davon ausgeht, daß für ^{119}Sn $\Delta R/R > 0$ ist (R = mittlerer Kernradius, ΔR = Änderung von R beim Übergang vom angeregten Zustand in den Grundzustand). In einer Hypothese wird dies durch mögliche p_π-d_π- oder p_π-p_π-Bindung und einen negativen induktiven Effekt über die σ-Bindung des α-Kohlenstoffatoms mit dem Zinnatom gedeutet [21].

Zur Korrelation von s- und p-Elektronendichten am Sn, berechnet nach der Del-Re-Methode für eine Reihe von Organo-Zinn(IV)-Verbindungen, darunter auch $(C_6F_5)_4Sn$, mit experimentellen Mössbauer-Daten s. [27], zu einem einfachen MO-Modell, das zu einer Abschätzung der die Quadrupolaufspaltung bestimmenden elektrischen Feldgradienten am Sn-Kern in Abhängigkeit von stereochemischen Umgebung am Sn führt, s. [29], zur Einordnung und Interpretation der Mössbauer-Daten auf der Basis einer linearen Abhängigkeit der Isomerieverschiebung und Quadrupolaufspaltung von der Differenz der Elektronegativität von Sn und Liganden s. [28].

Tabelle 17:

Physikalische Eigenschaften von Perfluororgano-Zinn-Verbindungen. Siedepunkt (Sdp.) in °C/Druck in Torr, Schmelzpunkt (Schmp.) in °C, Dichte D, chemische Verschiebung δ und Spin-Spin-Kopplungskonstante J im ^{19}F-NMR-Spektrum, Wellenlänge λ und molarer Extinktionskoeffizient ε im UV-Spektrum, Banden des IR-Spektrums, Massenspektrum, Angaben zur gaschromatographischen (GC)-Trennung.

Verbindung	Sdp./Torr (Schmp.) in °C	Dichte D, ^{19}F-NMR (δ in ppm) IR-Spektrum (in cm^{-1}) UV-Spektrum (λ in nm, ε)
$C_6F_5Sn(O)OH$ [2]	—	IR: 3600, 3350, 1650, 1620(sh), 1550(sh), 1520, 1485 (sh), 1460, 1450 (sh), 1390 (sh), 1380, 1365 (sh), 1320, 1280, 1140, 1080, 1060, 1000, 965, 890, 790, 725
$(C_6F_5)_2SnO$ [2]	—	IR: 1650, 1582, 1485, 1400 (sh), 1380, 1365 (sh), 1285, 1230, 1145, 1095, 1080 (sh), 1025, 1010, 980 (sh), 970, 905, 805, 750 (sh), 745, 720, 612, 570, 493, 450

Tabelle 17 [Fortsetzung].

Physikalische Eigenschaften von Perfluororgano-Zinn-Verbindungen. Siedepunkt (Sdp.) in °C/Druck in Torr, Schmelzpunkt (Schmp.) in °C, Dichte D, chemische Verschiebung δ und Spin-Spin-Kopplungskonstante J im ^{19}F-NMR-Spektrum, Wellenlänge λ und molarer Extinktionskoeffizient ε im UV-Spektrum, Banden des IR-Spektrums, Massenspektrum, Angaben zur gaschromatographischen (GC)-Trennung.

Verbindung	Sdp./Torr (Schmp.) in °C	Dichte D, ^{19}F-NMR (δ in ppm) IR-Spektrum (in cm^{-1}) UV-Spektrum (λ in nm, ε)
$(C_6F_5)_3SnOH$ [2]	(150)[a)]	IR: ν(Sn-OH) = 3650; 1650, 1520, 1485, 1460 (sh), 1380, 1365 (sh), 1340, 1290, 1235, 1150, 1100 (sh), 1090, 1075 (sh), 1030 (sh), 1015, 980 (sh), 970, 860, 845, 810, 747, 720, 615, 585, 493, 445
$[(C_6F_5)_3Sn]_2O$[b)]	—	IR: 1650, 1520, 1485, 1460 (sh), 1380, 1365, 1285, 1230, 1145, 1100, 1080, 1030, 1018, 975, 905, 840, 810, 745, 718, 610, 584, 490 [2]
$(C_6F_5)_3SnOC(O)CF_3$ [4]	(119 bis 120)	—
$(C_6F_5)_{1.4}SnO_{1.3}$ [5]	(> 400)	—
$(C_6F_5)_3SnF$	300[c)] [9]	IR: ν(Sn-F) = 328 [10]
CF_2=$CFSnCl_3$ [7]	—	GC: Retentionszeit 10 min[d)]
$C_6F_5SnCl_3$	120 bis 122/16 [2] 54 bis 56/0.02 [5]	IR (Film): 1639 (s), 1513 (vs), 1481 (vs), 1464 (vs), 1387 (m), 1289 (w), 1091 (vs), 1078 (vs), 1017 (w), 1006 (w), 970 (vs), 805 (w), 719 (w), 610 (w); ^{19}F-NMR[e)]: $\delta(F_o)$ = 121.6, $\delta(F_m)$ = 156.7, $\delta(F_p)$ = 143.1 [5]
$(C_6F_5)_2SnCl_2$ [2]	113/3 61/0.15	D_4^{20} = 2.4 g/cm^3
$(C_6F_5)_3SnCl$[f)]	(106) [1] (103 bis 104) [2] (108 bis 109) [5]	IR (KBr): 1639 (s), 1509 (vs), 1472 (vs), 1376 (s), 1282 (m), 1090 (vs), 1073 (vs), 1024 (w), 1012 (w), 965 (vs), 805 (m), 745 (w), 720 (w), 608 (m), 584 (w); ^{19}F-NMR[e)]: $\delta(F_o)$ = 122.5, $\delta(F_m)$ = 157.8, $\delta(F_p)$ = 145.7; UV (Cyclohexan): λ_{max} = 270, UV (Methanol): λ_{max} = 262 [5]
$(C_6F_5)_2SnBr_2$	68/0.2 [2]	—
$(C_6F_5)_3SnBr$[g)] [2]	(107 bis 108)	IR: 1650, 1620, 1600, 1555 (sh), 1520, 1485, 1460 (sh), 1440 (sh), 1380, 1370 (sh), 1330, 1320, 1310, 1285, 1250, 1200, 1180, 1170, 1145, 1090, 1085, 1065 (sh), 1035, 1025, 1010, 1005 (sh), 970, 906, 883, 860, 840, 810, 750, 723, 710
$(CF_3)_2SnJ_2$	—	^{19}F-NMR: $\delta(CF_3)$[h)] = 43.9, J(^{119}Sn-^{19}F) = 615 ± 5.6 Hz, J(^{117}Sn-^{19}F) = 587 ± 5.6 Hz [6], $\delta(CF_3)$[o)] = −16.4, J(^{119}Sn-^{19}F) = 615 Hz, J(^{117}Sn-^{19}F) = 587 Hz [31]

Literatur s. S. 190

Tabelle 17 [Fortsetzung].

Verbindung	Sdp./Torr (Schmp.) in °C	Dichte D, ^{19}F-NMR (δ in ppm) IR-Spektrum (in cm^{-1}) UV-Spektrum (λ in nm, ε)
$(CF_3)_3SnJ$	—	^{19}F-NMR: $\delta(CF_3)^{h)} = 47.3$, $J(^{119}Sn\text{-}^{19}F) = 582 \pm 5.6$ Hz, $J(^{117}Sn\text{-}^{19}F) = 553 \pm 5.6$ Hz [6]; $\delta(CF_3)^{o)} = -19.8$, $J(^{119}Sn\text{-}^{19}F) = 582$ Hz, $J(^{117}Sn\text{-}^{19}F) = 553$ Hz [31]
$(CF_3)_4Sn^{p)}$	—	IR: ν(C-F) = 1238, 1150, $\delta(CF_3) = 744$ [6], ν(C-F) = 1238, 1150, $\delta(CF_3) = 744$ [31]; ^{19}F-NMR: $\delta(CF_3$, fest$)^{h)} = 42.7 \pm 1$, $\delta(CF_3$, Benzol$) = 45.7 \pm 1$, $J(^{119}Sn\text{-}^{19}F) = 530 \pm 6$ Hz, $J(^{117}Sn\text{-}^{19}F) = 502 \pm 6$ Hz [6], $\delta(CF_3)^{o)} = -21 \pm 1$ (rein), $\delta(CF_3)^{o)} = -18 \pm 1$ (gelöst in C_6H_6), $J(^{119}Sn\text{-}^{19}F) = 531$ Hz, $J(^{117}Sn\text{-}^{19}F) = 503$ Hz [31]
$(CF_2{=}CF)_4Sn$	52 bis 54/19 [7]	IR$^{i)}$: 2755 (vw), 2620 (vw), 2305 (vw), 2045 (w), ν(C=C) = 1732 (vs), ν(C-F) = 1308 (vs), 1156 (vs, br), 1020 (vs); 646 (w) [7, 12] GC: Retentionszeit 6 min$^{d)}$ [7]
$(C_6F_5)_4Sn^{l,\,m)}$	(221) [1, 5, 18] 160/10$^{-3\,j)}$ [5] (218 bis 219) [2, 16] (219 bis 221) [13] (220 bis 222) [14]	D = 2.0 g/cm^3, D = 2.05 g/cm^3 (röntgenographisch) [24]; IR (KBr): 1639 (m), 1512 (s), 1471 (vs), 1452 (s), 1373 (s), 1280 (s), 1138 (m), 1088 (vs), 1076 (s), 1019 (m), 965 (vs), 805 (m), 746 (w), 722 (w), 616 (w), 611 (w), 583 (w) [5]; ν(C-C) = 1640 (m), 1509 (s), 1479 (s), ν(C-F) = 1378 (s), 1281 (m), 1137 (m), 1087 (s), 1077 (sh), 1015 (m), 964 (s); 803 (m) [14]; ^{19}F-NMR (Aceton)$^{e)}$: $\delta(F_o) = 121.4$, $\delta(F_m) = 159.4$, $\delta(F_p) = 148.8$ [5]; (CCl_4): $\delta(F_o) = 122.2$, $\delta(F_m) = 157.6$, $\delta(F_p) = 146.2$ [20]; UV (Cyclohexan): $\lambda_{max} = 267$ (ε = 3890), UV (Methanol): $\lambda_{max} = 265$ (ε = 3090) [5] GC: Retentionszeit 4.1 min$^{k)}$ [14]
F F F F F F F F Sn F F F F F F F F	(227 bis 229) [15, 19]	IR$^{n)}$: 1618 (w), 1595 (m), 1488 (s), 1462 (s), 1451 (sh), 1408 (w), 1366 (w), 1337 (w), 1302 (m), 1295 (sh), 1252 (sh), 1247 (m), 1107 (s), 1063 (sh), 1057 (s), 1037 (s), 919 (sh), 913 (m), 815 (w), 773 (w), 705 (m), 641 (w), 588 (w) [19]
$(C_6F_5)_3SnSn(C_6F_5)_3$ [22]	(296 bis 298)	—

Literatur s. S. 190

Tabelle 17 [Fortsetzung].

Physikalische Eigenschaften von Perfluororgano-Zinn-Verbindungen. Siedepunkt (Sdp.) in °C/Druck in Torr, Schmelzpunkt (Schmp.) in °C, Dichte D, chemische Verschiebung δ und Spin-Spin-Kopplungskonstante J im ^{19}F-NMR-Spektrum, Wellenlänge λ und molarer Extinktionskoeffizient ε im UV-Spektrum, Banden des IR-Spektrums, Massenspektrum, Angaben zur gaschromatographischen (GC)-Trennung.

Verbindung	Sdp./Torr (Schmp.) in °C	Dichte D, ^{19}F-NMR (δ in ppm) IR-Spektrum (in cm^{-1}) UV-Spektrum (λ in nm, ε)
$(C_6F_5)_3SnSSn(C_6F_5)_3$ [22]	(144 bis 147)	IR: 1650, 1523, 1480, 1385, 1290, 1090, 1020, 977, 810, 615
$(C_6F_5)_3SnSeSn(C_6F_5)_3$ [22]	(132 bis 135)	
$(C_6F_5)_3SnTeSn(C_6F_5)_3$ [22]	(116 bis 119)	
$(C_6F_5)_3SnHgSn(C_6F_5)_3$ [4,23]	(171 bis 173)	UV-Spektrum in [4] abgebildet
$(C_6F_5)_3SnHgGe(C_6F_5)_3$	(205 bis 209) [4] (205 bis 210) [23]	—

a) Schmelzpunkt bei raschem Erhitzen, bei langsamem Erwärmen bis 300°C fest.

b) Mössbauer-Spektrum: $\delta = -0.99 \pm 0.05$ mm/s (gegen graues Sn), $\Delta = 2.13 \pm 0.05$ mm/s bei 80 K [3].

c) Zersetzungspunkt.

d) Kolonne gepackt mit Firebrick-Paraffin, Kolonnentemperatur 62°C, Heliumfluß 200 cm^3/min.

e) Innerer Standard: $CFCl_3$.

f) Mössbauer-Spektrum: $\delta = -0.99 \pm 0.05$ mm/s (gegen graues Sn), $\Delta = 1.55 \pm 0.05$ mm/s bei 80 K [3].

g) Mössbauer-Spektrum: $\delta = -0.94 \pm 0.05$ mm/s (gegen graues Sn), $\Delta = 1.60 \pm 0.5$ mm/s bei 80 K [3].

h) Standard $CF_3C_6H_5$; Werte umgerechnet auf $CFCl_3$ nach $\delta = \delta(CF_3C_6H_5) + 63.7$; J wird in [6] in ppm angegeben. Werte gemäß J(Hz) = J(ppm) · 56.44 umgerechnet.

i) Genauigkeit der Bandenlage beträgt 0.3%.

j) Sublimationspunkt.

k) Kolonnendaten: 275°C, Länge 1.80 m, Durchmesser 6.4 mm, Füllung: Apiezon L und Chromasorb P (60 bis 80 mesh), Heliumfluß 100 ml/min.

l) Mössbauer-Spektrum: $\delta = -0.98 \pm 0.05$ mm/s (gegen graues Sn) bei 80 K [3], $\delta = 1.04 \pm 0.09$ mm/s (gegen SnO_2) bei 80 K [21].

m) Massenspektrum [Intensität in (%) des gesamten Ionenstroms, Bruchstück]: 7.2 [$(C_6F_5)_4Sn^+$], 20.6 [$(C_6F_5)_3Sn^+$], 10.5 [$(C_6F_5)_2SnF^+$], 0.2 [$(C_6F_5)_4Sn^{2+}$], 2.8 [$(C_6F_5SnF_2^+$], 0.2 ($C_6F_5SnF^+$), 1.3 ($C_6F_5Sn^+$), 34.9 (SnF^+), 0.8 [$(C_6F_5)_3^+$], 0.2 ($C_{18}F_{11}^+$), 0.8 ($C_{17}F_{11}^+$), 0.1 ($C_{18}F_{10}^+$), 0.1 ($C_{17}F_9^+$), 0.5 [$(C_6F_5)_2^+$], 3.4 [$(C_6F_4)_2^+$], 0.5 ($C_{12}F_7^+$), 0.2 ($C_{12}F_6^+$), 0.4 ($C_{11}F_5^+$), 2.0 ($C_6F_5^+$), 1.0 ($C_6F_4^+$), 0.3 ($C_6F_3^+$), 1.8 ($C_5F_3^+$), 1.0 ($C_5F_2^+$), 0.7 ($C_3F_3^+$) [26].

n) Nujol- bzw. Hexachlorbutadienverreibung.

o) Äußerer Standard: Trifluormethylbenzol.

p) Das Massenspektrum besteht aus $Sn(CF_3)_n^+$-Bruchstücken und Fluorkohlenwasserstoff-Fragmenten. Bei m/e ≈ 327 tritt $Sn(CF_3)_3^+$ mit korrekter Isotopenverteilung auf. Gaschromatogramm: Retentionszeit 28 min (1/4 inch · 10 feet SE 30 Kolonne bei −30°C, programmierte Aufheizgeschwindigkeit 2°C/min, 60 cm^3/min He) [31].

Chemical Reactions

4.3.3 Chemisches Verhalten

Thermal Behavior

4.3.3.1 Thermisches Verhalten

Das in Aceton dimere $(C_6F_5)_3SnOH$ — mit vermutlich 5fach koordiniertem Sn — ist ebenso wie $C_6F_5Sn(O)OH$, $(C_6F_5)_2SnO$ und das monomere $(C_6F_5)_3SnOSn(C_6F_5)_3$ thermisch nur begrenzt stabil [2]. Beim Erhitzen von $(C_6F_5)_3SnF$ auf 300°C an Luft erfolgt Zerfall [9]. $(CF_2{=}CF)_4Sn$ kann in Abwesenheit von Luft, Feuchtigkeit, Säuren oder Basen auf 150°C (6 h) erwärmt werden, ohne daß Zersetzung beobachtet werden kann [7]. Relativ beständig ist $(C_6F_5)_4Sn$, das auf 400°C (2 h) erhitzt werden kann, ohne daß Reaktion eintritt. Nach längerem Erhitzen auf diese Temperatur stellt man Verkohlungserscheinungen fest [5]. Die Zersetzungstemperatur — definiert als Temperatur, bei der 1 Mol-% pro Stunde zerfällt — beträgt 399°C. $(C_6F_5)_4Sn$ ist somit nach $(C_6F_5)_4Ge$ die thermisch beständigste Substanz der Serie $(C_6F_5)_4M$ (M = Si, Ge, Sn, Pb) [14]. In reiner Form sind $(C_6F_5)_3SnHgSn(C_6F_5)_3$ und $(C_6F_5)_3SnHgGe(C_6F_5)_3$ bis zum Schmelzpunkt stabil, ersteres scheidet aber in Lösung oberhalb 80 bis 90°C Hg aus [4].

4.3.3.2 Hydrolyse

Hydrolysis

Alle bisher bekannten Pentafluorphenylderivate des Zinns hydrolysieren unter dem katalytischen Einfluß von Halogenid- bzw. Cyanid-Ionen unter C_6F_5H-Abgabe [5]. Hydrolysebeständiger ist $(C_6F_5)_3SnF$, das von siedendem alkoholischem KOH nicht angegriffen wird [9]. Beim Erhitzen von $(C_6F_5)_3SnOH$ entsteht C_6F_5H, wenn das sich bildende H_2O nicht entfernt wird. Vollständige Hydrolyse zu Zinn(IV)-oxiden und C_6F_5H erfolgt beim Erwärmen von $(C_6F_5)_3SnOH$ bzw. $(C_6H_5)_3SnOSn(C_6F_5)_3$ mit Wasserdampf. Die Hydrolyseempfindlichkeit der Halogenstannane nimmt mit zunehmender Zahl der Halogenatome an Sn zu. Mit starken Basen reagieren sie zu SnO_2 und C_6F_5H. Vorsichtige Hydrolyse führt zu Oxo- bzw. Hydroxostannanen [2].

Ausführlich ist die Hydrolyse des $(CF_2{=}CF)_4Sn$ und $(C_6F_5)_4Sn$ untersucht worden. $(CF_2{=}CF)_4Sn$ wird durch Erhitzen mit HCl-Gas auf 100°C (60 h) zu 96%, durch CF_3COOH bei 100°C (60 h) zu 94%, durch 20% NaOH bei 100°C (60 h) zu 96.5% und durch Wasser bei 25°C (50 h) zu 3% bzw. bei 100°C (60 h) zu 66% unter Bildung von $CF_2{=}CFH$ gespalten [7]. Das in Diäthyläther lösliche [2], hydrophobe $(C_6F_5)_4Sn$ wird nach fünfstündigem Erhitzen im Rückfluß von 6 normalem HCl nicht angegriffen, 10%ige Natronlauge greift es unter diesen Bedingungen jedoch an. Gegenüber feuchtem Aceton bleibt es auch nach 27 Tagen unverändert. Lösungen von 6 normalem HCl oder 10%iger Natronlauge in Tetrahydrofuran spalten in der Siedehitze (5 h) die C_6F_5-Gruppe als C_6F_5H ab [14]. HCl-Gas setzt bei 240°C (16 h) 10% C_6F_5H in Freiheit. Wie alle C_6F_5Sn-Verbindungen, so ist auch $(C_6F_5)_4Sn$ leicht in Gegenwart von F^- zu hydrolysieren. Dabei bildet sich ein nicht exakt definiertes Oxid, das noch C_6F_5-Reste enthält. Die Reaktion verläuft vermutlich über fünffach koordiniertes Zinn ab [5].

4.3.3.3 Spezielle Reaktionen

Specific Reactions

Die Neutralisation des $(C_6F_5)_3SnOH$ gelingt mit HBr, nicht aber mit HF bzw. HJ. Die Verbindungen $(C_6F_5)_4Sn$, $(C_6F_5)_3SnOH$, $(C_6F_5)_3SnCl$ und $(C_6F_5)_2SnCl_2$ reagieren mit 8-Hydroxychinolat zu $(C_6F_5)_2Sn(Ox)_2$ (Ox = 8-Hydroxychinolat), Schmelzpunkt 277°C (Zersetzung), IR-Spektrum: 1650, 1630, 1580, 1525, 1505, 1485, 1460 (sh), 1430 (sh), 1395 (sh), 1380, 1330, 1285, 1270, 1240, 1230, 1180, 1130, 1108, 1080, 1075 (sh), 1055 (sh), 1030, 1010, 965, 900, 845 (sh), 840, 809, 790, 760 (sh), 755, 748 (sh), 744, 720, 710 cm^{-1}.

Pentafluorphenylchlorstannane $(C_6F_5)_nSnCl_{4-n}$ (n = 1,2) setzen sich mit $[(CH_3)_4N]Cl$ zu $[(CH_3)_4N]SnCl_6$ um [2]. Die Veresterung des $(C_6F_5)_3SnBr$ mit $(C_2H_5)_3SnOR$ gelingt bei 100°C innerhalb von 3 h (R = CH_3) bzw. 8 h (R = C_2H_5). Für R = CH_3 beträgt die Ausbeute 81.5% und der Schmelzpunkt 179 bis 182°C sowie für R = C_2H_5 70% und 101 bis 103°C [4]. Das in Toluol gelöste $(C_6F_5)_3SnBr$ reagiert mit $(C_2H_5)_3SnXSn(C_2H_5)_3$ bei 100°C zu $(C_6F_5)_3SnXSn(C_2H_5)_3$, für X = S Ausbeute 57.1%, Siedepunkt 160 bis 162°C/1 Torr, n_D^{20} = 1.5259, für X = Se Ausbeute 59.4%, Siedepunkt 172 bis 175°C/1Torr, n_D^{20} = 1.5388, IR-Spektrum: ν(Ge-C) = 539, 586 cm^{-1} [22].

Keine Reaktion zeigt $(C_6F_5)_4Sn$ mit Cl_2 bei 20°C und 8 atm sowie bei UV-Bestrahlung. Stabil ist es auch bei 20°C gegen HBr, gegen flüssiges oder in CCl_4 gelöstes Br_2, gegen BF_3 bei 220°C [2] bzw. 130°C (65 h) [9] und gegen $HgCl_2$ in siedendem Methanol [2]. Gegen Br_2 (gelöst in $C_2H_4Br_2$) ist es selbst in Gegenwart katalytischer Mengen $AlBr_3$ beständig. Mit Li reagiert es bei 20°C (20 h) und auch bei erhöhter Temperatur (8 h) nicht [14]. In Hexan setzt es sich mit BBr_3 bei Siedetemperatur innerhalb von 24 Stunden nicht um. Analog verhält es sich beim Erhitzen im Rückfluß mit BBr_3 mit und ohne Lösungsmittel. In beiden Fällen kann es zu 95% zurückgewonnen werden [13].

Benzoylperoxid reagiert mit $(C_6F_5)_3SnHgSn(C_6H_5)_3$ bei 50°C (4 h) zu $(C_6F_5)_3SnOC(O)C_6H_5$ in 73.8% Ausbeute. Schmelzpunkt 132 bis 134°C [4]. Keine Reaktion wird bei 100°C in Toluol zwischen $(C_6F_5)_3SnBr$ mit $(C_2H_5)_3SiSSi(C_2H_5)_3$ beobachtet [22]. Reaktionen, die zu Titelverbindungen führen, werden hier nicht wiederholt. Gegen flüssiges SO_2 ist $(C_6F_5)_4Sn$ im Temperatur-

Literatur s. S. 190

bereich −30 bis +90°C beständig und auch $(CF_2{=}CF)_4Sn$ reagiert bis 60°C nicht mit flüssigem SO_2. Oberhalb 60°C entstehen geringe Mengen eines Feststoffs, der im IR-Spektrum eine starke Bande im ν(S-O)-Bereich aufweist, aber nicht eindeutig charakterisiert werden konnte [32].

Literatur:

[1] J. M. Holmes, R. D. Peacock, J. C. Tatlow (Proc. Chem. Soc. **1963** 108). — [2] J. M. Holmes, R. D. Peacock, J. C. Tatlow (J. Chem. Soc. A **1966** 150/3). — [3] M. Cordey Hayes (J. Inorg. Nucl. Chem. **26** [1964] 2306/8). — [4] M. N. Bochkarev, S. P. Korneva, L. P. Maiorova, V. A. Kuznetsov, N. S. Vyazankin (Zh. Obshch. Khim. **44** [1974] 308/13; J. Gen. Chem. USSR **44** [1974] 293/7). — [5] R. D. Chambers, T. Chivers (J. Chem. Soc. **1964** 4782/90).

[6] R. A. Jacob, R. L. Lagow (J. Chem. Soc. Chem. Commun. **1973** 104/5). — [7] H. D. Kaesz, S. L. Stafford, F. G. A. Stone (J. Am. Chem. Soc. **82** [1960] 6232/5). — [8] R. S. Nyholm, P. Royo (Chem. Commun. **1969** 421). — [9] D. W. A. Sharp, J. M. Winfield (J. Chem. Soc. **1965** 2278/9). — [10] D. H. Brown, Ali Mohammed, D. W. A. Sharp (Spectrochim. Acta **21** [1965] 1013/4).

[11] R. D. Chambers, T. Chivers (Proc. Chem. Soc. **1963** 208). — [12] S. L. Stafford, F. G. A. Stone (Spectrochim. Acta **17** [1961] 412/23). — [13] J. L. W. Pohlmann, F. E. Brinckman, G. Tesi, R. E. Donadio (Z. Naturforsch. **20b** [1965] 1/4). — [14] C. Tamborski, E. J. Soloski, S. M. Dec (J. Organometal. Chem. **4** [1965] 446/54). — [15] S. C. Cohen, M. L. N. Reddy, A. G. Massey (Chem. Commun. **1968** 451/3).

[16] J. Burdon, P. L. Coe, M. Fulton (J. Chem. Soc. **1965** 2094/6). — [17] G. B. Deacon, J. C. Parrott (J. Organometal. Chem. **17** [1969] P17/P18). — [18] G. B. Deacon, J. C. Parrott (J. Organometal. Chem. **22** [1970] 287/95). — [19] S. C. Cohen, A. G. Massey (J. Organometal. Chem. **10** [1967] 471/81). — [20] K. W. Jolley, L. H. Sutcliffe (Spectrochim. Acta A **24** [1968] 1191/203).

[21] H. A. Stoeckler, Hirotoshi Sano (Trans. Faraday Soc. **64** [1968] 577/81). — [22] M. N. Bochkarev, N. S. Vyazankin, L. P. Maiorova (Dokl. Akad. Nauk SSSR **200** [1971] 1102/4; Dokl. Chem. Proc. Acad. Sci. USSR **196/201** [1971] 830/1; C.A. **76** [1972] Nr. 14662). — [23] M. N. Bochkarev, L. P. Maiorova, N. S. Vyazankin (Zh. Obshch. Khim. **42** [1972] 2348; J. Gen. Chem. USSR **42** [1972] 2244; C.A. **78** [1973] Nr. 58565). — [24] A. Karipides, C. Forman, R. H. P. Thomas, A. T. Reed (Inorg. Chem. **13** [1974] 811/5). — [25] D. E. Fenton, A. G. Massey, K. W. Jolley, L. H. Sutcliffe (Chem. Commun. **1967** 1097/8).

[26] J. M. Miller (Can. J. Chem. **47** [1969] 1613/20). — [27] R. Gupta, B. Majee (J. Organometal. Chem. **49** [1973] 203/11). — [28] V. Kotkhekar, V. S. Shpinel' (Zh. Strukt. Khim. **10** [1969] 37/42; J. Struct. Chem. [USSR] **10** [1969] 33/7; C.A. **70** [1969] Nr. 110326). — [29] M. G. Clark, A. G. Maddock, R. H. Platt (J. Chem. Soc. Dalton Trans. **1972** 281/90). — [30] C. Tamborski, United States Dept. of the Air Force (U.S.P. 3392178 [1964/68]; C.A. **69** [1968] Nr. 87184).

[31] R. J. Lagow, L. L. Gerchman, R. A. Jacob, J. A. Morrison (J. Am. Chem. Soc. **97** [1975] 518/22). — [32] J. D. Koola, U. Kunze (J. Organometal. Chem. **77** [1974] 325/39). — [33] L. H. Sutcliffe, G. J. T. Tiddy (Spectrochim. Acta A **26** [1970] 282/3).

Perfluoro-organolead Compounds

4.4 Perfluororgano-Blei-Verbindungen

Die einzige bisher genau charakterisierte Perfluororgano-Blei-Verbindung ist $Pb(C_6F_5)_4$. Die wenigen anderen Substanzen entstehen nur in Spuren, und der Nachweis ihrer Existenz und Zusammensetzung wird auf Grund indirekter Beweise geführt.

Preparation

4.4.1 Darstellung

Tetrakis(trifluormethyl)plumban $Pb(CF_3)_4$

Tris(pentafluorphenyl)-bromplumban $(C_6F_5)_3PbBr$

Tetrakis(pentafluorphenyl)plumban $Pb(C_6F_5)_4$

Tris(pentafluorphenyl)-lithiumplumban $(C_6F_5)_3PbLi$

Leitet man CF_3-Radikale — hergestellt durch Pyrolyse von $CF_3C(O)CF_3$ bei 900°C/2 Torr in einem Quarzrohr — über einen Bleispiegel, so wird dieser entfernt, und etwa 10 mg einer ziemlich schwerflüchtigen, farblosen Flüssigkeit kondensiert in eine auf −78°C gekühlte Falle. Das IR-Spektrum (keine Angaben über Bandenlage) deutet die Anwesenheit von CF_3-Gruppen an. Die in der Hitze durchgeführte Hydrolyse mit 5normalem NaOH führt zu CHF_3 und die Pyrolyse zur Ausscheidung von Blei. Dies deutet auf die Bildung von $(CF_3)_4Pb$ hin [1]. Setzt man C_6F_5Li mit feinpulverisiertem $PbCl_2$ in Hexan bei −20°C (1.5 h) um, so wird kein Pb ausgeschieden, auch wenn die Lösung bei Raumtemperatur (12 h) gerührt oder am Rückfluß erhitzt wird. Anschließend wird Brom, gelöst in CH_2Cl_2, zugegeben und das Reaktionsgemisch bei 20°C (2 h) gerührt. Die Hydrolyse mit verdünntem HCl liefert nach Eindampfen der organischen Phase $(C_6F_5)_4Pb$ in 49% Ausbeute. Zusätzlich bilden sich hierbei Spuren von $(C_6F_5)_3PbBr$. Auch C_6F_5MgBr, gelöst in Äther, reagiert mit einer Aufschlämmung von $PbCl_2$ in Benzol bei 0°C (kräftiges Rühren), wobei kein metallisches Pb ausfällt. Nach einer Stunde wird bei 20°C in CH_2Cl_2 gelöstes Brom hinzugefügt. Nach Abdampfen des Lösungsmittels wird der Rückstand mit Hexan extrahiert, wobei $Pb(C_6F_5)_4$ in 54% Ausbeute entsteht. Welche Bedeutung dem Br_2 in diesen Reaktionen zukommt, ist ungewiß. Es kann entweder die Oxidation des Pb^{II} zu Pb^{IV} oder die Umwandlung von Zwischenprodukten wie $(C_6F_5)_3PbMgBr$ zu $(C_6F_5)_3PbBr$, das weiter reagiert, bewirken. Beide Reaktionen werden durch nachfolgende Gleichungen wiedergegeben [2]:

$$4\,C_6F_5Li + PbCl_2 + Br_2 \rightarrow (C_6F_5)_4Pb + 2\,LiBr + LiCl$$
$$4\,C_6F_5MgBr + PbCl_2 + Br_2 \rightarrow (C_6F_5)_4Pb + 2\,MgBr_2 + 2\,MgBrCl$$

In Abwesenheit von Br_2 reagiert C_6F_5MgBr mit $PbCl_2$ in Äther/Benzol bzw. Äther/Toluol in nur 5% Ausbeute [2], in Äther bei 20°C (24 h) in geringer [3] und in Tetrahydrofuran in 1 bis 5% Ausbeute [2, 4]. In 15.5% Ausbeute fällt es bei der Umsetzung von $Pb(CH_3COO)_4$ mit in Äther gelöstem C_6F_5Li bei −20°C an [4, 11]. $(NH_4)_2PbCl_6$ liefert mit C_6F_5Li umgesetzt $(C_6F_5)_4Pb$ als einziges isolierbares Produkt [5]. Die Umsetzung von C_6F_5Li mit $PbCl_2$ und C_6F_5J liefert kein $(C_6F_5)_4Pb$, sondern es bildet sich vermutlich das nicht näher charakterisierte $(C_6F_5)_3PbLi$ [2].

4.4.2 Physikalische Eigenschaften

Physical Properties

Physikalische Daten liegen lediglich vom $(C_6F_5)_4Pb$ vor, Sublimationspunkt: 140°C/Vakuum [3]. Schmelzpunkt: 204°C [2], 199 bis 200°C [3], 204 bis 206°C [4].

IR-Spektrum (Nujol- bzw. Hexachlorobutadienverreibung): 1637 (m), 1511 (s), 1475 (s), 1449 (sh), 1408 (w), 1375 (s), 1282 (m), 1138 (w), 1089 (s), 1083 (s), 1070 (sh), 1053 (w), 1010 (w), 966 (s), 787 (m), 668 (vw), 606 (w) cm^{-1} [3]. ν(Ring) = 1632 (m), 1509 (s), 1469 (s); ν(C-F) = 1375 (s), 1275 (m), 1134 (w), 1078 (s), 1075 (sh), 1005 (m), 963 (s); 782 (m) cm^{-1} [4]. ^{19}F-NMR-Spektrum (Standard: $CFCl_3$) $\delta(F_o) = 121.6$, $\delta(F_m) = 157.3$, $\delta(F_p) = 147.3$ ppm. Absoluter Fehler ±0.5 ppm [6]. Die breiten Linien können nicht weiter aufgelöst werden [10]. Aus $\delta(F_p)-\delta(F_m)$ wird für Pb eine geringere Elektronegativität bzw. π-Akzeptorstärke als für Ge und Sn ermittelt. Nachfolgende Skala wird angegeben: Si > Ge ≈ Sn > Pb [6].

Massenspektrum (Anteil am positiven Ionenstrom in %): $(C_6F_5)_4Pb^+$ (1.5), $[(C_6F_5)_4Pb\text{-}F]^+$ (0.1), $(C_6F_5)_3Pb^+$ (22.3), $(C_6F_5)_4Pb^{++}$ (0.1), $C_6F_5PbF^+$ (0.1), $C_6F_5Pb^+$ (19.1), PbF^+ (28.1), $(C_6F_4)_3^+$ (<0.1), $C_{17}F_{11}^+$ (<0.1), $(C_6F_5)_2^+$ (0.2), $(C_6F_4)_2^+$ (0.1), $C_6F_5^+$ (0.4), $C_6F_4^+$ (0.3), $C_6F_3^+$ (<0.1), $C_5F_3^+$ (2.0), $C_5F_2^+$ (0.9), $C_3F_3^+$ (0.7), CF_3^+ (0.2). Das Auftreten der metastabilen Ionen

$$(C_6F_5)_3Pb^+ \rightarrow C_6F_5Pb^+ + (C_6F_5)_2$$
$$(C_6F_5)_3Pb^+ \rightarrow Pb^+ + (C_6F_5)_3$$
$$C_6F_5Pb^+ \rightarrow PbF^+ + C_6F_4$$

wird durch nachfolgendes Abbauschema erklärt [8]:

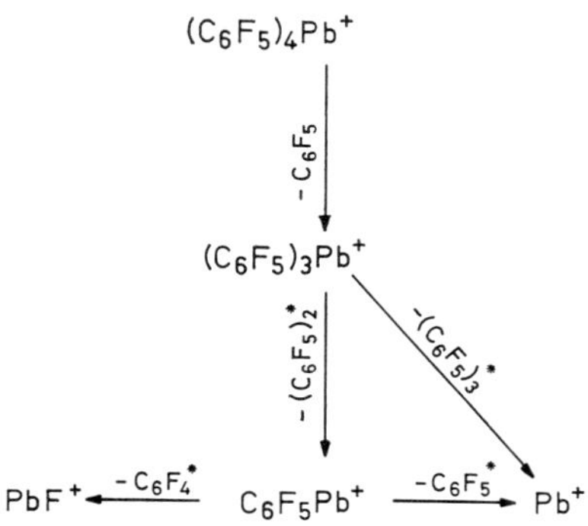

Chemical Reactions

4.4.3 Chemisches Verhalten

Erhitzt man $(C_6F_5)_4Pb$ im Vakuum auf 100 bis 120°C, so tritt keine Zersetzung auf [3]. Die Zersetzungstemperatur — definiert als Temperatur, bei der die Verbindung mit einer Geschwindigkeit von 1 Mol-%/h zerfällt — liegt oberhalb 260°C [4]. Es ist gegen Luft und Hydrolyse stabil. Beim Erwärmen auf 100°C (24 h) mit einem Überschuß H_2O tritt kaum Hydrolyse ein [3]. Mit 6normalem HCl kann es 5 Stunden am Rückfluß erhitzt [4, 7] oder, in feuchtem Aceton gelöst, 26 Tage aufbewahrt werden, ohne daß eine Reaktion eintritt [4]. Erhitzt man es dagegen mit 6normalem HCl in Tetrahydrofuran (5 h) am Rückfluß, oder mit 10%igem NaOH in H_2O (5 h) [4] oder Tetrahydrofuran [7], so erfolgt Hydrolyse unter C_6F_5H-Bildung. Das in Petroläther, Äther, Benzol sowie CS_2 lösliche $(C_6F_5)_4Pb$ [3] ist gegen Li in Tetrahydrofuran stabil [7] und reagiert auch nicht mit Brom [7, 9].

Literatur:

[1] T. N. Bell, B. J. Pullman, B. O. West (Australian J. Chem. **16** [1963] 722/4). — [2] K. Hills, M. C. Henry (J. Organometal. Chem. **9** [1967] 180/2). — [3] D. E. Fenton, A. G. Massey (J. Inorg. Nucl. Chem. **27** [1965] 329/33). — [4] C. Tamborski, E. J. Soloski, S. M. Dec (J. Organometal. Chem. **4** [1965] 446/54). — [5] S. C. Cohen, A. G. Massey (Advan. Fluorine Chem. **6** [1970] 185/7).

[6] K. W. Jolley, L. H. Sutcliffe (Spectrochim. Acta A **24** [1968] 1191/203). — [7] C. Tamborski (Trans. N.Y. Acad. Sci. [2] **28** [1966] 601/10; C.A. **65** [1966] 10601). — [8] J. M. Miller (Can. J. Chem. **47** [1969] 1613/20). — [9] M. C. Henry, H. Gorth (Quart. Rept. Intern. Lead-Zinc Res. Org. Nr. 15 [1965]) laut [5]. — [10] D. E. Fenton, A. G. Massey, K. W. Jolley, L. H. Sutcliffe (Chem. Commun. **1967** 1097/8).

[11] C. Tamborski, United States Dept. of the Air Force (U.S.P. 3392178 [1964/68]; C.A. **69** [1968] Nr. 87184).

Summenformel-Register

Das Register enthält die Summenformeln der Perfluorhalogenorgano-Verbindungen der Elemente der 1. bis 5. Hauptgruppe (ohne Kohlenstoff und Stickstoff).

Die chemischen Elemente in den Summenformeln sind wie folgt angeordnet: Zuerst C, dann F, Cl, Br, J, dann die Symbole der übrigen Elemente in alphabetischer Reihenfolge. Isomere werden durch (eingerückte) Strukturformeln oder Namen charakterisiert. Ionen und Salze werden bei den entsprechenden Säuren aufgeführt. Die fettgedruckte Seitenzahl gibt die Stelle im Teil 3 (mit III bezeichnet) oder Teil 4 (IV) an, an der die Verbindung als Titelverbindung steht, und damit das Hauptkapitel, in dem ihre Darstellung, ihre physikalischen Eigenschaften und ihr chemisches Verhalten beschrieben werden. Danach folgen zusätzliche Angaben zur Bildung (mit B bezeichnet) und zum chemischen Verhalten (V) außerhalb des Hauptkapitels.

Formula Index

The Index contains the empirical formulas of perfluorohalogenoorgano compounds of the elements of the Main Group 1 to 5 (without carbon and nitrogen).

The chemical elements in the empirical formulas are arranged as follows: at first C, then F, Cl, Br, I, and then the symbols of the other elements in alphabetical sequence. Isomers are characterized by (indented) structural formulas or names. Ions and salts were treated together with the corresponding acids. The page numbers in bold type are giving the pages in part 3 (marked with III) or part 4 (marked with IV) on which the compound is treated as title-compound and therewith the main chapter in which preparation, physical properties, and chemical reactions of the compound are described. These are followed by further numbers of pages giving data for formation (marked with B) and for chemical reactions (marked with V) other than already mentioned in the main chapter.